BRIAN CLEGG • EMILY ANTHES • J. R. MINKEL

WISSENSCHAFT FÜR EIERKÖPFE

PHYSIK, WELTALL UND DAS GEHIRN IN
60 SEKUNDEN

impian

Genehmigte Lizenzausgabe für Impian GmbH, Hamburg 2022
Die Originalausgaben erschienen 2009 unter den Titeln:
«INSTANT EGGHEAD GUIDE: THE UNIVERSE»
«INSTANT EGGHEAD GUIDE: THE MIND»
«INSTANT EGGHEAD GUIDE: PHYSICS»
Copyright © 2009 by Scientific American. Published by arrangement with
St. Martin's Publishing Group. All rights reserved.

Dieses Werk wurde im Auftrag von St. Martin´s Publishing Group durch die
Literarische Agentur Thomas Schlück GmbH, 30161 Hannover, vermittelt.

Alle Rechte an den deutschen Übersetzungen von Monika Niehaus, Hucky Maier
und Hubert Mania bei Rowohlt Verlag GmbH, Hamburg

Umschlaggestaltung: Nele Schütz Design
unter Verwendung von Illustrationen von Shutterstock/Stokkete
Druck: CPI books GmbH, Leck
Printed in Germany

ISBN 978-3-96269-152-3

www.impian.de

Brian Clegg

PHYSIK
FÜR EIERKÖPFE

Wissenschaft in 60 Sekunden

Aus dem Englischen von
Hucky Maier

MATERIE ★ ★ ★ ★ ★ ★ ★ ★ ★ ★ ★ ★ 9

Material	10
Brown'sche Molekularbewegung	12
Atomstruktur	14
Isotope und Neutronen	16
Vergiss die Planeten!	18
Antimaterie	20
Quarks	22
Feststoffe	24
Flüssigkeiten	26
Gase	28
Plasma	30
Der Teilchen-Zoo	32
Stringtheorie	34
Ein Universum auf Expansionskurs	36
Dunkle Energie	38
Der Urknall	40
Multiversen und kollidierende Branen	42
Dunkle Materie	44

QUANTENTHEORIE ★ ★ ★ ★ ★ ★ ★ ★ ★ 47

Quanten	48
Die Ultraviolette-Katastrophe	50
Einstein und der photoelektrische Effekt	52
Welle-Teilchen-Dualismus	54
Wahrscheinlichkeitsprobleme	56
Die Unschärferelation	58

Der Tunneleffekt	60
Die Kopenhagener Deutung	62
Viele Welten	64
Elektronik	66
Verschränkung	68
QED	70
Quantenwirklichkeit	72
Schwarze Löcher	74
Superposition und Quantenkatzen	76

LICHT ★★★★★★★★★★★★★★ 79

Der Sehmechanismus	80
Frühe Lichttheorien	82
Das elektromagnetische Spektrum	84
Farbe	86
Lichtwellen	88
Reflexion	90
Lichtbrechung	92
Linsen	94
Das Prinzip der kleinsten Wirkung	96
Die Lichtgeschwindigkeit	98
Die ersten Teleskope	100
Teleskope werden erwachsen	102
Teleskope erschließen neue Welten	104
Mikroskope	106
Quantenlinsen	108
Polarisation	110
Rotverschiebung	112
Laser	114
Hologramme	116

Licht anhalten	118
Schneller als das Licht	120
Photonen	122

RELATIVITÄT ★ ★ ★ ★ ★ ★ ★ ★ ★ ★ ★ ★ 125

Galileos Relativität	126
Spezielle Relativitätstheorie	128
Das Zwillingsparadoxon	130
Simultaneität	132
Wo sind die Zeitreisenden?	134
$E = mc^2$	136
Äquivalenz	138
Allgemeine Relativitätstheorie	140
Zeitreisen	142

KRÄFTE ★ ★ ★ ★ ★ ★ ★ ★ ★ ★ ★ ★ 145

Kraft	146
Felder oder Teilchen?	148
Fernwirkung	150
Gravitation	152
Orbits und Zentrifugalkraft	154
Elektromagnetismus	156
Statische Elektrizität	158
Elektrische Ströme	160
Magnete	162
Starke Kernkraft	164
Schwache Kernkraft	166
Radioaktivität	168

Kernspaltung	170
Kernfusion	172

ENERGIE ★★★★★★★★★★★★★ 175

Arbeit und Energie	176
Leistung	178
Kinetische Energie	180
Potenzielle Energie	182
Reisen oder das Zusammenspiel von Bewegung, Tempo und Geschwindigkeit	184
Momentum	186
Beschleunigung	188
Der Wurf eines Balls	190
Reibung	192
Hebel	194
Federn und Pendel	196
Temperatur	198
Wärme	200
Der Treibhauseffekt	202
Wärmeausdehnung	204
Änderung des Aggregatzustands	206
Thermodynamik	208
Wärmemaschinen	210
Entropie	212
Schall	214
Energiedichte	216
Solarenergie	218

Weltall für Eierköpfe   **222**

KAPITEL EINS
MATERIE

MATERIAL

Basics

Die Physik – Gegenstand dieses Buches – ist *die* grundlegende Naturwissenschaft. Der große Physiker Ernest Rutherford sagte einmal: «Wissenschaft ist entweder Physik oder Briefmarkensammeln.» Er meinte, dass sich die meisten anderen Naturwissenschaften zu seiner Zeit darauf beschränkten, Informationen zu sammeln und zu kategorisieren. Die Physik dagegen erklärte, wie das Universum funktioniert.

Dieser Abschnitt handelt von Material. Woraus besteht dieses Buch, woraus der Mensch? Besteht alles aus dem gleichen Material? Warum ist das eine fest und das andere flüssig? Wie mache ich aus einem Material ein anderes?

Heute wissen wir, dass Material offenbar aus Atomen – winzig kleinen Teilchen – besteht und diese eine Struktur bilden, die einem riesigen Lego-Modell gleicht. Was jedoch nicht offensichtlich ist. Betrachten wir ein Glas Wasser. Sowohl das Glas als auch das darin enthaltene Wasser scheinen zusammenhängende Substanzen zu sein – vollkommen atypisch für aus winzigen Teilchen bestehende Objekte, wie wir sie sonst kennen. Um die Geheimnisse der Materie zu ergründen, müssen wir über den Tellerrand des Offensichtlichen hinausschauen, um im Geiste das zu sehen, was wir mit unseren Sinnen nicht zu erfassen imstande sind. Und genau dies macht einen Gutteil des Vergnügens aus, das uns die Physik immer wieder bereitet.

Grenzen des Wissens

Ein Atom stellt das kleinste unabhängige Teilchen eines chemischen Elements dar. Es ist so klein, wie es nur sein kann, um dennoch Träger der entsprechenden chemischen Substanz zu sein. Moleküle bestehen aus mehreren Atomen, die miteinander verbunden sind. Dabei kann es sich um Atome des gleichen Elements handeln – so enthält ein Sauerstoffmolekül zwei miteinander verbundene Sauerstoffatome –, ebenso jedoch um Atome verschiedener Elemente, wie etwa im Falle eines einfach strukturierten Natriumchlorid-Moleküls oder der endlos langen DNA-Ketten – komplexe Moleküle, denen in unserem Leben eine entscheidende Bedeutung zukommt.

Fakten  **zum Angeben**

- *Im Griechenland der Antike kursierte eine Theorie über Materie, die besagte, man könne alles in immer kleinere Stücke schneiden, bis schließlich ein Teilchen übrig bleibt, das nicht weiter teilbar – im Griechischen: a-tomos – ist. Die Geburtsstunde der Bezeichnung «Atom».*
- *Komprimierte man die gesamte Materie eines menschlichen Körpers, passte diese in einen Würfel, dessen Seitenlänge weniger als einen Tausendstel Zentimeter beträgt.*

BROWN'SCHE MOLEKULARBEWEGUNG

Basics

Atome sind wie kleine Kinder: Sie sitzen nie still, sind ständig in Bewegung. Dabei existiert ein gewaltiger Unterschied zwischen der sichtbaren Welt und der Welt der kleinsten Teilchen. Betrachten wir ein Glas Wasser. Das Wasser scheint sich nicht zu bewegen, obwohl die Wassermoleküle in der Flüssigkeit wahre Veitstänze vollführen.

Im Jahr 1827 untersuchte ein schottischer Botaniker namens Robert Brown den Blütenstaub von Nachtkerzengewächsen, wozu er kleinste, von einem Tropfen Wasser umschlossene Pollenteilchen unter dem Mikroskop beobachtete. Die winzigen Pollenteilchen waren ständig in Bewegung und hüpften wie wild hin und her.

Der Bewegungsablauf der Pollenteilchen schien keinem bestimmten Muster, keiner Gesetzmäßigkeit zu unterliegen, sondern völlig willkürlich zu erfolgen. Dieses Phänomen wurde als «Brown'sche Molekularbewegung» bezeichnet, blieb jedoch nichts weiter als eine merkwürdige Randnotiz, bis es Albert Einstein mit dem Verhalten von Atomen in Verbindung brachte.

Grenzen des Wissens

Einstein wartete im Jahr 1905 mit drei bedeutenden Abhandlungen auf. Seine Untersuchungen zu Relativität und Photoeffekt heimsten zwar den Ruhm ein, aber seine dritte Arbeit über die

Brown'sche Molekularbewegung war nicht minder bedeutsam. Zuvor waren Atommodelle rein theoretischer Natur gewesen. Einstein jedoch wies nach, dass der Tanz der Pollenteilchen auf Zufallskollisionen mit Milliarden von Wassermolekülen zurückzuführen war. Er zeigte anhand der Brown'schen Molekularbewegung, dass die Flüssigkeit, in der sich die Teilchen befanden, aus vielen Milliarden herumwirbelnder Moleküle bestand.

Fakten  zum Angeben

• Als Robert Brown die nach ihm benannte Molekularbewegung zum ersten Mal beobachtete, vermutete er, es handle sich um die Energiequelle einer lebenden Pflanze. Als er den Versuch jedoch mit Staub- und Rußteilchen wiederholte und den gleichen Effekt bei toten Teilchen feststellte, gelangte er zu der Erkenntnis, dass die Größe der Pollenteilchen für ihre Bewegungsaktivität ausschlaggebend ist.

• Erst im Jahr 1912 erbrachte der französische Physiker Jean Perrin den eindeutigen Nachweis, dass kleinste Teilchen – Atome – existieren. Zuvor bestritten viele Wissenschaftler deren Existenz.

ATOMSTRUKTUR

Basics

Bereits kurze Zeit nachdem die Existenz von Atomen nachgewiesen worden war, sollte sich herausstellen, dass der Begriff «Atom» als Bezeichnung für das kleinste Teilchen nicht korrekt war. Hatte die Brown'sche Molekularbewegung gezeigt, dass Atome und Moleküle real existierende Teilchen darstellen, so wurde immer offensichtlicher, dass Atome weiter teilbar sind.

J. J. Thomson, ein britischer Wissenschaftler, entdeckte im Jahr 1895, dass Atome ein negativ geladenes Teilchen enthielten, das er als «Elektron» bezeichnete. Thomson stellte sich Atome wie einen mit Rosinen durchsetzten Pudding vor, wobei die Rosinen die Elektronen darstellten und der Rest des Puddings eine positive Ladung aufwies und so die negative Ladung der Elektronen ausglich – mit der Folge, dass das Atom selbst keine elektrische Ladung besaß.

Grenzen des Wissens

Thomsons Pudding-Modell wurde von dem neuseeländischen Wissenschaftler Ernest Rutherford zerpflückt. Rutherford hatte die Idee, Atome mit anderen Teilchen zu beschießen, um zu sehen, wie sie reagierten. Als würfe man einen Ball gegen ein unsichtbares Objekt, um anhand der Art und Weise, wie der Ball zurückprallt, auf die Form des Objekts schließen zu können. Rutherfords «Ball» war ein Alphateilchen, also der Kern eines Heliumatoms, dessen Weg Rutherford nachzuvollziehen imstande war, indem er die Fläche, auf die sein Alphateilchen nach der Kollision mit dem Atomkern stieß, mit einer fluoreszierenden Substanz beschichtete. Wären Atome so beschaffen gewesen wie sich Thomson dies vorstellte, hätten die energiereichen Alphateilchen sie mühelos durchdrungen. Meist war dies auch der Fall, manchmal jedoch prallte ein Alphateilchen zurück. Diese überraschende Entdeckung ließ Rutherford zu dem Schluss kommen, dass Atome über einen kleinen, dichten, positiv geladenen Kern verfügen, der die Alphateilchen abprallen lässt. Er stellte die These auf, ein Atom gleiche einem Sonnensystem – mit einem positiv geladenen Kern im Zentrum und negativ geladenen Elektronen, die um den Kern herumschwirren.

Fakten  **zum Angeben**

• Der Kern ist um so viel kleiner als das ganze Atom – 10 000 Mal kleiner, um genau zu sein –, dass er gelegentlich auch mit einer Fliege verglichen wird, die sich in einer Kathedrale verirrt hat.
• Es gibt einige wenige Wissenschaftler, denen es vergönnt war, ein einzelnes Atom zu Gesicht zu bekommen. So gelang es im Jahr 1980 Hans Dehmelt von der University of Washington, ein Barium-Ion zu isolieren (ein Ion ist ein Atom, das entweder keine oder aber mehrere zusätzliche Elektronen besitzt, was dem Teilchen eine elektrische Ladung verleiht). Durch Laserbestrahlung konnte er das Ion für das bloße Auge sichtbar machen – als durch den Raum schwebenden Moment der Brillanz.

ISOTOPE UND NEUTRONEN

Basics

Das Bild des Atoms als winziges Sonnensystem war ursprünglich recht simpel. In seinem Herzen befand sich ein aus positiv geladenen Protonen bestehender Kern, der 99,9 Prozent des Gesamtgewichts ausmachte. Und weit weg vom Kern schwirrte die gleiche Anzahl negativ geladener Elektronen umher. Die elektrische Ladung von Protonen und Elektronen neutralisierte sich gegenseitig. Es war zwar nicht geklärt, warum die Protonen, die sich eigentlich gegenseitig abstoßen müssten, derart zusammenklumpten, aber ansonsten ergab dieses Modell durchaus Sinn.

Im Jahr 1932 wurde schließlich eine weitere Teilchenart im Atomkern entdeckt, die ungefähr das gleiche Atomgewicht wie ein Proton, jedoch keine elektrische Ladung aufwies: das Neutron. Neutronen erwiesen sich als ausgesprochen wertvoll, als es galt, die Existenz sogenannter Isotope zu erklären – Varianten des gleichen Elements, die chemisch ähnlich strukturiert sind, aber im Atomgewicht differieren.

Die chemischen Eigenschaften eines Elements hängen von den elektrisch geladenen Teilchen ab. Allerdings kann es Varianten des gleichen Elements geben, die eine unterschiedliche Anzahl von Neutronen im Kern aufweisen. Dies erklärt, warum Chlor mit 17 Protonen ein Atomgewicht (entspricht in etwa der Summe aus der Anzahl von Protonen und Neutronen) von 35,45 haben kann. Chlor verfügt nicht über 18½ Neutronen, sondern stellt eine Mischung verschiedener Ausprägungen des Atoms dar, von denen manche über 18 und manche über 20 Neutronen verfügen.

Grenzen des Wissens
Manche Isotope sind radioaktiv, instabil und entledigen sich Teilen ihres Kerns, um zu einem anderen Element zu werden. Bestes Beispiel hierfür ist Uran 235. Die Ziffer «235» steht für das Atomgewicht, besitzt Uran 235 doch 92 Protonen und 143 Neutronen. Zerfällt Uran 235, setzt es mehrere Neutronen frei, wodurch es von Uran zu Thorium 231 wird (ebenfalls instabil). In einem Atomreaktor oder einer Atombombe schießen diese Neutronen mit aberwitziger Geschwindigkeit in andere Uran-Kerne und lösen weitere Kernspaltungen aus. Uran 235 selbst zerfällt sehr langsam, was sich in einer Halbwertszeit von 700 Millionen Jahren äußert. Genau diese Kettenreaktion macht sich der Mensch bei der Atomenergie bisweilen zunutze.

Fakten  **zum Angeben**
• *Es gibt 92 natürlich auftretende Elemente, wobei Wasserstoff das leichteste und Uran das schwerste ist.*
• *Seit 1972 wurden die Überreste von 15 natürlichen Atomreaktoren gefunden. Vor ungefähr 1,7 Milliarden Jahren fand in unterirdischen Uranvorkommen eine stabile Kernreaktion statt. Da die Menge des unterirdischen Uran 235 mit zunehmendem Zerfall des Elements abnimmt, ist es höchst unwahrscheinlich, heutzutage auf natürliche Reaktoren dieser Art zu stoßen.*

VERGISS DIE PLANETEN!

Basics

Fertigt jemand eine Zeichnung an, um ein Atom darzustellen, kann es gut sein, dass das Bild einem Sonnensystem gleicht, um dessen Kern die Elektronen friedlich kreisen. Man betrachte nur das Emblem der Internationalen Atomenergie-Organisation! Das Traurige ist: Dieses Modell ist falsch.

Beschleunigt man ein Elektron, setzt es Lichtblitze frei. Beschleunigung bedeutet eine Geschwindigkeitsänderung (Tempo plus Richtung). Das Tempo des Elektrons auf seinem Orbit um den Kern bliebe gleich, aber seine Richtung änderte sich ständig, das heißt, es beschleunigte. Und genau an dieser Stelle liegt das Problem!

Jedes um den Kern kreisende Elektron würde Licht freisetzen und somit Energie einbüßen. Schließlich würde es gegen den Kern krachen und zerstört werden – wie eine Motte, die in das Licht einer Kerze trudelt. All dies geht jedoch offensichtlich nicht vonstatten, würden doch sonst alle unsere Atome implodieren.

Grenzen des Wissens

Der dänische Wissenschaftler Niels Bohr erkannte dieses Problem schon früh. Und löste es, indem er seine Elektronen auf imaginäre Bahnen schickte. Anstatt sie jedoch auf irgendeinem Orbit den Kern umkreisen zu lassen, schränkte Bohr das Betätigungsfeld seiner Elektronen ein. Befanden sie sich einmal auf ihrer imaginären Umlaufbahn, traten die normalen Gesetze außer Kraft, sodass es zu keinem Energieverlust kam. Die Elektronen konnten – durch Freisetzung oder Absorption eines Photons – von einem Orbit zum nächsten springen, sich jedoch nicht im Raum dazwischen bewegen. So war es unmöglich, dass ein Elektron ins Trudeln käme und schließlich in den Atomkern krachte. Die Elektronen waren nur in der Lage, Sprünge zwischen festgelegten Umlaufbahnen zu machen und bei jedem Sprung ein Quantum an Energie zu gewinnen oder einzubüßen, weshalb man auch von «Quantensprüngen» spricht. Bohr hat das Atom quantisiert.

Fakten  **zum Angeben**

• Die Faszination, die von der Vorstellung ausging, jedes Atom sei wie ein kleines Sonnensystem, war so groß, dass ihr manch ein Romanschriftsteller erlag und dieses Szenario in seinem Werk Wirklichkeit werden ließ, wobei jedes Elektron einen bewohnbaren Planeten darstellte.

ANTIMATERIE

Basics

Star Trek-Fans wissen, dass die *Enterprise* von Antimaterie angetrieben wird. Aber Antimaterie ist keine Fiktion, sondern genauso echt wie all die Materie, aus der unsere Welt besteht – mit dem Unterschied, dass jedes elektrisch geladene Teilchen die entgegengesetzte Ladung hat. Anstatt negativer Elektronen verfügt Antimaterie über positiv geladene Positronen. Und anstatt positiver Protonen im Kern weist ein Anti-Atom negativ geladene Anti-Protonen auf.

Da sich Materie und Antimaterie lediglich in der Ausrichtung ihrer elektrischen Ladung unterscheiden, kann mit Antimaterie Gleiches vollführt werden wie mit normaler Materie. So ist es möglich, einen Anti-Tisch zu bauen oder eine Anti-Welt zu schaffen. Antimaterie verfügt über Masse und verhält sich praktisch wie gewöhnliche Materie. Allerdings liegt sie in keinem Regal zum Verkauf. Mit Antimaterie zu hantieren, ist eine verzwickte Sache. Treffen Materie und Antimaterie aufeinander, werden beide zerstört und in Energie umgewandelt.

Die simpelste Materie-Antimaterie-Reaktion ist bei der Kollision eines Elektrons mit einem Positron zu beobachten. Die Masse beider Teilchen wird in Energie umgewandelt, nach Einsteins berühmter Gleichung $E = mc^2$ entstehen zwei Photonen (Gammastrahlen). Die freigesetzte Energie entspricht dabei dem Produkt aus der Teilchenmasse und dem Quadrat der Lichtgeschwindigkeit. Und da dieses gegen null tendiert, findet sich sehr wenig freie Antimaterie.

Grenzen des Wissens

Nach wie vor ist eine rege Diskussion im Gange, warum so wenig Antimaterie existiert. Der Urknall müsste Materie und Antimaterie eigentlich zu gleichen Teilen hervorgebracht haben, die sich anschließend gegenseitig zerstören und ein extrem energiereiches Universum zurücklassen. Dass dieser Fall nicht eingetreten ist, wird gemeinhin mit der Annahme erklärt, geringfügige Unterschiede in den Eigenschaften von Materie und Antimaterie deuteten darauf hin, dass weitere Masse existiert – wenn auch in minimalstem Umfang. Gerade einmal ein Teilchen von einer Milliarde dürfte den Materie-Antimaterie-Vernichtungsschlag überlebt haben. Aber dies reichte bereits aus.

Im Gegensatz dazu wurde immer wieder spekuliert, das Universum sei aufgespalten worden und habe uns auch riesige Antimaterie-Vorkommen beschert – vielleicht sogar in der Größenordnung des sichtbaren Universums.

Fakten  **zum Angeben**

• Treffen Materie und Antimaterie aufeinander, wird eine gewaltige Energiemenge freigesetzt. Ein Kilogramm Materie bzw. Antimaterie generierte etwa 10^{17} Joule (dies ist eine Eins mit 17 Nullen!), was dem Energieausstoß eines normalen Kraftwerks bei einer Laufzeit von sechs Jahren entspricht.

QUARKS

Basics

Protonen und Neutronen gelten nicht länger als Elementarteilchen, setzen sie sich doch aus drei noch kleineren Teilchen zusammen – Quarks. Es herrscht ein heilloses Durcheinander von Quarks, die anhand verschiedener Charakteristika – den sogenannten *Flavour-Quantenzahlen* – klassifiziert werden: *Charm*, *Strangeness*, *Top/Bottom* und *Up/Down*. Ein Proton besteht aus zwei Up-Quarks und einem Down-Quark, ein Neutron aus zwei Down-Quarks und einem Up-Quark.

Up-Quarks haben eine elektrische Ladung von +2/3 und Down-Quarks von –1/3, was sich bei einem Proton in einer positiven Ladung von 1 und einem Neutron darin äußert, dass es überhaupt keine elektrische Ladung besitzt. Wir sind es nicht gewohnt, dass die Natur mit Drittel-Größen aufwartet, aber die Einheit für elektrische Ladung ist willkürlich gewählt. Eigentlich müsste es heißen, dass Up- und Down-Quarks eine Ladung von 2 bzw. –1 haben – ein Proton also 3 –, da Protonen und Elektronen jedoch die kleinsten bekannten Teilchen waren, als das Einheitensystem geschaffen wurde, müssen wir uns heute mit Drittel-Größen herumschlagen.

Grenzen des Wissens

Bis heute ist es niemandem gelungen, ein Quark zu Gesicht zu bekommen oder ein Proton oder Neutron in seine Bestandteile aufzuspalten. Ist dies doch ein schwieriges Unterfangen, da die Kraft, die Quarks zusammenhält, umso stärker wird, je weiter sich diese voneinander entfernen. Quarks wurden zunächst durch einen rein mathematischen Ansatz der Quantentheorie beschrieben. Schließlich wurde ihre Existenz durch Experimente nachgewiesen, die belegten, dass ein Proton aus drei Bestandteilen aufgebaut ist, sowie durch die Entstehung kurzlebiger Teilchen, die sich aus einer Kombination verschiedener Quarks zusammensetzen.

Fakten  zum Angeben

• Als der amerikanische Physiker Murray Gell-Mann den Namen kreierte, zielte er darauf ab, dass sich seine Wortschöpfung auf «dork» (zu Deutsch: Depp, Trottel) reimte, obwohl das Wort «quark» im Englischen in der Regel so ausgesprochen wird, dass es sich auf «bark» (zu Deutsch: Rinde, Borke) reimt. Er sagt, er habe sich einfach einer Aussprache bedient, die wie «kwork» klingt, ohne zunächst darüber nachzudenken, wie das Wort buchstabiert wird, bis er in Ulysses von James Joyce auf die Zeile «three quarks for Muster Mark!» stieß. Dies klang passend, aber Gell-Mann wollte seine ursprüngliche Aussprache beibehalten.

FESTSTOFFE

Basics
Von den drei bekannten Aggregatzuständen, die Materie annehmen kann, ist der feste der energieärmste. In Feststoffen schwirren die Atome oder Moleküle weniger umher, als dies in Flüssigkeiten oder Gasen der Fall ist. Im festen Aggregatzustand hängen Atome oder Moleküle zusammen, und obwohl ein Feststoff in erster Linie aus Leerräumen besteht, verleihen ihm die Verbindungen zwischen den einzelnen Teilchen eine Festigkeit, die ihn von einer Flüssigkeit unterscheidet.

Feststoffe treten in verschiedenen Formen auf. Viele sind kristallin. In Kristallen bilden die Verbindungen zwischen den Atomen oder Molekülen gleichmäßige Muster, die dazu neigen, ab einer gewissen Größe abzureißen. Andere Feststoffe weisen keine gleichmäßige Struktur auf, erweisen sich jedoch in vielen Fällen als die biegsamere Variante. Obwohl es bersten kann, ist Glas zum Beispiel ein amorpher Feststoff, wobei Fiberglas extrem elastisch ist. Es gibt auch Feststoffe – oft organischer Natur – mit langen, zusammenhängenden Molekülketten, die in eine Richtung eine besonders hohe Festigkeit aufweisen.

Ein und dieselbe Substanz kann mehrere feste Aggregatzustände annehmen. Kohlenstoff beispielsweise weist in seiner Ausprägung als weicher Graphit übereinanderliegende, kristalline Flächen auf, als Diamant kristalline Strukturen von extremer Festigkeit, oder aber unabhängige Moleküle, die in ihrer Form einem Fußball gleichen – die sogenannten «Fußballmoleküle».

Grenzen des Wissens

Wir sind mit drei verschiedenen Aggregatzuständen vertraut – fest, flüssig und gasförmig. Die moderne Physik unterscheidet jedoch fünf. Der Plasmazustand ist der energiereichste, doch davon später mehr. Der energieärmste ist das sogenannte «Bose-Einstein-Kondensat», ein von Albert Einstein bereits in den 1920er Jahren vorhergesagter Zustand. Der indische Physiker Satyendra Bose hatte einen Weg gefunden, Licht in einer Weise darzustellen, als sei es ein Gas. Einstein unterstützte Bose nicht nur als Mathematiker, sondern war auch von dem Gedanken fasziniert, einen Aggregatzustand zu finden, der bei extremer Kälte oder gewaltigem Druck Eigenschaften von Licht aufweist. Und das Bose-Einstein-Kondensat stellt eine derartige Materie dar.

Fakten  **zum Angeben**

- Früher glaubte man, Glas sei eine Flüssigkeit, waren Fensterscheiben im Mittelalter nach unten hin doch stets dicker, sodass es schien, sie befänden sich im ständigen Fluss. Dies ist jedoch lediglich der Art und Weise geschuldet, in der Glas damals hergestellt wurde. Glasscheiben waren nie gleichmäßig dick, und so machte es Sinn, sie mit dem dickeren Ende nach unten einzubauen.

FLÜSSIGKEITEN

Basics

In einem Feststoff sind die Verbindungen zwischen den einzelnen Atomen oder Molekülen relativ starr. Aber mit steigendem Energieniveau (also höheren Temperaturen) reißen diese Verbindungen ab. Die Teilchen ziehen sich weiterhin gegenseitig an, jedoch weisen die Verbindungen keine feste Struktur auf. Das Ergebnis ist eine Flüssigkeit, die zu fließen und sich der Form eines Behälters anzupassen imstande ist.

Flüssigkeiten bilden im Gegensatz zu Gasen eine Oberfläche. Auf diesen Oberflächen sind fast alle Anziehungskräfte zwischen den Flüssigkeitsmolekülen nach innen gerichtet, was dazu führt, dass eine Art Haut entsteht, die als Oberflächenspannung bezeichnet wird. Die Oberflächenspannung ist auch der Grund, warum sich Wassertropfen bilden oder manche Insekten auf dem Wasser laufen können. Trifft eine Flüssigkeit auf einen Feststoff, wird sie aufgrund ebendieser Kräfte zu diesem hingezogen, was sich darin äußert, dass der Feststoff feucht wird.

Wasser – die Flüssigkeit, mit der wir am meisten vertraut sind – stellt einen atypischen Fall dar. Der postiv geladene Wasserstoff in einem Wassermolekül wird vom negativ geladenen Sauerstoff angezogen. Diese Art der Verbindung wird als Wasserstoffbindung bezeichnet und verleiht dem Wasser merkwürdige Eigenschaften, wie etwa die, dass es sich ausdehnt, wenn es gefriert.

Grenzen des Wissens

Anhängern von Kurt Vonnegut dürfte an dieser Stelle das Wunderkühlmittel «Ice Nine» in den Sinn gekommen sein. In seinem Roman *Katzenwiege* beschrieb Vonnegut eine Form von Eis, das erst bei 114 Grad Fahrenheit – also 45 Grad Celsius – schmilzt. Hätte Wasser erst einmal die Ice-Nine-Charakteristika angenommen, verbliebe es unter normalen Wetterbedingungen in dieser Form. Würfe man ein Körnchen Ice Nine in einen See oder Ozean, breitete sich dieses unkontrolliert aus und brächte sämtliche Wasservorräte zum Gefrieren, was verheerende Auswirkungen auf die Erde hätte.

Glücklicherweise gibt es dieses Ice Nine nicht, auch wenn ein Eistyp mit dem vorsätzlich gleichen Namen – «Ice IX» – existiert. Dieser ist jedoch bei Zimmertemperatur instabil und stellt keine Gefahr für unsere Wasserversorgung dar.

Fakten  **zum Angeben**

- *Trifft eine Flüssigkeit auf eine Gefäßwand, wölbt sich ihre Oberfläche entweder nach oben oder nach unten und bildet einen sogenannten «Meniskus». Ziehen sich die Atome oder Moleküle einer Flüssigkeit stärker gegenseitig an, als sie von der Gefäßwand angezogen werden, wölbt sich die Flüssigkeitsoberfläche nach unten (wie dies bei Quecksilber in einem Glas zu beobachten ist); werden sie jedoch stärker vom Gefäß angezogen (wie dies bei Wasser in einem Glas der Fall ist), nach oben.*

GASE

Basics

Ein Gas stellt wie eine Flüssigkeit ein Fluid dar. Da seine Atome oder Moleküle jedoch wesentlich energiereicher sind, schwirren sie wild umher. Die gegenseitige Anziehungskraft wird überwunden, und so bewegen sich die Teilchen in großem Abstand frei voneinander und bilden keine Oberfläche. Ein Gas dehnt sich gleichmäßig im gesamten ihm zur Verfügung stehenden Raum aus.

Befindet sich ein Gas in einem Gefäß, kollidieren die Gasmoleküle ständig mit dessen Innenwand, sodass eine gegen die Gefäßwand gerichtete Kraft entsteht – der Gasdruck. Je kleiner das Gefäß ist, desto weniger Bewegungsfreiheit bleibt den Gasmolekülen, weshalb sie häufiger gegen die Gefäßwand stoßen. Dabei bleibt das mathematische Produkt aus Druck mal Volumen stets gleich. Dieser Sachverhalt wurde Mitte des 17. Jahrhunderts von dem britischen Chemiker Robert Boyle entdeckt und wird als Boyle'sches Gesetz bezeichnet.

Ebenso ist es möglich, den Druck durch eine Erhöhung der Temperatur zu steigern: Die Gasmoleküle legen an Geschwindigkeit zu und prallen häufiger gegen die Gefäßwand. Eine Steigerung der Temperatur bei gleichbleibendem Volumen führt also zu einer Erhöhung des Drucks. Dieses Phänomen wird als Gay-Lussac'sches Gesetz bezeichnet – nach dem französischen Chemiker Joseph Gay-Lussac, der es im Jahr 1809 postulierte. Hieraus folgt auch, dass das Gasvolumen bei gleichbleibendem Druck zunimmt, wenn die Temperatur steigt, und abnimmt, wenn sie fällt. Dieser Zusammenhang wird als das Gesetz von Charles bezeichnet – nach dem französischen Wissenschaftler Jacques Charles, der ihn im späten 18. Jahrhundert als Erster beobachtete.

Gemeinsam bilden diese drei Gesetze die allgemeine Gasgleichung, die die physikalischen Eigenschaften von Gasen beschreibt und besagt, dass der Quotient aus Druck mal Volumen, geteilt durch die Temperatur, konstant bleibt.

Grenzen des Wissens
Die Statistik spielt eine entscheidende Rolle, will man das Verhalten von Gasen verstehen. Sie verschafft uns einen Überblick über ein diffuses Gebilde, dessen Bestandteile wir einzeln möglicherweise nicht zu beobachten imstande wären. Fast alle Messparameter für ein Gas, die wir im wirklichen Leben kennen (zum Beispiel Druck), sind statistischen Ursprungs und stellen die Summe der Einzelaktivitäten vieler Milliarden Gasmoleküle dar.

Fakten  **zum Angeben**

• *Bei Zimmertemperatur bewegen sich die Gasmoleküle in der Luft mit einer Geschwindigkeit von etwa 500 Metern pro Sekunde, was 1800 Kilometern pro Stunde entspricht. Glücklicherweise sind sie so leicht, dass die Energie jedes Moleküls selbst bei dieser Geschwindigkeit lediglich 6×10^{-21} Joule beträgt. Also 1/10 000 000 000 000 000 000 000stel der Energie, die benötigt wird, um eine 60-Watt-Glühbirne zu betreiben – eine Sekunde lang.*

★ ★ ★ ★ ★ ★ ★ ★ ★ ★ ★ ★ ★

PLASMA

★ ★ ★ ★ ★ ★ ★ ★ ★ ★ ★ ★ ★

Basics
Jeder von uns hat mit dem vierten Aggregatzustand schon einmal Bekanntschaft gemacht, seine Existenz jedoch ist vielen gar nicht bekannt. Wir reden von Plasma. Unser Plasma hat nichts mit Blutplasma zu tun, dem flüssigen, zellfreien Teil des Bluts. Mein Lexikon definiert Plasma als ein Gas, das teilweise oder vollständig aus Ionen anstelle von Atomen oder Molekülen besteht. Lassen wir diese Ionen einmal außen vor, diese Definition ist schlichtweg falsch. Ein Plasma als Gas zu bezeichnen ist in etwa das Gleiche, als beschriebe man eine Flüssigkeit als «Gas mit den Eigenschaften einer Flüssigkeit». Ein Plasma ist zwar mehr Gas als Flüssigkeit, verfügt aber dennoch über einen anderen Aggregatzustand.

Uns allen ist Plasma wohlvertraut. So ist die Sonne ein riesiger Plasma-Ball. Jede auf der Erde lodernde Flamme enthält Plasma, obwohl Feuer eine relativ niedrige Temperatur aufweist und aus diesem Grund eine Mischung aus Plasma und Gas darstellt. Ein Gas entsteht, wenn eine Flüssigkeit über einen bestimmten Punkt hinaus erhitzt wird; und in ähnlicher Weise ist ein Plasma das Ergebnis eines Erhitzungsprozesses – von Gasen. Je heißer das Gas wird, desto höher das Energieniveau, das die um die Atome schwirrenden Elektronen zu erlangen imstande sind. Bis einige schließlich energiereich genug sind, um auszubrechen und wegzufliegen. Diese Atome büßen also Elektronen ein und werden schließlich zu positiv geladenen Ionen. Andere gewinnen Elektronen hinzu, indem sie sich freie Elektronen einverleiben, und werden zu negativ geladenen Ionen. Ist dies der Fall, spricht man von einem Plasma.

Grenzen des Wissens

Plasma ist im Universum weit verbreitet. Bis zu 99 Prozent der nachweisbaren Materie des Universums ist nichts anderes als Plasma. Obwohl ähnlich diffus wie Gase und ebenfalls ohne Oberfläche, unterscheidet es sich dennoch grundlegend von diesen. So stellen Gase zum Beispiel einen hervorragenden elektrischen Isolator dar, während Plasma ein ausgezeichneter elektrischer Leiter ist.

Fakten  **zum Angeben**

• *Im Gegensatz zu Gasen kann Plasma Strukturen bilden, da seine elektrisch geladenen Teilchen auf elektromagnetische Felder reagieren. Blitze und Polarlichter stellen die gängigsten Beispiele für natürlich auftretende Plasmastrukturen auf unserer Erde dar.*

DER TEILCHEN-ZOO

Basics

Seit den 1960er Jahren wurde eine Reihe neuer subatomarer Teilchen entdeckt – ein bunt gemischter, aus offensichtlich nicht miteinander verwandten Teilchen bestehender Zoo, deren Klassifizierung uns schließlich das sogenannte «Standard-Modell» bescherte. Diese physikalische Theorie beschreibt eine Ansammlung von 24 verschiedenen Teilchen plus einem 25., das einen Sonderfall darstellt.

Diese 24 Teilchen teilen sich gleichmäßig in 12 Bosonen und 12 Fermionen auf. Fermionen sind die Bausteine, aus denen Materie besteht, und Bosonen übertragen Kräfte, was es den Fermionen ermöglicht, miteinander in Wechselwirkung zu treten. Das Photon stellt das uns geläufigste Boson dar; daneben gibt es W- und Z-Bosonen, verschiedene Gluonen sowie das sogenannte «Higgs-Boson», dem die Eigenschaft zugeschrieben wird, anderen Teilchen Masse zu verleihen. (Das 25. Teilchen ist ebenfalls ein Boson – das Graviton –, ein hypothetisches Elementarteilchen, das für die Schwerkraft verantwortlich zeichnet.)

Unter den Fermionen finden sich Neutrinos, Positronen, Myonen und Leptonen – ausnahmslos Teilchen, die entstehen, wenn Atome ineinanderkrachen. Bekanntere Vertreter dieser Gruppe sind das Elektron sowie unzählige Quarks wie etwa die Up- und Down-Quarks, welche die Bausteine für die uns vertrauten Neutronen und Protonen darstellen.

Grenzen des Wissens

Das Higgs-Boson harrt noch seiner Entdeckung. Am CERN (Conseil Européen pour la Recherche Nucléaire, zu Deutsch: Europäische Organisation für Kernforschung), einer internationalen, in der Nähe der schweizerisch-französischen Grenze bei Genf beheimateten Großforschungseinrichtung, ist man zuversichtlich, das Elementarteilchen isolieren zu können. Hier werden die Grundbausteine des Universums mit aberwitzigen Geschwindigkeiten zur Kollision gebracht, um ihr Verhalten zu analysieren.

In dem 84 Kilometer langen Teilchenbeschleuniger LHC am CERN – dem *Großen Hadronen-Speicherring* – werden die Teilchen auf eine albtraumhafte Achterbahnfahrt geschickt, angetrieben von riesigen Magneten, die den Energiebedarf einer mittelgroßen Stadt haben. Fast mit Lichtgeschwindigkeit krachen die Elementarteilchen ineinander und setzen dabei unglaubliche Energiemengen frei. Der LHC-Teilchenbeschleuniger am CERN ist das erste technische Gerät, das genügend Energie zu erzeugen imstande ist, um das Higgs-Boson sichtbar zu machen.

Fakten  **zum Angeben**

• Neutrinos – Elementarteilchen, die praktisch über keine Masse verfügen und keine elektrische Ladung aufweisen – treten nicht ohne weiteres mit anderen Teilchen in Wechselwirkung und sind überdies schwer zu entdecken, schwirren sie doch mit annähernder Lichtgeschwindigkeit überall umher. Jede Sekunde schießen ungefähr 50 Billionen von der Sonne stammende Neutrinos durch Ihren Körper.

STRINGTHEORIE

Basics
Das Standardmodell der Elementarteilchenphysik funktioniert zwar gut, ist jedoch komplex und bezieht die Gravitation nicht mit ein. Hierzu müssen wir die Stringtheorie zu Rate ziehen. Nach der Stringtheorie besteht jedes Elementarteilchen aus dem gleichen Grundbaustein, der in seiner Form einer Saite ähnelt und als *String* bezeichnet wird. Diese unglaublich kleinen Bausteine vibrieren in unterschiedlicher Art und Weise, wobei jede Variante ein anders geartetes Teilchen hervorbringt.

Das Schöne am Standardmodell ist die Tatsache, dass es leicht verständlich ist, was man von der Stringtheorie nicht gerade behaupten kann. Die Darstellung ist einfach, die Mathematik jedoch extrem komplex, und darüber hinaus setzt die Stringtheorie ein Universum voraus, das neun räumliche Dimensionen umfasst.

An dieser Stelle sei betont, dass die Strings in der nach ihnen benannten Theorie nicht im wörtlichen Sinne als saitenähnliche Gebilde zu verstehen sind. Diese Beschreibung ist lediglich ein Modell. Wir können uns Teilchen zwar als derartige Strings vorstellen, in Wirklichkeit meinen wir jedoch abstrakte Gebilde, die in ihrem Verhalten an vibrierende Saiten erinnern.

Grenzen des Wissens
Die M-Theorie fügt der Stringtheorie eine weitere Dimension hinzu, erweitert sie also auf zehn räumliche Dimensionen. Der Grundbaustein der M-Theorie ist eine mehrdimensionale Mem-

bran und wird als «Brane» bezeichnet. Diese kann bis zu zehn Dimensionen aufweisen, nimmt aber, wenn sie sich eindimensional durch verschiedene andere Dimensionen windet, die Form eines einfachen Strings an (und macht die Stringtheorie damit zu einem Teilbereich der M-Theorie).

Die M-Theorie beschreibt unser Universum als dreidimensionale Brane, die durch höhere räumliche Dimensionen schwebt. Ihre Geburt stellte für viele Stringtheoretiker eine Erleichterung dar, vereinigt sie doch fünf verschiedene, nicht kompatible Versionen der Stringtheorie.

Fakten  **zum Angeben**

• Niemand weiß, wofür das «M» in M-Theorie steht. Für Membrane, so wurde vermutet (was Sinn macht), oder Mystik oder Magie. Der Physiker Ed Witten, der der M-Theorie ihren Namen gab, hat in dieser Frage nie Klartext geredet.

• Warum können wir nicht alle diese Dimensionen sehen? Man geht davon aus, dass manche so klein in sich verwunden sind – kleiner als ein Atom –, dass wir nicht in der Lage sind, sie auszumachen.

• Diese Theorien sind nicht bewiesen und liefern keine überprüfbaren Vorhersagen. Aus diesem Grund, argumentieren manche Physiker, könne man nicht von einer echten Wissenschaft sprechen.

EIN UNIVERSUM AUF EXPANSIONSKURS

Basics

Was Materie anbelangt, so ist das Universum die letzte Instanz.

Die Erkenntnis, dass sich das Universum ausdehnt, war der entscheidende Schritt, um es verstehen zu können. In den 1920er Jahren wies der Russe Alexander Friedmann nach, dass die allgemeine Relativität – Einsteins Theorie, die die Wechselwirkung von Raum und Zeit beschreibt – die Voraussetzungen für ein sich ausdehnendes Universum schafft. Ausgehend davon, beschrieb der belgische Wissenschaftler Georges Lemaître seine Vorstellungen vom Ursprung des Universums als «kosmisches Ei», in dem die gesamte heute im Universum vorhandene Materie zusammengepresst war. Wenige Jahre später stärkte der amerikanische Astronom Edwin Hubble diese Theorie, hatte er doch beobachtet, dass sich entfernte Galaxien von uns weg bewegen; das ganze Universum schien sich auszudehnen. Aufgrund dieser Expansion gelangten Wissenschaftler anhand jüngster Satellitenaufnahmen und unter Berücksichtigung gegebener Zusammenhänge zwischen Raum und Zeit zu der Erkenntnis, dass das Universum vor ca. 13,7 Milliarden Jahren entstanden sein muss.

Grenzen des Wissens

Einstein war von der Idee eines sich ausdehnenden Universums nicht sonderlich angetan. Er hielt es eher mit der These, das

Universum sei statisch – eine allgemein gängige Vorstellung, bis Hubble seine wissenschaftlichen Untersuchungen präsentierte. Also «frisierte» er die Gleichungen seiner allgemeinen Relativitätstheorie und ergänzte sie durch die sogenannte «kosmologische Konstante», um jeglicher Expansion des Universums entgegenzuwirken und seine statische Form festzuschreiben. Später bezeichnete er diese Konstante als seinen «größten Fehler» überhaupt, auch wenn heutige Theorien mitunter nicht ohne sie auskommen.

Fakten  **zum Angeben**

• Verfolgen wir die Expansion des Universums zeitlich zurück, landen wir schließlich beim Urknall, und so erscheint es möglich, in ähnlicher Weise den Beginn unseres Universums räumlich zurückzuverfolgen und einen bestimmten Punkt zu ermitteln, an dem sich der Urknall ereignete. Da sich der Raum jedoch selbst ausdehnt, ist dieser Punkt, an dem das Universum entstand, überall. Einen bestimmten Punkt, an dem alles begann, gibt es nicht.

DUNKLE ENERGIE

Basics

Dunkle Materie ist nicht die einzige obskure Ecke der Physik. Kosmologen sind davon überzeugt, dass es daneben etwas gibt, das als Dunkle Energie bezeichnet wird. (Dies alles gehörte eigentlich in das Kapitel «Energie», wären da nicht außerordentlich viel Berührungspunkte mit der Kosmologie.)

Die Urknalltheorie beschreibt eine anfänglich extrem rasche Expansion des Universums – die sogenannte *Inflation* –, die sich später verlangsamt, was dem immerwährenden Kampf zwischen der Expansion des Universums und der Anziehungskraft der sich darin befindlichen Materie geschuldet ist. Seit den 1990er Jahren sind wir allerdings besser gerüstet, um die Geschwindigkeit zu messen, mit der diese Expansion vonstattengeht, und so können wir heute eines mit Bestimmtheit sagen: Tendenz steigend! Etwas wirkt der Schwerkraft entgegen und hält das Universum auf Expansionskurs. Und dieses «Etwas» wird als «Dunkle Energie» bezeichnet. Praktischerweise entspricht sie Einsteins kosmischer Konstante, auch wenn ihre Kraft in die entgegengesetzte Richtung wirkt.

Grenzen des Wissens

Um ermitteln zu können, mit welcher Geschwindigkeit sich das Universum heute im Verhältnis zu früher ausdehnt, mussten die Forscher, die die Dunkle Energie entdeckten, einen weiten Blick in die Tiefen des Universums werfen. Da sich das Licht nicht unendlich schnell fortbewegt, seine Geschwindigkeit also begrenzt ist, gelangt der Betrachter umso weiter zurück in die Vergangenheit, je tiefer sein Blick ins All reicht. Um Entfernungen besser einschätzen zu können, bedienen sich Astronomen sogenannter «Standard Candles» – Objekte im All, denen eine konsistente Leuchtkraft zugeschrieben wird. In unserem Fall diente eine Supernova als derartige Orientierungshilfe, also das durch eine gewaltige Explosion verursachte helle Aufleuchten, wenn sich ein Weißer Zwerg einen benachbarten Stern einverleibt und so groß wird, dass er kollabiert. Da derartige Explosionen von Typ und Größe des Sterns abhängig sind, weisen sie eine konsistente Leuchtkraft auf und eignen sich daher in idealer Weise, um einen Blick in die kosmische Vergangenheit zu werfen.

Fakten  **zum Angeben**

• Dunkle Energie ist durchaus kein Phänomen vom andern Stern. Wenn sie existiert, dürfte sie 70 Prozent der gesamten Energie (und somit Materie) des Universums ausmachen. Erinnern wir uns: $E = mc^2$ bedeutet, dass wir – listen wir die Bestandteile des Universums auf – Energie und Materie als austauschbare Komponenten betrachten. Mehr als zwei Drittel aller im Universum vorkommenden Objekte scheinen diese merkwürdige Energiequelle zu bilden, deren Output das Universum auseinanderreißt.

DER URKNALL

Basics

Leichte Elemente wie etwa Wasserstoff existierten seit jeher – seitdem das Universum besteht und sich ausdehnt –, wohingegen die schwereren, Feststoffe bildenden Elemente erst in frühen Stern- und Supernovaexplosionen aus den leichteren entstanden. Woher jedoch stammte die ursprünglich vorhandene Materie?

Die gängigste Theorie ist die des Urknalls, der sich vor ungefähr 13,7 Milliarden Jahren ereignete und die Geburtsstunde von Raum und Zeit darstellt. Die moderne Urknalltheorie beschreibt eine anfängliche Fluktuation in der neu geschaffenen Raumzeit, einen unendlich dichten und heißen Punkt, der sich zunächst in einer als Inflation bezeichneten Phase explosionsartig ausdehnt, um anschließend einen Gang zurückzuschalten und seine Expansion eher gleichmäßig fortzusetzen, wie dies heute der Fall ist. Was ursprünglich ein extrem heißer Feuerball war, kühlte schließlich ab und kondensierte, wodurch aus Plasma Gasmoleküle entstanden, die unter dem Einfluss der Schwerkraft zusammenklumpten und die Galaxien hervorbrachten.

Grenzen des Wissens

Früher glaubte man, das Universum könnte möglicherweise einen Zyklus zwischen Expansion und Kollaps durchlaufen und der Urknall stellte lediglich einen Schritt in einer ganzen Reihe sich wiederholender Zyklen dar, die Urknall, Expansion, Kollaps und Zerfall umfassen.

Allerdings gibt es keine Anzeichen dafür, dass das Universum jemals aufhören wird, sich auszudehnen, und darüber hinaus birgt ein simpler, sich wiederholender Zyklus physikalische Probleme, sodass im Rahmen der elementaren Urknalltheorie ein einziges Universum am wahrscheinlichsten ist, das sich fortwährend ausdehnt und immer energieärmer wird, bis es den sogenannten «Wärmetod» stirbt und alles Leben erlischt.

Fakten  zum Angeben

• Als Joni Mitchell in den 1960er Jahren in ihrem Lied «Woodstock» von den Menschen als Sternenstaub sang («We are stardust»), lag sie durchaus richtig, entstanden doch alle Feststoffe in frühen Stern- und Supernovaexplosionen.
• Der Begriff «Urknall» wurde zum ersten Mal von dem Astronomen Fred Hoyle in einer BBC-Radiosendung im Jahr 1950 verwendet. Zunächst glaubte man, seine Äußerungen seien sarkastisch gemeint gewesen, da er Verfechter einer anderen Theorie war, was sich jedoch als nachhaltiger Irrtum erwies.
• Die Urknalltheorie stellt die wahrscheinlichste aller unserer Thesen zur Entstehung des Universums dar, basiert jedoch lediglich auf indirekten Beweisen. Sie ist in keiner Weise wissenschaftlich erwiesen und wird in der Regel erheblich überbewertet.

MULTIVERSEN UND BRANEN

Basics

Die Urknalltheorie ist nicht die einzige These, die zu erklären versucht, von woher ursprünglich die Materie im Universum stammte. Den besten Beweis für den Urknall liefert uns die kosmische Hintergrundstrahlung, eine schwache elektromagnetische Mikrowellenstrahlung, die das gesamte All ausfüllt. Mit Hilfe der Satelliten COBE und WMAP ist es Wissenschaftlern gelungen, geringfügige Schwankungen dieser Strahlung zu messen, und das aus diesen Messungen gewonnene Datenmaterial spricht tatsächlich für die Urknalltheorie. Allerdings nicht ausschließlich.

Eine andere Theorie hält an dem Urknall fest, beschreibt ihn jedoch als lokales Ereignis und nicht als den Beginn von Raum und Zeit. Wäre dies der Fall, könnte es sich um einen Urknall von vielen in einem aus vielen Universen bestehenden Multiversum handeln. Jedes dieser Universen blähte sich wie eine Seifenblase innerhalb der wesentlich größeren Dimensionen der kosmischen Raumzeit auf, wobei die weiteren Seifenblasen-Universen von uns gänzlich unbemerkt blieben.

Grenzen des Wissens

Andere Theorien zur Entstehung des Universums nehmen sich noch exotischer aus. So stellt das sogenannte «Ekpyrotische Universum» ein kosmologisches Modell dar, das auf der

M-Theorie basiert und unser Universum als Bestandteil eines Universenpaares versteht, von denen jedes mit eigenen Branen ausgestattet ist. Dadurch wird die Schwerkraft in die Lage versetzt, auf das jeweils andere Universum zu wirken und das Universenpaar schließlich zur Kollision zu bringen. Und genau diese Kollision löst den Urknall aus. Aufgrund ihrer seltsamen Struktur könnten sich diese Branen unendlich weit ausdehnen, wobei sie gelegentlich kollidierten und so einen unaufhörlichen Lebenszyklus mit einem sich unzählige Male wiederholenden Urknall schüfen – und damit ein Universum, das ewig Bestand hätte.

Andere Theorien halten es für möglich, dass unser Universum virtueller Natur ist, das wie eine überdimensionierte Version von *Matrix* auf einem Computer läuft. Oder aber eine holographische Projizierung darstellt, die lediglich über drei räumliche Dimensionen verfügt. Oder sich sogar in einem Schwarzen Loch befindet.

Fakten  **zum Angeben**

• Die ersten Spuren kosmischer Mikrowellen-Hintergrundstrahlung wurden 1965 in Holmdel im US-Bundesstaat New Jersey von einem frühen Radioteleskop geortet. Die Wissenschaftler Robert Wilson und Arno Penzias glaubten zuerst, die störenden Hintergrundgeräusche seien von Taubenkot auf ihrem Messgerät verursacht worden.

DUNKLE MATERIE

Basics

Die gute Nachricht ist, dass alle Sterne und Planeten, die wir sehen können, scheinbar aus der gleichen Materie bestehen, wie wir sie auf der Erde kennen. Für Astronomen stellt diese Sicht der Dinge allerdings eine unzulässige Vereinfachung dar.

Irgendetwas stimmt nicht mit der Art und Weise, wie sich die Galaxien bewegen. Dreht man ein Objekt sehr schnell im Kreis, fliegt es schließlich auseinander. Nun drehen sich die meisten Galaxien in der Tat ausgesprochen schnell im Kreis, und die einzige Kraft, die verhindert, dass die in der Galaxie beheimateten Sterne in den intergalaktischen Raum schießen, ist die Gravitation. Aber selbst großzügigste Schätzungen, wie viel Materie sich innerhalb einer Galaxie befindet, zeigen, dass es sich um zu wenig handelt, um diese zusammenzuhalten. Astronomen vermuten, dass es in der Galaxis mehr Materie gibt, als wir sehen können – sogenannte «Dunkle Materie».

Das Sonnensystem weist eine ganze Reihe von Objekten auf, die nur schwer zu sehen sind – wie etwa Asteroiden oder Staub –, aber selbst wenn man diesen eine geradezu galaktische Anzahl zuschriebe, wäre nie und nimmer auch nur annähernd genug Materie vorhanden. Selbst die massereichen Schwarzen Löcher, die im Zentrum vieler Galaxien vermutet werden – wie etwa unseres in der Milchstraße –, verfügen nicht über genug Masse, um dieses merkwürdige Verhalten zu erklären. Hinter Dunkler Materie muss mehr stecken.

Grenzen des Wissens

Das mit Hilfe der zur Messung der kosmischen Hintergrundstrahlung eingesetzten Satelliten COBE und WMAP gewonnene Datenmaterial spricht – zumindest hypothetisch – für die Existenz Dunkler Materie. Leichte Veränderungen dieses kosmischen Hintergrunds werden von den Astronomen als Materieansammlungen in den frühen Jahren des Universums interpretiert, die später zu Galaxien wurden. Aber die Gesamtmenge an Materie, die sich aus diesen Messergebnissen ableiten lässt, deutet darauf hin, dass einst nicht genug gewöhnliche Materie vorhanden war, um die Schwerkräfte auszulösen, die zur Entstehung der Galaxien in ihrer heutigen Form vonnöten gewesen wären.

Fakten  zum Angeben

• Kosmologen unterscheiden als mögliche Quellen Dunkler Materie sogenannte MACHOS (Massive Compact Halo Objects) und WIMPS (Weakly Interacting Massive Particles). MACHOS – sich im Halo einer Galaxie aufhaltende kompakte massereiche Objekte – bestehen aus herkömmlicher Materie, die wir nicht sehen können, während WIMPS – schwach wechselwirkende massereiche Teilchen – eine andere Teilchenart darstellen, die wir bislang noch nicht entdeckt haben. Diese hypothetischen Teilchen der besonderen Art interagieren nicht mit Photonen (aus diesem Grund können wir sie nicht sehen), verfügen aber dennoch über Masse und tragen so dazu bei, eine Galaxie zusammenzuhalten.

• Manche Kosmologen glauben, dass sich die Schwerkraft in galaktischen Größenordnungen anders verhält, als dies bei einzelnen atomaren Teilchen der Fall ist. Was gar nicht so unwahrscheinlich ist, wie es vielleicht auf den ersten Blick scheint: Die physikalischen Eigenschaften atomarer Teilchen jedenfalls sind gänzlich andere. Es gibt eine physikalische Hypothese namens MOND (Modifizierte Newton'sche Dynamik), die die Effekte beschreibt, die Dunkler Materie zugeschrieben werden, ohne all diese Zusatzparameter bemühen zu müssen.

KAPITEL ZWEI
QUANTENTHEORIE

★ ★ ★ ★ ★ ★ ★ ★ ★ ★ ★ ★ ★ ★

QUANTEN

★ ★ ★ ★ ★ ★ ★ ★ ★ ★ ★ ★ ★ ★

Basics

Die Quantentheorie erklärt, wie die Welt in kleinstem Maßstab funktioniert. Wir sind es jedoch gewohnt, die Dinge in größerem Maßstab zu sehen; unser natürliches Verständnis von der Funktionsweise dieser Welt hängt mit dem Verhalten dieser «Makro»-Objekte zusammen. Aber die Gesetze der Makro-Welt gelten nicht im Mikrokosmos von Atomen, Elektronen und Photonen.

Das Wort «Quant» (Plural «Quanten») ist vom lateinischen *quantus* abgeleitet, was so viel bedeutet wie «wie viel». In der Physik stellt ein Quant die kleinste existierende Mengeneinheit einer physikalischen Größe dar. Infolgedessen versteht man unter einem Quantensprung den kleinsten möglichen Sprung, den ein Objekt auszuführen imstande ist, wobei es sich in der Regel um den Sprung eines Elektrons von einem Energieniveau zum nächsten handelt. Dies lässt die landläufige Meinung widersinnig erscheinen, ein «Quantensprung» sei ein Riesenschritt nach vorn.

Dem deutschen Physiker Max Planck war es vorbehalten, die Quantenrevolution in Gang zu setzen. Er erkannte, dass er die Art und Weise zu erklären imstande war, wie heiße Objekte Licht abgeben, wenn er die Vorgabe machte, das Licht sei in kleinen Packen – die Einstein später als Quanten bezeichnen sollte – gebündelt. Planck glaubte nicht an diese Bündelung, sie diente ihm lediglich zur Vereinfachung seines mathematischen Ansatzes. Einstein war es schließlich, der den kühnen Schritt wagte und die Behauptung aufstellte, dass dieses Phänomen tatsächlich existiert.

Grenzen des Wissens

Die gesamte Elektronik fußt auf der Quantentheorie, aber in Zukunft könnte es durchaus noch bahnbrechendere Technologiesprünge geben. In der elektronischen Datenverarbeitung gibt es zum Beispiel Probleme, deren Lösung selbst für die leistungsstärksten Rechner der heutigen Computergeneration einen Zeitraum in Anspruch nehmen würde, der der gesamten Lebensdauer des Universums entspricht. Sind wir in der Lage, einzelne Quantenteilchen als Computerbits einzusetzen, könnte sich der Rechner die Fähigkeit eines Quantenteilchens zunutze machen, mehrere physikalische Zustände gleichzeitig anzunehmen, wären die angedeuteten Probleme geradezu pulverisiert.

Versucht man beispielsweise, anhand einer Telefonnummer den Namen einer Person im Telefonbuch zu ermitteln, kann dies ewig lange dauern. Geht man von einer Million Einträgen aus, muss man unter Umständen eine Million Telefonnummern überprüfen, um auf die richtige zu stoßen. Dagegen benötigte ein Quantencomputer gerade einmal 1000 Nummernchecks, um den gesuchten Eintrag zu ermitteln.

Fakten zum Angeben

• Als Student konnte sich Max Planck nicht zwischen Physik und Musik entscheiden. Phillip von Jolly, sein Physik-Professor, riet ihm zu einem Musikstudium, war die Physik doch aus seiner Sicht – abgesehen von ein paar kleineren Problemen – bereits umfassend erklärt. Diese kleineren Probleme sollten sich schließlich als die beiden Grundpfeiler der modernen Physik erweisen – Quantentheorie und Relativität.

DIE ULTRAVIOLETT-KATASTROPHE

Basics

Die Physik des 19. Jahrhunderts (die den meisten von uns noch in der Schule beigebracht wurde) wies ein paar Punkte auf, die richtiggestellt werden mussten. Wie etwa die «Ultraviolett-Katastrophe», der es schließlich vorbehalten war, das Quantenzeitalter einzuläuten.

Dabei handelte es sich um ein Problem mit der Strahlung schwarzer Körper. Unter einem schwarzen Körper versteht man ein hypothetisches Objekt, das elektromagnetische Strahlung bei jeder Wellenlänge vollständig absorbiert, also auch Licht. Jedes einzelne Photon verschwindet, wenn es auf einen schwarzen Körper trifft. Ein schwarzer Körper ist wahrhaftig tiefschwarz, ein sichtbares Nichts. Und seine Strahlung ist nichts weiter als von einem schwarzen Körper emittiertes Licht. Allerdings scheint dies alles überhaupt keinen Sinn zu ergeben. Wenn der schwarze Körper, wie wir soeben konstatiert haben, tatsächlich jedes Lichtteilchen absorbiert, das auf ihn trifft – wie kann es dann sein, dass er strahlt?

Diese Strahlung ist damit zu erklären, dass Materie auf zweierlei Art und Weise Licht freisetzt. Zum einen geschieht dies durch Reflexion. Bei der anderen Variante werden jedoch Photonen erzeugt. Erhitzt man ein Atom, führt man seinen Elektronen Energie zu, und hin und wieder setzt eines dieser energiegeladenen Elektronen eine kleine, gebündelte Energiemenge in Form eines Photons frei. Das Objekt glüht; je heißer es ist, desto energiereicher sind die Photonen. Mit steigender Temperatur wird das Objekt erst rot-, dann gelb- und schließlich weißglühend – ein Glühen, wie es bei der Strahlung schwarzer Körper zu beobachten ist. Und da ein schwarzer Körper alles Licht, das auf ihn trifft, vollständig absorbiert, kann diese Strahlung definitiv nicht reflektiertem Licht geschuldet sein.

Es war bekannt, dass durch die Strahlung schwarzer Körper umso mehr Energie freigesetzt wird, je kürzer die Wellenlänge – sprich: je höher die Frequenz – ist. Was für kurzwelliges Licht wie Ultraviolett bedeutete, dass ein schwarzer Körper gewaltige Mengen an Strahlung ausstöße, ganz zu schweigen von den extrem hohen Frequenzen, deren Strahlungs-Output sich dem Bereich der Unendlichkeit näherte. Und dies war offensichtlich nicht der Fall.

Grenzen des Wissens
Der deutsche Physiker Max Planck umschiffte dieses Problem, indem er sich vorstellte, das von einem schwarzen Körper freigesetzte Licht sei wie in Packen gebündelt. Im Jahr 1900 wies er nach, dass es für diese Packen nur einige wenige Möglichkeiten gibt, kurzwelliges Licht zu emittieren.

Fakten  **zum Angeben**
- Planck wurde der Nobelpreis zuerkannt, obwohl er selbst nur halbherzig an seine Idee glaubte. In der Laudatio hieß es, die Preisverleihung erfolge «in Anerkennung der Verdienste, die er sich mit seiner Entdeckung von Energiequanten zum Wohl des physikalischen Fortschritts erworben hat». Planck hatte ohnehin Glück, dass er seinen Nobelpreis während der Wirren des Ersten Weltkriegs überhaupt bekam, wurde in jenem Jahr doch weder ein Nobelpreis für Literatur noch für Medizin oder etwa ein Friedensnobelpreis vergeben.

EINSTEIN UND DER PHOTOELEKTRISCHE EFFEKT

Basics

In einer bemerkenswerten, im Jahr 1905 veröffentlichten wissenschaftlichen Arbeit (für die er später seinen Nobelpreis bekommen sollte) stellte Albert Einstein die These auf, Licht bestünde aus Quanten. Entgegen der vorherrschenden Meinung stellte er sich Licht nicht als kontinuierliche Wellen vor, sondern – wie dies Max Planck vorausgesehen hatte – als winzige Packen gebündelter Energie, genauer gesagt als einzelne energiereiche Teilchen (die später als Photonen bezeichnet wurden).

In seiner Abhandlung über das Licht wies Einstein ebenfalls nach, dass sich die Strahlung innerhalb eines schwarzen Körpers genau wie ein aus Teilchen bestehendes Gas verhält; so konnte er die gleichen statistischen Verfahren anwenden, wie er dies bei Gasen bereits erfolgreich getan hatte. Mehr noch, Einstein sagte voraus, dass dieses quantisierte Licht einen schwachen elektrischen Strom zu erzeugen imstande ist, wenn es auf bestimmte Metalle fällt – ein Phänomen, das zwar bereits beobachtet worden war, bis dato aber noch nicht erklärt werden konnte. Dieser photoelektrische Effekt machte die bahnbrechende Bedeutung der wissenschaftlichen Abhandlung aus.

Grenzen des Wissens

Einsteins Theorie wurde von dem Mann aufgegriffen und ergänzt, der später auf dem Gebiet der Quantentheorie zu seinem wissenschaftlichen Sparringspartner avancierte – dem dänischen Physiker Niels Bohr.

Im Jahr 1913 entwickelte Bohr ein Modell der Atomstruktur, das zur Erklärung seiner Funktionsweise auf Einsteins Quanten zurückgriff. Bohrs Grundgedanke bestand darin, das Atom mit seinem winzigen, aber schweren, von wesentlich kleineren Elektronen umgebenen Kern als eine Art Sonne zu betrachten, die von Planeten und deren Satelliten auf einer Umlaufbahn umkreist wird. Wie in Kapitel eins erwähnt, könnte dies nur funktionieren, wenn die Elektronen auf bestimmten, festen Bahnen unterwegs wären. Anstatt nur um den Kern zu schwirren, wären sie gezwungen, von Orbit zu Orbit zu springen. Und jeder dieser Sprünge führte dazu, einen dieser winzigen Packen, eines dieser Lichtteilchen – ein Photon – zu absorbieren oder freizusetzen. In Bohrs Modell kam den Quanten eine zentrale Bedeutung für die Wechselwirkung zwischen Licht und Materie zu.

Fakten  **zum Angeben**

• *Planck kritisierte Einsteins Thesen in ausgesprochen herablassender Weise. Als er den jungen Einstein im Jahr 1913 für die Preußische Akademie der Wissenschaften empfahl, suchte er darum nach, man möge es nicht zum Nachteil Einsteins auslegen, dass dieser mitunter «das Ziel in seinen Spekulationen verfehlte, wie zum Beispiel geschehen im Falle seiner Lichtquantentheorie».*

WELLE-TEILCHEN-DUALISMUS

Basics
Einsteins gewagte These, Licht als Teilchen zu beschreiben, überraschte jedermann gleichermaßen, war doch gemeinhin unumstößlich klar, dass Licht aus Wellen bestand.

Thomas Young wies im Jahr 1801 in einem denkbar einfachen Experiment nach, dass Licht Interferenzmuster zu erzeugen imstande war, wenn es einen schmalen Doppelspalt passierte. Die Strahlenbündel warfen Licht- und Schattenmuster auf einen Beobachtungsschirm, die genau der Zu- oder Abnahme der Lichtwellenamplituden entsprachen – ein Verhalten, wie dies bei Wellen auf der Wasseroberfläche zu beobachten ist. Weit und breit schien keine andere Erklärung möglich.

Wissenschaftlern war es damals ein Rätsel, wie diese Muster von einem Teilchenstrom erzeugt werden konnten. Ein Teilchen musste die Strecke von der Lichtquelle bis zum Schirm auf einer bestimmten Bahn zurücklegen. Leitet man nun Teilchen durch einen Doppelspalt, müsste sich dies in zwei hellen Flächen (jeweils eine hinter jedem Spalt) und großen dunklen Streifen niederschlagen und nicht etwa das abwechselnde Hell-Dunkel-Muster hervorrufen, das klar und deutlich zu sehen war. Ebenso kann Licht, wie Wellen, in der Weise gebeugt werden, dass es um Ecken zu strahlen imstande ist – ein Phänomen, das als Diffraktion bezeichnet wird –, wohingegen die Teilchen in der Manier von Geschossen ausschließlich kerzengerade Bahnen beschreiben.

Was fing nun die Wissenschaft mit dieser neuen Entdeckung an, dass sich Licht wie ein Teilchen verhält, wenn es mit Materie in Wechselwirkung tritt? Antwort: Sie gelangte zu der Erkenntnis, dass Licht sowohl Wellen- als auch Teilchencharakter hat und mithin eine Eigenschaft besitzt, die heute unter der Bezeichnung «Welle-Teilchen-Dualismus» geläufig ist.

Grenzen des Wissens
Diese Thesen über die Eigenschaften von Licht sind Modelle. Jedoch nicht etwa im wörtlichen Sinne wie die Kugel-Stab-Molekülmodelle, mit denen Sie vielleicht in der Schule Bekanntschaft gemacht haben, vielmehr handelt es sich um reine Denkmodelle. Wenn wir sagen, Licht ist eine Welle oder ein Teilchen, meinen wir, dass wir das Modell einer Welle oder eines Teilchens heranziehen, um dessen Verhalten zu erklären. Licht ist *wie* eine Welle oder ein Teilchen, stellen Wellen und Teilchen doch greifbare Objekte unserer realen Welt dar. In der Welt der Quanten jedoch ist Licht einfach nur Licht.

Fakten  **zum Angeben**
• Im Jahr 1924 stellte der renommierte französische Physiker Louis de Broglie die Überlegung an, dass andere Quantenteilchen eigentlich auch in der Lage sein müssten, sich wie Wellen zu verhalten, wenn Lichtteilchen dies können. Er wies nach, dass Elektronen – die normalerweise als Teilchen betrachtet werden – ebenfalls das Verhalten von Wellen an den Tag zu legen imstande sind, Interferenzmuster erzeugen und gebeugt werden können.

WAHRSCHEINLICHKEITS-PROBLEME

Basics

Der deutsche Physiker Werner Heisenberg verfolgte de Broglies Entdeckung weiter, dass Elektronen Wellencharakter haben können, und wartete mit einer völlig abstrakten mathematischen Beschreibung von Quantenprozessen auf. Parallel dazu setzte sich der Österreicher Erwin Schrödinger mit den mathematischen Strukturen von de Broglies Wellen auseinander und beschrieb, wie sich die Wellen von Quantenteilchen im Laufe der Zeit veränderten. Der britische Physiker Paul Dirac war es schließlich, der diese beiden offensichtlich einander zuwiderlaufenden Thesen zur Quantenmechanik zusammenfasste. Allerdings gab es ein Problem.

Wären Schrödingers Wellengleichungen wahrheitsgetreue Beschreibungen des Verhaltens von Quantenteilchen, bedeutete dies, dass sich die Teilchen selbst zerstören müssten. Wenn ein Teilchen wie etwa ein Elektron im wörtlichen Sinne eine Welle darstellte und sich verhielte, wie in Schrödingers Gleichungen beschrieben, würde es sich in alle Richtungen ausbreiten und sich anschließend auflösen. Max Born, ein Freund Einsteins, gelang es schließlich, diese Wellengleichungen der Praxis zugänglich zu machen.

Um Schrödingers Gleichungen mit der sichtbaren Welt in Einklang zu bringen, postulierte Born, sie beschrieben nicht die Art und Weise, wie sich ein Teilchen bewegt, sondern vielmehr die

Wahrscheinlichkeit, dass sich ein Teilchen an einer bestimmten Stelle befindet. Die Gleichungen stellten keine Beschreibung eines Teilchens dar, sondern ein unscharfes Bild seiner wahrscheinlichen Positionen.

Grenzen des Wissens
Dass die Quantentheorie auf Wahrscheinlichkeit beruht, ging Einstein gegen den Strich. Er wollte sich nicht mit dieser Zufälligkeit abfinden und spürte, dass es eine stringente Kausalkette geben musste, die der physikalischen Struktur der Theorie zugrunde liegt. Aus seiner Sicht konnte sowohl der Zeitpunkt vorausgesagt werden, wann ein Elektron aus einem Stück Metall springt, als auch die Richtung, in die es entschwirrt – vorausgesetzt, alle Fakten waren zur Hand. Die Quantentheorie besagt jedoch, es sei unmöglich, Zeitpunkt oder Richtung im Voraus zu bestimmen. Weiterhin besagt sie, dass ein Teilchen so lange keine feste Position innehat, bis eine Messung stattfindet: Der bloße Akt des Messens macht die Position des Teilchens von einer Wahrscheinlichkeit zu einem tatsächlich existierenden Wert.

Fakten  **zum Angeben**
• *Der auf Wahrscheinlichkeit beruhende Charakter der Quantentheorie kommt besonders deutlich in dem Maß der radioaktiven «Halbwertszeit» zum Ausdruck. Darunter versteht man die Zeit, in der im Schnitt die Hälfte der instabilen Atome eines radioaktiven Stoffes zerfällt. Allerdings können wir nicht vorhersagen, wann dieser Fall eintreten oder um welches Atom es sich handeln wird.*

DIE UNSCHÄRFERELATION

Basics

Heisenberg wies nach, dass Quantenteilchen über Eigenschaftenpaare verfügen, die unmöglich gleichzeitig bis ins letzte Detail gemessen werden können (mit «Eigenschaften» sind Parameter wie Masse, Position oder Geschwindigkeit eines Objekts gemeint). Je genauer man eine dieser Eigenschaften kennt, desto ungenauer lässt sich sein Pendant messen. Je präziser etwa das Momentum eines Teilchens bestimmt werden kann, desto schwieriger gestaltet es sich, etwas über seine Position zu sagen (unter «Momentum» versteht man die Masse des Teilchens multipliziert mit seiner Geschwindigkeit). Weiß man ganz genau, welches Momentum ein Quantenteilchen hat, könnte es sich im Extremfall überall im Universum befinden.

Die Unschärferelation macht es für Quantenteilchen unumgänglich, ständig in Bewegung zu bleiben. Würden sie ihre Bewegungsaktivität einstellen, könnte man ihre Position exakt bestimmen und genau feststellen, wie groß ihr Momentum ist (null). Der Grund, warum es eine unerreichbare Tiefsttemperatur gibt, den absoluten Nullpunkt (–273,15 Grad Celsius oder –459,67 Grad Fahrenheit), liegt darin, dass die Temperatur ein Maß für die Bewegungsenergie der Atome des zu messenden Objekts darstellt. Am absoluten Nullpunkt würden sie aufhören, sich zu bewegen.

Grenzen des Wissens

Stellen wir uns – um die Unschärferelation zu verstehen – einmal vor, wir fotografierten ein Objekt, das mit hohem Tempo vorbeifliegt. Schießen wir unser Foto mit einer extrem schnellen Verschlusszeit, bannt unsere Kamera das Objekt messerscharf im All, und wir können uns ein klares Bild davon machen, wie es aussieht. Aber anhand des Fotos können wir nicht das Geringste über die Bewegung des Objekts sagen. Es könnte stillstehen, ebenso jedoch rasant vorbeisausen. Machen wir die Aufnahme mit einer langsamen Verschlusszeit, erscheint das Objekt als langgezogener, verschwommener Fleck. In diesem Fall sagt das Foto nicht allzu viel über das Aussehen des Objekts aus, dafür umso mehr über seine Bewegungsaktivität. So in etwa hat man sich die Korrelation zwischen Momentum und Position vorzustellen.

Fakten  **zum Angeben**

• Als Heisenberg die Unschärferelation aufstellte, bediente er sich des Beispiels eines imaginären Mikroskops, mit dem er ein Quantenteilchen betrachtete. Da beim Betrachten Photonen auf das Teilchen trafen, verschoben sie dieses, sodass es unmöglich war, seine Position genau zu bestimmen. Heisenberg war den Tränen nahe, als sein Chef, Niels Bohr, anmerkte, dies alles sei Unsinn; die Unschärfe wohnte dem Teilchen von Natur aus inne, egal ob man das Teilchen nun betrachtete oder nicht.

DER TUNNELEFFEKT

Basics

Stellen wir uns ein Teilchen vor, das herumschwirrt, bis es auf eine Barriere trifft, auf etwas, das es nicht passieren kann. Da die Position eines Quantenteilchens irgendwo – mit jeweils unterschiedlichen Wahrscheinlichkeiten – in den unendlichen Weiten des Weltalls liegt, besteht die Möglichkeit, dass sich ein Teilchen bereits jenseits dieser Barriere befindet. Dies ist ein häufig zu beobachtendes Phänomen. Überwindet ein Quantenteilchen eine Barriere auf diese Art und Weise, spricht man von einem «Tunneleffekt». Das Teilchen hält sich allerdings zu keiner Zeit innerhalb der Barriere selbst auf, wie dies bei einem klassischen Tunnel der Fall wäre, sondern kommt sofort auf der anderen Seite zum Vorschein.

Im Prinzip ist jedes Quantenteilchen in der Lage, jedwede Barriere zu durchtunneln. Zum Beispiel könnten alle Quantenteilchen in einem Auto gleichzeitig die Garagenwand durchtunneln und auf der anderen Seite der Wand auftauchen. Aber die Wahrscheinlichkeit, dass dieser Fall eintritt, ist so gering, dass man dieses Phänomen möglicherweise selbst dann nicht zu Gesicht bekäme, wenn man die gesamte Lebensdauer des Universums lang darauf wartete. Auf der Ebene einzelner Quantenteilchen jedoch ist dieser Effekt ständig zu beobachten.

Eine Barriere kann etwas sein, zu dessen Überwindung dem Teilchen die notwendige Energie fehlt. Es könnte sich um etwas handeln, das ein Teilchen für gewöhnlich absorbiert oder reflektiert, oder gar um etwas, das das Teilchen abstößt.

Grenzen des Wissens

Der Tunneleffekt ist geeignet, ein Signal schneller als Lichtgeschwindigkeit zu übertragen (siehe Kapitel drei, Abschnitt «Schneller als das Licht»), da die Durchtunnelung als solche das Teilchen keine Zeit kostet. Stellen wir uns ein Lichtteilchen vor, das zunächst eine Strecke von einem Zentimeter im All zurücklegt, dann eine ein Zentimeter dicke Barriere überwindet und schließlich einen weiteren Zentimeter des Alls durchquert. Es bewältigt drei Längeneinheiten in einer Zeit, in der selbst das Licht lediglich zwei zurückzulegen imstande ist, bewegt sich also mit anderthalbfacher Lichtgeschwindigkeit fort.

Fakten  **zum Angeben**

• *Ohne den quantenmechanischen Tunneleffekt wäre auf der Erde kein Leben möglich. Die Funktionsweise der Sonne besteht darin, Kerne von Wasserstoffatomen unter Druck zu Helium zu fusionieren, was gigantische Energiemengen freisetzt. Aber selbst die extrem hohe Temperatur und der gewaltige Druck im Innern der Sonne kommen gegen die abstoßende Kraft der Barriere nicht an und sind nicht in der Lage, die positiv geladenen Kerne dicht genug aneinanderzupressen. So ist es ausschließlich dem Tunneleffekt geschuldet, dass die Kerne sich einander annähern und verschmelzen. Es klingt unglaublich, aber die Sonne beherbergt so viele Teilchen, dass jede Sekunde Millionen Tonnen von Wasserstoff in Helium umgewandelt werden.*

DIE KOPENHAGENER DEUTUNG

Basics

Es hört sich zwar eher nach *Die Bourne Identität* an, aber die Kopenhagener Deutung ist ein Teil der Quantenphysik. Und deren Theorien funktionieren erstaunlicherweise ausgezeichnet. Auf keinem anderen wissenschaftlichen Gebiet lassen sich präzisere Vorhersagen treffen als etwa in der Quantenelektrodynamik (QED), der Wissenschaft, die sich mit der Wechselwirkung von Materie und Licht beschäftigt.

Allerdings hat die Quantenphysik auch ihre Schattenseiten. Wissenschaftler fragen nicht nur nach dem «Was», sondern auch nach dem «Warum». Sie wollen wissen, *warum* Quantenphysik in der Weise funktioniert wie dies der Fall ist – eine Funktionsweise, die in der uns vertrauten Makro-Welt unwirklich erscheint. Als gängigste Interpretation der Quantenmechanik gilt die Kopenhagener Deutung.

Grenzen des Wissens

Die Kopenhagener Deutung ist kein Dokument, sondern stellt eher die gesammelten Werke von Bohrs Forschergruppe dar. So beinhaltet sie unter anderem die These, dass das Verhalten eines Quantenteilchens einer Wahrscheinlichkeitsinterpretation – der sogenannten «Wellengleichung» – gehorcht, ebenso wie der Heisenberg'schen Unschärferelation, dem Welle-Teilchen-Dualismus und der Vorstellung, dass Quantenteilchensysteme in ihrem Verhalten zunehmend klassischen Makro-Systemen ähneln, je größer sie werden. Darüber hinaus wird in der Kopenhagener Deutung postuliert, dass sich Quantenteilchen in einem Überlagerungszustand befinden, bis eine Beobachtung ihrer Eigenschaften – sprich: eine Messung – stattfindet.

Fakten  **zum Angeben**

• Die Kopenhagener Deutung trägt den Namen der dänischen Hauptstadt nicht von ungefähr, spielten der dänische Wissenschaftler Niels Bohr und sein Forschungsinstitut in Kopenhagen doch eine ganz entscheidende Rolle in der vehement geführten wissenschaftlichen Diskussion, was hinter der Mathematik steckt.

• Sollte Ihnen ob all dieser Interpretationen der Quantentheorie der Kopf rauchen, trösten Sie sich mit den Worten des großen amerikanischen Physikers Richard Feynman, der einst sagte: «Aus Sicht des gesunden Menschenverstandes liefert die Theorie der Quantenelektrodynamik eine absurde Beschreibung der Natur. Und ist dennoch durch Versuche vollständig belegt. Bleibt zu hoffen, dass Sie die Natur so wahrzunehmen in der Lage sind, wie sie ist – absurd. Schalten Sie jetzt bitte nicht ab, nur weil Sie nicht glauben können, dass die Natur so merkwürdig ist.»

VIELE WELTEN

Basics
Auch wenn die Kopenhagener Deutung die gängigste Interpretation der Quantentheorie darstellt, gibt es doch eine ganze Reihe alternativer Auslegungen, von denen die Viele-Welten-Interpretation die bedeutendste ist.

Diese basiert auf zwei Annahmen und ist eine einfache Theorie, mit allerdings komplexen Folgen. Grundgedanke ist der, dass sich das Universum jedes Mal ändert, wenn ein Quantenteilchen zwei mögliche Zustandsoptionen hat. Zum einen besagt die Viele-Welten-Theorie, dass jede Zustandsänderung eines Quantenteilchens das Universum auf eine andere Bahn schnippt. Als sei das Universum eine Kugel in einem gigantischen Flipperautomaten, und jede der vielen Billionen Zustandsänderungen von Quantenteilchen entspreche einem Stoß eines der sogenannten «Bumper», der zu einer Richtungsänderung der Kugel führt. Zum anderen existiert ein eigenes Universum für jeden einzelnen Zustand jedweden Teilchens, das jemals das Universum bevölkert hat oder noch bevölkern wird. Wenn wir also ein Teilchen beobachten und einen bestimmten Zustand feststellen, springen wir in ein anderes, bereits existierendes Universum – wie ein Eisenbahnwaggon, der eine Weiche passiert.

Grenzen des Wissens
Der israelische Wissenschaftler David Deutsch behauptete, wir könnten den Nachweis erbringen, dass die Viele-Welten-Interpretation zutreffend ist. Dazu müssten wir einen Rechner kon-

struieren, der über die Fähigkeit verfügte, den Zustand eines Quantenteilchens eigenständig einschätzen zu können. Träfe die Kopenhagener Deutung zu, würde der Computer nur die Ausprägung des Zustands erfassen, die beobachtet – mithin also gemessen – wurde. In einem aus vielen Welten bestehenden Universum würde der Computer jedoch die verschiedenen, miteinander in Wechselwirkung stehenden Möglichkeiten erkennen. Allerdings hat selbst Deutsch keine Idee, wie man einen solchen Computer bauen könnte.

Fakten  **zum Angeben**

• Eine der schrulligeren Interpretationen, die von ernstzunehmenden Physikern vertreten werden, ist John Wheelers anthropisches Prinzip. Diese Variante der Kopenhagener Deutung besagt, dass der Überlagerungszustand eines Quantenteilchens nur dann kollabiert und willkürlich eine bestimmte Ausprägung annimmt, wenn dies von einem Individuum bewusst beobachtet wird. Teile, die nicht unter bewusster Beobachtung stehen, verbleiben in einem Zustand der Superposition. Einstein hatte nur Spott für diese Theorie übrig. Träfe sie zu, merkte er an, wäre der Mond nicht existent, es sei denn, jemand sähe ihn an.

ELEKTRONIK

Basics

Es mag den Anschein haben, dass die Quantentheorie keinen besonders großen Bezug zu unserer Alltagswelt hat, dennoch ist ihr Einfluss gewaltig, was sich nirgendwo deutlicher niederschlägt als auf dem Gebiet der Elektronik.

Elektronik bedeutet Quanten per se. Selbst simple elektronische Bauelemente wie Vakuum- oder Elektronenröhren sind dazu angetan, Elektronen, also Quantenteilchen, zu manipulieren. Die einfachsten Elektronenröhren bestehen aus einem geschlossenen, luftleeren Kolben, in dem sich ein Heizelement – wie etwa der Glühfaden einer Glühbirne – und ein positiv geladener Draht befinden. Das Heizelement setzt Elektronen frei, die von dem positiv geladenen Draht angezogen werden, sodass in diese Richtung elektrischer Strom fließen kann. Umgekehrt ist dies nicht möglich, setzt der positiv geladene Draht doch keine Elektronen frei. Das Ergebnis ist eine sogenannte «Diode» – ein Bauelement, das Strom nur in eine Richtung passieren lässt.

Komplexere Elektronenröhren verfügen darüber hinaus über eine dritte Metallkomponente: ein Steuergitter, das sich zwischen den beiden anderen Bestandteilen befindet und – abhängig von seiner elektrischen Ladung – in der Lage ist, den Strom zwischen den beiden anderen Elektroden zu steuern. In diesem Fall spricht man von einer Verstärkerröhre. Bereits eine geringfügige Änderung der Gitterspannung reicht aus, um gewaltige Stromschwankungen zwischen Anode und Kathode hervorzurufen. Diese sogenannte «Triode» erfüllt die gleiche Funktion wie Halbleiter-Transistoren, die die moderne Elektronik in unseren Computern oder iPods erst ermöglichten.

Grenzen des Wissens
Die Halbleiterelektronik, die in all unseren elektronischen Geräten zu Hause steckt, ist etwas komplexerer Natur und macht sich eine ganze Reihe merkwürdig anmutender Eigenschaften von Quanten zunutze – wie etwa den Tunneleffekt, also die Fähigkeit, eine Barriere zu durchtunneln. Bei der Entwicklung solcher elektronischer Geräte wird die Quantenphysik auf direktem Weg umgesetzt.

Fakten  zum Angeben
• Die Physik ist in der Funktionsweise eines elektronischen Geräts wie etwa einem iPod allgegenwärtig. So besteht das Display beispielsweise aus Flüssigkristall, das sich die Polarisation – die Schwingungsrichtung – von Licht zunutze macht, um ein Bild anzuzeigen. Dabei fällt Hintergrundlicht durch zwei Polarisationsfilter, die im Winkel von 90 Grad zueinander angebracht sind und infolgedessen kein Licht durchlassen. Aber das zwischen den Filtern befindliche Flüssigkristall verschiebt die Polarisierung des Lichts um ein Maß, das vom elektrischen Strom abhängt, der durch das Flüssigkristall fließt. Hieraus ergibt sich die Fähigkeit, präzise steuern zu können, wie viel Licht durchfällt, und mit Millionen winziger Pixel ein komplexes Bild zu schaffen.

VERSCHRÄNKUNG

Basics
Einstein stand der Quantenmechanik immer skeptisch gegenüber und verbrachte einen beträchtlichen Teil seines Lebens damit, sich hypothetische Experimente auszudenken, um die Theorie zu widerlegen. In einem dieser Experimente, das er 1935 publik machte, wies er nach, dass es möglich wäre – träfe die Quantentheorie zu –, zwei in besonderer Weise miteinander verbundene Teilchen zu trennen und auf entgegengesetzten Seiten des Universums zu positionieren und sich eine Zustandsänderung eines Teilchens unverzüglich im anderen widerspiegelte. Dies widersprach Einsteins These, nichts könne Informationen schneller übertragen als Licht, und deckte offenbar eine Ungereimtheit in der Quantentheorie auf.

In den 1970er Jahren gelang dem französischen Forscher Alain Aspect schließlich der Nachweis, dass Einstein falschlag und diese «spukhafte Fernwirkung» tatsächlich existierte. Dabei handelt es sich um ein Phänomen, das als Quantenverschränkung bezeichnet wird und am einfachsten anhand einer Eigenschaft von Quantenteilchen namens Spin nachzuweisen ist. Der Spin stellt eine Art nicht-klassische Eigenrotation dar und nimmt stets eine von zwei Ausprägungen an, wenn eine Messung vorgenommen wird – plus oder minus. Misst man den Spin eines verschränkten Teilchens, und es ergibt sich, sagen wir, ein positiver Wert, nimmt das andere Teilchen sofort den analogen negativen Wert an. Doch bis zum Augenblick der Messung besaß keines der beiden Teilchen einen Wert für diese Eigenschaft.

Die Quantenverschränkung ist kein geeignetes Mittel, um Informationen schneller als Licht zu übertragen. Die gemessenen Eigenschaften sind nicht zu steuern, weshalb das Ergebnis nicht erzwungen und ein Signal gesendet werden kann. Aber die Verschränkung kommt dennoch auf bedeutenden Feldern zum Einsatz und ist aus superschnellen Computern ebenso wenig wegzudenken wie aus der Teleportation.

Grenzen des Wissens
Der österreichische Wissenschaftler Anton Zeilinger ist weltweit führend, was Versuche zur Quantenverschränkung angeht. In einem seiner Experimente gelang es ihm, einen Quantenzustand eines Photons zu teleportieren und in Wien eine Strecke von acht Kilometern zu überbrücken. Dies stellt eine bedeutsame Entfernung dar, entspricht sie doch der Distanz, die es zu meistern gilt, will man verschränkte Teilchen zu einem geostationären Kommunikationssatelliten senden.

Fakten  **zum Angeben**

• Verschlüsselt man Informationen mittels Quantenverschränkung, bedeutet dies, der Code ist absolut sicher, wurde er doch unter Zuhilfenahme der Zufallseffekte der Verschränkung erstellt. Wird die Nachricht abgefangen, bricht die Verschränkung zusammen und macht so die beteiligten Personen auf die Sicherheitslücke aufmerksam.
• Darüber hinaus diente die Quantenverschränkung dazu, eine Mini-Version des Star-Trek-Transporters zu entwickeln, der die Eigenschaften von Atomen auf sich an anderen Orten befindliche Atome überträgt, wobei die zweite Version eine identische Kopie der ersten darstellt, während das Original zerstört wird.

QED

Basics

Das Teilgebiet der Physik, das sich mit der Wechselwirkung von Licht und Materie befasst, wird als Quantenelektrodynamik – kurz QED – bezeichnet. Die bahnbrechenden Arbeiten der amerikanischen Physiker Richard Feynman und Julian Schwinger, deren Ergebnisse durch die eigenständig geführten Untersuchungen des japanischen Wissenschaftlers Shin'ichirō Tomonaga untermauert wurden, bescherten uns eine bemerkenswerte Theorie, die zu erklären imstande ist, wie ein Großteil der Welt funktioniert.

Feynmans Geheimwaffe war seine visuelle Vorstellungskraft. Er hantierte nicht nur mit mathematischen Gleichungen, vielmehr hatten es ihm Diagramme angetan. Feynman entwickelte eine Reihe von Diagrammen, die mit einer Menge kleiner Pfeile versehen waren, wobei die Größe eines Pfeils die Wahrscheinlichkeit widerspiegelte, mit der ein bestimmtes Ereignis eintreten wird, und seine Richtung den dazugehörigen Zeitpunkt anzeigte. Dabei drehten sich die Pfeile in einer Weise, wie dies beim Sekundenzeiger einer Uhr zu beobachten ist. Feynman kombinierte alle sich aus der Aktivität der Pfeile ergebenden Möglichkeiten, wie sich ein Photon verhalten konnte, und war so in der Lage, dessen tatsächliches Verhalten genau vorherzusagen.

Je länger sich Feynman mit diesen kleinen Pfeilen und deren Wahrscheinlichkeiten beschäftigte, desto klarer wurde ihm, dass sich sämtliche Eigenschaften des Lichts – Reflexion, Brechung, Interferenz, Beugung – mit dem Verhalten von Photonen erklären ließen und es dazu keiner Wellen bedurfte, wie dies ursprünglich den Anschein hatte.

Grenzen des Wissens
Richard Feynman sagte: «Ich möchte ausdrücklich betonen, dass Licht in dieser Form auftritt – in Form von Teilchen. Zu wissen, dass sich Licht wie Teilchen verhält, ist von fundamentaler Bedeutung, vor allem für diejenigen unter Ihnen, die eine Schule besucht haben, wo man Ihnen vermutlich erzählt hat, dass Licht ein wellenartiges Verhalten aufweist. Ich kann Ihnen sagen, wie sich das Licht verhält – wie Teilchen.» In der Schule wurden Wellen zur Erklärung herangezogen, weil sie leichter zu verstehen sind, und nicht etwa weil sie das Verhalten von Licht besser beschreiben würden.

Fakten  **zum Angeben**

• Die Quantenelektrodynamik lässt uns manch einfache Verhaltensweise des Lichts aus einem anderen Blickwinkel betrachten. Wird Licht zum Beispiel von einem Spiegel reflektiert, trifft es nicht etwa auf die Oberfläche und prallt in der Manier eines Balles zurück. Vielmehr werden die Photonen von den in den Atomen der Spiegeloberfläche befindlichen Elektronen absorbiert und neue Photonen freigesetzt, was die Reflexion des Lichts verursacht.

QUANTENWIRKLICHKEIT

Basics

Manche Physiker sind der Ansicht, dass Quanteneffekte der Natur von Raum und Zeit gehorchen. Ein Quantenuniversum ist ein digitales Universum. Stellen Sie sich vor, das All sei in unglaublich kleine Pixel aufgeteilt – wie die Punkte auf einem Computerbildschirm, nur wesentlich kleiner. Digitale Messungen bestehen aus einer Reihe diskreter Werte, aber die analoge Welt ist stetig.

Dies ist nicht einfach ein vager hypothetischer Gedanke, wissen wir doch, wie groß diese Quantenpixel sind – eine Planck-Länge. Diese minimale Längeneinheit ist unvorstellbar winzig und beträgt ca. $1{,}6 \times 10^{-35}$ Meter (also eine Null, gefolgt von 33 Nullen und der Ziffer 16). Im Vergleich dazu nimmt sich ein Proton mit einem Durchmesser von mehr als 1 000 000 000 000 000 Planck-Längen riesig aus. Aufgrund der Unzulänglichkeiten der Quantentheorie ist es unmöglich, ein Objekt zu messen, das kleiner als eine Planck-Länge ist.

Es gibt Wissenschaftler, die glauben, dies sei die natürliche Körnung im Universum, will heißen, das Universum bestehe tatsächlich aus Körnchen von der Größe einer Planck-Länge, der kleinsten existierenden Längeneinheit. Andere vertreten die Auffassung, dass der Messung als solcher Grenzen gesetzt sind, die Wirklichkeit jedoch stetig ist.

Grenzen des Wissens

Kombiniert man die Planck-Länge mit der Lichtgeschwindigkeit, ergibt sich eine minimale Zeiteinheit – die Zeit, die man benötigte, um eine Strecke von einer Planck-Länge zurückzulegen. Wenn das Universum physikalisch in «Pixel» von der Größe einer Planck-Länge aufgeteilt ist, macht eine Zeiteinheit keinen Sinn, die kleiner ist als die Zeitspanne, die das Licht benötigt, um von einem Pixel zum nächsten zu springen. Die Zeiteinheit ist sogar noch kleiner als die Planck-Länge, beträgt sie doch etwa 5×10^{-44} Sekunden. Es gibt Stimmen, die behaupten, dies seien Zeitquanten digitaler Zeit.

Fakten  zum Angeben

- Der Physiker David Bohm wartete mit einer Alternative zur Kopenhagener Deutung auf, die zwar die Notwendigkeit einer auf Wahrscheinlichkeit beruhenden Physik überflüssig machte, wie sie Einstein hasste, aber eine ausgesprochen merkwürdige Quantenwirklichkeit erforderte. Damit Bohms Interpretation aufging, musste das Prinzip der Lokalität fallengelassen werden. Dies bedeutete, dass sich Quantenteilchen überall und gleichzeitig im Universum befinden. Entfernung wäre nicht länger ein grundlegendes Merkmal, sondern ein Prinzip, das sich aus der Art und Weise ergäbe, wie wir mit Teilchen wechselwirken. Alles wird Teil eines komplexen Ganzen.

SCHWARZE LÖCHER

Basics

Obwohl sich die Quantenphysik hauptsächlich mit kleinsten Teilchen befasst, gibt es verschiedene hypothetische Quantenobjekte gewaltigen Ausmaßes. Etwa das Universum zum Zeitpunkt des Urknalls. Oder ein Schwarzes Loch.

Schwarze Löcher traten im 18. Jahrhundert auf den Plan, als der britische Astronom John Mitchell mutmaßte, dass die Fluchtgeschwindigkeit (die Geschwindigkeit, die vonnöten ist, um sich von einem Planeten zu entfernen) mit zunehmender Masse des Planeten stetig größer wird. Mitchell erkannte, dass die Fluchtgeschwindigkeit die Lichtgeschwindigkeit überträfe, wenn der Stern massereich genug wäre. Das Ergebnis wäre ein dunkler Stern oder, wie der Astronom John Wheeler im Jahr 1969 als Erster formulierte, ein Schwarzes Loch.

Die neuzeitliche Vorstellung von einem Schwarzen Loch beruht auf Einsteins allgemeiner Relativitätstheorie, die die Schwerkraft als Krümmung des Raums beschreibt. Je massereicher ein Objekt ist, desto stärker krümmt es den Raum. Verdichtete man extrem viel Masse in extrem wenig Raum, würde der Raum so weit gekrümmt, dass nichts – nicht einmal das Licht – entweichen könnte. Wollte man die Sonne – mit einem Durchmesser von 1,4 Millionen Kilometern ein Stern mittlerer Größe – so weit komprimieren, dass sie zu einem Schwarzen Loch wird, müsste man sie auf einen Durchmesser von winzigen drei Kilometern verdichten.

Grenzen des Wissens

Wenn ein Stern aktiv ist, sorgt der nach außen gerichtete Druck der Kernreaktionen, die den Stern mit Energie versorgen, für ein Gleichgewicht der Kräfte. Wird jedoch der nukleare Brennstoff knapp, fällt der Druck ab, und der Stern kollabiert. An dieser Stelle kommt eine weitere Kraft ins Spiel – das Pauli'sche Ausschließungsprinzip, das besagt, dass ähnlich geartete Materieteilchen, die in geringem Abstand zueinander stehen, unterschiedliche Geschwindigkeiten aufweisen müssen. Dies wirkt einem Gravitationskollaps entgegen, es sei denn, der Stern ist zu massereich. Die hierfür benötigte Masse beträgt etwa das Anderthalbfache der Sonnenmasse. Manche dieser Sterne explodieren als Supernova. Andernfalls kontrahiert der Stern unter seinem Gravitationsdruck und schrumpft immer weiter, bis er zu einem Schwarzen Loch wird. Theoretisch setzt sich diese Kontraktion fort, bis der Zustand der Singularität erreicht ist, ein Quantenpunkt unendlicher Dichte im Zentrum des Schwarzen Lochs.

Fakten  **zum Angeben**

• Näherten Sie sich einem Schwarzen Loch, würden Sie aufgrund der Differenz der zwischen Kopf und Füßen wirkenden Gravitationskräfte in die Länge gezogen und immer dünner werden, bis Sie schließlich einem Spaghetti glichen.

• Die allgemeine Relativitätstheorie besagt, dass die Zeit – von außen betrachtet – umso langsamer vergeht, je stärker die Gravitation ist. Beobachteten wir ein Objekt, das in ein Schwarzes Loch wandert, stellten wir fest, dass es immer langsamer würde, bevor es schließlich am Ereignishorizont (der Punkt, ab dem es selbst für das Licht kein Entrinnen mehr gibt) für immer zum Stillstand käme.

SUPERPOSITION UND QUANTENKATZEN

Basics

Es gibt einen grundlegenden Unterschied zwischen unserer «Makro»-Welt und der Welt der Quantenteilchen, der sich in leidvoller Weise in einem Phänomen äußert, das als «Superposition» bezeichnet wird. Stellen wir uns ein einfaches Objekt aus unserem täglichen Leben vor, das nur zwei mögliche Werte annehmen kann: eine Münze. Werfen wir die Münze, erscheint mit jeweils 50%iger Wahrscheinlichkeit Kopf oder Zahl. Bevor wir jedoch das Ergebnis unseres Münzwurfs aufdecken, wissen wir nicht, was die Münze anzeigt, welchen Wert sie also gewissermaßen angenommen hat. Fakt ist allerdings, dass sie einen Wert *hat*.

Betrachten wir im Gegensatz dazu eine Eigenschaft eines Quantenteilchens, die mit jeweils 50%iger Wahrscheinlichkeit zwei verschiedene Ausprägungen – sprich: Werte – annehmen kann. Bevor man eine Messung vornimmt, weist das Teilchen beide Ausprägungen gleichzeitig auf. Es repräsentiert – um im Münzwurf-Jargon zu bleiben – sowohl Kopf als auch Zahl. Dieser Sachverhalt stellt eine sogenannte «Superposition von Zuständen» dar, einen Überlagerungszustand. Erst durch die Messung stellt sich willkürlich der eine oder der andere Zustand ein. Zuvor jedoch ist die Ausprägung nicht festgelegt.

Es mag den Anschein haben, dass keine Möglichkeit besteht, zwischen etwas zu unterscheiden, dessen Ausprägung verborgen ist, und etwas, das über beide Ausprägungen gleichzeitig verfügt, bis eine Messung erfolgt. Aber es gibt eine ganze Reihe von quantenmechanischen Experimenten, die für beide Varianten unterschiedliche Ergebnisse hervorbringen, und alle beweisen, dass sich das Quantenteilchen zur gleichen Zeit in beiden Zuständen befindet.

Grenzen des Wissens
Diese Fähigkeit, sich in mehr als einem Zustand zu befinden, wird durch Youngs Doppelspaltexperiment nachgewiesen. Ursprünglich ließ Young Licht durch eine Blende mit zwei schmalen, parallelen Schlitzen fallen. Die Photonen erzeugten ein Hell-Dunkel-Muster, was darauf zurückzuführen ist, dass sich manche Teilchen in ihrer Wirkung verstärken, andere sich jedoch gegenseitig neutralisieren. Aber das Experiment funktioniert selbst dann, wenn man einzelne Photonen nacheinander durch die Blende treten lässt. Die Lichtteilchen passieren den Doppelspalt und beginnen miteinander in Wechselwirkung zu treten. Überprüft man nun, welchen Spalt ein Photon passiert – stellt man also eine Messung an und «zerstört» damit den Überlagerungszustand –, verschwinden die Interferenzmuster.

Fakten  **zum Angeben**
• Das Superpositionsprinzip inspirierte den Physiker Erwin Schrödinger, ein Gedankenexperiment zu ersinnen, das unter der Bezeichnung «Schrödingers Katze» bekannt ist. Er stellte sich eine Katze in einer geschlossenen Kiste vor, in der ein Röhrchen mit Giftgas angebracht ist; ob der Mechanismus ausgelöst wird, der das Gas ausströmen lässt – und mithin die Katze tötet –, ist daran gekoppelt, welche Ausprägung eine Eigenschaft eines sich

in der Kiste befindlichen Quantenteilchens annimmt. Springt das Teilchen in den einen Zustand, bleibt die Katze am Leben, springt es in den anderen, bedeutet dies, die Katze wird getötet. Da sich das Teilchen in einem Überlagerungszustand befindet, bis eine Messung erfolgt – wäre die Katze dann nicht gleichzeitig tot und lebendig, bevor die Kiste geöffnet wird?

• Schrödingers Katze stellt gemeinhin kein großes Problem dar, bedarf es doch lediglich eines Gerätes in der Kiste, das das Teilchen einer Messung zu unterziehen imstande ist, was bewirkte, dass das Teilchen willkürlich einen Zustand annähme. Schlechte Karten für die Katze!

KAPITEL DREI
LICHT

★ ★ ★ ★ ★ ★ ★ ★ ★ ★ ★ ★ ★

DER SEHMECHANISMUS

★ ★ ★ ★ ★ ★ ★ ★ ★ ★ ★ ★ ★

Basics

Die augenfälligste Funktion des Lichts besteht darin, uns in die Lage zu versetzen, sehen zu können. Im 17. Jahrhundert veranschaulichte René Descartes die Optik des Auges, indem er das Auge eines Stiers sezierte und eine unscharfe Projektion des Bildes durch die Linse feststellte. Aber der Sehvorgang hat mit der Funktionsweise einer Kamera nichts zu tun. Unser Gehirn nimmt kein ganzes Bild als solches wahr. Vielmehr verschafft es sich ein illusionäres Bild, indem es einzelne Komponenten zu einem Gesamtbild zusammenfügt, die Informationen über Form, Bewegung oder ähnliche Parameter enthalten.

Die Netzhaut an der hinteren Innenseite des Auges enthält ungefähr 130 Millionen lichtempfindliche Rezeptoren. Trifft ein Photon auf einen dieser Rezeptoren, löst dies eine fotochemische Reaktion aus, die wiederum ein Signal erzeugt, das das Gehirn via Sehnerv mit Informationen versorgt. Der Sehnerv verfügt über wesentlich weniger Nervenfasern, als Rezeptoren im Auge vorhanden sind; das Signal ist bereits verarbeitet, bevor es das Gehirn erreicht.

Das zusammengefügte Bild, das wir «sehen», ist eine Illusion, die durch die auf den Sehnerv ausgeübten Reize erzeugt wird. Dies liegt auf der Hand, wenn wir bedenken, wie ruhig unser Blick erscheint. Nähmen wir ein Bild wie eine Kamera wahr, würde alles permanent zucken. In Wirklichkeit stehen unsere Augen nur selten still, sondern vollführen dauernd winzig kleine, schnelle Bewegungen, die als Sakkaden bezeichnet werden. Unser Gehirn bestimmt, was wir sehen, nicht unsere Augen.

Grenzen des Wissens
Man hört oft, wir sähen die bewegten Bilder, die von einem Filmprojektor oder Fernseher produziert werden – und nichts weiter als eine Serie einzelner, aufeinanderfolgender Standbilder sind –, aufgrund der sogenannten «Trägheit des Auges». Forschungen haben gezeigt, dass dies nicht der Fall sein kann. Die einzelnen Standbilder werden nicht lange genug projiziert, um eine anhaltende Nachbildwirkung zu erzeugen – die ohnehin in einem verschwommenen Durcheinander resultierte, nicht in bewegten Bildern. Wir können bewegte Bilder aufgrund der Fähigkeit unseres Gehirns sehen, aus den ihm zur Verfügung stehenden einzelnen Datenelementen ein imaginäres Bild der Welt zusammenzufügen.

Fakten  **zum Angeben**

• Unsere Augen sind so empfindlich, dass wir eine Kerzenflamme bei stockfinsterer Nacht noch in 15 Kilometer Entfernung zu sehen imstande sind.
• Das menschliche Sehvermögen ist sehr anpassungsfähig. An einem sonnigen Tag im Freien ist es 100 Mal heller als in einem gewöhnlichen Büro, aber unsere Augen gleichen diesen Unterschied aus. Und Vollmondlicht ist etwa 300 000 Mal schwächer als Sonnenlicht.

FRÜHE LICHTTHEORIEN

Basics

Der griechische Philosoph Euklid, der um 300 v. Chr. lebte, war der Erste, der die Auffassung vertrat, Lichtstrahlen bewegten sich in geraden Linien fort. Er glaubte zwar noch an frühere Theorien, wonach unser Sehvermögen darauf beruhte, dass vom menschlichen Auge Lichtstrahlen ausgingen, aber es gelang ihm, das Licht von einem diffusen, dampfartigen Phänomen in etwas zu verwandeln, das sich in geraden Linien fortbewegte und dessen Verhalten mit Hilfe der neumodischen Geometrie vorhersagbar war.

Diese Theorie der geraden Linien wurde von arabischen Philosophen wie beispielsweise dem im Jahr 965 v. Chr. geborenen Alhazen aufgegriffen. Er verwarf die Sehstrahlen-Theorie und entwickelte ein eigenes Modell, wonach Lichtstrahlen ihren Ursprung stets in einer Quelle wie etwa der Sonne haben, von Spiegeln reflektiert und durch Brechung gebeugt werden, wenn sie von einer Materie auf eine andere übergehen.

Grenzen des Wissens

Im Mittelalter stellten Gelehrte wie zum Beispiel der im 13. Jahrhundert wirkende Franziskaner-Mönch Roger Bacon eingehendere Theorien auf. Der griechische Philosoph Aristoteles hatte behauptet, das Licht sei unendlich schnell, Bacon jedoch argumentierte, ähnlich wie der Schall benötige es Zeit, um eine

Strecke zurückzulegen, nur sei es wesentlich schneller als dieser. Er entwickelte eine Kausalkette – die sogenannte «Vervielfachung der *Species*» –, derzufolge ein Objekt, das Licht freisetzte, eine Reihe impulsartiger Phänomene hervorrief, die er als *Species* bezeichnete, wobei er unter diesem Begriff Kräfte, Bilder, Ähnlichkeiten und dergleichen verstand. Jede dieser *Species* erzeugte neue *Species*, und so breiteten sich diese Phänomene so lange aus, bis das Licht den Beobachter erreichte. Er erstellte Diagramme von Lichtstrahlen, die durch Linsen und Spiegel fallen, und stellte Untersuchungen an, wie ein Regenbogen aussehen könnte, wenn Sonnenlicht in Regentropfen gebrochen und reflektiert wird.

Fakten  **zum Angeben**

• Alhazen wird nachgesagt, er habe vorgegeben, verrückt zu sein, um sein Leben zu retten. Er forschte im Auftrag des ägyptischen Königs al-Hākim nach Möglichkeiten, um die Strömung des Nils zu steuern. Als Alhazen zur der Erkenntnis gelangte, dies sei unmöglich, erkannte er, dass sein Leben in Gefahr war. Anstatt sein Scheitern einzugestehen, tat er so, als sei er verrückt – ein Vorwand, den er jahrelang aufrechterhielt, bis der König starb.

DAS ELEKTRO-MAGNETISCHE SPEKTRUM

Basics

Auch wenn wir das Wort «Licht» in vielen Fällen synonym für «sichtbare Strahlen» gebrauchen, stellt das Licht lediglich einen Teil eines wesentlich breiteren Spektrums elektromagnetischer Strahlung dar. Die ersten Anhaltspunkte, wie diese Strahlung beschaffen ist, lieferte der englische Wissenschaftlers Michael Faraday – seines Zeichens Autodidakt – in den frühen 1830er Jahren, wies er doch nach, dass ein schwingender elektrischer Draht Magnetismus und ein in sich schwingender Magnet Elektrizität erzeugt. Was ihn zu der Spekulation veranlasste, das Licht sei möglicherweise eine Art elektrische oder magnetische Vibration. Inspiriert durch Faradays Beobachtungen, gelangte der schottische Wissenschaftler James Clerk Maxwell zu der Erkenntnis: Lässt man Magnetismus und Elektrizität mit einer bestimmten Geschwindigkeit – und nur mit dieser – miteinander in Wechselwirkung treten, erzeugt die Elektrizität Magnetismus, der umgekehrt wiederum Elektrizität erzeugt, und so weiter. Die elektrischen und magnetischen Felder schaukeln sich also gegenseitig hoch. Diese bestimmte Geschwindigkeit war die Lichtgeschwindigkeit – und das Ergebnis ein vollendetes Perpetuum mobile.

Maxwell definierte das Licht über die Kräfte, die es erzeugt, und nicht über die Fähigkeit des Auges, es wahrzunehmen. Diese Abkehr von der althergebrachten These, alles hänge vom Auge ab, resultierte in der Entdeckung neuer «Farben», die das

Spektrum über den Bereich des sichtbaren Lichts hinaus erweiterte, der von Rot auf der einen und Violett auf der anderen Seite begrenzt wird. Das Licht, auf das unser Auge reagiert, macht nur ein winziges Segment dieses gewaltigen Spektrums elektromagnetischer Strahlung aus und ist etwa in dessen Mitte angesiedelt. Würde die gesamte Bandbreite des Lichts, sichtbares und unsichtbares, durch einen Regenbogen dargestellt, sähen wir lediglich einen schmalen Streifen aus dem grünen Segment.

Grenzen des Wissens
Das Lichtspektrum variiert mit dem Energieniveau oder – betrachtet man das Licht als eine Welle – mit der Wellenfrequenz. Am unteren Ende der Energieskala sind Radio, Fernsehen, Mobiltelefone und kabelloses Internet angesiedelt, gefolgt von Mikrowellen, Infrarot, sichtbarem Licht, Ultraviolett, Röntgen- und Gammastrahlen. Die energiereichste Form von Licht wird von radioaktiven Substanzen erzeugt.

Fakten zum Angeben
• *Infrarot wurde im Jahr 1800 von dem deutsch-englischen Astronomen William Herschel entdeckt. Er erwärmte eine Thermometerkugel in verschiedenen Bereichen des von einem Prisma erzeugten Spektrums. Da er nicht genau wusste, wo Rot aufhört, verschob er das Thermometer und platzierte es außerhalb des sichtbaren Bereichs. Er traute seinen Augen kaum, als er feststellte, dass auch jenseits des roten Bereichs offenbar Licht existierte – unsichtbar und vor allem mit höherer Heizleistung.*
• *Von Faraday ist die folgende Anekdote überliefert: Als der britische Premierminister Robert Peel ihn einmal fragte, wozu seine neue Erfindung, der elektrische Generator, diente, antwortete Faraday: «Ich weiß es nicht, aber ich wette, Ihre Regierung wird eines Tages Steuern darauf erheben.»*

★ ★ ★ ★ ★ ★ ★ ★ ★ ★ ★ ★ ★

FARBE

★ ★ ★ ★ ★ ★ ★ ★ ★ ★ ★ ★ ★

Basics

Als Isaac Newton im Jahr 1664 ein Prisma von der «Stourbridge Fair», der seinerzeit größten Messe des Landes, mit nach Hause brachte, war dieser dreieckige Glasklotz gemeinhin nichts weiter als ein Spielzeug, mit dem man kleine Regenbögen fabrizieren konnte. Zur damaligen Zeit ging man von der Annahme aus, dass die Regenbogenfarben durch Verunreinigungen im Glas zustande kämen. Aber Newton ließ ein winziges Segment des von einem Prisma erzeugten Lichtspektrums durch ein zweites Prisma fallen. Wenn das Glas das Licht einfärbte, hätte das zweite Prisma diesen Farbton ändern müssen, was jedoch nicht der Fall war. Newton hatte nachgewiesen, dass die Regenbogenfarben bereits in weißem Licht enthalten sind.

Oft herrscht Verwirrung über die Grundfarben, aus denen alle anderen Farben zusammengemischt werden können. Die echten Grundfarben, die Grundfarben des Lichts, sind Rot, Blau und Grün. Mischt man Licht dieser Couleur, ist es möglich, alle anderen Farben zu erzeugen. Das Vorhandensein von Farben in Dingen, sei es in Pigmenten oder Objekten, ist der Negativ-Version dieser Farben geschuldet. Diese bilden die Grundfarben für Pigmente, als da wären: Cyan, Magenta und Gelb – irreführenderweise oft als Blau, Rot und Gelb bezeichnet.

Newton gelang es, auch dieses Durcheinander zu entwirren. Fällt weißes Licht auf ein Objekt, werden manche der Farben absorbiert und andere reemittiert. Sehen wir etwas Rotes, bedeutet dies, dass von dem Gegenstand alle Farben des Lichts –

außer rot – absorbiert wurden. Objekte scheinen eine Farbe zu haben, weil ihnen ein Teil des Lichts entzogen wurde, was zur Entstehung der Negativ-Version der drei Grundfarben führt.

Grenzen des Wissens

Das menschliche Auge weist vier Arten von Sensoren auf: Stäbchen, die auf Schwarz und Weiß reagieren, sowie drei Arten von Zapfen, die eine ganze Reihe von Farbtönen abdecken, wobei jeder Zapfentyp auf eine der drei Grundfarben fixiert ist. Bei Nacht sind die lichtempfindlicheren Stäbchen die einzigen Sensoren, die aktiv sind, und unsere Sicht ist schwarz-weiss. Allerdings gibt es eine Übergangsphase (die als Dämmerungssehen bezeichnet wird), in der sowohl Stäbchen als auch Zapfen zur Bildwahrnehmung beitragen. Als sei dem Spektrum eine völlig neue Farbe hinzugefügt worden, die bislang nicht existierte. Das Sehen bei diesen düsteren Lichtverhältnissen ist merkwürdig geartet – vielleicht der Grund dafür, warum so viele Geister in der Dämmerung erscheinen.

Fakten  **zum Angeben**

• Manche Vögel verfügen über einen zusätzlichen Farbrezeptor im Auge, der sie in die Lage versetzt, die Farbe Ultraviolett zu sehen. Auf diese Weise kann ein Falke aus der Luft jedes kleine Nagetier am Straßenrand aufspüren. Der braune Nager selbst ist nicht zu erkennen, die hervorstechende ultraviolette Farbe seiner Urinspur jedoch verrät ihn.

LICHTWELLEN

Basics

Isaac Newton glaubte, das Licht sei ein aus Teilchen (die er als Korpuskeln bezeichnete) bestehender Strom, aber seine Sichtweise wurde von der Wellentheorie ausgestochen, die besagt, dass sich das Licht wie konzentrische Wellen ausbreitet, die auf der Oberfläche eines stehenden Gewässers zu beobachten sind, wenn man einen Stein ins Wasser wirft.

Das wellenartige Wesen des Lichts schien definitiv festzustehen, nachdem der englische Wissenschaftler Thomas Young im 19. Jahrhundert Experimente durchgeführt und nachgewiesen hatte, dass zwei Lichtstrahlen wie Wellen zu interagieren imstande sind. Kaum betrachtete man das Licht als Welle, fand sich auch schon für die Farben des Lichts eine schlüssige Erklärung. Die ausschlaggebenden Eigenschaften einer Welle sind Geschwindigkeit, Wellenlänge und Frequenz (wobei die Geschwindigkeit der Wellenlänge multipliziert mit der Frequenz entspricht, sich bei zwei gegebenen Größen die dritte also errechnen lässt). Unter der Wellenlänge versteht man die Entfernung, die eine Welle auf ihrem Weg von einem bestimmten Punkt in ihrer Wellenperiode (sagen wir, von ihrem höchsten Punkt) zu ebendiesem Punkt in ihrer nächsten Wellenperiode zurücklegt. Die Frequenz ist die Anzahl der vollständigen Wellenlängen, um die sich die Welle in einer Sekunde ausbreitet.

Das Licht schien in jeder Materie stets die gleiche Geschwindigkeit aufzuweisen, aber unterschiedliche Frequenzen führten zu unterschiedlichen Farben.

Grenzen des Wissens

Ein echtes Rätsel war die Frage, wie sich das Licht als Welle verhielt. Breitet sich eine Welle im Wasser aus, bewegen sich die Wassermoleküle, will sagen: ohne Wasser keine Welle! Bringt man eine Glocke in einem Glasgefäß an und entzieht diesem die Luft, kann man die Glocke nicht hören, weil es nichts gibt, das die Schallwellen übertragen könnte. Dennoch kann man die Glocke immer noch sehen, ebenso wie Sterne im luftleeren Raum. Schließlich wurde postuliert, überall im Raum befände sich Äther, eine Substanz, die so diffus war, dass man sie nicht ausmachen konnte, und die dennoch absolut fest zu sein hatte, verlor das Licht doch keine Energie, wie dies bei einer normalen Welle der Fall ist. Die Äther-Theorie wurde schließlich im Jahr 1887 von dem amerikanischen Physiker Albert Michelson widerlegt.

Fakten  **zum Angeben**

- *Ursprünglich war es ein weitverbreiteter Glaube, das Licht verhielte sich wie der Schall, also wie eine Druckwelle (oder Longitudinal- oder Längswelle). Dies bedeutet, dass sich Zonen mit Überdruck wie eine Ziehharmonika in der Ausbreitungsrichtung fortpflanzen. Später wurde jedoch bewiesen, dass das Licht aufgrund des sogenannten «Polarisierungseffekts» vielmehr eine Welle darstellt, die sich entlang einer Achse bewegt – eine Transversal- oder Querwelle, bei der eine Schwingung im rechten Winkel zu ihrer Ausbreitungsrichtung erfolgt.*

REFLEXION

Basics

Trifft Licht auf einen flachen Spiegel, wird es im gleichen Winkel reflektiert, wie es einfällt. Je kleiner der Einfallswinkel des Lichts im Verhältnis zur Oberfläche, desto kleiner sein Ausfallswinkel. Sehen wir ein Bild im Spiegel, befindet sich dieses ebenso weit hinter dem Spiegel wie das abgebildete Objekt davor. Das Bild hinter dem Spiegel existiert jedoch nicht wirklich; wirft man einen suchenden Blick hinter den Spiegel, wie dies etwa einem Hund oder einem kleinen Kind in den Sinn kommen könnte, sieht man es nicht. Aus diesem Grund spricht man von einem virtuellen Bild.

Ist der Spiegel gewölbt, gestalten sich die Dinge komplexer. Handelt es sich um einen konkaven Spiegel, also um eine nach innen gewölbte Fläche wie zum Beispiel die Höhlung eines Löffels, erhält man – je nach Standort, an dem man das abzubildende Objekt platziert – drei verschiedene Arten von Bildern. Befindet sich das Objekt weit weg vom Spiegel, erscheint das Bild auf dem Kopf und überdies kleiner als das Original. Vor allem erscheint es vor dem Spiegel, sodass man es für täuschend echt halten könnte, stellt also ein reelles Bild dar.

Befindet sich das Objekt näher am Spiegel, erhält man – abhängig von der Nähe im Einzelnen – entweder ein vergrößertes reelles Bild, das auf dem Kopf steht, oder aber ein vergrößertes virtuelles Bild – also hinter dem Spiegel –, das richtig herum steht. Drehen wir unseren Löffel um und betrachten seine Rückseite, haben wir es mit einem konvexen Spiegel zu tun. In diesem Fall erhalten wir stets ein virtuelles Bild (hinter dem Spiegel), das richtig herum steht und kleiner als das Original ist.

Grenzen des Wissens
Licht prallt nicht wirklich von einem Spiegel ab. Ein Photon wird von einem sich in der Oberfläche des Spiegels befindlichen Elektron absorbiert, was dem Elektron Energie zuführt und es auf ein höheres Energieniveau springen lässt. Kurz darauf fällt es auf sein ursprüngliches Niveau zurück und setzt ein Photon frei, das einen Teil des reflektierten Lichts darstellt, wobei reemittierte und einfallende Photonen nicht identisch sind.

Fakten  **zum Angeben**
• Dass in einem Spiegel alles seitenverkehrt erscheint, nehmen wir längst als gegeben hin; heben wir die rechte Hand, hebt unser Spiegelbild die linke. Allerdings beschäftigt uns seit Generationen die Frage, warum keine ähnlich geartete Umkehrung von oben und unten zu beobachten ist. Dies ist darauf zurückzuführen, dass es sich bei einem Spiegelbild tatsächlich um eine Umkehrung von Vorder- und Rückseite handelt, wodurch ein Linkshänder zu einem Rechtshänder wird. Stellen wir uns eine Gummimaske vor, die wir umstülpen: Zeigt die Nase der echten Maske in den Spiegel, so zeigt die des Spiegelbilds in die umgekehrte Richtung.

LICHTBRECHUNG

Basics

Wenn Licht von einem durchlässigen Stoff in einen anderen übergeht, ändert es seine Richtung. Trifft es aus der Luft auf ein Material mit höherer Dichte wie etwa Glas, wird es zu einem imaginären Lot hin gebrochen, das direkt in das Glas führt. Tritt es wieder aus, passiert das Gegenteil: Es wird vom Lot weg gebrochen.

Der Grad der Brechung variiert mit der Farbe. Dies ist nicht offensichtlich, wenn Licht durch einen Glasklotz fällt, wird die anfängliche Richtungsänderung doch umgekehrt, wenn es wieder austritt. Allerdings wird das Licht in einem Prisma – einem Stück Glas oder Acryl mit einem dreieckigen Querschnitt – bei beiden Materialübergängen in die gleiche Richtung gebrochen, werden die Farben freigesetzt und ein Regenbogeneffekt entsteht, man erhält also ein Spektrum.

Mathematisch unterliegt die Lichtbrechung dem Snellius'schen Brechungsgesetz. Dieses besagt, ermittelt man den Sinus des Winkels zum Lot für den ersten Stoff und wiederholt diese Prozedur für den zweiten, entspricht das Verhältnis der beiden Sinusse dem Verhältnis der Lichtgeschwindigkeit in beiden Stoffen. Dieser Wert ist eine feste Größe, die als Brechungsindex bezeichnet wird. Der Brechungsindex eines Vakuums beträgt 1, wohingegen Glas einen Brechungsindex von ungefähr 1,5 besitzt, weshalb sich das Licht in Glas mit zwei Drittel seiner Höchstgeschwindigkeit fortbewegt. Sie fragen sich, was es mit einem Sinus auf sich hat? Stellen Sie sich ein Dreieck mit einer rechtwinkligen Ecke vor und wählen Sie einen Winkel des Dreiecks aus. Dessen Sinus ist der Quotient aus der Länge der diesem Winkel gegenüberliegenden Seite des Dreiecks und der Länge der längsten Seite.

Die einfache Lichtbrechung erfolgt für gewöhnlich, wenn Licht durch ein aus ebenen Flächen bestehendes Objekt wie etwa einem Prisma gebrochen wird. Allerdings können wesentlich filigranere Effekte entstehen, wenn Licht durch eine gewölbte Oberfläche gebrochen wird, z. B. eine Linse.

Grenzen des Wissens
An der Stelle, wo das Licht in einen Stoff mit geringerer Dichte übergeht, wird es vom Lot weg gebrochen. Vergrößern wir den Einfallswinkel immer mehr, verläuft der gebrochene Strahl irgendwann parallel zur Oberfläche. Dies wird als der kritische Winkel bezeichnet. Trifft Licht in einem größeren Winkel als diesem auf das Lot, wird es reflektiert und in den Stoff oder Körper zurückgeleitet, aus dem es ausgetreten ist. Dieser Effekt wird als Totalreflexion bezeichnet und stellt die Art und Weise dar, wie sich das Licht in einem Glasfaserkabel fortbewegt. Der Winkel zum Lot, in dem das Licht auf die innere Oberfläche der Glasfaser trifft, also der Einfallswinkel, ist so groß, dass das Licht immer vollständig reflektiert und in die Glasfaser zurückgeworfen wird.

Fakten  **zum Angeben**

- Der holländische Wissenschaftler Willebrord Snell hieß eigentlich Snel, aber wie die meisten Philosophen legte auch er sich einen lateinischen Namen – Snellius – zu, was offenbar die Ursache für die falsche Schreibweise ist.

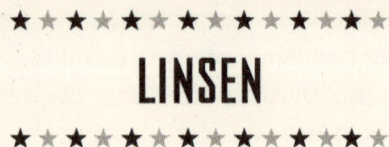

LINSEN

Basics

Eine Linse ist ein gewölbtes, oft aus Glas oder Kunststoff bestehendes Gebilde, das Licht in unterschiedlichster Weise brechen kann. Linsen sind in der Lage, Lichtstrahlen auf einen gewünschten Punkt hin zu brechen, ein Bild zu vergrößern oder den Blick zu schärfen. Seit dem Mittelalter finden sie Verwendung, um die Sehstärke zu korrigieren und Bilder zu vergrößern, oder dienen als «Brennglas», um Sonnenstrahlen in einem Punkt zu bündeln.

Wie dies auch bei gewölbten Spiegeln der Fall ist, gibt es eine konvexe Linse («Sammellinse»), die nach außen gewölbt ist und zur Mitte hin dicker wird, sowie eine konkave («Zerstreuungslinse»), die nach innen gewölbt ist, zur Mitte hin also dünner wird. Eine konkave Linse kann drei verschiedene Bilder erzeugen. Ist das Objekt, das man im Visier hat, weit von der Linse entfernt, erhält man ein reelles Bild (auf der gleichen Seite der Linse wie das Auge, also davor), das kleiner als das Original ist und auf dem Kopf steht. Rückt man das Objekt näher an die Linse, ergibt sich nach wie vor ein umgekehrtes, reelles Bild, dieses Mal allerdings in vergrößerter Form. Befindet sich das Objekt schließlich in unmittelbarer Nähe der Linse, erhält man ebenfalls ein vergrößertes Bild, das richtig herum steht, allerdings hinter der Linse (also ein virtuelles Bild). Genau dies ist bei einem Vergrößerungsglas zu beobachten. Eine konkave Linse erzeugt immer ein virtuelles Bild (hinter der Linse), das kleiner als das Original ist und richtig herum steht.

Linsen sind vielseitiger einsetzbar als Spiegel, besteht doch die Möglichkeit, sie hintereinander aufzureihen und auf diese Weise den Vergrößerungseffekt zu verstärken.

Grenzen des Wissens
Eine Linse bricht Licht unterschiedlicher Wellenlänge oder Farbe verschieden stark, wodurch grüne und rote Farbsäume um das Objekt entstehen, die das Bild unscharf erscheinen lassen. Dieses Phänomen wird als chromatische Aberration bezeichnet. Anfangs versuchte man, diesem Problem mit ellenlangen Teleskopen beizukommen, erkannte jedoch mit der Zeit, dass eine Kombination unterschiedlicher Linsen – einer konvexen und einer konkaven – ein geeignetes Mittel darstellte, um diesen Effekt zu verringern. Dabei besteht die zweite Linse in vielen Fällen aus einem anderen Glas, um diesen Abbildungsfehler besser korrigieren zu können.

Fakten  zum Angeben

• Eigentlich ist nur die konvexe Linse eine echte Linse. Ursprünglich verstand man unter einer Linse etwas, das die Form der gleichnamigen Hülsenfrucht aufwies.
• Astronomen legen offenbar mehr Wert auf Bildqualität als Orientierung, erzeugen Teleskope, wie sie in der Astronomie verwendet werden, in der Regel doch ein auf dem Kopf stehendes Bild.

DAS PRINZIP DER KLEINSTEN WIRKUNG

Basics

Der französische Mathematiker Pierre de Fermat erklärte die Lichtbrechung anhand des Prinzips der kleinsten Wirkung, später machte Richard Feynman diese Gesetzmäßigkeit zu einem essenziellen Teil der Quantenelektrodynamik.

Das Prinzip der kleinsten Wirkung erklärt, warum ein abgeworfener Basketball einer bestimmten Bahn folgt. Der Ball steigt und fällt auf seiner Flugbahn, die die Differenz zwischen der kinetischen Energie des Balles (der Energie, die ihn in Bewegung versetzt) und seiner potenziellen Energie (der Energie, die die Schwerkraft generiert, indem sie ihn nach unten zieht) auf ein Minimum beschränkt. Fliegt der Ball schneller, nimmt die kinetische Energie zu, wird er langsamer, nimmt sie ab. Die potenzielle Energie dagegen nimmt zu, wenn der Ball steigt, bzw. ab, wenn er fällt. Das Prinzip der kleinsten Wirkung balanciert diese beiden Gegenpole aus.

Die Entsprechung, die Fermat für das Licht gebrauchte, basiert auf dem Faktor Zeit und besagt, dass das Licht den schnellsten Weg nimmt. Er musste dabei zwei Annahmen postulieren: dass die Geschwindigkeit des Lichts nicht unendlich ist (die Lichtgeschwindigkeit als solche war im Jahr 1661 noch unbekannt, als Fermat auf dieses Ergebnis stieß) und dass sich das Licht in einem Stoff mit höherer Dichte wie etwa Glas langsamer fortbewegt als dies in der Luft der Fall ist. Wir sind es gewohnt, dass eine gerade Linie den schnellsten Weg zwischen zwei beliebigen Punkten darstellt, was jedoch gleichbleibende Bedingungen auf der zurückzulegenden Strecke voraussetzt. An dieser Stelle drängt sich der Vergleich mit einem Rettungsschwimmer auf, der jemanden vor dem Ertrinken im Meer rettet. Auch hier scheint der direkte Weg zu dem Ertrinkenden die naheliegendste Option zu sein. Allerdings kann sich der Rettungsschwimmer am Strand wesentlich schneller fortbewegen als im Wasser. So ist er den Ort des Geschehens schneller zu erreichen imstande, wenn er zunächst eine längere Strecke am Strand entlang wählt, um schließlich eine Richtungsänderung vorzunehmen und einen direkteren Weg ins Wasser einzuschlagen. In ähnlicher Weise kann ein Lichtstrahl die Zeit verringern, die er unterwegs ist, wenn er länger in der Luft verbleibt und möglichst wenig Zeit im Glas zubringt. Der zur Minimierung dieser Zeit erforderliche Winkel ist der, der sich ergibt.

Grenzen des Wissens
Als Richard Feynman sich von dem Prinzip der kleinsten Wirkung inspirieren ließ, um die Quantenelektrodynamik zu begründen, eruierte er nicht nur den «besten» Weg, sondern jedweden möglichen Weg, den ein Teilchen nehmen kann, um von A nach B zu gelangen. Die Quantenelektrodynamik bedient sich einer Kombination aus der Summe aller möglichen Einzelwege sowie deren jeweiligen Eintrittswahrscheinlichkeiten, um das Verhalten eines Teilchens vorherzusagen.

Fakten  **zum Angeben**
• *Die Analogie mit einem Rettungsschwimmer führte dazu, dass Fermats Ansatz auch als das Baywatch-Prinzip bezeichnet wird.*

DIE LICHTGESCHWINDIGKEIT

Basics

Das Licht bewegt sich in einem Vakuum mit einer Geschwindigkeit von knapp 300 000 Kilometern pro Sekunde fort und benötigt etwas mehr als acht Minuten, um von der Sonne zur Erde zu gelangen.

Lange Zeit war die Lichtgeschwindigkeit Gegenstand von Diskussionen. Manche hielten sie für eine instantane Erscheinung, also sich augenblicklich auswirkend. Descartes beispielsweise glaubte, Licht aus der Entfernung zu sehen sei wie mit einem sehr langen Billardstock einen Stoß versetzt zu bekommen. Stößt jemand das Queue an einem Ende an, entspreche dies dem Moment, in dem eine Quelle Licht emittiert. Das andere Ende des unsichtbaren Queues – so Descartes – drückte sogleich gegen das Auge, wodurch ein Bild zustande kam.

Bereits Galileo unternahm den Versuch, die Lichtgeschwindigkeit zu messen. Zu diesem Zweck schickte er einen Assistenten mit einer Laterne auf einen mehrere Kilometer entfernten Hügel. Galileo wollte messen, wie viel Zeit verging, bis er den Schein der Laterne wahrnahm, die sein Assistent auf ein Zeichen hin aufblinken ließ. Er musste jedoch feststellen, dass die menschliche Reaktionszeit viel zu langsam war, um die Lichtgeschwindigkeit erfassen zu können. Erst der dänische Astronom Ole Roemer entdeckte im Rahmen seiner Messungen zur Bewegungsaktivität der Jupitermonde, dass die Veränderungen der relativen Lage von Erde und Jupiter groß genug waren für die unterschiedlichen Zeitspannen, die das Licht bis an sein Ziel benötigte, um einen sichtbaren Effekt auf den Verlauf des Mondes zu haben, was Roemer in die Lage versetzte, die Geschwindigkeit des Lichts einzuschätzen.

Seit den Zeiten Roemers wurde die Lichtgeschwindigkeit mit einer ganzen Reihe mechanischer Geräte gemessen, wobei nicht selten skurril anmutende, sich schnell drehende Spiegel und Zahnräder zum Einsatz kamen, bis uns elektronische Messgeräte in die Lage versetzten, die Lichtgeschwindigkeit mit der unserem technologischen Zeitalter angemessenen Genauigkeit zu bestimmen.

Grenzen des Wissens
Licht kennt nur eine Geschwindigkeit. Bewegt man sich parallel zu einem Objekt mit gleicher Geschwindigkeit wie dieses, steht das Objekt im Verhältnis zu einem selbst normalerweise still. Einstein erkannte, würde er neben einem Sonnenstrahl herfliegen, müsste dieser eigentlich haltmachen und aufhören zu existieren, was jedoch nicht der Fall ist. Daraus leitete er groteskerweise ab, dass das Licht immer die gleiche Geschwindigkeit aufweist, wenn man sich relativ zum Strahl bewegt. Diese Erkenntnis machte all die merkwürdige Physik der Relativität überhaupt erst möglich.

Fakten  **zum Angeben**

- *Im Jahr 1983 wurde die Lichtgeschwindigkeit auf 299 792 458 Meter pro Sekunde festgelegt. Dieser Wert ändert sich nie, wurde ein Meter seither doch als 1/299 792 458 der Strecke definiert, die das Licht in einer Sekunde zurücklegt. Die Frage drängt sich auf: Warum nicht gleich 1/300 000 000? Schade eigentlich.*

DIE ERSTEN TELESKOPE

Basics

Man hört oft, Galileo habe das Teleskop erfunden. Dies stimmt so nicht, dennoch war sein erstes Teleskop aufgrund des cleveren politischen Kalküls, das dahintersteckte, ein voller Erfolg. Galileo war zu Ohren gekommen, dass ein Holländer mit einem Teleskop im Gepäck nach Venedig kommen sollte. Ein Freund Galileos war damit betraut, die neue Technologie genauer unter die Lupe zu nehmen. Galileo konnte seinen Freund dazu bringen, den holländischen Erfinder hinzuhalten, wodurch er selbst Zeit gewann, um sein eigenes Teleskop zu bauen und als Erster in Venedig zu sein.

Die frühen Teleskope waren dazu angetan, Licht zu brechen, verfügten sie doch über eine große Linse, um das Licht einzufangen, und eine weitere, um das von der ersten Linse erzeugte Bild zu vergrößern. Einfache Linsen verursachen jedoch Verzerrungen, da sie die Eigenschaft haben, unterschiedliche Farben verschieden stark zu brechen. Die Versuche, dieses Problem zu lösen, brachten mitunter skurrile Geräte hervor. Wie auch die Erkenntnis, dass die Bildverzerrungen umso schlimmer sind, je kürzer die Brennweite ist (die Entfernung, aus der die Linse die Lichtstrahlen bündelt). Also setzten Galileos Nachfolger voll auf Länge. Eindrucksvolles Beispiel hierfür ist ein von dem polnischen Astronomen Hervelius konstruiertes Teleskop, das es auf eine Länge von sage und schreibe 45 Metern brachte.

Grenzen des Wissens

Jüngere Forschungen deuten darauf hin, dass das englische Vater-Sohn-Gespann Leonard und Thomas Digges möglicherweise die wahren Erfinder des Teleskops sind. Leonard war ein Abenteurer, der das unverschämte Glück hatte, einen fehlgeschlagenen Aufstand gegen Königin Mary zu überleben, während Thomas ein angesehener Wissenschaftler war. Als Thomas nach dem Tod seines Vaters über dessen Arbeit schrieb, führte er ins Feld, sie hätten «perspektivische Gläser» benutzt, um weit entfernte Objekte zu betrachten. Königin Elisabeths Hof beauftragte William Bourne, einen Wehrtechnik-Experten, das Teleskop und seine Grenzen (es hatte ein sehr enges Sichtfeld) zu erklären, und ordnete an, ein Exemplar zu bauen.

Fakten  **zum Angeben**

- Der englische Mönch Roger Bacon sagte bereits im 13. Jahrhundert die Erfindung des Teleskops voraus, als er schrieb: «Linsen wurden ersonnen, um selbst die entferntesten Objekte in Reichweite erscheinen zu lassen und umgekehrt ... Wir können die kleinsten Buchstaben in einer unglaublichen Entfernung lesen, wir können Objekte sehen, so klein sie auch sein mögen, und wir können die Sterne aufgehen lassen, wann immer wir wollen.»

TELESKOPE WERDEN ERWACHSEN

Basics

Newton und andere fanden heraus, dass ein Spiegel im Gegensatz zu einer Linse geeignet war, die Verzerrungen durch die Lichtbrechung zu verhindern. So wurden Spiegelteleskope zu den gebräuchlichsten astronomischen Geräten.

Das erste der wirklich großen Spiegelteleskope wurde im frühen 19. Jahrhundert von William Herschel im englischen Slough konstruiert und war mit einem Spiegel von 124 cm Durchmesser ausgestattet; allerdings stellte sich heraus, dass es auf seinem riesigen, beweglichen Holzgestell nur schwer stabil zu halten war. So stellte es einen gewaltigen Fortschritt dar, als im Jahr 1845 in Irland schließlich ein Teleskop mit einem Spiegel von 183 cm Durchmesser gebaut wurde, das als «Leviathan von Parsonstown» in die Geschichte einging und diese Stabilitätsprobleme überwand, wurde es doch zwischen zwei Ziegelmauern befestigt und war drehbar gelagert. Diese Konstruktion schränkte zwar den Ausschnitt am Himmel ein, den es abzudecken imstande war, hielt das Teleskop aber stabil. Leider war das irische Wetter so schlecht, dass es kaum zum Einsatz kam.

Erst als amerikanische Observatorien das Heft in die Hand zu nehmen begannen, wurde es möglich, wirklich große Teleskope zu bauen. Bei trockenem Wetter und klarer Sicht erzielten Observatorien wie Mount Wilson und Mount Palomar verblüffende Ergebnisse mit ihren riesigen Spiegelteleskopen, deren

Spiegel einen Durchmesser von 254 cm (1917) bzw. 508 cm (1948) aufwiesen.

Grenzen des Wissens
Neuere Teleskope sind mit Computertechnologie ausgestattet, um die Probleme ihrer Vorgänger zu vermeiden. Es gibt Teleskope, deren Funktionsweise darauf beruht, den Spiegel in Segmente aufzuteilen. Einzelne Segmente wiegen wesentlich weniger als ein ganzes Stück Glas und sind daher leichter herzustellen und auch einzusetzen. Computer fügen das von den einzelnen Spiegelsegmenten stammende Bildmaterial zusammen. Andere Teleskope verfügen über adaptive Optik, eine Technik, die dadurch gekennzeichnt ist, durch schnelle Bewegungen der Spiegel oder Verzerrung deren Oberfläche den von Vibrationen und Luftströmen verursachten Bildverzerrungen entgegenzuwirken.

Fakten  **zum Angeben**
- *Das Teleskop des Palomar-Observatoriums brachte es auf eine Bauzeit von stolzen fünfzehn Jahren, die lediglich vom Zweiten Weltkrieg unterbrochen wurde. Der Spiegel wurde aus 65 Tonnen Glas angefertigt.*
- *Das derzeit größte Teleskop der Welt ist das auf den Kanarischen Inseln beheimatete Gran Telescopio mit einem Spiegelsegment von 10,4 m Durchmesser. Ihm dicht auf den Fersen sind die beiden Keck-Teleskope des Mauna-Kea-Observatoriums auf Hawaii, deren Spiegel einen Durchmesser von jeweils 10 m haben.*
- *Mit vereinten Kräften sind die Keck-Teleskope in der Lage, Autoscheinwerfer in mehr als 25 000 Kilometer Entfernung zu unterscheiden.*

TELESKOPE ERSCHLIESSEN NEUE WELTEN

Basics

Das berühmteste Teleskop der Welt dürfte derzeit das Hubble-Weltraumteleskop sein. Am 25. April 1990 wurde es von der Weltraumfähre *Discovery* im All ausgesetzt, was nicht ohne Probleme blieb, musste der Betreiber doch sogleich feststellen, dass die Form des Spiegels einen schwerwiegenden Herstellungsfehler aufwies. So wurden zwischen dem 2. und 13. Dezember 1993 im Rahmen einer späteren Weltraummission Reparaturarbeiten durchgeführt, woraufhin das Teleskop schließlich perfekt funktionierte. Obwohl der Spiegel des Hubble nur relativ mickrige 239 cm Durchmesser hat, ist das Teleskop in der Lage, Aufnahmen von nie dagewesener Klarheit zu machen, da es sich außerhalb der Erdatmosphäre befindet.

Eine weitere Möglichkeit, den Unzulänglichkeiten des sichtbares Lichts zu trotzen, besteht darin, andere Teile des elektromagnetischen Spektrums mit einzubeziehen. Praktisch das gesamte Spektrum kommt zum Einsatz, von den extrem energiereichen Gamma- und Röntgenstrahlen bis hin zu den Radiowellen. Jeder einzelne Bereich ermöglicht unterschiedlich geartete Beobachtungen, die in vielen Fällen die optischen Eindrücke ergänzen. Radioteleskope sind die bekanntesten Vertreter dieser Art.

In den 30er und 40er Jahren des 20. Jahrhunderts entdeckten Ingenieure, die sich mit Funkempfängern beschäftigten, per Zufall, dass es draußen im Universum Radioquellen – wie zum Beispiel die Sonne – gibt. Radioteleskope sind wesentlich ungenauer als ihre optischen Pendants, allerdings decken sie ein wesentlich größeres ‹Einzugsgebiet› ab, aus dem sie Signale empfangen können. Wies das größte optische Teleskop einen Durchmesser von 508 Zentimetern auf, so haben wir es bei Radioteleskopen mit Dimensionen von über 75 Metern zu tun. Radioteleskope können in der Regel in ihrer Ausrichtung beliebig gedreht werden, das größte seiner Art – das am Arecibo-Observatorium in Puerto Rico zu finden ist und einen Durchmesser von exakt 304,8 Metern aufweist – ist jedoch fest installiert, mithin also unbeweglich. Moderne Radioteleskope setzen auf einen Mix unterschiedlicher Komponenten, um die Leistungsfähigkeit einer riesigen Antenne zu erreichen.

Grenzen des Wissens
Es gibt eine ganze Menge weiterer satellitengestützter Teleskope, die oftmals verschiedene Bereiche des elektromagnetischen Spektrums abdecken. Nachfolger des Hubble-Teleskops wird jedenfalls das «James Webb Space Telescope» sein, das sowohl sichtbares als auch infrarotes Licht aufzuspüren imstande ist, was es ihm erlaubt, weiter sehen zu können als ein auf sichtbares Licht beschränktes Gerät. Der aus 18 mit 24-karätigem Gold beschichteten Segmenten bestehende Spiegel des Webb-Teleskops wird einen Durchmesser von 6,5 Metern haben. Benannt ist das Webb-Teleskop, das 2013 ins All geschossen werden soll, nach James E. Webb, dem verstorbenen früheren Leiter der NASA.

Fakten zum Angeben
• *Der Fehler am Hubble-Teleskop bestand darin, dass sein Spiegel zu flach geschliffen war. Dabei betrug die Gesamtabweichung gerade einmal ein Fünfzigstel der Dicke eines menschlichen Haares.*

MIKROSKOPE

Basics

Vergrößerungsgläser kannte man seit dem Mittelalter, vergrößernde Spiegel (wie etwa Kosmetikspiegel) kamen sogar schon bei den alten Griechen zum Einsatz.

Die simple Idee, zwei Linsen in einem Röhrchen zu kombinieren, bescherte uns die Fähigkeit, in die Wirklichkeit des mikroskopischen Lebens einzutauchen. In einem mit zwei Linsen bestückten Mikroskop erzeugt die sich in der Nähe des zu untersuchenden Objekts befindliche Linse ein vergrößertes Bild auf der der Linse abgewandten Seite. Anschließend agiert die zweite Linse – das Okular – als Vergrößerungsglas, das auf das vergrößerte Bild der ersten Linse gerichtet ist.

Die ersten Verbundmikroskope dieser Art wurden von den holländischen Linsenschleifern Hans und Zacharias Janssen gebaut. Als um 1590 das erste Gerät entstand, war Zacharias noch ein kleiner Junge, weshalb seinem Vater Hans wohl ein Großteil der Anerkennung gebührt. Ein anderer Name, der im Zusammenhang mit frühen Mikroskopen häufig fällt, ist der von Antoni van Leeuwenhoek. Er zeichnete für einen der ersten ganz großen Durchbrüche verantwortlich, als er im Jahr 1674 mittels eines Mikroskops Bakterien entdeckte. Allerdings verfügte sein Mikroskop lediglich über eine Linse, war also nur wenig leistungsfähiger als ein starkes Vergrößerungsglas.

Grenzen des Wissens

Optische Mikroskope stellen schon länger nicht mehr die einzige Möglichkeit dar, kleinste Strukturen und Objekte zu beobachten. Anstelle von Photonen können Elektronen als Quantenteilchen eingesetzt werden, um ein Objekt zu beobachten. Allerdings sind Elektronen aufgrund ihrer elektrischen Ladung und geringeren Geschwindigkeit wesentlich leichter zu manipulieren, weshalb sie in idealer Weise geeignet sind, die Oberfläche eines Objekts zu rastern und deren Detailstruktur aufzuzeigen. Ein Elektronenmikroskop ist in der Lage, ungefähr tausend Mal mehr zu vergrößern als das beste optische Mikroskop. Das erste Elektronenmikroskop wurde im Jahr 1931 von den deutschen Wissenschaftlern Ernst Ruska und Max Knoll gebaut.

Fakten  **zum Angeben**

• Rastertunnelmikroskope sind auch in der Lage, extrem kleine Objekte zu manipulieren. Im Jahr 1989 verewigte Don Eigler vom Almaden Research Center mit einem Rastertunnelmikroskop den Schriftzug IBM auf einer Nickeloberfläche, wozu er einzelne Xenon-Atome benutzte.

QUANTENLINSEN

Basics

Die Vorstellung, eine Linse diente dem Zweck, Licht zu bündeln, hat sich in unseren Köpfen so festgesetzt, dass wir mitunter leicht vergessen, dass die Bündelung von Licht nichts anderes ist als eine Änderung der Richtung von Photonen. Mit unserem Wissen über das quantenphysikalische Wesen von Licht ist es inzwischen möglich, optische Geräte zu bauen, die Linsen in ihrer Leistungsfähigkeit bei weitem übertreffen.

Die beiden wichtigsten Ansätze hierzu basieren auf Metamaterialien und photonischen Kristallen – Strukturen, die in der Lage sind, das Verhalten von Licht zu beeinflussen, indem sie mit einzelnen Photonen in Wechselwirkung treten. Metamaterialien bestehen aus verschiedenen Schichten von Gittern, oder aber aus einer dünnen Metallplatte, die ein Lochmuster mit winzigen Löchern aufweist; diese Struktur verleiht Metamaterialien ihre optischen Eigenschaften. Photonische Kristalle wirken auf Licht wie Halbleiter auf Elektrizität, gewährleisten also eine einzigartige Steuerungsgenauigkeit.

Metamaterialien sind künstlich hergestellte Strukturen mit herausragenden Eigenschaften. Natürlich vorkommende, durchlässige Stoffe besitzen einen positiven Brechungsindex. Wenn Licht auf einen Glasklotz trifft, wird es zum Lot hin gebrochen. Trifft es jedoch auf ein Metamaterial, wird es in die entgegengesetzte Richtung gebrochen. Das Metamaterial hat einen negativen Brechungsindex. Es ist also in der Lage, das Verhalten von Licht in unerwarteter Weise zu beeinflussen.

Im Gegensatz zu Metamaterialien kommen photonische Kristalle in der Natur tatsächlich vor, wenn auch nur in unvollkommener Form. Sowohl das lebhafte Farbenspiel im Erscheinungsbild eines Opals als auch das Schillern eines Pfauenrads sind photonischen Kristallen geschuldet. Aber künstlich hergestellte photonische Kristalle sind bei weitem mehr zu leisten imstande als hübsch anzusehende Effekte zu bewirken. Photonische Kristalle sind elementare Komponenten beim Bau optischer Computer, die zur Datenübertragung Licht einsetzen.

Grenzen des Wissens
Konventionelle Mikroskope sind nicht in der Lage, kleinere Objekte unter die Lupe zu nehmen, als dies die Wellenlänge des Lichts zulässt. Diese Beschränkung gilt jedoch nicht für Superlinsen, die aus einem Metamaterial bestehen. Solche Linsen können nicht nur zu einem Bruchteil der Kosten eines Elektronenmikroskops hergestellt werden, sondern ermöglichen auch eine ganz andersgeartete Beobachtung, vergleichbar mit der Art und Weise, wie Radioteleskope und optische Teleskope in der Astronomie Hand in Hand gehen.

Fakten zum Angeben
- *Wie Harry Potters Tarnumhang verfügen Metamaterialien über die Fähigkeit, Objekte verschwinden zu lassen. Aufgrund ihrer negativen Brechungszahl brechen sie Licht um ein Objekt herum. Dieses Phänomen war bereits im kleinen Maßstab bei Mikrowellen zu beobachten, gestaltet sich jedoch mit sichtbarem Licht schwieriger, absorbiert das Material doch einen Großteil des Lichts. Dennoch gibt es andere Möglichkeiten, um die Wirkung der Metamaterialien optisch zu verstärken. Es ist also durchaus möglich, dass wir uns in nicht allzu ferner Zukunft unsichtbar machen können.*

POLARISATION

Basics

Im Jahr 1669 glaubte der skandinavische Wissenschaftler Erasmus Bartholin, zwei verschiedene Arten von Licht entdeckt zu haben. Als er einen Kristallklumpen – sogenannten «Doppelspat» – auf ein Blatt Papier legte, auf dem er zuvor eine gerade Linie eingezeichnet hatte, bekam er nicht eine, sondern zwei Linien zu sehen. Als existierten zwei Arten von Licht, wobei die eine von dem Kristallklumpen stärker als die andere gebrochen wird und so zwei Bilder entstehen.

Die Bedeutung dieser Entdeckung wurde erst klar, als Augustin Fresnel, ein französischer Heerstraßenbauer, darauf zurückgriff, um das Verhalten des Lichts besser verstehen zu können. Fresnel erkannte, dass sich das Licht nach oben und unten oder auch seitwärts ausbreiten konnte, wenn es denn die Eigenschaften einer Welle besitzt, deren Schwingungen der eines Stücks Schnur ähneln. Fresnel mutmaßte, dass Doppelspat eine unsichtbare Gitterstruktur aufwies und mit zahlreichen horizontalen und vertikalen Schlitzen ausgestattet war. Das sich seitwärts ausbreitende Licht fiel durch die horizontalen Schlitze, während das Licht, das nach oben und unten wanderte, sich der vertikalen Schlitze bediente. Fresnel glaubte, auf diese Weise die beiden Arten von Licht trennen zu können.

Für unsere Augen macht es keinen Unterschied, ob sich Lichtwellen horizontal, vertikal oder in welche Richtung auch immer ausbreiten. Das Sonnenlicht ist ein ausgesprochener Wirrwarr von Strahlen, die sich in alle möglichen Richtungen ausbreiten –

bis auf einige wenige, denen es vorbehalten ist, die Schlitze des Doppelspats zu passieren. Die Polarisation stellt die Schwingungsrichtung eines Lichtstrahls dar.

Grenzen des Wissens
Darüber hinaus gibt es komplexere Formen von Polarisation wie etwa die zirkulare oder die elliptische Polarisation, die dadurch gekennzeichnet sind, dass eine Eigenrotation stattfindet, während sich die Lichtwelle ausbreitet. Dabei ist jedem Photon eine Polarisation eigen – eine quantenphysikalische Eigenschaft des Photons (wie sein Spin), die seine Ausbreitungsrichtung determiniert.

Fakten  **zum Angeben**

• Der Amerikaner Edwin Land war fasziniert von dem Phänomen des polarisierten Lichts, als er 1926 in Harvard studierte. Es war bekannt, dass reflektiertes Licht zum Großteil polarisiertes Licht ist. Land spürte, dass sich der Polarisationseffekt in bare Münze umsetzen ließ. So unterbrach er sein Harvard-Studium noch im Alter von gerade einmal 18 Jahren, um sich seinen Experimenten zu widmen. Das Ergebnis seiner Tüfteleien war Polaroid, eine Kunststofffolie, die polarisierende Kristalle enthielt. Im Jahr 1937 wurde aus seiner Hinterhofklitsche schließlich die Polaroid Corporation. Der Blendeffekt, der Autofahrer verdrießt und Fotografen ruiniert, kann mit einem entsprechend ausgerichteten Stück Polaroidfolie drastisch verringert werden.

ROTVERSCHIEBUNG

Basics

Die Rotverschiebung des Lichts entspricht dem Dopplereffekt bei Schallwellen, mit dem Unterschied, dass sich der Schall in der Tonhöhe, das Licht jedoch in der Farbe ändert. Das Licht wird blauer, wenn sich das Objekt, von dem es freigesetzt wird, auf uns zu bewegt (in diesem Fall spricht man von einer Blauverschiebung), und röter, wenn sich das emittierende Objekt von uns weg bewegt (Rotverschiebung). Stellen wir uns eine Lichtwelle vor, die von einem Objekt emittiert wird. Bis die nächste Wellenschwingung freigesetzt werden kann, befindet sich das Objekt ein Stück näher am Beobachter als noch einen Augenblick zuvor, was zur Folge hat, dass die Welle gestaucht wird (was gleichbedeutend ist mit einer kürzeren Wellenlänge und einer höheren Frequenz); sie wird zum Blau hin verschoben, erfährt also eine Blauverschiebung. Aus teilchenphysikalischer Sicht bedeutet eine Blauverschiebung, dass den Photonen Energie zugeführt wird, ihr Energieniveau also steigt. Die Bewegung des emittierenden Objekts zum Beobachter hin verleiht den Photonen einen Energieschub, vergleichbar mit einem Baseball, der uns härter – mit mehr Energie – trifft, wenn er aus einem fahrenden Wagen abgeworfen wird, als dies bei einem Wurf aus dem Stand der Fall ist. Da die Lichtgeschwindigkeit konstant ist äußert sich diese Energiezunahme in einer Verschiebung hin zum blauen Bereich des Energiespektrums. Jede Bewegung vom Beobachter weg hat den gegenteiligen Effekt und verursacht eine Rotverschiebung.

Grenzen des Wissens

Betrachten wir entfernte Objekte am Nachthimmel, sind wir zu bestimmen imstande, wie sie sich im Verhältnis zu uns bewegen, sind diese Objekte doch rot- oder blauverschoben. Fast alle Galaxien sind rotverschoben – das erste Indiz dafür, dass das Universum expandierte. Um zu dieser Erkenntnis zu gelangen, war es allerdings unabdingbar, diese Farbverschiebung auch messen zu können.

Wird Licht von einem Stern emittiert, durchdringt es dessen äußere Schichten, wobei einige seiner Frequenzen absorbiert werden, was sich wiederum in einer Reihe schwarzer Linien im Farbspektrum niederschlägt. Jedes Element erzeugt charakteristische schwarze Linien, anhand derer es möglich ist, auf die in dem Stern enthaltenen Elemente zu schließen. Diese Linien lassen sich mit Hilfe eines Spektroskops aufspüren, einem Gerät, das in seiner einfachsten Ausführung nichts weiter ist als ein Prisma, das die im Licht enthaltenen Farben aufspaltet, und ein Mikroskop.

Diese charakteristischen schwarzen Linien treten stets in erkennbaren Mustern auf, die bei einer Rotverschiebung – wie der Name schon sagt – lediglich zum roten Ende des Spektrums hin verschoben werden.

Fakten  zum Angeben

• Nicht jede Galaxie weist eine Rotverschiebung auf: Die Andromeda-Galaxie, die unserer Milchstraße am nächsten liegt, ist blauverschoben. Dies ist darauf zurückzuführen, dass die Schwerkraft näher liegende Galaxien schneller anzieht, als sich das Universum ausbreitet. Irgendwann wird unsere Galaxie mit Andromeda kollidieren, allerdings erst in vielen Milliarden Jahren.

LASER

Basics

Der Laser in seiner ursprünglichen Form entsprang einer zufälligen Entdeckung der beiden russischen Wissenschaftler Nikolai Bassow und Alexander Prochorow, als diese im Jahr 1954 das Verhalten von Ammoniak, einem stechenden Gas, untersuchten. Bassow und Prochorow fanden heraus, dass das Licht im nicht sichtbaren Mikrowellen-Bereich eine Freisetzung von Photonen aus dem Ammoniak bewirkte. Wurden diese Photonen in einer Vakuumkammer generiert, waren sie selbständig in der Lage, weitere Photonen zu stimulieren – ein regelrechtes Schneeballsystem zur Erzeugung von Licht. Aufgrund der Art und Weise, wie das Licht stimuliert wurde, waren alle Photonen phasengleich. Diese Strahlungsquelle wurde als «Microwave Amplification by the Stimulated Emission of Radiation» – kurz Maser – bezeichnet, was zu Deutsch so viel wie *Mikrowellenverstärkung durch stimulierte Emission von Strahlung* bedeutet.

Im Jahr 1960 entwickelte der amerikanische Physiker Theodore Harold Maiman ein entsprechendes Gerät für sichtbares Licht. Das zugrunde liegende Konzept war Gegenstand eines erbitterten Patentrecht-Streits zwischen den beiden amerikanischen Physikern Arthur Leonard Schawlow und Gordon Gould. Gould wurde schließlich die geistige Urheberschaft des von Maiman gebauten Masers für sichtbares Licht zugesprochen. Gould ersetzte in der englischen Originalbezeichnung den Begriff «Mikrowelle» durch das Wort «Licht» und nannte sein Gerät Laser.

Um diese stimulierte Emission zu erzeugen, bestückte Maiman sein Gerät mit einem Rubin, der tiefrotes Licht emittierte. Das Licht wurde mit Hilfe einer Blitzlichtröhre wie mit einem riesigen Blitzgerät stimuliert. Innerhalb des Rubins strahlte das Licht vor und zurück, wobei es in jedem Durchgang an beiden Enden auf Spiegel traf und noch mehr Photonen stimulierte. Einer der Spiegel war zum Teil versilbert, was es einzelnen Photonen erlaubte, zu entweichen.

Aufgrund der Art und Weise, wie dieses Laserlicht erzeugt wird, unterscheidet es sich völlig von Sonnenstrahlen oder einer Glühbirne, ist doch die Phase jedes Photons synchronisiert. Das Ergebnis ist ein extrem energiereicher Lichtstrahl einer einzigen Farbe, der nicht so leicht zerstreut werden kann, wie dies bei normalem Licht der Fall ist.

Grenzen des Wissens
Im Jahr 1917 sagte Einstein voraus, dass es möglich sein würde, eine Kettenreaktion auszulösen, die Licht erzeugte – ein Prozess, den er als stimulierte Emission bezeichnete. Nach Einsteins Theorie kann ein Elektron eines Atoms in einen energiereicheren Zustand versetzt werden, wenn es mit einem Photon kollidiert. Trifft nun ein weiteres Photon auf dieses Elektron, wird das Photon nicht nur reemittiert, sondern bringt das Elektron auch dazu, ein zweites Photon freizusetzen.

Fakten  **zum Angeben**
• Ein Laserstrahl kann vom Mond reflektiert werden und gelangt als dünner Strahl – und nicht etwa zerstreut – zur Erde zurück.

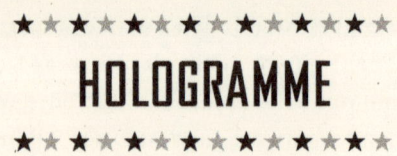

HOLOGRAMME

Basics

Kurz nach dem Zweiten Weltkrieg machte sich Dennis Gabor, ein britischer Wissenschaftler ungarischer Herkunft, über die Art und Weise Gedanken, wie wir Objekte wahrnehmen. Stellen wir uns vor, wir betrachteten durch ein Glasfenster einen auf einem Tisch stehenden Krug. Befinden wir uns an der linken Seite des Fensters, haben wir eine bestimmte Sicht auf den Krug und können vielleicht den Henkel und die Vorderseite sehen. Stellen wir uns weiter nach rechts, ändert sich diese Ansicht. Das ganze Licht, das notwendig ist, um diese unterschiedlichen Bilder zu erzeugen, trifft auf das Fensterglas. Gäbe es also eine Möglichkeit, von jedem Lichtstrahl einen Schnappschuss zu machen, der vom Krug ausgehend auf das Fensterglas trifft, müssten wir in der Lage sein, das Bild wiederherzustellen, das sich vom Fenster aus bietet.

Um es mit all den Photonen aus verschiedenen Richtungen aufnehmen zu können, müsste man nicht nur den Grad der Helligkeit bestimmter Punkte unterscheiden, wie dies bei einem gewöhnlichen Foto der Fall ist, sondern auch die Phase jedes Photons. Zu diesem Zweck wollte Gabor einen zweiten, auf das Glas gerichteten Lichtstrahl einsetzen. Die beiden Lichtquellen träten miteinander in Wechselwirkung, wie dies auch bei den Strahlen zu beobachten ist, die durch Youngs Schlitze fallen. Das sich ergebende Muster würde die Phase jedes Photons zum Zeitpunkt des Auftreffens auf das Glas anzeigen.

Gabor konnte eines dieser Bilder nicht erzeugen (die in

Anlehnung an die griechischen Termini *holos* – ganz – und *grapho* – schreiben – als «Hologramme» bezeichnet werden), wäre dies doch nur mit einer besonders gearteten Lichtquelle möglich gewesen, die es jedoch nicht gibt – einer Lichtquelle, deren Photonen alle phasengleich sind.

Grenzen des Wissens
Jeder Teil eines Hologramms enthält aus vielen verschiedenen Richtungen stammendes Licht. Bräche man ein Hologramm entzwei, böte sich nach wie vor das ganze Bild – schließlich wird unsere Sicht auch nicht eingeschränkt, wenn wir nur durch ein halbes Fenster schauen.

Fakten  **zum Angeben**

• Nachdem im Jahr 1960 der Laser erfunden worden war, dauerte es nur wenige Jahre, bis Emmett Leith und Juris Upatnieks an der University of Michigan das erste echte Hologramm schufen, ein Stillleben mit einer Modelleisenbahn und zwei ausgestopften Tauben.
• Die Sicherheits-«Hologramme» auf Geldscheinen und Kreditkarten sind keine echten Hologramme, sondern weisen zwei oder drei Schichten auf, die dem Bild mit Hilfe optischer Verfahren eine scheinbare Tiefe verleihen.

LICHT ANHALTEN

Basics
US-amerikanischen Forschern ist es gelungen, mit Hilfe von Spezialmaterialien, deren Temperatur sich im Bereich des absoluten Nullpunkts bewegt, Licht zum Stillstand zu bringen. Im Jahr 1998 führten Lene Vestergaad Hau und ihr Team an Edwin Lands Rowland Institute for Science an der Harvard University ein Experiment durch, bei dem zwei Laser durch ein Gefäß geschossen wurden, das Sodiumatome enthielt, die auf eine Temperatur abgekühlt worden waren, dass sie diesen außergewöhnlichen, als «Bose-Einstein-Kondensat» bezeichneten Aggregatzustand annahmen.

Normalerweise wäre dieses Kondensat lichtundurchlässig, aber der erste Laser erzeugt eine Art Leiter, auf der sich der zweite Lichtstrahl mit erheblich verminderter Geschwindigkeit quer durch das gesamte Kondensat zu hangeln imstande ist. Innerhalb eines Jahres gelang es Haus Forscherteam, die Lichtgeschwindigkeit auf unter einen Meter pro Sekunde zu verlangsamen.

Grenzen des Wissens
In jüngerer Zeit entdeckten Hau und ihr Team, dass – während der erste, «gekoppelte» Laser stetig an Energie verliert, bis er schließlich abgeschaltet wird – der zweite Strahl von der Materie verschluckt wird. Das Ergebnis ist eine merkwürdige Mischung aus Licht und Materie, die man als «Dunkelzustand» bezeichnet. Das eingeschlossene Licht tritt nur dann wieder aus, wenn

der «gekoppelte» Laser wiederhergestellt werden kann. Obwohl das Licht im Dunkelzustand eingeschlossen ist, muss es sich bewegen, um existent zu bleiben. Wie ein Tier, das in einem Käfig hin und her tigert und immer in Bewegung ist, dem Käfig jedoch nie entkommt.

Fakten  zum Angeben

• Der Science-Fiction-Autor Bob Shaw schuf das Konzept des langsamen Glases – ein Material mit derartiger Dichte, dass das Licht Jahre braucht, um hindurchzugelangen. Stünde uns dieses Wunderglas zur Verfügung, fehlte uns nur noch ein Ort mit einer phänomenalen Aussicht, und schon könnten wir nie dagewesene Fenster kreieren. Wenn das Licht ein Jahr braucht, um von einer Seite des Glases auf die andere zu gelangen, erreicht das erste flüchtige Bild der grandiosen Landschaft ein Jahr nach Einsetzen der Fensterscheibe die andere Seite. Anschließend kann das Glas an einen anderen Standort verlegt werden – das Bild nimmt es mit!

• Als ein Fernsehteam zu Filmaufnahmen in Lene Haus Labor weilte, machte sich Enttäuschung breit, waren die in Gebrauch befindlichen Laser doch unsichtbar. So setzten die Filmleute eine Nebelmaschine ein, was einen Totalausfall des Experiments zur Folge hatte, das tagelang heruntergefahren werden musste, bis die Luft wieder rein war.

SCHNELLER ALS DAS LICHT

Basics

Die spezielle Relativitätstheorie besagt, dass sich nichts schneller fortbewegt als das Licht, was den Tunneleffekt jedoch unberücksichtigt lässt. Dieser erlaubt es einem Quantenteilchen, von einer Seite einer Barriere auf die andere zu gelangen, ohne den dazwischenliegenden Raum zu durchqueren. Wenn also beispielsweise ein Photon eine Distanz von einem Meter zurücklegt, anschließend eine einen Meter breite Barriere überwindet und danach einen weiteren Meter Raum durchquert, hat es eine Strecke von drei Metern in einer Zeit bewältigt, die das Licht normalerweise für zwei Meter braucht; das Photon bewegt sich mit anderthalbfacher Lichtgeschwindigkeit fort.

Diese Barrieren können unterschiedlich beschaffen sein. Dabei kommen Spezialversionen von Metallröhren zum Einsatz, die als Hohlleiter bezeichnet werden und mit Hilfe photonischer Gitter Mikrowellen übertragen. Oder aber die Übertragung erfolgt durch zwei Prismen, die nebeneinander angeordnet sind; in diesem Fall durchtunnelt ein intern vollständig reflektierter Strahl die Lücke. In allen Fällen ist die Distanz jedoch so gering, dass die gewaltige Geschwindigkeit nicht zum Tragen kommt. In dem Moment, in dem man eine Messung vornimmt, ist der Zeitvorteil bereits dahin. Und je dicker die Barriere ist, desto weniger Photonen sind in der Lage, sie zu passieren. Macht man die Barriere dick genug, um innerhalb der Zeitskala agieren zu können, kommt kein einziges Teilchen durch.

Grenzen des Wissens

Wie Lachse, die sich stromaufwärts kämpfen, fallen die sich mit dieser bemerkenswerten Geschwindigkeit ausbreitenden Lichtimpulse der Experimentatoren immer wieder in den Strom der Zeit zurück. Würde ein brauchbares Signal mittels eines solchen, sich schneller als das Licht fortbewegenden Strahls übertragen, käme es an, bevor es abgeschickt wurde. Obwohl dies auf den ersten Blick durchaus Vorteile mit sich brächte – so könnte man etwa die Lottozahlen im Voraus in Erfahrung bringen –, zerstörte es die gesamten Grundlagen der Kausalität.

Fakten  **zum Angeben**

• Als Günter Nimtz von der Universität Köln diesen Effekt dokumentierte, widersprach ihm Raymond Chiao von der University of California in Berkeley. Chiao glaubte, es sei unmöglich, ein Signal durch die Tunnelbarriere zu übermitteln. Nimtz antwortete seinem Widersacher, indem er ihm eine Aufnahme von Mozarts 40. Sinfonie mit vierfacher Lichtgeschwindigkeit zukommen ließ.

PHOTONEN

Basics

Im frühen 19. Jahrhundert wurde das Licht als Phänomen beschrieben, das aus kleinen Energiepacken besteht – aus Teilchen, die von dem amerikanischen Chemiker Gilbert Lewis als «Photonen» bezeichnet wurden. Dies machte es wesentlich einfacher zu verstehen, dass sich das Licht im leeren Raum ohne das Vorhandensein eines Mediums auszubreiten imstande war.

Erst mit dem Aufkommen der Quantenelektrodynamik (QED) wurde es möglich, ein Problem zu verstehen, auf das Newton selbst gestoßen war, das Strahlteiler-Problem. Ein Teil des Lichts durchdringt den Strahlteiler, ein weiterer Teil wird reflektiert. Wir alle haben Strahlteiler zu Hause: Fenster. Nachts fällt Licht durch die Fenster nach draußen, sodass man in die gute Stube hineinsehen kann. Sitzt man jedoch in selbiger und schaut hinaus, verhält sich das Fenster praktisch wie ein Spiegel. Ein Großteil des Lichts wird vom Glas reflektiert.

Newton fragte sich, wie ein bestimmtes Photon nun weiß, worin seine Bestimmung besteht, es also absorbiert oder reflektiert wird. Doch damit nicht genug: Auch die reflektierte Lichtmenge variiert mit der Glasdicke. Dies macht Sinn im Fall von Wellen – aufgrund eines Vorgangs, der als Interferenz bezeichnet wird –, aber wie können im Glasinnern abprallende Teilchen wissen, wie dick das Glas ist? Die Quantenelektrodynamik zeigte, dass die Photonen nicht nur an der Oberfläche, sondern auf der gesamten Strecke, die sie innerhalb des Glases zurücklegen, mit Elektronen interagieren, weshalb die Glasdicke ausschlaggebend ist, wie viele Photonen letztlich reflektiert werden.

Photonen sind merkwürdige Teilchen. Im Gegensatz zu Materieteilchen verfügen sie über keine eigene Masse. Dennoch besitzen sie Energie. Aufgrund von Einsteins berühmter Gleichung $E = mc^2$ wissen wir, dass die Energie der Masse entspricht. Dies bedeutet, dass ein Photon jedes Mal einen minimalen Druck erzeugt, wenn es auf eine Fläche trifft – den sogenannten «Licht- oder Strahlungsdruck».

Grenzen des Wissens
Das Gros unseres Wissens über Photonen ist der uns zur Verfügung stehenden Möglichkeit geschuldet, sie einzeln erzeugen zu können. Zuerst wurde dies zu bewerkstelligen versucht, indem man einzelne Atome in einem als parametrische Fluoreszenz bezeichneten Prozess Reizen aussetzte, später auch mittels Laser, was jedoch keine verlässlichen Ergebnisse lieferte. In jüngerer Zeit bediente man sich Quantenpunkten – einer winzigen, aus Halbleitermaterial bestehenden Materialstruktur –, die im Hohlraum zwischen zwei Spiegeln angebracht sind und einzelne Photonen zu erzeugen in der Lage sind, wenn sie elektrischen Reizen ausgesetzt werden.

Fakten  zum Angeben

• Vielleicht haben Sie schon einmal eine dieser physikalischen Spielereien gesehen wie etwa eine überdimensionale Glühbirne, die mehrere auf einer Spindel befestigte schwarz-weiße Paddel enthält. Knipst man das Licht an, beginnen sich die Paddel im Kreis zu drehen. Einem weitverbreiteten Irrglauben zufolge ist dies auf den Lichtdruck der Photonen zurückzuführen. In Wirklichkeit jedoch zeichnet die relative Erwärmung dafür verantwortlich: Die schwarzen Seiten der Paddel absorbieren mehr Strahlungswärme als ihre weißen Pendants, und die Wirkung dieser Strahlungswärme auf die im Glaskolben verbliebenen Luftmoleküle führt zu dieser Bewegung.

KAPITEL VIER
RELATIVITÄT

GALILEOS RELATIVITÄT

Basics

Wenn Sie andere Menschen fragen, wer sich zuerst mit der Relativität beschäftigt hat, werden die meisten sagen: «Einstein.» Sie irren sich. Es war Galileo. Er stellte sich vor, bei spiegelglatter See auf einem Schiff zu sein, das sich stetig fortbewegt, ohne langsamer oder schneller zu werden. Befänden Sie sich auf diesem Schiff in einer fensterlosen Kabine – wie könnten Sie feststellen, ob Sie sich überhaupt bewegen? Alles in der Kabine würde sich in der gleichen Weise bewegen. Sie könnten die Bewegung nicht spüren. Sie spürten sie nur beim Beschleunigen oder Abbremsen. Wasser in einem Aquarium würde nicht hin und her schwappen. Es gäbe keinen Hinweis auf eine Bewegungsaktivität.

Galileo postulierte, dass zwei Beobachter, die sich gleichzeitig bei konstanter Geschwindigkeit in dieselbe Richtung bewegen, bei allen mechanischen Experimenten identische Ergebnisse erzielen. Verlaufen zwei Experimente stetig und gleichförmig, gäbe es keine Möglichkeit, sie voneinander zu unterscheiden. An dieser Stelle sind noch einige Faktoren festzulegen – so müssten beide Experimente unter identischen Bedingungen (Schwerkraft, Luftdruck usw.) durchgeführt werden – das Prinzip in sich ist jedoch stimmig.

Grenzen des Wissens

Der Kern von Galileos Beobachtung ist, dass es so etwas wie absolute Bewegung nicht gibt. Jedwede Bewegung muss im Verhältnis zu etwas anderem erfolgen. Wenn zum Beispiel zwei Züge auf parallel verlaufenden Gleisen mit gleicher Geschwindigkeit fahren, bewegt sich der zweite Zug in Relation zum ersten überhaupt nicht (und umgekehrt). Und im Verhältnis zum anderen Zug steht er still. Ähnliches ist zu beobachten, wenn Sie einfach still dastehen. In Relation zur Erde bewegen Sie sich nicht, aber die Erde dreht sich um ihre Achse, umkreist die Sonne und rast zusammen mit unserer Galaxie durch das Weltall.

Fakten  **zum Angeben**

• Galileo war nicht das erste Mitglied seiner Familie, das die Obrigkeit herausforderte. Sein Vater Vincenzio, ein Hofmusiker, verfasste ein Buch über Musik, in dem er schrieb, dass Menschen, die sich allein auf die Autoritäten verlassen (wie es zu jener Zeit in der Wissenschaft der Fall war), «sich äußerst absurd verhalten».

SPEZIELLE RELATIVITÄTSTHEORIE

Basics

Albert Einstein war sich wie Galileo darüber im Klaren, dass es keinen festen Referenzpunkt gibt, im Verhältnis zu dem sich alles bewegt oder stillsteht. Wir können die Geschwindigkeit eines Objekts nur in Relation zu einem anderen Objekt beschreiben. An dieser Stelle ergab sich jedoch ein Problem für das Licht. Einstein stellte sich vor, auf einem Sonnenstrahl zu reisen. Wäre er dazu in der Lage gewesen, hätte der Lichtstrahl aus seiner Sicht stillgestanden. Einstein wusste jedoch, dass der schottische Wissenschaftler James Clerk Maxwell nachgewiesen hatte, dass Licht ein Zusammenspiel von Magnetismus und Elektrizität darstellt und dass dieses Zusammenspiel nur bei einer bestimmten Geschwindigkeit aufrechterhalten werden kann. Da Licht offensichtlich existiert, kam Einstein zu der erstaunlichen Erkenntnis, dass das Licht die einzigartige Eigenschaft aufweist, sich stets mit der gleichen Geschwindigkeit zu bewegen (etwa 300 000 Kilometer pro Sekunde in einem Vakuum). Aus dieser simplen Schlussfolgerung wurden all die merkwürdigen Vorhersagen der speziellen Relativitätstheorie abgeleitet.

Grenzen des Wissens

Die Einbeziehung einer festgelegten Lichtgeschwindigkeit in die Bewegungsgleichungen von Galileo und Newton führte zu bizarren Resultaten. Nähert sich die Geschwindigkeit, mit der sich ein Körper fortbewegt, der Lichtgeschwindigkeit, zieht sich der

Körper zusammen und wird massereicher, und überdies vergeht die Zeit für ihn langsamer. All diese Effekte werden von dem Ort aus beobachtet, im Verhältnis zu dem sich der Körper bewegt. Handelt es sich dabei etwa um ein Raumschiff, nehmen die Menschen an Bord die Verzerrung nicht wahr, bewegen sie sich doch mit der gleichen Geschwindigkeit fort. Wäre ein Objekt Lichtgeschwindigkeit zu erreichen imstande, würde seine Masse unendlich; das Objekt selbst würde unendlich klein, und die Zeit bliebe stehen. Diese Veränderungen sind nicht hypothetischer Natur. In der Atmosphäre können wir zum Beispiel sich schnell bewegende Teilchen beobachten, die als Mesonen bezeichnet werden und eigentlich bereits zerfallen sein müssten, lange bevor sie auf die Erdoberfläche treffen. Sie erreichen jedoch die Erde, weil sie sich im Verhältnis zur Erde so schnell bewegen, dass sich die Zeit für sie verlangsamt.

Fakten zum Angeben
• Albert Einstein sagte einmal: «Wenn ein Mann eine Stunde mit einem hübschen Mädchen zusammensitzt, kommt ihm die Zeit wie eine Minute vor. Sitzt er dagegen auf einem heißen Ofen, scheint ihm schon eine Minute länger zu dauern als jede Stunde. Das ist Relativität.» Dies ist die Kurzfassung einer Forschungsarbeit, die er angeblich in einer Fachzeitschrift namens Journal of Exothermic Science and Technology veröffentlichte. Gemeinhin gilt diese Arbeit als ernstzunehmender – wenn auch humorvoller – akademischer Beitrag. Der Name der Zeitschrift – genauer gesagt das sich aus dessen Initialen ergebende Wort JEST – legt jedoch nahe, dass Einstein die ganze Sache erfunden hat, steht das englische «jest» doch für «Scherz».
• Als Einstein die spezielle Relativitätstheorie ersann, war er von Berufs wegen nicht Wissenschaftler, sondern arbeitete als Verwaltungsangestellter im Patentamt von Bern in der Schweiz.

DAS ZWILLINGS-PARADOXON

Basics

Es ist schwer, sich etwas Unwahrscheinlicheres vorzustellen als unterschiedlich alte Zwillinge. Genau dieses Phänomen stellt jedoch eine der seltsameren Konsequenzen der Relativität dar.

Stellen wir uns die eineiigen Zwillinge Donna und Gill bei einem tränenreichen Abschied vor. Donna verabschiedet Gill an ihrem 21. Geburtstag auf einen Flug in die Tiefen des Weltalls. Gills Raumschiff schießt mit 99 %iger Lichtgeschwindigkeit davon. Sieben Jahre später feiert Donna ihren 28. Geburtstag. Könnte sie jetzt Gill sehen, befänden sich nur 22 Kerzen auf Gills Geburtstagstorte. Der gleiche Effekt wiederholt sich auf der Rückreise. Wenn Gill also nach zwei Jahren auf einem fernen Planeten zur Erde zurückkehrt, ist Donna 37, Gill aber erst 25 Jahre alt.

Dieses Science-Fiction-Szenario weist jedoch einen offensichtlichen Fehler auf. Die Relativität besagt, es macht keinen Unterschied, ob man sagt, das Raumschiff fliegt von der Erde weg oder die Erde vom Raumschiff. Aus der Perspektive von Gills Raumschiffbesatzung fliegt die Erde davon. Aus Gills Sicht müsste Donna also jünger sein. Das Zwillingsparadoxon funktioniert jedoch, weil die beschriebene Situation nicht wirklich symmetrisch ist.

Es ist richtig, dass beide Zwillinge denken würden, ihre Schwester müsste auf der Reise langsamer altern. Am Endpunkt gibt es aber einen Unterschied zwischen der Erde und dem Raumschiff. Auf das Raumschiff wirkt eine Kraft, um es abzubremsen, umzudrehen und zur Erde zurückkehren zu lassen. Die Erde erfährt diese Beschleunigung nicht. Aus diesem Grund durchläuft Gill einen anderen relativistischen Prozess als ihre Schwester Donna und kommt jünger zu Hause an.

Grenzen des Wissens
Ein ähnlicher Effekt lässt sich mit Hilfe zweier Atomuhren nachweisen. Zu diesem Zweck werden zwei Atomuhren synchronisiert. Anschließend wird eine um die Erde geflogen, während die andere an Ort und Stelle verbleibt. Die Uhr, die eine Beschleunigung erfuhr (eine kreisförmige Bewegung impliziert Beschleunigung, stellt die Beschleunigung doch eine Änderung der Geschwindigkeit dar, die sich aus Tempo und Richtung ergibt), ging im Verhältnis zu ihrem Pendant nach.

Fakten  **zum Angeben**

• Als die Besatzung der Raumstation Saljut im Jahr 1988 nach einem Jahr in der Erdumlaufbahn wieder auf der Erde landete, war sie um eine Hundertstelsekunde jünger, als dies der Fall gewesen wäre, wenn sie die Erde nie verlassen hätte.

SIMULTANEITÄT

Basics

Im Grunde genommen ist es ganz einfach, festzustellen, ob zwei Ereignisse am selben Ort gleichzeitig passieren. Was aber ist, wenn zwei Blitze in zwei Gebäude einschlagen, die sich zwar in derselben Straße, aber in 500 Meter Entfernung voneinander befinden? Wie könnten wir feststellen, ob beide Blitzeinschläge gleichzeitig stattfanden? Wir könnten etwa an beiden Orten eine Uhr aufstellen und die von ihnen jeweils angezeigte Zeit vergleichen. Wie könnten wir jedoch sicher sein, dass die Uhren auch synchronisiert wurden?

Gewissheit erhielten wir nur, wenn wir uns genau in der Mitte zwischen den beiden Blitzeinschlägen befänden. Erreicht uns das Licht der beiden Blitze zur selben Zeit, fand der Blitzeinschlag gleichzeitig statt. So weit, so gut. Was aber, wenn wir unsere Beobachtung von einem Bus aus tätigen, der in westliche Richtung fährt? In der Zeit, die die Lichtblitze benötigten, um uns zu erreichen, haben wir uns ein Stück fortbewegt. Der Lichtblitz aus westlicher Richtung hätte uns also früher erreicht als sein Pendant aus dem Osten. Aus unserer Sicht hätten die beiden Blitzeinschläge also nicht gleichzeitig stattgefunden, sondern der aus dem Westen wäre zuerst vonstattengegangen.

Da die Relativitätstheorie es uns nicht erlaubt, eine bestimmte Art gleichförmiger Bewegung als speziell zu definieren, ist unser Blickwinkel aus dem Bus so gut wie jeder andere. Simultaneität ist also relativ, hängt sie doch davon ab, in welcher Richtung wir uns in Bezug auf die Ereignisse bewegen.

Grenzen des Wissens

Die Relativität der Simultaneität wird durch das Leiterparadoxon veranschaulicht. Die spezielle Relativitätstheorie besagt, dass ein Objekt, das sich im Verhältnis zu unserem Aufenthaltsort bewegt, kleiner ist als ein ruhendes Objekt. Stellen Sie sich vor, Sie hätten eine Leiter, die so lang ist, dass sie nicht in Ihre Garage passt. Bugsieren Sie die Leiter schnell genug in die Garage, zieht sie sich (aus Sicht der Garage) so weit zusammen, dass sie hineinpasst. Aus der Sicht der Leiter zieht sich jedoch die Garage zusammen, sodass die Leiter nicht hineinpasst. Nehmen wir an, die Garage verfüge auf ihrer Vorder- und Rückseite über zwei sehr schnell schließende Türen. Aus Sicht der Garage könnten wir beide Türen gleichzeitig für kurze Zeit schließen, wenn die Leiter durch die Garage rauscht. Aus Sicht der Leiter würden sich die Türen jedoch nicht gleichzeitig schließen. Die weiter entfernte Tür schließt sich, während sich die Leiter auf dem Weg in die Garage befindet; dagegen schließt sich die näher gelegene Tür, wenn die Leiter auf der gegenüberliegenden Seite die Garage wieder verlässt.

Fakten  **zum Angeben**

- Physiker bedienen sich sogenannter «Minkowski-Diagramme», um die Relativität der Simultaneität nachzuweisen. Dabei handelt es sich eigentlich um vierdimensionale Diagramme (drei Dimensionen des Raums plus eine der Zeit). Um sie praktischer handhaben zu können, werden sie jedoch in der Regel flach dargestellt, wobei die zeitliche Dimension auf der Ordinate und die räumliche auf der Abszisse dargestellt wird.

WO SIND DIE ZEITREISENDEN?

Basics

Der Physiker Stephen Hawking fragte einmal, warum wir noch keine Zeitreisenden gesehen haben, wenn Zeitreisen doch möglich sind. Dafür könnte es eine Menge Gründe geben. Würde eine Zivilisation über die Technologie für Zeitreisen verfügen, wäre sie auch in der Lage, ihre Existenz vor uns zu verschleiern. Und viele Ideen für Zeitreisen funktionieren nur mit Licht, nicht jedoch mit physischen Personen.

Noch weniger überraschend ist es, dass wir noch keine Kontaktaufnahme aus der Zukunft zu verzeichnen hatten, wenn wir uns vor Augen führen, dass Zeitmaschinen nicht funktionieren können, bevor sie gebaut werden. Stellen wir uns beispielsweise vor, wir hätten ein Kommunikationsgerät erfunden, dass über jede Distanz ohne Verzögerung funktioniert. Wir senden eine Sonde bei halber Lichtgeschwindigkeit für 20 Jahre ins Weltall. Für uns hätte sich die Zeit im Verhältnis zur Sonde verlangsamt. Eine Nachricht, die wir im Jahr 2020 an die Sonde senden, käme 5,75 Jahre früher dort an.

Aus Sicht der Sonde hat sich die Erde mit halber Lichtgeschwindigkeit von ihr entfernt. Die Uhr der Erde würde im Vergleich zur Uhr der Sonde um 5,75 Jahre nachgehen. Würde die besagte Nachricht nun unverzüglich zur Erde zurückgesendet, käme sie dort 11,5 Jahre vor ihrer ursprünglichen Übermittlung an. In der Praxis sind wir jedoch nicht in der Lage, Nachrichten mit Überlichtgeschwindigkeit zu versenden. Könnten wir dies, würde unser erfundenes Gerät eine Nachricht elf Jahre in die Vergangenheit versenden, nachdem die Sonde 20 Jahre lang durch das Weltall geflogen ist. Wie schnell die Sonde auch immer fliegen mag, sie wäre keine Nachricht zurückzusenden imstande, bevor sie gestartet wurde.

Grenzen des Wissens
Am 7. Mai 2005 veranstaltete das MIT einen Kongress für Zeitreisende. Die zugrunde liegende Idee war, dass Menschen in der Zukunft etwas über diesen Kongress lesen würden – wie zum Beispiel in diesem Buch –, um sich anschließend aktiv zu beteiligen und in die Vergangenheit zu reisen. Leider erschienen jedoch keine Zeitreisenden mit entsprechenden Beweisen. Im australischen Perth existiert eine Wandtafel, die Zeitreisende auffordert, sich am 31. Mai 2005 bei dieser Tafel einzufinden. Auch in diesem Fall kam leider niemand.

Fakten  zum Angeben
• *In der Serie «Raumschiff Enterprise» reist die Besatzung gelegentlich durch die Zeit – etwa mit Hilfe eines Schleudermanövers um die Sonne herum. In Wirklichkeit müsste sich die Crew mit derart raffinierten Techniken gar nicht herumplagen, reiste sie doch jedes Mal in der Zeit zurück, wenn sie den Warp-Antrieb einsetzt und mit Überlichtgeschwindigkeit fliegt. Diese Tatsache wird jedoch außer Acht gelassen, um die Zusammenhänge für den Beobachter nicht zu kompliziert erscheinen zu lassen.*

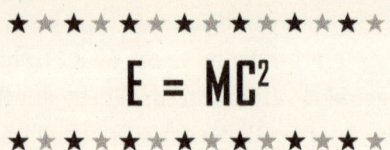

E = MC²

Basics

Die berühmteste Formel in der gesamten Wissenschaft ist Einsteins $E = mc^2$. Wir wissen, dass gemäß der speziellen Relativitätstheorie Objekte schwerer werden, wenn sie sich der Lichtgeschwindigkeit nähern. Aber woher kommt diese Masse? Sie stammt von der Energie, die das Objekt beschleunigt. Bei normalen Geschwindigkeiten wird ein Objekt immer schneller, je mehr Energie ihm zugeführt wird – kinetische Energie. Diese Bewegungsenergie beträgt $½ mv^2$, wobei m für die Masse steht und v für die Geschwindigkeit. Je näher das Objekt der Lichtgeschwindigkeit jedoch kommt, desto mehr Energie wird der Masse zugeführt und nicht mehr der Beschleunigung. Der Zuwachs an Geschwindigkeit wird immer geringer, wohingegen die Masse zunimmt.

Wir können auch den Fall beobachten, dass Energie in gänzlich neue Teilchen umgewandelt wird. Wenn ein extrem energiereicher Teilchenbeschleuniger Teilchen mit annähernder Lichtgeschwindigkeit ineinanderkrachen lässt, wird die bei der Kollision freigesetzte Energie in Teilchen umgewandelt, die scheinbar aus dem Nichts kommen.

Gängiger ist allerdings der umgekehrte Vorgang – die Umwandlung von Masse in Energie. Dies geschieht in unglaublich kleinem Ausmaß immer dann, wenn wir etwas verbrennen. Die chemischen Verbindungen, die die Atome miteinander verknüpfen, werden bei diesem Prozess aufgebrochen, was zu einem winzig kleinen Masseverlust führt. Wesentlich dramatischer ist jedoch das Ergebnis einer Fusion von zwei oder mehr nuklearen Teilchen. Hierbei entsteht ein neuer Kern mit weniger Masse. Wir sehen diesen Vorgang am Himmel ständig, handelt es sich doch um genau den Prozess, der die Sonne mit Energie versorgt. Früher dachte man, die Sonne würde brennen. Im 19. Jahrhundert stellte man jedoch fest, dass die Sonne, bestünde sie aus Kohle, nur wenige tausend Jahre zu existieren imstande wäre. Damals war aber bereits bekannt, dass die Erde viel älter ist. Erst mit der Entdeckung der Kernfusion wurde dieses Problem gelöst.

Grenzen des Wissens
Atomkraftwerke machen sich die Kernspaltung zunutze und werden von der bei der Aufspaltung von Atomkernen freigesetzten Energie betrieben. Wären wir in der Lage, die Funktionsweise der Sonne – die Kernfusion – zu kopieren, könnten wir sauberere und vor allem sicherere Atomenergie erzeugen. Den meisten Schätzungen zufolge wird es allerdings noch 30 bis 50 Jahre dauern, bis dieses Verfahren praxistauglich ist.

Fakten  zum Angeben

• *Führen wir einem Objekt Energie zu, vergrößern wir dessen Masse. Eine Tasse heißer Kaffee wiegt mehr als eine Tasse kalter Kaffee.*

ÄQUIVALENZ

Basics

Einstein beschrieb mit folgenden Worten, wie er zu seinem Meisterwerk – der allgemeinen Relativitätstheorie – gelangte: «Eines Tages kam völlig unerwartet der Durchbruch. Ich saß in meinem Büro im Berner Patentamt, als ich plötzlich einen Geistesblitz hatte: Wenn ein Mann sich in freiem Fall befindet, spürt er sein eigenes Gewicht nicht. Ich war verblüfft. Dieses simple Gedankenexperiment hinterließ einen tiefen Eindruck bei mir und führte mich zu der Theorie der Schwerkraft.»

Diese Erkenntnis Einsteins wurde später als das «Äquivalenzprinzip» bezeichnet. Die Auswirkungen von Schwerkraft und Beschleunigung sind nicht unterscheidbar. Dies führte Einstein zu einer Theorie, die sowohl die Funktionsweise der Schwerkraft erklärte als auch die spezielle Relativität verallgemeinerte, was es ermöglichte, sich mit beschleunigenden Objekten zu beschäftigen.

Grenzen des Wissens

Obwohl dem Äquivalenzprinzip durchaus ein sinnvoller Gedanke zugrunde liegt, ist es aus technischer Sicht falsch. Es besagt, dass jemand in einem fensterlosen Raumschiff, das mit 9,81 Metern pro Sekunde im Quadrat beschleunigt, keinen Unterschied auszumachen imstande wäre, wenn sich das Raumschiff anstatt im All auf der Erde befände und dort durch die Schwerkraft ebenso beschleunigt würde. In Wirklichkeit gibt es jedoch sehr wohl einen Unterschied. Das gesamte Raumschiff wird mit der gleichen Geschwindigkeit beschleunigt, sodass ein Experiment, das im oberen Bereich des Raumschiffs durchgeführt wird, genau das gleiche Ergebnis liefert wie ein Experiment am Boden des Raumschiffs. Die Schwerkraft nimmt jedoch mit zunehmender Entfernung von der Erdoberfläche ab. Ein Experiment im oberen Bereich eines auf der Erdoberfläche befindlichen Raumschiffs weist aus diesem Grund geringfügig andere Ergebnisse auf als ein Experiment am Boden des Raumschiffs.

Fakten  **zum Angeben**

• Das Äquivalenzprinzip besagt auch, dass die Schwerkraft das Licht beugt. Stellen Sie sich einen Lichtstrahl vor, der durch unser beschleunigendes Raumschiff fällt. In der Zeit, die der Lichtstrahl benötigt, um das Raumschiff zu durchqueren, bewegt sich dieses fort, sodass der Lichtstrahl etwas tiefer auf die gegenüberliegende Wand trifft als erwartet. Die Beschleunigung beugt den Lichtstrahl. Da nach dem Äquivalenzprinzip alles, was unter dem Einfluss der Beschleunigung zu beobachten ist, auch unter dem Einfluss der Schwerkraft zu beobachten sein muss, würde ein das Raumschiff auf der Erde durchquerender Lichtstrahl durch die Schwerkraft der Erde nach unten gebeugt.

ALLGEMEINE RELATIVITÄTSTHEORIE

Basics

Einstein glaubte nicht nur, dass Schwerkraft und Beschleunigung ähnlich wirken, er war sogar der Ansicht, sie seien identisch. Die Schwerkraft stellt keine echte Kraft dar wie die Kraft, die wir aufwenden, um etwa ein Auto zu ziehen. Bei einer «echten» Kraft hängt die erzielte Beschleunigung von der Masse des Gegenstands ab, den wir bewegen. Die Beschleunigung durch die Schwerkraft bleibt jedoch unabhängig von der Masse des Objekts immer gleich.

Gibt es jedoch keine echte Kraft, die der Schwerkraft geschuldet ist, bewegt sich die Erde in einer geraden Linie durch das Weltall. Und Einstein erkannte, dass dies tatsächlich der Fall ist. Ein Objekt, das über Masse verfügt, krümmt jedoch den Raum. Aus diesem Grund verläuft die «gerade Linie», der die Erde folgt, kurvenartig um die Sonne.

Es ist schwer, sich einen gekrümmten Raum vorzustellen, sind wir doch nur in der Lage, uns drei Dimensionen vorzustellen. Außerdem tun wir uns schwer, uns vor Augen zu führen, wie sich drei Dimensionen gleichzeitig krümmen. Betrachten wir, um diesem Problem zu begegnen, das Beispiel einer riesigen Gummimatte, die ein zweidimensionales Modell des Weltraums darstellt; dieser durchaus gängige Ansatz ignoriert also die dritte Dimension einfach. Legen wir nun ein schweres Objekt wie zum Beispiel eine Bowlingkugel auf die Matte, wird diese in eine andere Dimension verzerrt. Ein kleineres, in der Nähe befindliches Objekt rollt dann das Gefälle hinunter, bis es die Bowlingkugel trifft. Dies stellt ein sinnvolles Modell dar, veranschaulicht es doch, wie der Raum durch Objekte gekrümmt wird, die über Masse verfügen, wodurch sie andere Objekte in ihre Richtung beschleunigen, ohne eine wirkliche Kraft auf sie auszuüben.

Grenzen des Wissens
Das Experiment in einem Raumschiff, bei dem ein Lichtstrahl nach unten gebogen wird, veranschaulicht das Bild der allgemeinen Relativitätstheorie von einem gekrümmten Raum. Licht nimmt immer den direktesten Weg. Wäre der Raum nicht gekrümmt, stellte eine Gerade den direktesten Weg dar; da er jedoch gekrümmt ist, ist der direkteste Weg eine Kurve.

Fakten  **zum Angeben**
• Nach der allgemeinen Relativitätstheorie wird eine vierdimensionale Umgebung gekrümmt, die Raumzeit, wobei die Zeit die vierte Dimension darstellt. Wenn ein Objekt der Schwerkraft unterliegt, bedeutet die Krümmung der Raumzeit, dass die Zeit im Vergleich zu einem Ort, an dem die Schwerkraft nicht wirkt, langsamer vergeht. Je stärker die Schwerkraft wirkt, desto langsamer vergeht die Zeit.

ZEITREISEN

Basics

Bewegt man sich schneller als das Licht fort, reist man in der Zeit zurück, weshalb der Zeitpunkt der Ankunft vor dem der Abreise liegt. Tritt dieser Fall ein, ist der gesamte Fluss der Realität in Gefahr, sind Zeitreisen doch mit fatalen Paradoxien verbunden.

Stellen Sie sich einen Funksender oder -empfänger vor, der eine Nachricht für einen Bruchteil einer Sekunde durch die Zeit senden könnte. Nehmen wir an, dieses Radio könne funkgesteuert ein- und ausgeschaltet werden. Mit Hilfe dieses Radios wollen wir nun eine Nachricht, durch die das Radio ausgeschaltet wird, für einen kurzen Augenblick in der Zeit zurücksenden. Das Radio ist also ausgeschaltet, wenn wir die Nachricht senden, die Nachricht wird somit also gar nicht übermittelt. Oder ist es etwa doch noch eingeschaltet? Ein Kreislauf logischer Unmöglichkeiten. Diese Merkwürdigkeit kann anhand des sogenannten «Großvaterparadoxons» noch drastischer veranschaulicht werden. Stellen Sie sich vor, jemand reist in der Zeit zurück und tötet seinen eigenen Großvater, bevor sein Vater geboren wurde. Der Killer hätte überhaupt nicht das Licht der Welt erblickt und somit auch nicht in der Zeit zurückreisen können.

Dies alles ist so irritierend, dass manche Physiker eine Kausalordnung postulieren, bei der zwei Ereignisse, die ursächlich miteinander verbunden sind (ein Ereignis löst das andere aus), stets in der gleichen Reihenfolge stattfinden müssen. Dies stellt allerdings kein physikalisches Gesetz dar – eher ein akademisches Stirnrunzeln.

Grenzen des Wissens
Zeitreisen sind durchaus kein Ding der Unmöglichkeit. Photonen sind durch den Tunneleffekt in der Lage, mit Überlichtgeschwindigkeit eine Barriere zu überwinden, allerdings ist der Zeitunterschied zu gering, um daraus praktischen Nutzen schlagen zu können. Die Quantenverschränkung wird ohne Verzögerung über jede denkbare Entfernung kommuniziert, kann jedoch keine Nachricht senden. Unter den hypothetischen Zeitmaschinen finden sich merkwürdige Kreationen wie rotierende Zylinder aus Neutronensternmaterial oder Wurmlöcher im Weltall. Keines dieser Geräte ist jedoch physikalisch umsetzbar. Die größte Hoffnung, eines Tages Zeitreisen unternehmen zu können, macht uns noch der Physiker Ronald Mallet, der während seines gesamten Berufslebens nach Mechanismen für Zeitreisen suchte, um mit seinem Vater kommunizieren zu können, starb dieser doch, als er noch ein Kind war. Mallet glaubt, dass Laserstrahlen, die durch einen Ring aus Spiegeln gesendet werden, einen Effekt zu erzeugen imstande sind, der als «Lense-Thirring-Effekt» bezeichnet wird und Zeitreisen in die Vergangenheit ermöglichen könnte.

Fakten  **zum Angeben**
• *Als der Telegraph im 19. Jahrhundert erstmals zum Einsatz kam, machte er eine Art Zeitreise möglich. Es war allgemeine Praxis, so lange auf ein Pferderennen zu wetten, bis ein Bote mit dem Ergebnis eintraf. Der Telegraph eröffnete trickreichen Wettern nun die Möglichkeit, dies auszunutzen. So wurde zum*

Beispiel von einer Rennbahn ein Telegramm folgenden Inhalts nach London übermittelt: «Ihr im Schottenmuster karierter Koffer wird mit dem nächsten Zug ankommen.» Dabei war «Schottenmuster» das Codewort für die Farben des siegreichen Jockeys. Somit war es möglich, eine sichere Wette zu platzieren, bevor das Ergebnis offiziell bekannt war.

KAPITEL FÜNF
KRÄFTE

KRAFT

Basics

Eine Kraft lässt Dinge geschehen. Bevor wir einen Blick auf die Fundamentalkräfte des Universums werfen, bietet es sich an, uns kurz ein paar Gedanken über das Resultat zu machen, das Kräfte in der Regel hervorzubringen imstande sind – Bewegung. Deren Wesen wird durch drei einfache Gesetze beschrieben: Newtons Bewegungsgesetze.

Das erste Gesetz scheint banal zu sein. Es besagt, dass ein Körper in seinem Zustand verharrt (sei es, dass er ruht, sei es, dass er sich mit konstanter Geschwindigkeit fortbewegt), bis eine Kraft an diesem Zustand etwas ändert. «Na und?», möchte man fragen, verkennt dabei jedoch die essenzielle Bedeutung dieses Axioms, ohne das keine der komplexeren Seiten Sinn machte, die Kräften eigen sind.

Das zweite Gesetz erklärt uns, in welchem Maß eine Kraft Dinge verändert. Die Kraft entspricht der Masse eines Objekts mal der Beschleunigung, die es erfährt. Je stärker die Kraft bei gegebener Masse, desto größer die Beschleunigung. Lässt man die gleiche Kraft auf zwei Objekte mit unterschiedlicher Masse wirken, beschleunigt das masseärmere Objekt mehr.

Das dritte Gesetz besagt schließlich, wenn ein Körper eine Kraft auf einen zweiten Körper ausübt, dann übt der zweite Körper die gleiche Kraft in umgekehrter Richtung auf den ersten aus. Wenn also zum Beispiel Ihr Wagen beschleunigt, wirkt eine Kraft auf ihn, um ihn vorwärts zu bewegen. Gleichzeitig übt Ihr Wagen in umgekehrter Richtung die gleiche Kraft auf die Erde aus. Da die Erde jedoch über wesentlich mehr Masse verfügt als Ihr Auto, ist die Beschleunigung, die die Erde erfährt, nur minimal.

Grenzen des Wissens
Heute wissen wir, dass die Newton'schen Gesetze lediglich eine Näherung darstellen. Im Bereich der Lichtgeschwindigkeit sind zusätzlich relativistische Faktoren zu berücksichtigen, für unsere alltäglichen Geschwindigkeiten reichen Newtons Gesetze jedoch allemal aus.

Fakten  zum Angeben

- Das Wort «Gesetz» ist an dieser Stelle irreführend, macht die Wissenschaft doch nichts anderes, als Annahmen über einen bestimmten Sachverhalt aufzustellen und auf der Grundlage dieses «Modells» Vorhersagen über zukünftige Ereignisse zu treffen. Die Newton'schen Gesetze basieren auf einem Modell, das zwar recht gute, aber keine idealen Vorhersagen macht. Zu Ehren Newtons wird Kraft in der Maßeinheit «Newton» gemessen.

FELDER ODER TEILCHEN?

Basics

Als Michael Faraday im 19. Jahrhundert mit Elektrizität und Magnetismus experimentierte, entwickelte er das physikalische Konzept eines Feldes, worunter er den Einflussbereich einer Kraft wie Elektrizität oder Magnetismus verstand. (Später sollte sich herausstellen, dass Elektrizität und Magnetismus zwei Seiten ein und derselben Medaille sind.) Das Feld glich einer unsichtbaren Wetterkarte, die über die Stärke der Kraft Aufschluss gab. Bewegte sich ein Objekt durch das Feld, hinterließ es Kraftlinien; je enger diese zusammenlagen, desto stärker war die Kraft.

Das moderne Standardmodell der Teilchenphysik schreibt es Teilchen, die als Bosonen bezeichnet werden, zu, Kräfte von einem Ort zum anderen zu übertragen. Felder stellen ein alternatives Modell dar, das durchaus nützlich sein kann, um das Verhalten von Kräften besser verstehen zu können, und das nach wie vor von äußerst großem Wert ist.

Jeder physikalischen Aktion liegen eine oder mehrere der vier Grundkräfte zugrunde. Als da wären: Schwerkraft, elektromagnetische Kraft, schwache Kernkraft und starke Kernkraft.

Grenzen des Wissens

Die Quantenmechanik mutmaßt, dass ein Feld – das sogenannte «Higgs-Feld» – existiert, dessen Kraft übertragende Teilchen analog als Higgs-Bosonen bezeichnet werden. Diese verleihen allen anderen Teilchen ihre Masse. (Theoretisch gibt es Felder, die jedem Boson im Standardmodell entsprechen.)

Eine der weiteren Interpretationen der Quantenphysik – die nach dem amerikanischen Quantenphysiker David Bohm benannte bohmsche Mechanik – fügt den vier Grundkräften ein weiteres Feld hinzu, das sogenannte «Psi-Feld». Dieses durchdringt alle Quantenteilchen und versetzt sie in die Lage, miteinander in einer Weise in Wechselwirkung zu treten, als gäbe es keine Entfernungen, was einige der merkwürdigeren Marotten zur Folge hat, die Quantenteilchen mitunter an den Tag legen. Allerdings findet Bohms Interpretation keinen allzu großen Zuspruch.

Fakten  zum Angeben

• *Felder können sich für Teilchen wie Elektronen als problematisch erweisen, werden diese doch als Punkte ohne Ausdehnung betrachtet. Die Anordnung der von dem Punkt ausgehenden Feldlinien gleicht den Speichen eines Rades, was jedoch bedeutet, dass die Kraft ins Unendliche steigen müsste, wenn man sich dem Elektron nähert.*

FERNWIRKUNG

Basics
Wollen wir auf etwas einwirken, das nicht direkt mit uns verbunden ist, sind wir gezwungen, etwas von uns zu dem Objekt gelangen zu lassen, auf das wir einwirken wollen. Oftmals bedeutet dieses «Etwas» direkten Kontakt: Ich strecke die Hand aus und greife meine Kaffeetasse, um sie zum Mund zu führen. Wenn wir jedoch eine Handlung vollziehen wollen, ohne die Lücke zu schließen, die uns von dem Objekt trennt, müssen wir einen Vermittler einsetzen.

Stellen Sie sich vor, Sie wollten eine Blechdose von einem mehrere Meter entfernten Gartenzaun schlagen. Leider ist es nicht möglich, die Dose durch böse Blicke in die Luft gehen zu lassen; also müssen Sie einen Stein auf sie werfen. Ihre Hand setzt den Stein in Bewegung; der Stein fliegt durch die Luft und trifft die Dose. Und wenn sich die Dose als dankbares Ziel erweist und nicht irgendwie verkeilt ist, fällt sie vom Zaun.

Ähnlich verhält es sich, wenn Sie mit jemandem sprechen wollen, der sich auf der gegenüberliegenden Seite eines Raumes befindet. Sie setzen Ihre Stimmbänder ein und erzeugen Schwingungen, die auf die nächstgelegenen Luftmoleküle stoßen. Diese senden einen Satz Schallwellen aus, sodass Luftmoleküle langsam die Lücke schließen, bis die Schwingungen auf das Ohr der anderen Person treffen und deren Trommelfell in Schwingungen versetzen, was schließlich dazu führt, dass Ihre Stimme von der Person gehört wird. Im ersten Fall hatte der Stein Vermittlerfunktion, im zweiten die Schallwelle, beiden

Fällen ist jedoch gemein, dass *etwas* von A nach B gewandert ist. Im Falle der vier Grundkräfte der Physik stellen die als Bosonen bezeichneten Teilchen dieses «Etwas» dar, das die Strecke von A nach B zurücklegt und ein Materieteilchen in die Lage versetzt, ein anderes zu beeinflussen.

Grenzen des Wissens
Die einzig wahre Fernwirkung ist die Quantenverschränkung. Dieses Quantenphänomen besagt, dass sich zwei Teilchen getrennt voneinander auf gegenüberliegenden Seiten des Universums befinden können und sich dennoch eine Veränderung eines Teilchens unverzüglich im anderen widerspiegelt. Eine mögliche Erklärung besteht darin, dass das Konzept der Entfernung für solche verschränkten Teilchen nicht gilt: In Wirklichkeit stellen beide Teilchen eine Einheit dar, die wir lediglich an zwei verschiedenen Orten wahrnehmen.

Fakten  zum Angeben

• *Selbst Babys sind gewahr, dass es mit der Fernwirkung etwas Merkwürdiges auf sich hat. Babys sind gelangweilt, wenn sie ständige Wiederholungen eines bestimmten Vorgangs über sich ergehen lassen müssen – bis ein kleines Detail verändert wird. Ist die neue Version mit direktem Kontakt verbunden, steigern sich die Babys weniger hinein, als dies bei der Fernwirkung der Fall zu sein scheint. Schon Babys ist die ganze Sache also suspekt.*

GRAVITATION

Basics

Galileo hat nachgewiesen, dass sich die Schwerkraftbeschleunigung im Gegensatz zu einer normalen Kraft nicht in Abhängigkeit von der beschleunigten Masse ändert. Warum ist dies so? Weil sich die Gravitation aus der Multiplikation der beiden beteiligten Objektmassen (also etwa der Erde und eines Ziegelsteins) ergibt. Berechnet man also die Beschleunigung, die der Ziegelstein erfährt, heben sich dessen aus dem zweiten Newton'schen Gesetz einerseits und der Gravitationsgleichung andererseits ergebenden Massen gegenseitig auf. Die Masse des Ziegelsteins ist irrelevant; übrig bleibt nur die Erdmasse.

Die Newton'sche Gravitationsgleichung besagt, dass zunächst die erste Masse mit der zweiten multipliziert, anschließend das Produkt mit einer Konstanten multipliziert, und das so erzielte Ergebnis schließlich durch das Quadrat der Entfernung zwischen beiden Objekten dividiert wird. Dies macht die Gravitation zu einem Quadratabstandsgesetz; ihre Stärke hängt vom Quadrat der Entfernung zwischen den Objekten ab.

Grenzen des Wissens

Das Teilchen (Boson), das die Gravitationskraft in sich trägt, wird als Graviton bezeichnet; bis heute ist es niemandem gelungen, ein derartiges Teilchen zu sichten. Verschiedene Theorien haben die anderen Grundkräfte der Physik vereinheitlicht, aber die praxisrelevanten Theorien von heute sind nicht in der Lage, die Gravitation mit den drei übrigen Grundkräften unter einen

Hut zu bringen. (Einstein verbrachte den Großteil seiner zweiten Lebenshälfte mit dem Versuch, dies zu bewerkstelligen und scheiterte.) Die Stringtheorie und ihr großer Bruder, die M-Theorie, bieten ein Konzept, diese Kräfte zu vereinheitlichen, aber nur auf Kosten einer Flut zusätzlicher, unsichtbarer Dimensionen.

Fakten  zum Angeben

• Der griechische Philosoph Aristoteles behauptete, ein schweres Objekt fiele schneller als ein leichtes. Sein Ruf als wissenschaftliche Kapazität war so herausragend, dass jahrhundertelang niemand auf die Idee kam, diese These in Frage zu stellen.

• Aristoteles' Theorie macht Sinn, wenn man gleichzeitig einen Hammer und eine Feder fallen lässt. Der Hammer fällt in der Tat schneller. Aber nur deshalb, weil die Feder durch den Luftwiderstand abgebremst wird. Führte man dieses Experiment – wie Apollo-15-Kommandant Dave Scott 1972 – auf dem Mond ohne Luftwiderstand durch, erreichten beide Objekte gleichzeitig den Boden.

ORBITS UND ZENTRIFUGALKRAFT

Basics

Jedes Mal, wenn wir mit dem Auto um eine Kurve fahren und in die der Kurve entgegengesetzte Richtung gedrückt werden, spüren wir die Zentrifugalkraft. In Anbetracht der Tatsache, dass wir dieses Phänomen im täglichen Leben längst als gegeben hinnehmen, ist es beschämend, dass es die Zentrifugalkraft gar nicht gibt.

Wenden wir uns einem einfachen Beispiel zu und nehmen einmal an, wir führen in einem Vergnügungspark mit einer Gondel, die am Ende eines Auslegers hängt und eine kreisförmige Bewegung beschreibt. Beschleunigt unsere Gondel, werden wir aufgrund der «Zentrifugalkraft» gegen deren Außenwand gedrückt. Aber was passiert wirklich? Welche der vier Grundkräfte der Physik zieht uns nach außen? Die Antwort mag überraschen, aber uns zieht überhaupt nichts nach außen. Stattdessen machen wir Bekanntschaft mit Newtons erstem Bewegungsgesetz. Ist unser Körper einmal in Fahrt, folgt er der natürlichen Neigung, seine Bewegung in einer geraden Linie fortzuführen. Diesem Bestreben setzt die Wand der Gondel ein jähes Ende. Sie zieht uns von der geraden Linie auf eine Kreislinie. Die auf uns wirkende Kraft ist nach innen gerichtet und verläuft entlang des Auslegers (diese sogenannte *Zentripetalkraft* existiert tatsächlich).

Betrachten wir nun ein ähnliches Szenario, ersetzen allerdings die auf uns wirkende Kraft durch die Gravitation. Stellen wir uns vor, wir hätten die Oberfläche unseres Planeten verlassen und bewegten uns in einer geraden Linie fort, die tangential zur Erdoberfläche verläuft. Die Schwerkraft zieht uns zum Erdmittelpunkt hin. Bewegen wir uns mit genau der richtigen Geschwindigkeit fort, zieht uns die Schwerkraft permanent zur Erdoberfläche hin, allerdings nicht schnell genug, um eine Kollision herbeizuführen. Wir befinden uns auf einer Umlaufbahn und umkreisen die Erde wie ein Satellit.

Grenzen des Wissens
Astronauten bewegen sich schwerelos durchs All. Dies liegt nicht etwa daran, dass sie zu weit von der Erde entfernt sind, um deren Schwerkraft zu spüren. Wäre dies der Fall, würde das Raumschiff nicht kreisen. In Wirklichkeit befindet sich jeder an Bord (wie auch das Raumschiff selbst) im freien Fall in Richtung Erde und spürt daher keine Schwerkraft. Da sich das Raumschiff darüber hinaus auch vorwärtsbewegt, verfehlt es die Erde, ist jedoch weiter im Fallen begriffen.

Fakten  **zum Angeben**

• *Umkreist ein Satellit die Erde auf einer geostationären Umlaufbahn, bedeutet dies, dass er sich immer am gleichen Punkt über der Erde befindet, was sich das Satellitenfernsehen und andere Kommunikationssatelliten zunutze machen. Um dies zu bewerkstelligen, müssen sich Satelliten in einer Höhe von mehr als 35 000 Kilometern über dem Erdäquator bewegen. Ansonsten werden Satelliten, die mit der gleichen Geschwindigkeit wie die Erde auf einem Orbit kreisen, als geosynchron bezeichnet. Sie kommen regelmäßig zum gleichen Punkt zurück, sind jedoch nicht stationär. (GPS-Satelliten befinden sich auf einer geosynchronen Umlaufbahn und passieren zwei Mal pro Tag den gleichen Punkt.)*

ELEKTROMAGNETISMUS

Basics

Neben der Schwerkraft stellt der Elektromagnetismus die uns vertrauteste Kraft dar. Sitzen Sie zum Beispiel in einem Sessel, hält Sie die zwischen den Atomen des Sessels und den Atomen Ihres Körpers wirkende elektromagnetische Kraft im Sitzen.

Unter Elektromagnetismus versteht man Abläufe zwischen elektrisch geladenen Teilchen, die entweder eine negative Ladung (wie dies bei Elektronen der Fall ist) oder eine positive (wie Protonen) aufweisen. Zwei Teilchen mit gleicher Ladung stoßen sich ab, zwei mit unterschiedlicher Ladung ziehen sich an. Da Atome eine äußere Schicht negativ geladener Elektronen aufweisen, stoßen sich diese äußeren Elektronen gegenseitig ab, wenn ein Atom gegen ein anderes gedrückt wird. Die beiden Atome gehen nicht ineinander über, halten ihre äußeren Elektronenschichten doch eine winzig kleine Distanz zueinander. Genau das Gleiche passiert, wenn Sie in einem Sessel sitzen. Ihre Atome schweben ein winziges Stück über den Atomen Ihres Sessels.

Manche Atome neigen dazu, äußere Elektronen zu verlieren oder hinzuzugewinnen, und werden zu sogenannten «Ionen» – elektrisch geladene Atome oder Moleküle –, die sowohl positiv als auch negativ geladen sein können. Tritt dieser Fall ein, sind die unterschiedlichen Ladungen in der Lage, sich gegenseitig anzuziehen, was zur Bildung chemischer Verbindungen führt. So verbinden sich beispielsweise positiv geladene Natrium-Ionen mit negativ geladenen Chlor-Ionen und bilden Natriumchlorid, sprich: Kochsalz. Jeder Festkörper verfügt über Verbindungen elektromagnetischen Ursprungs, die ihn aufgrund ihrer Anziehungskraft zusammenhalten und dafür verantwortlich zeichnen, dass er stabil, also im Festkörperzustand, bleibt.

Grenzen des Wissens
Das Teilchen, das die elektromagnetische Kraft überträgt, ist das Photon. Sitzen Sie zum Beispiel auf einem Stuhl, findet ein stromartiger Photonenfluss zwischen den Elektronen des Stuhls und den Elektronen Ihres Körpers statt, der die elektromagnetische Kraft überträgt. Auch zwischen den Elektronen jedes einzelnen Atoms und dessen Kern ist ein derartiger Photonenfluss zu beobachten. Diese «internen» Photonen werden nie freigesetzt, um Ihr Auge zu erreichen, sind jedoch ständig milliardenfach präsent. Ihr Körper steckt zum Beispiel voller Licht.

Fakten zum Angeben
• Michael Faraday, der als Erster auf die enge Verbindung zwischen Elektrizität, Magnetismus und Licht stieß, wird nachgesagt, mit seiner Entdeckung nur deshalb an die Öffentlichkeit gegangen zu sein, weil ein Kollege von ihm einen Nervenzusammenbruch erlitt. Am Freitag, den 10. April 1846, sollte Charles Wheatstone an der Royal Institution in London einen Vortrag halten. Sekunden zuvor nahm Wheatstone (der als unsicherer Redner bekannt war) Reißaus, und so musste Faraday, der diese Vorträge organisierte, in die Bresche springen und trat selbst ans Rednerpult. Wheatstones Thema hatte er schnell abgehandelt – so schnell, dass er gezwungen war, zu improvisieren, um Zeit zu gewinnen, und so erläuterte er einer verblüfften Zuhörerschaft kurzerhand seine bemerkenswerten Thesen. So will es zumindest die Legende, auch wenn Aufzeichnungen vermuten lassen, dass Wheatstone überhaupt nicht als Redner vorgesehen war.

STATISCHE ELEKTRIZITÄT

Basics

Die Menschen nahmen die Elektrizität zuerst als statische Elektrizität wahr. Hierunter versteht man eine Akkumulierung elektrischer Ladung auf der Oberfläche eines Objekts, die geeignet ist, Objekte ohne ersichtliche Kraft zu bewegen oder einen Funken über eine Lücke springen zu lassen. Statische Elektrizität kann eine Ansammlung von Elektronen an einer Stelle bedeuten, was eine negative Ladung zur Folge hat, oder auch ein Mangel an Elektronen, was eine positive Ladung verursacht.

Reiben Sie einen Luftballon an Ihren Haaren, ist ein Phänomen zu beobachten, das als triboelektrischer Effekt bezeichnet wird (und einfach nur Reibungselektrizität ist). Für Elektronen ist es ziemlich einfach, Ihr Haar zu verlassen, und das Gummimaterial des Luftballons ist recht gut geeignet, um Elektronen aufzunehmen. Der Luftballon wird negativ geladen, Ihre Haare positiv. So wird Ihr Haar vom Luftballon angezogen und steht in die Höhe; doch damit nicht genug, weist jedes einzelne Haar doch eine positive Ladung auf, sodass sich die Haare gegenseitig abstoßen und kräuseln.

Grenzen des Wissens

Bis heute können wir nicht mit letzter Bestimmtheit sagen, warum das größte elektrostatische Phänomen – der Blitz – auftritt. Wir wissen, *dass* in Gewitterwolken positive und negative

Ladungen voneinander getrennt werden, aber nicht *warum*. Weist die Wolke einmal eine eindeutige Ladung auf, erzeugt sie an der Stelle eine entgegengesetzte Ladung, an der der Blitz schließlich aus der Wolke zucken wird. Dies geschieht durch Induktion: Dabei drückt zum Beispiel eine starke negative Ladung die Elektronen weg in die angrenzende Materie, verleiht dieser also eine positive Ladung. Ist der Unterschied zwischen den beiden elektrischen Ladungen groß genug, ionisieren einzelne Kanäle in der Luft und erzeugen einen positiv geladenen Luftkanal, durch den der Blitz entweicht. Ein durchschnittlicher Blitz weist eine elektrische Ladung von etwa 40 000 Ampere auf (eine 100-Watt-Glühbirne hat z.B. weniger als 1 Ampere) und erreicht in der Luft eine Temperatur von ca. 10 000 Grad Celsius (18 000 Grad Fahrenheit). Die aus dieser Region entweichenden Luftmassen, die auf einen Schlag heißer als die Oberfläche der Sonne sind, verursachen den Donner.

Fakten  **zum Angeben**

• *Thales, ein griechischer Philosoph aus dem 6. Jahrhundert v. Chr., machte Aufzeichnungen über statische Elektrizität. Er stellte fest, dass Bernstein leichte Objekte anzieht, wenn man es gegen etwas reibt. Die Begriffe «elektrisch» und «Elektrizität» sind von electrum abgeleitet, dem griechischen Wort für Bernstein.*

• *Luft ist kein guter elektrischer Leiter; um ihren Widerstand gegen die Elektrizität zu brechen, ist eine Spannung von ungefähr 30 000 Volt pro Zentimeter vonnöten.*

ELEKTRISCHE STRÖME

Basics

Statische Elektrizität ist eine feine Sache, jedoch nicht geeignet, einen Fernseher mit Strom zu versorgen oder Ihr Haus zu erleuchten. Bei der Elektrizität, mit der wir im Alltag unsere Küchen- oder Elektrogeräte betreiben, handelt es sich um fließenden Strom, Elektrizität also, die im Fluss begriffen ist.

Strom setzt zwei Dinge voraus: einen geschlossenen Kreislauf und eine Spannung, um den Ablauf von Vorgängen zu ermöglichen. Wir reden hier über elektrischen Strom, der durchaus einer Strömung im Wasser ähnelt, allerdings verhält sich die Elektrizität nicht wie eine gewöhnliche Flüssigkeit. Aus diesem Grund müssen wir uns keine Gedanken machen und etwa unsere Steckdosen zustopfen, um zu verhindern, dass Strom ausläuft. Ist der Kreislauf zwischen Plus- und Minuspol unterbrochen, fließt keine Elektrizität.

Ein weiterer Unterschied besteht darin, dass man sich einen elektrischen Strom nicht in der Weise vorstellen darf, als strömten Elektronen einfach durch eine Leitung, wie Wasser durch einen Schlauch gepumpt wird. Die Elektronen eines elektrischen Stroms weisen in ihrer Bewegungsaktivität eine erstaunliche Trägheit auf. Sie erzeugen Photonen, die sich mit Lichtgeschwindigkeit fortbewegen (diese sind es auch, die den Impuls übertragen, wenn wir eine Nachricht durch die Leitung senden), bewegen sich selbst jedoch eher gemächlich fort. In einem Kupferdraht mit gängigem Haushaltsstrom legen sie gerade einmal einen Millimeter pro Sekunde zurück, da sich in dem Draht jedoch viele Milliarden Elektronen tummeln, wachsen sie zu einem beachtlichen Strom an.

Fließt Strom, ist dies einem Potenzialunterschied geschuldet, also der Differenz zwischen dem elektrischen Potenzial zweier Punkte, eine Kraft zu erzeugen. Diese Differenz, die in Volt gemessen wird, ist vergleichbar mit dem Unterschied zwischen dem Fuß und der Spitze eines Berges. Auch hier ist es die Differenz der potenziellen Energie beider Punkte, die einem Objekt den Impuls verleiht, abwärts zu rollen.

Grenzen des Wissens
Der Grund, warum Metalle gute elektrische Leiter sind, besteht darin, dass es ihre Struktur einem Kontingent von Elektronen erlaubt, sich als freie Ladungsträger zu bewegen. In einem Draht hangeln sich diese Elektronen dank ihrer Wärmeenergie rastlos von einem Ort zum nächsten; da sich jedoch im Schnitt jeweils gleich viele für beide Richtungen entscheiden, fließt kein Strom. Nur ein Potenzialunterschied ist zu bewirken imstande, dass die Elektronen in eine bestimmte Richtung fließen.

Fakten  **zum Angeben**

• Eigentlich fließt elektrischer Strom rückwärts. Als die ersten elektrischen Diagramme erstellt wurden, stellten diese willkürlich einen Stromfluss vom Plus- zum Minuspol dar. Heute wissen wir, dass sich der Strom in umgekehrter Richtung fortbewegt, allerdings ist es längst zu spät, althergebrachte Konventionen zu ändern.

• Die elektrische Leitfähigkeit von Metallen nimmt ab, wenn sie erhitzt werden, wodurch die Wärmeleitung der Elektronen an Bedeutung gewinnt.

MAGNETE

Basics

Bereits im Griechenland der Antike hatten Philosophen Kenntnis von natürlichen Magnetsteinen (Magnetit), und im Mittelalter wurden Abhandlungen über Magnete geschrieben. Aus Sicht dieser frühen Beobachter bestanden die beiden Hauptmerkmale von Magneten in der Fähigkeit, andere Objekte anzuziehen, sowie der Art und Weise, wie sich ein frei hängender Magnet in eine bestimmte Richtung ausrichtet.

Diese Magnete stellten sogenannte «Dauermagnete» dar, Metallstücke wie etwa Eisen, die andere Metalle anzogen. Ein Dauermagnet weist zwei unterschiedliche Enden auf. Bringt man die gleichen Enden zweier Magnete zusammen, stoßen sie sich gegenseitig ab. Zwei unterschiedliche Enden ziehen sich dagegen an. Schon bald erkannte man, dass die Erde ein riesiger Magnet ist und eine Magnetkompassnadel sich aus diesem Grund in eine bestimmte Himmelsrichtung ausrichtet – eine Erkenntnis, die den beiden Enden des Magnets, Nord- und Südpol, ihre Namen bescherte. Verwirrenderweise stellt der Nordpol der Erde den magnetischen Südpol dar und umgekehrt, ziehen sich entgegengesetzte Pole doch an.

Atome mit seltsamen Elektronenanordnungen haben eine ungleichmäßige magnetische Wirkung; in der Regel handelt es sich dabei um winzig kleine Magnete, die Gruppen bilden, welche als Domänen bezeichnet werden. In einem nicht magnetisierten Stück einer magnetischen Substanz deuten diese Domänen jedoch in alle möglichen Richtungen, was zur

Folge hat, dass keinerlei Gesamtwirkung entsteht. Magnetisiert man diese Substanz mit Hilfe eines anderen Magneten, richten sich die Domänen prompt aus.

Ein elektrischer Strom erzeugt auch ein Magnetfeld. Elektromagnete können stärker als Dauermagnete wirken und sind überdies vielseitiger verwendbar, lässt sich ihre magnetische Wirkung doch variieren. Bewegt sich eine elektrische Ladung durch ein Magnetfeld, ändert sich ihre Bahn. In dieser Weise funktionieren herkömmliche Fernseher: Ein Strom von Elektronen fließt durch ein von Elektromagneten erzeugtes Magnetfeld, das die Richtung der Teilchen umkehrt, um auf dem phosphoreszierenden Bildschirm Bilder zu erzeugen.

Was Dauermagneten angeht, so liegt die Frage auf der Hand, warum ihr Magnetismus nicht nachlässt oder sich gar erschöpft. Im Falle eines Magneten, der einen Elektronenstrom ablenkt, wird aufgrund des Winkels zwischen der auf die Elektronen wirkenden Kraft und der Richtung, in die sich die Teilchen bewegen, keine Arbeit verrichtet. Dies unterscheidet sich grundlegend von elektromagnetischer Anziehungkraft, die Arbeit voraussetzt.

Grenzen des Wissens

Alle bislang bekannten Magnete weisen zwei Pole auf, allerdings wird in vielen modernen Theorien die Auffassung vertreten, dass es eigentlich auch magnetische Monopole geben müsste. Trotz aller wissenschaftlichen Suchbemühungen harren diese jedoch weiter ihrer Entdeckung.

Fakten zum Angeben

• Manche Satelliten machen sich die Wechselwirkung zwischen einem Magneten und dem Magnetfeld der Erde zunutze und bedienen sich Magnetspulen, um die Ausrichtung des Satelliten zu justieren.

STARKE KERNKRAFT

Basics

Wie der Name vermuten lässt, ist die starke Kernkraft, nun ja, stark – ungefähr 100 Mal stärker als Elektromagnetismus und 10 Billionen Mal stärker als die schwache Kernkraft. Und die bestialische Gravitationskraft übertrifft sie gar um einen Faktor, der eine 1 mit 38 Nullen darstellt.

Die starke Kernkraft hält die Dinge auf nuklearem Niveau zusammen. Wir bekommen Quarks nie allein zu Gesicht – die elementaren Teilchen, aus denen die Protonen und Neutronen im Atomkern bestehen –, da die starke Kernkraft so stark ist, dass wir sie nicht abspalten können. Im Gegensatz zu jeder anderen Kraft wird die starke Kernkraft nicht schwächer, je weiter sich die angezogenen Objekte entfernen.

Wird Elektromagnetismus durch Bosonen übertragen, die man als Photonen bezeichnet, nimmt man an, dass die Übertragung starker Kernkraft mittels anderer Bosonen, sogenannter «Gluonen», vonstattengeht. Es ist lediglich ein kleiner Nebeneffekt dieser Gluonen – die starke Restkraft –, die der starken Kernkraft ihr charakteristisches Wesen verleiht.

Denken wir darüber nach, so stellen wir fest, dass mit dem Atomkern irgendetwas nicht stimmt. Wir wissen, dass er eine Anzahl positiv geladener Protonen enthält. Diese zusammengepferchten Protonen müssten aufgrund der elektromagnetischen Abstoßung eigentlich auseinanderfliegen. Aber die starke Restkraft, eine Art Leck der die Quarks zusammenhaltenden Gluonen, ist stark genug, um diese Abstoßung zu überwinden.

Grenzen des Wissens

Wie die Quantenelektrodynamik die Art und Weise beschreibt, in der elektromagnetische Wechselwirkungen durch den Austausch von Photonen stattfinden, so zeichnet ein paralleler Prozess – die sogenannte «Quantenchromodynamik» – für Quarks verantwortlich, die Gluonen austauschen. Dieser Name spiegelt die Benennung der Gluonen nach den Grundfarben Rot, Grün und Blau wider. Allerdings gibt es keinen Hinweis darauf, dass diese Teilchen farbig sind.

Fakten  **zum Angeben**

• Richard Feynman, der amerikanische Physiker, der die Quantenelektrodynamik entwickelte, war ein scharfer Kritiker des Begriffs «Farbe». In seinem Buch QED schreibt er: «Nur der physikalische Fachidiot, der nicht in der Lage ist, ein schönes griechisches Wort auszuwählen, kann diese Art von Polarisierung mit der unglücklichen Bezeichnung ‹Farbe› versehen, obwohl sie nichts mit Farbe im gewöhnlichen Sinne zu tun hat.»

SCHWACHE KERNKRAFT

Basics

Die schwache Kernkraft mag ebenso notwendig wie langweilig erscheinen. Sie liegt zwischen dem Elektromagnetismus (und ist etwa 1 Billion Mal schwächer als dieser) und der Gravitation, deren Stärke sie um den Faktor 1 000 000 000 000 000 000 000 000 übertrifft.

Die schwache Kernkraft ist, offen gesagt, etwas obskur. Sie kommt zum Tragen, wenn Quantenteilchen zerfallen, was in der Erzeugung weiterer Teilchen resultiert. Der bekannteste Zerfallsprozess dieser Art ist der Betazerfall, also wenn ein Neutron zerfällt und ein Proton und ein Elektron hervorbringt sowie ein sogenanntes Antineutrino – ein Teilchen, das kaum nachweisbar ist. Das wegschießende Elektron ist das «Beta-Teilchen», nach dem der Prozess benannt ist.

Diese schwache Wechselwirkung hat jedoch ein Ass im Ärmel, auf dem seine besondere Bedeutung beruht, stellt sie doch die einzige der vier Grundkräfte der Physik dar, die in der Lage ist, ein Quark in ein anderes umzuwandeln. Ein Neutron hat ein Up-Quark und zwei Down-Quarks. Ein Proton ein Down-Quark und zwei Up-Quarks; die schwache Kernkraft macht aus einem Down-Quark ein Up-Quark.

Grenzen des Wissens

Die Bosonen, die die schwache Kernkraft übertragen, sind anders als andere Teilchen. Photonen, die Trägerteilchen des Elektromagnetismus, weisen keine Masse auf und haben unendlich lange Bestand, wenn sie nicht mit anderen Teilchen wechselwirken. Aber die Trägerteilchen der schwachen Kernkraft sind die schwergewichtigen W- und Z-Bosonen.

Zuerst entdeckt wurden die W-Bosonen. Ein W-Boson ist ungefähr 100 Mal schwerer als ein Proton (ähnlich wie ein Eisenatom) und weist die gleiche elektrische Ladung wie ein Elektron auf (wobei eine positiv und eine negativ geladene Variante existiert). Das Z-Boson ist etwas schwerer, verfügt jedoch über keine Ladung, was in Anlehnung an das englische zero – null – im Sinne von «null Ladung» der Grund für die Bezeichnung Z-Boson sein könnte, auch wenn Spötter immer wieder behaupten, der Name sei darauf zurückzuführen, dass dieses Boson der Kategorie der Z-Promis zuzuordnen sei.

Ebenso wie ihr bemerkenswertes Gewicht halten W- und Z-Bosonen nicht lange vor: Sie treten gerade einmal eine 3×10^{-25}stel Sekunde in Erscheinung (also eine Null, gefolgt von 25 Nullen hinterm Komma und einer Drei).

Fakten  **zum Angeben**

• *Der Betazerfall hätte die alten Alchemisten in Entzückung versetzt. Da er die Anzahl der Protonen im Kern verändert, wandelt er ein Element in ein anderes um. So durchläuft zum Beispiel die radioaktive Substanz Cäsium 137 den Betazerfallsprozess und wird zu Barium.*

RADIOAKTIVITÄT

Basics

Die Radioaktivität wurde von dem Franzosen Antoine Henri Becquerel im Jahr 1896 entdeckt. Im Verlauf seiner Forschungen zur Fluoreszenz hatte er verschiedene Uransalze in einem dunklen Raum auf einer Fotoplatte abgelegt, um schließlich zufällig festzustellen, dass die Fotoplatte von den Salzen geschwärzt wurde. Das Uran setzte unvermittelt Energie frei – ein Phänomen, das später als Radioaktivität bezeichnet wurde. Ernest Rutherford fand heraus, dass die freigesetzte Radioaktivität in zwei Arten aufgeteilt werden konnte, die er Alpha und Beta nannte.

Rutherford wies nach, dass der Betastrahl einen Elektronenstrom darstellte. Mit Hilfe eines entsprechend starken Magneten war es möglich, die Elektronen von ihrer Bahn abzubringen. Anfänglich gab es keine Anzeichen für eine Beugung des Alphastrahls, als Rutherford diesem jedoch mit einem stärkeren Magneten zu Leibe rückte, änderte schließlich auch er seine Bahn – in die entgegengesetzte Richtung. Alpha- und Betastrahlen waren umbenannte Teilchen. Das positiv geladene Alphateilchen sollte sich später als der Kern eines Heliumatoms erweisen. Nachdem es ihm gelungen war, die Teilchen abzulenken, stieß Rutherford auf einen dritten Strom, die Gammastrahlen. Diese stellten sich als extrem energiereiche Form von Licht heraus.

Eine radioaktive Quelle zerfällt schrittweise, braucht sie doch ihre eigene Substanz auf – ein Prozess, der sich in der sogenannten «Halbwertszeit» äußert, also der Zeitspanne, in der ein Stoff seine Radioaktivität auf die Hälfte zu reduzieren imstande ist. Diese Zeitspanne variiert gewaltig – von dem künstlich geschaffenen Element Polonium 215 mit einer Halbwertszeit von 0,0018 Sekunden bis zu Uran 235, das eine Halbwertszeit von 710 Millionen Jahren aufweist.

Grenzen des Wissens
Radioaktivität wird durch den Zerfall des Atomkerns verursacht. Bei der ersten der drei Zerfallsarten wird ein schweres Teilchen aus dem Kern geschleudert. Beim Betazerfall wird in der Regel ein Teilchen im Kern verändert, wobei ein Elektron oder ein Positron freigesetzt wird. Und von Gammazerfall spricht man, wenn ein Kern bereits teilweise zerfallen ist, sich in einem extrem energiereichen Zustand befindet und die Energie in Form eines Photons freisetzt. Bei der Entstehung von Radioaktivität wird für gewöhnlich nach der Formel $E = mc^2$ Masse in Energie umgewandelt, was dazu führt, dass die Teilchen weggeschleudert werden.

Fakten  **zum Angeben**

• *Nach ihrer Entdeckung erfreute sich die Radioaktivität größter allgemeiner Beliebtheit. Außer leuchtenden Zifferblättern, die mit radioaktiver Farbe beschichtet waren, gab es radioaktive Stärkungsmittel, radioaktive Zahnpasta sowie eine ganze Menge radioaktiver Quacksalber-Arzneien, glaubte man doch, Radioaktivität sei ein Energielieferant.*

KERNSPALTUNG

Basics

Spaltet sich ein radioaktiver Kern auf und setzt Energie frei, bezeichnet man diesen Prozess als Kernspaltung. Oft werden schwere Teilchen wie Neutronen aus dem Kern geschleudert, wie dies beispielsweise beim Zerfall von Uran 235 zu beobachten ist, das in der Regel zwei oder drei Neutronen erzeugt. Uran 235 hat eine lange Halbwertszeit, zerfällt also langsam. Aber diese Neutronen können mit anderen Kernen kollidieren und weitere Kernspaltungen auslösen und immer so weiter. Dies bezeichnet man als eine Kettenreaktion.

Dieser Prozess stellt die Energiequelle sowohl für Atomreaktoren als auch Atombomben dar. In einem Atomkraftwerk wird diese Kettenreaktion stets gleichförmig aufrechterhalten. Ein Kern wird gespalten und bringt zwei oder drei Neutronen hervor, von denen (im Schnitt) eines eine neue Kernspaltung herbeiführt, und so weiter. In einer Bombe muss dies wesentlich schneller vonstattengehen, was sich in einer Verdoppelung der Neutronenanzahl mit jedem Prozessschritt niederschlägt: beide Teilchen eines durch Kernspaltung entstandenen Neutronenpaares lösen jeweils eine weitere Kernspaltung aus, was vier Neutronen erzeugt, und so weiter. In einer Bombe wird die Energie in einem sehr kurzen Zeitraum in verhängnisvoller Weise freigesetzt. In einem Reaktor dient die produzierte Energie zur Erhitzung von Wasser, um Wasserdampf zu erzeugen, der wiederum eine Turbine antreibt, um Elektrizität zu gewinnen.

Für den Bau von Nuklearwaffen ist es unerlässlich, Uran 235 von dem häufiger vorkommenden und stabileren Uran 238 zu trennen. In einem Reaktor hingegen stellt Uran 238 das kleinere Problem dar, vorausgesetzt, die Neutronen werden abgebremst. Schnelle Neutronen neigen dazu, von Uran 238 absorbiert zu werden, bevor sie einen 235er-Atomkern zu treffen und eine Kettenreaktion auszulösen imstande sind. Werden sie jedoch abgebremst (dieser Prozess wird als Bremsung bezeichnet und findet in der Regel in Materialien wie Kohlenstoff oder Wasser statt), schwirren sie lange genug herum, um Kerne des Uran 235 zu treffen.

Grenzen des Wissens
Es gibt eine grundsätzlich sichere Konstruktion eines Atomreaktors, den sogenannten Kugelhaufenreaktor, der eine Variante des Hochtemperaturreaktors darstellt. Steigt die Reaktortemperatur zu sehr an, wird die Kettenreaktion unterbrochen, bevor sie bedrohliche Ausmaße annehmen kann. Das System reguliert sich selbst. Die Probleme mit der Entsorgung atomaren Mülls sind nach wie vor nicht gelöst, der Reaktor selbst jedoch weist Sicherheitsstandards auf, die mit denen herkömmlicher Reaktoren längst nicht mehr vergleichbar sind.

Fakten  **zum Angeben**
- Die Kernspaltung erzeugt zwei Millionen Mal mehr Energie pro Gewichtseinheit als Benzin.

KERNFUSION

Basics

Obwohl die Kernspaltung die unseren derzeitigen Atomkraftwerken zugrunde liegende Technologie darstellt, erzeugt die Sonne ihre Energie mit Hilfe eines anderen Prozesses – der Kernfusion. Dabei verschmelzen zwei oder mehr Atomkerne und setzen bei dieser Fusion Energie frei.

Wie die Kernspaltung, so kann auch die Kernfusion zu zerstörerischen Zwecken eingesetzt werden. Der Grad der Zerstörung, den eine Wasserstoffbombe anzurichten imstande ist, hängt von der Kernfusion ab. Eine Wasserstoffbombe ist eine Spielart der konventionellen Atombombe, die einen Fusionsprozess in einem anderen Material in Gang setzt. Um die Fusion zu ermöglichen, müssen die Ausgangsmaterialien extremen Temperatur- und Druckverhältnissen ausgesetzt werden. Aus diesem Grund erreichen Sterne nie die Größe von Planeten, bedürfte es dafür doch eines gewaltigen Gravitationsfelds. Der in der Sonne vor sich gehende Fusionsprozess ist komplexer Natur, bei dem vier Wasserstoffkerne zu einem einzigen Heliumkern werden. Wird der Fusionsprozess künstlich herbeigeführt, stellt «schweres Wasser» – eine Deuteriumquelle (also Wasserstoff plus ein zusätzliches Neutron) – den Ausgangspunkt dar.

Kernfusionsreaktoren haben ein gewaltiges Potenzial. Der Brennstoff ist leichter zu beschaffen als Uran, und Probleme mit atomarem Müll gibt es ebenfalls nicht. Dennoch gestaltet sich eine Realisierung schwierig. Zwei Technologien sollen mittelfristig ausprobiert werden. In einem Tokamak-Reaktor wird

Brennstoff zu Plasma erhitzt. Dieses wird dem Einfluss eines starken Magnetfelds ausgesetzt, um jeglichen Kontakt mit anderer Materie zu vermeiden, würde diese doch sofort zerstört. Tokamak-Reaktoren sehen aus wie ein Donut aus Metall; man lässt die zu fusionierende Materie mit Hilfe von Magneten um den ringförmigen Torus zirkulieren, sodass sie immer heißer wird, bis sie schließlich fusioniert. Ein alternatives Konzept sieht den Einsatz riesiger Laser vor, um den Fusionsprozess in winzigen Materiekügelchen in Gang zu setzen, allerdings steckt dieser Ansatz noch in den Kinderschuhen.

Grenzen des Wissens
Im Jahr 1989 reklamierten die Forscher Martin Fleischmann und Stanley Pons für sich, erfolgreich eine kalte Fusion durchgeführt zu haben, also eine Kernfusion, die ohne extreme Druck- oder Temperaturbedingungen auskommt. Sie leiteten einen elektrischen Strom durch schweres Wasser und dachten, das Deuterium würde an einer Elektrode derart zusammengepresst, dass eine Kernfusion stattfände. Da es nicht gelang, das Experiment zu wiederholen, wurden die beiden Wissenschaftler verlacht. Seitdem hat es weitere Anzeichen für eine kalte Fusion gegeben, und so wird weiter daran gearbeitet, dem Phänomen auf die Spur zu kommen.

Fakten  **zum Angeben**
• *Seit 1950 wird mit schöner Regelmäßigkeit vorhergesagt, dass wir in 50 Jahren in der Lage sein werden, Energie aus dem Kernfusionsprozess zu gewinnen. Obwohl wir große Hoffnungen in diese Form der Energiegewinnung setzen, stellt sie doch aus unserer Sicht die sicherste und auch sauberste dar, verwenden*

wir für die Erforschung dieser Technologie nur bescheidene Mittel. Derzeit gibt es weltweit nur einen sich in Betrieb befindlichen Tokamak-Reaktor, der allerdings nicht groß genug ist, um selbsttragend zu sein. Der erste Tokamak-Reaktor, der mehr Energie produziert als verbraucht, soll im Jahr 2016 ans Netz gehen.

KAPITEL SECHS
ENERGIE

ARBEIT UND ENERGIE

Basics

An dieser Stelle schließt sich der Kreis. Wie $E = mc^2$ zeigt, sind Materie und Energie austauschbar. Energie ist die fundamentale Komponente des Universums. Im Gegensatz zur Kraft, die sowohl eine Richtung als auch eine bestimmte Menge aufweist (aus physikalischer Sicht ist Kraft ein Vektor), wird Energie nur nach ihrer Menge bemessen (sie ist ein Skalar).

Energie verrichtet Arbeit. Arbeit stellt dabei einfach nur Energie dar, die von einem Ort auf einen anderen übertragen wird. Bewegt man Materie hin und her, entspricht die Arbeit der eingesetzten Kraft mal der Distanz, über die hinweg sie etwas bewegt; allerdings gibt es viele weitere Möglichkeiten, Arbeit zu verrichten.

Grenzen des Wissens

Was sogenannte «Gesetze» in der Physik angeht, sollten wir auf der Hut sein. Ursprünglich galten sie als unabänderliche Prinzipien. Bei einigen jedoch, wie zum Beispiel den Newton'schen Gesetzen, handelt es sich um bloße Näherungswerte, die nur unter ganz bestimmten Bedingungen Gültigkeit besitzen. Was einem echten Gesetz in der Physik am nächsten kommt, ist der Energieerhaltungssatz. Dieser besagt, dass die Gesamtmenge an Energie in einem geschlossenen System immer gleich bleibt. Es ist also nicht möglich, Energie zu erzeugen oder zu vernichten.

Wir sind jedoch in der Lage, Energie in unterschiedliche Formen zu überführen. Zum Beispiel in potenzielle Energie, die Energie, die generiert wird, wenn man ein Objekt gegen die Schwerkraft anhebt oder an einer Sprungfeder zieht; oder auch in kinetische Energie, die Bewegungsenergie; in Wärmeenergie, die aus der Bewegung von Molekülen innerhalb einer Materie resultierende Energie; sowie in verschiedene weitere Formen von Energie, die mit den vier Grundkräften der Physik verknüpft sind, wie chemische (elektromagnetische) und nukleare Energie.

Fakten  zum Angeben

- Arbeit wird – wie Energie ganz allgemein – in Joule gemessen. Ein Joule ist das Ergebnis der Ausübung einer Kraft von einem Newton über eine Distanz von einem Meter. Im täglichen Leben verwenden wir jedoch oft die gute alte Kalorie. (Bei den Angaben zu Lebensmitteln handelt es sich eigentlich um eine Kilokalorie, also 1000 Kalorien.) Ein Joule ist etwas weniger als eine viertel Kalorie.
- Der Energieerhaltungssatz besagt, dass Arbeit unmöglich aus dem Nichts entstehen kann, da die dafür benötigte Energie bereits vorhanden sein muss, was wiederum erklärt, warum es kein Perpetuum mobile gibt. Das US-Patentamt war der Entwürfe für Perpetuum mobiles derart überdrüssig, dass es einschlägige Patentanträge nur noch bearbeitete, wenn der Antragsteller ein funktionsfähiges Modell mitlieferte. Seitdem ist der Strom derartiger Anträge versiegt.

LEISTUNG

Basics

In der Umgangssprache pflegen wir einen lockeren Umgang mit Begriffen wie «Energie» und «Leistung». Energie kann die Fähigkeit bezeichnen, eine Leistung zu vollbringen. Wenn wir sagen, die Person X ist leistungsfähig, meinen wir, dass sie fähig ist, Dinge in die Tat umzusetzen. In der Physik ist die Beziehung zwischen Leistung und Energie jedoch eine andere.

Im wissenschaftlichen Sinne ist Leistung die Menge der pro Sekunde übertragenen Energie. Sie gibt an, wie schnell Arbeit verrichtet wird. Gemessen wird sie in Joule pro Sekunde – eine Maßeinheit, die als Watt bezeichnet wird. Darüber hinaus sehen wir oft die Begriffe Kilowatt für tausend Watt, Megawatt für eine Million Watt und Gigawatt für eine Milliarde Watt.

Diese Einheit ist uns aus dem Haushalt vertraut, klassifizieren wir doch Elektrogeräte nach ihrem Energieverbrauch. Vielleicht haben Sie eine 100-Watt-Glühbirne – sprich: eine Glühbirne, die eine Energiemenge von 100 Joule pro Sekunde verbraucht – oder eine 900-Watt-Mikrowelle. Aus historischen Gründen basiert ihre Stromrechnung jedoch nicht auf Joule, sondern auf Kilowattstunden. Eine Kilowattstunde entspricht 3,6 Millionen Joule (3,6 Megajoule).

Da mechanische Arbeit das Produkt aus der eingesetzten Kraft und der zurückgelegten Entfernung ist und Leistung Arbeit geteilt durch Zeit ist, bedeutet Leistung auch Kraft mal zurückgelegte Entfernung innerhalb eines bestimmten Zeitraums – also Kraft mal Geschwindigkeit.

Grenzen des Wissens

Der Faktor Zeit ist entscheidend für die Leistung. Benzin liefert beispielsweise 15 Mal mehr Energie als die gleiche Menge des Sprengstoffs TNT. TNT ist jedoch besser geeignet, Dinge in die Luft zu jagen, weil es die ihm innewohnende Energie innerhalb sehr kurzer Zeit freizusetzen imstande ist. Dies bedeutet mehr Leistung, da Leistung Energie geteilt durch Zeit ist: Je kürzer die Zeitspanne ist, innerhalb derer Energie freigesetzt wird, desto mehr Leistung wird erzeugt. Nuklearenergie ist deshalb so leistungsfähig, weil sie über Millionen Mal mehr Energie pro Gewichtseinheit verfügt als Benzin. Und sie ist (zumindest in einer Bombe) auch wesentlich schneller.

Fakten  **zum Angeben**

• PS (Pferdestärke) ist ebenfalls eine Einheit zur Angabe von Leistung, deren Verwendung in der Regel auf Motoren beschränkt ist. Ein PS entspricht in etwa der Leistungsfähigkeit eines Pferdes, wobei ein normales Auto zwischen 50 und 300 PS hat. Ein PS entspricht etwa 0,75 Kilowatt. Dies zeigt eindrucksvoll, wie viel Leistung Benzin erzeugt. 40 bis 225 Kilowatt sind wesentlich mehr, als ein Pferd leisten kann. Die PS-Angaben für Autos beziehen sich in der Regel auf die sogenannte «Nennleistung», also die Leistung, die der Motor – ohne jegliche Ladung – erzeugen kann. Die tatsächlich auf die Räder übertragene Leistung ist jedoch geringer.

KINETISCHE ENERGIE

Basics

Wir leisten Arbeit, um etwas in Bewegung zu setzen, und diese Energie muss irgendwo bleiben. Alles, was einem schweren, sich in Bewegung befindlichen Objekt im Weg steht, bekommt dessen kinetische Energie zu spüren, also die aus seiner Bewegung resultierende Energie.

Die kinetische Energie eines sich bewegenden Objekts beträgt ½ mv^2, wobei m für die Masse des Objekts steht und v für dessen Geschwindigkeit. Die zur kinetischen Energie beitragenden Faktoren sind Masse und Geschwindigkeit. Dabei nimmt die Energiemenge durch eine Erhöhung der Geschwindigkeit wesentlich schneller zu als durch eine Erhöhung der Masse.

Sie denken vielleicht, dass die Arbeit, die erforderlich ist, um etwas in Bewegung zu setzen, allein aus kinetischer Energie besteht, allerdings sind noch weitere Kräfte beteiligt. Die in diesem Zusammenhang am häufigsten auftretende Kraft ist die Reibung. Wir müssen nicht nur ausreichend Energie aufwenden, um die kinetische Energie zu erzeugen, wir müssen auch die Wechselwirkung zwischen dem zu bewegenden Körper und der entsprechenden Oberfläche überwinden, auf dem sich dieser Körper befindet. Ein weiterer Faktor im täglichen Leben ist der Luftwiderstand. Die Bedeutung des Luftwiderstands wird schnell klar, wenn man den Versuch unternimmt, einen geöffneten Regenschirm schnell zu bewegen.

Grenzen des Wissens

Wie bei den Newton'schen Gesetzen ergibt die Berechnung der kinetischen Energie lediglich einen Näherungswert für Geschwindigkeiten, die weit unter der Lichtgeschwindigkeit liegen. Wird ein Objekt schneller, muss man die relativierenden Faktoren berücksichtigen. Nähert sich die Geschwindigkeit eines Objekts der Lichtgeschwindigkeit, bewegt sich dessen kinetische Energie in Richtung unendlich.

Fakten  **zum Angeben**

• *Luftwiderstand und Turbulenzen in der Luft reduzieren die Fähigkeit eines Automotors, kinetische Energie zu erzeugen. Auch wenn die Klimaanlage Energie vom Motor abzieht, ist es weniger effizient, mit ausgeschalteter Klimaanlage und geöffneten Fenstern zu fahren, da auf diese Weise noch mehr Energie benötigt wird, um den durch die geöffneten Fenster erhöhten Luftwiderstand zu überwinden.*

POTENZIELLE ENERGIE

Basics

Potenzielle Energie wird für ihren zukünftigen Einsatz gespeichert. Die in einer Batterie enthaltene Energie ist zwar ebenfalls potenzielle Energie, dieser Begriff bezieht sich in der Regel jedoch auf mechanische potenzielle Energie. Diese wird zum Beispiel gespeichert, wenn Materie angehoben wird. Heben wir etwas gegen die Schwerkraft an, setzen wir den Faktor Arbeit ein. Diese Arbeit führt dem angehobenen Objekt potenzielle Energie zu. Ziehen Sie eine Uhr auf, führen Sie deren Feder potenzielle Energie zu.

Grenzen des Wissens

Der potenziellen Energie ist es einerlei, wie ein Objekt an den Ort gelangt ist, an dem es sich befindet. Sie können ein Auto auf den Gipfel eines Berges bewegen, indem sie es über eine lange Serpentinenstraße fahren, indem Sie es mit Seilen an der Flanke des Berges hochziehen oder es mit einem Hubschrauber auf den Gipfel bringen. Jede Vorgehensweise erfordert unterschiedliche Mengen an Arbeit, die potenzielle Energie des sich auf dem Gipfel des Berges befindlichen Wagens ist jedoch stets die gleiche.

Würden Sie Ihr Auto über die Serpentinenstraße den Berg hinunter und anschließend wieder hinauf fahren, bliebe dessen potenzielle Energie unter dem Strich unverändert. Sie ist einzig und allein von der Höhe und der Schwerkraft abhängig. Hierfür gibt es eine sehr einfache Formel: die Masse des Objekts mal die Höhe, um die es angehoben wurde, mal die Beschleunigung durch die Schwerkraft, die 9,81 Meter pro Sekunde im Quadrat beträgt.

Fakten  **zum Angeben**

• Da Sie gegen die Schwerkraft arbeiten müssen, um einem Objekt potenzielle Energie zu verleihen, stellt die Schwerkraft eine Art negative Energie dar. Aus diesem Blickwinkel ist es leichter zu verstehen, dass die gesamte Masse und Energie im Universum beim Urknall praktisch aus dem Nichts entstanden sein soll. Die schwerkraftbedingte «negative Energie» der Materie im Universum gleicht deren Masse weitgehend aus.

REISEN ODER DAS ZUSAMMEN-SPIEL VON BEWEGUNG, TEMPO UND GESCHWINDIGKEIT

Basics

Bewegung ist der natürliche Zustand von allem. Sie glauben vielleicht, dass Sie einfach nur still dasitzen, aber in Ihrem Innern pulsieren Flüssigkeiten, und die Atome in Ihrem Körper sind ständig in Bewegung. Zusammen mit der Erde drehen Sie sich um deren Achse und um die Sonne und reisen mit der Milchstraße, während diese sich mit hoher Geschwindigkeit vom Rest des Universums entfernt.

Bewegung im physikalischen Sinne wird mit Hilfe von Achsen gemessen, wie etwa jenen, die in einem Diagramm Verwendung finden. Wir können uns in drei physikalischen Dimensionen bewegen, und die Schnelligkeit, mit der wir dies tun, ist unser Tempo. Also einfach die zurückgelegte Strecke geteilt durch die dafür benötigte Zeit. Wir messen Tempo normalerweise in Kilometer pro Stunde, Physiker verwenden jedoch Meter pro Sekunde. Aus Sicht des Physikers ist das Tempo jedoch nicht besonders interessant. Was wir wissen müssen, ist die Geschwindigkeit eines Objekts.

Geschwindigkeit kombiniert Tempo und Richtung. Sie stellt einen Vektor dar – eine Größe, die eine bestimmte Menge und eine bestimmte Richtung aufweist. Stellen wir uns einen Hubschrauber vor, der sich mit 160 Kilometern pro Stunde fortbewegt und dabei um 80 Kilometer pro Stunde steigt. Wir könnten diese beiden Größen nun einfach addieren und sagen, dass sich der Hubschrauber mit 240 Kilometern pro Stunde fortbewegt. Berücksichtigen wir jedoch, in welche Richtung er sich bewegt, erhalten wir die dritte Seite eines Dreiecks, das bislang aus einer 80 Einheiten langen, nach oben gerichteten sowie einer zweiten, 160 Einheiten langen, seitwärts gerichteten Seite besteht. Die Länge der dritten Seite des Dreiecks beträgt in diesem Beispiel etwa 179 Einheiten und steht für die resultierende Geschwindigkeit.

Grenzen des Wissens
Wir müssen uns stets vor Augen halten, dass auch die Geschwindigkeit relativ ist. Oftmals ist dies ganz offensichtlich: Wir messen die Geschwindigkeit eines Autos im Verhältnis zur Straße, bis uns ein anderer Wagen entgegenkommt. Ist dies der Fall, ist die relevante Größe unsere Geschwindigkeit im Verhältnis zu diesem anderen Auto. Das Kuriose an der Sache ist das Licht, das – egal wie wir uns bewegen – immer die gleiche Geschwindigkeit beibehält.

Fakten  **zum Angeben**
• Einstein spielte gern mit der Relativität der Bewegung herum und fragte, ob nicht der Bahnhof beim Zug angekommen sei. Eine Frage, die in relativistischer Hinsicht durchaus berechtigt ist.
• Der Begriff «Vektor» stammt von einem lateinischen Wort für die Bewegung eines Objekts von einem Ort an einen anderen, während ein «Skalar» für etwas steht, das über eine bestimmte Menge, aber keine Richtung verfügt, und in der lateinischen Bezeichnung für eine Leiter seinen Ursprung hat.

MOMENTUM

Basics

Wir wissen, dass eine gewisse Kraft vonnöten ist, um ein sich bewegendes Objekt zu stoppen. Dies gilt selbst im Weltraum, wo das Objekt kein schwerkraftbedingtes Gewicht aufweist. Das Maß für die Bewegung eines Objekts, das über Masse verfügt – die Eigenschaft, die es so schwierig macht, das Objekt zu stoppen oder abzubremsen –, ist sein Momentum.

Die Stärke des Momentums eines Objekts ergibt sich einfach aus seiner Masse multipliziert mit seiner Geschwindigkeit – vielleicht die simpelste Gleichung in der gesamten Physik –, sprich: *mv*. Wie dies bei der Energie der Fall ist, bleibt auch das Momentum erhalten.

Grenzen des Wissens

Das Momentum spielt eine wichtige Rolle im Zusammenhang mit einigen der Schlüsselphänomene der Quantentheorie. Eines davon ist die Heisenberg'sche Unschärferelation. Diese besagt: Je mehr wir über das Momentum eines Teilchens wissen, desto weniger wissen wir über seine Position und umgekehrt. Wissen wir also exakt, an welchem Ort sich ein Teilchen befindet, könnte es jedes beliebige Momentum aufweisen. Ist uns dagegen sein Momentum genau bekannt, könnte es sich an jedem beliebigen Ort im Universum befinden.

Fakten  zum Angeben

- In der Physik werden Mengen durch einen Buchstaben angegeben; so ist Kraft beispielsweise F und Masse m. Wenn Physiker jedoch feststellen, dass ein Buchstabe bereits besetzt ist, kommen sie aus dem Takt. Momentum kann natürlich nicht m sein, weil dieser Buchstabe bereits für die Masse steht – die in der Physik von fundamentaler Bedeutung ist. Momentum ist p. Warum dies so ist, konnte bis dato noch niemand so recht erklären. Meiner Ansicht nach wollte man eigentlich das o nehmen, was aber zu sehr der Null ähnelt. Also hat man sich einfach für den nächsten Buchstaben im Alphabet entschieden.

BESCHLEUNIGUNG

Basics

In der realen Welt erfahren die meisten Dinge eine Beschleunigung. In der Physik verwenden wir den Begriff «Beschleunigung» gleichermaßen für Beschleunigung und Verzögerung, da eine Verzögerung nichts anderes darstellt als eine negative Beschleunigung. Unter Beschleunigung versteht man den Grad, in dem sich die Geschwindigkeit verändert. Die vermutlich bekanntesten Beschleunigungen sind die Beschleunigung eines Autos und die Schwerkraftbeschleunigung.

Die Beschleunigung eines Autos von 0 auf 100 kann zum Beispiel fünf Sekunden betragen. Dies mag zwar für den Fahrer interessant sein, gibt jedoch keine Auskunft darüber, wie sich die Geschwindigkeit verändert. Diese Zahlen zeigen lediglich, dass eine durchschnittliche Beschleunigung von etwa 20 Kilometern pro Stunde pro Sekunde stattfindet. Dass wir an dieser Stelle mit zwei verschiedenen Zeiteinheiten hantieren, ist etwas verwirrend. In der Physik verwenden wir normalerweise Begriffe wie Meter pro Sekunde im Quadrat. (Der Wagen in unserem Beispiel beschleunigt mit ca. 5,4 Metern pro Sekunde im Quadrat.)

Die Schwerkraft- oder Fallbeschleunigung – ein Objekt fällt ohne Einwirkung des Luftwiderstands – beträgt 9,81 Meter pro Sekunde im Quadrat. Für jede Sekunde, die ein Objekt fällt, steigt dessen Geschwindigkeit also um 9,81 Meter an.

Grenzen des Wissens

Die Beschleunigung stellt eine Veränderung der Geschwindigkeit dar; und die Geschwindigkeit ihrerseits ist nicht allein Tempo, sondern ergibt sich aus Tempo plus Richtung. So beschleunigt ein Objekt in der Erdumlaufbahn (oder eigentlich jedes Objekt, das seine Richtung ändert), weil sich die Richtung der Geschwindigkeit ändert. Ein Satellit in der Erdumlaufbahn ändert ständig seine Richtung, beschleunigt also genau genommen permanent.

Fakten  **zum Angeben**

• Wir können die Beschleunigung spüren, wenn unser Körper anders beschleunigt wird als seine Umgebung. Wird ein Auto beschleunigt, setzt die Beschleunigung des Wagens früher ein als die des Fahrers, was zur Folge hat, dass dieser in den Sitz gedrückt wird. Werden ein Körper und seine Umgebung jedoch im gleichen Maße beschleunigt – wenn wir etwa auf unserem Planeten Erde stehen oder uns in einem frei fallenden Flugzeug befinden –, spüren wir die Beschleunigung nicht.

DER WURF EINES BALLS

Basics

Es gibt zwar Aufregenderes, als einen Ball in die Luft zu werfen und wieder aufzufangen, jedoch sind bei dieser Handlung jede Menge interessante physikalische Aspekte zu beobachten. Durch seine Hand überträgt der Werfer kinetische Energie auf den Ball, der anschließend jedoch der Schwerkraft unterliegt und langsamer wird. Ist er jedoch schnell genug, kehrt er nicht wieder zur Erde zurück, hat er in diesem Fall doch die sogenannte «Entweichgeschwindigkeit» erreicht.

Ein Normalsterblicher wäre dies zu bewerkstelligen nicht imstande. Wollte Superman jedoch einen Ball ins Weltall schleudern, müsste er ihn mit einer Geschwindigkeit von ca. 11 200 Metern pro Sekunde abwerfen, also fast 12 Kilometer – pro Sekunde, wohlgemerkt.

Weltraumforscher haben Superman gegenüber zwei Vorteile. Erstens schießen sie ihre Raketen nicht senkrecht nach oben ab. Sie neigen ihre Geschosse in Richtung der Erdrotation und erhalten bereits dadurch eine gewisse Anfangsbeschleunigung. Noch wichtiger ist, dass die Rakete im Gegensatz zu dem von Superman geworfenen Ball auch nach dem Verlassen der Erdoberfläche weiterhin Schub durch die Triebwerke erhält. Solange die Schubkraft höher ist als die Schwerkraft, kann die Rakete die Erdatmosphäre verlassen.

Grenzen des Wissens

Stellen Sie sich vor, Sie werfen einen Ball gerade in die Luft und fangen ihn wieder auf. Stellen Sie sich den Ball an drei Punkten seiner Flugbahn vor: unmittelbar nachdem er Ihre Hand verlassen hat, wenn er den höchsten Punkt seiner Flugbahn erreicht hat und wenn er sich schließlich auf halbem Weg zurück in Ihre Hand befindet. In welcher Richtung wirkt jeweils eine Kraft auf den Ball? Wenden wir uns also den drei Fällen zu, ohne zu sehr ins Detail zu gehen. Hat der Ball Ihre Hand verlassen, wirken nur zwei Kräfte auf ihn: die Schwerkraft, die abwärts gerichtet wirkt, und der Luftwiderstand, der ebenfalls eine abwärts gerichtete Wirkung hat. Die Kraft wirkt also nach unten. Am höchsten Punkt der Flugbahn ist man natürlich geneigt zu glauben, alle Kräfte seien ausbalanciert. An diesem Punkt wirkt allerdings nur noch eine einzige Kraft: die Schwerkraft. Nur die Schwerkraft, die den Ball nach unten zieht. Wenn der Ball schließlich wieder im Fallen begriffen ist, ergibt sich durch den Luftwiderstand eine gewisse Kraft, die nach oben gerichtet wirkt, allerdings durch die Schwerkraft mehr als ausgeglichen wird. Die Kraft wirkt also auch hier nach unten. (Hatten Sie für jeden Punkt der Flugbahn die richtige Antwort parat, können Sie sich gratulieren, hätten die meisten Physiklehrer dies doch nicht geschafft.)

Fakten  **zum Angeben**

• *Der von Superman mit Entweich- oder Fluchtgeschwindigkeit geworfene Ball ist zehn Mal so schnell wie eine Gewehrkugel.*

REIBUNG

Basics

Newtons erstes Gesetz besagt, dass ein in Bewegung befindlicher Körper in Bewegung bleibt, sofern keine Kraft auf ihn wirkt, die ihn stoppt. In der realen Welt kommt ein sich bewegendes Objekt jedoch zum Stillstand, wenn wir es nicht weiterhin anschieben. (Aus diesem Grund glaubten die alten Griechen auch, dass Dinge die natürliche Tendenz hätten, sich zum Zentrum des Universums hin zu bewegen und dort anzuhalten.)

Dinge kommen zum Stillstand – und sind überhaupt nur schwer in Bewegung zu setzen –, weil es das Phänomen der Reibung gibt. Es ist wesentlich einfacher, ein schweres Objekt auf einer Eisfläche zu bewegen als auf einem Betonboden. Dies liegt daran, dass Eis wesentlich glatter ist. Die kleinen Unebenheiten auf jeder Oberfläche widersetzen sich der Bewegung, wobei winzige Dellen und Risse zusammenwirken.

Die Reibung ist keine konservierende Kraft, ist doch die eingesetzte Arbeit vom gewählten Weg abhängig. In dieser Hinsicht unterscheidet sich die Reibung zum Beispiel von der Schwerkraft, bei der es lediglich auf die eingesetzte Arbeit ankommt, um von einer Höhe auf eine andere zu gelangen. Es ist nicht von Bedeutung, ob der Weg senkrecht nach oben führt oder langsam ansteigt. Trifft Arbeit auf Reibung, wird kinetische Energie in Wärmeenergie umgewandelt. Auf einem längeren Weg wird mehr Wärme erzeugt und somit mehr Arbeit eingesetzt.

Grenzen des Wissens

Man unterscheidet zwei Arten von Reibung: Haftreibung und kinetische Reibung. Bei einem nicht in Bewegung befindlichen Objekt greifen die winzigen Dellen und Risse im Objekt und auf der Oberfläche ineinander, sodass der Widerstand erheblich größer ist als bei einem sich bewegenden Objekt. Befindet sich das Objekt erst einmal in Bewegung, ist es leichter, es in Bewegung zu halten.

Fakten  **zum Angeben**

- Reibung verschwendet zwar Energie, ist im täglichen Leben aber überaus nützlich. Stellen Sie sich nur vor, auf einem absolut reibungsfreien Boden zu gehen – wesentlich schlimmer als auf einer Eisfläche. Sie fänden absolut keinen Halt. Ein reibungsfreies Glas würde Ihnen aus der Hand gleiten. Ohne Reibung könnten wir nichts vernünftig handhaben.

HEBEL

Basics

Archimedes soll einmal gesagt haben: «Gebt mir einen festen Punkt und einen ausreichend langen Hebel, und ich hebe die Welt aus den Angeln.» Der Hebel ist zwar eine der einfachsten Maschinen, jedoch überall anzutreffen, macht er sich doch zunutze, dass Arbeit Kraft mal Weg ist. Der Abstand zwischen der ausgeübten Kraft und dem Drehpunkt (oder Unterstützungspunkt) erzeugt ein Drehmoment. Unter dem Drehmoment versteht man die durch eine bestimmte Kraft auf eine bestimmte Entfernung ausgeübte Drehkraft. Oft ist man sich gar nicht bewusst, einen Hebel zu benutzen. Sowohl Schubkarren als auch Türen sind nichts anderes als Hebel, wobei bei Türen die Angeln den Drehpunkt bilden und bei einer Schubkarre die Achse.

Das erzeugte Drehmoment entspricht der Menge der im rechten Winkel auf den Hebel ausgeübten Kraft mal der Distanz zum Drehpunkt. Dies bedeutet für einen einfachen Hebel wie eine Wippe, dass jemand, der doppelt so nahe am Drehpunkt sitzt, die Hälfte an Drehmoment erzeugt. Ein Vater, der doppelt so viel wiegt wie sein Sohn, kann die Wippe also perfekt ausbalancieren, wenn er halb so weit von der Mitte der Wippe sitzt wie sein Filius. Bei einer Schubkarre befindet sich die Last näher am Drehpunkt als an den Griffen, sodass die zum Anheben der Last benötigte Kraft geringer ist. Ähnliches gilt für eine Tür. Der Schwerpunkt einer Tür befindet sich in der Mitte, der Türgriff jedoch nahe an deren Rand, wodurch sich die Wirkung verdoppelt, wenn man daran zieht oder drückt.

Grenzen des Wissens

In manchen Fällen ist die auf einen Hebel wirkende Kraft *größer* als die von ihm ausgehende. Dies scheint bedeutungslos zu sein, heißt jedoch, dass die Geschwindigkeit des Punkts, der die Kraft ausübt, höher ist als die Geschwindigkeit des Punkts, auf den die Kraft ausgeübt wird. Diese Hebel vergrößern die Geschwindigkeit. Ein Beispiel für einen solchen Hebel ist ein Baseballschläger, bei dem eine langsame Drehung des Handgelenks eine schnellere Drehung des Schlägerendes bewirkt. Oder denken Sie beispielsweise an ein elektrisch betriebenes Tor, bei dem der Motor sein Drehmoment am Drehpunkt ausübt.

Fakten  **zum Angeben**

• In der Renaissance glaubte man, es gäbe sechs «einfache Maschinen», von denen eine der Hebel sei. Die anderen waren die schiefe Ebene, die Schraube, der Keil, der Flaschenzug und das Rad.

• In Ihrem Körper kommen übrigens auch Hebel zum Einsatz. Ob Sie nun Hanteln stemmen, Ihre Kiefer einsetzen oder Liegestütze machen.

FEDERN UND PENDEL

Basics

Federn und Pendel sind beliebte Objekte in der Physik, zeichnet sie doch eine regelmäßige Bewegung aus. Galileo dachte erstmals über Pendel nach, als er in der Kathedrale von Pisa eine Lampe sah, die an einer Kette hin und her schwang. Möglicherweise war er von der Predigt gelangweilt und so maß er mit Hilfe seines Pulsschlags die für eine Pendelbewegung benötigte Zeit und stellte fest, dass diese Zeit nicht von der Strecke abhängig war, die die Lampe bei einer Pendelbewegung zurücklegte. Ob die Pendelbewegung nun lang oder kurz war, die benötigte Zeit blieb gleich. Sie war auch nicht vom Gewicht des pendelnden Objekts abhängig, sondern ausschließlich von der Länge der Kette.

Federn erzeugen ebenfalls eine regelmäßige, oszillierende Bewegung, sofern man sie nicht zu weit auseinanderzieht. Federn unterliegen einer Beschränkung, die als Elastizitätsgrenze bezeichnet wird. Zieht man sie über diese Grenze hinweg auseinander, wird die Feder dauerhaft verformt. Verwendet man Federn jedoch innerhalb dieser Grenze, arbeiten sie nach einem einfachen Grundsatz, der von Robert Hooke, einem Zeitgenossen Newtons, aufgestellt wurde. Hooke entdeckte, dass sich die Kraft proportional zur Dehnung der Feder vergrößerte: doppelter Federweg gleich doppelte Kraft. Technisch gesehen handelt es sich hierbei um eine negative Kraft, da sie in die entgegengesetzte Richtung der Federdehnung wirkt.

Grenzen des Wissens

Pendel waren zwar eine bahnbrechende Technologie bei der Herstellung genau gehender Uhren, Uhrmacher fanden jedoch schnell heraus, dass sich die Länge eines Pendelarms mit der Raumtemperatur veränderte, was zu Abweichungen bei der Zeitmessung führte. Diesem Problem wurde durch die Verwendung von Materialien begegnet, die sich mit der Temperatur nur wenig verändern, oder durch die Verwendung komplexer Pendel, die als Gridiron-Pendel (rostförmige Pendel) bezeichnet werden. Bei diesen Pendeln werden Stangen aus verschiedenen Materialien in der Weise miteinander verbunden, dass sich ihre jeweilige Dehnung ausgleicht.

Fakten  **zum Angeben**

- Robert Hooke war der Adressat eines zweideutigen Kommentars von Isaac Newton. Newton schrieb Hooke: «Wenn ich weiter sehen konnte als andere, dann nur, weil ich auf den Schultern von Riesen stand.» Klingt bescheiden. Hooke hatte jedoch einen deformierten Rücken, weshalb er eher klein von Statur wirkte. Niemand wäre auf die Idee gekommen, Hooke als Riesen zu bezeichnen, und so darf vermutet werden, dass sich Newton, dessen Arbeit von Hooke kritisiert worden war, mit dieser Bemerkung revanchieren wollte.

TEMPERATUR

Basics

Die Temperatur misst die kinetische Energie in den Molekülen einer Substanz. Je höher die Temperatur, desto schneller sausen die Moleküle umher. Vor der Erfindung des Digitalthermometers wurde die Temperatur mit Hilfe der Ausdehnung und Kontraktion von Materialien wie Quecksilber oder Alkohol in einem dünnen Röhrchen gemessen.

In Nordamerika wird traditionell die Temperaturskala von Fahrenheit verwendet. Daniel Gabriel Fahrenheit verwendete drei Referenzpunkte zur Unterteilung seiner Skala, als er diese im 18. Jahrhundert entwickelte. Null stellte die Temperatur in einem Bad aus Eis und Salz dar. Die beiden anderen Referenzpunkte waren der Gefrierpunkt von Wasser sowie die Temperatur des menschlichen Körpers. Diese legte er auf 32 und 96 Grad fest, wodurch der Unterschied zwischen beiden 64 betrug, was wiederum die Gradeinteilung erleichterte, weil man die Differenz sechsmal halbieren konnte.

Aufgrund dieses merkwürdigen Ursprungs liegen der Gefrier- und der Siedepunkt von Wasser bei 32 bzw. 212 Grad. (Fahrenheit musste die Skala ein wenig «frisieren», um zu dieser Differenz von exakt 180 Grad zu gelangen.) Da es bessere Fixpunkte für eine Temperaturskala gibt als ein Eis-Salzwasserbad und die menschliche Körpertemperatur, entwarf der schwedische Wissenschaftler Anders Celsius eine alternative Skala mit den Referenzpunkten 0 und 100 für den Gefrier- bzw. den Siedepunkt von Wasser. Diese Skala (ursprünglich als Zentigrad bezeichnet, inzwischen Celsius) stellt den geltenden wissenschaftlichen Standard dar.

Grenzen des Wissens
Obwohl Wissenschaftler im Allgemeinen die Celsius-Skala verwenden, bevorzugen Physiker oft eine Variante, die als Kelvin-Skala bezeichnet wird. Die Gradunterteilung entspricht der bei Celsius, beginnt jedoch nicht mit dem Gefrierpunkt von Wasser, sondern mit dem absoluten Nullpunkt, der tiefstmöglichen Temperatur schlechthin. Diese Skala ist zwar die logischste, für den täglichen Gebrauch jedoch recht unpraktisch: Eine normale Raumtemperatur von 293 Kelvin hört sich in der Tat unwirklich an.

Fakten  **zum Angeben**
• Die Kelvin-Skala ist nach dem britischen Physiker William Thompson, Lord Kelvin, benannt. Verwirrend ist, dass die Einheiten bei Fahrenheit und Celsius als Grad bezeichnet werden, eine normale Raumtemperatur also etwa 70 Grad Fahrenheit betrüge (was ca. 21 Grad Celsius entspricht), während die Einheit auf der Kelvin-Skala einfach Kelvin heißt, sodass Wasser bei etwa 273 Kelvin gefriert.

WÄRME

Basics

Wärme ist eine Form von Energie. Wenn zwei Objekte mit unterschiedlichen Temperaturen miteinander in Kontakt kommen, bewegt sich die Wärme (die wie jede andere Form von Energie in Joule gemessen wird) vom wärmeren hin zum kälteren Objekt. Hierbei handelt es sich um einen Transfer der kinetischen Energie der Moleküle.

Wärme kann auf drei verschiedenen Wegen von einem Objekt auf ein anderes übertragen werden: Leitung, Wärmeströmung (Konvektion) und Strahlung. Bei der Leitung kollidiert eine Gruppe schnellerer Moleküle mit einer Gruppe langsamerer und beschleunigt diese. Manche Materialien – zum Beispiel Metalle – sind bessere Wärmeleiter als andere. Die freien Elektronen in Metallen, durch die sie Elektrizität zu leiten imstande sind, transportieren Wärme durch das Material.

Den zweiten Weg der Wärmeübertragung stellt die Wärmeströmung (Konvektion) dar. Diese ist in Fluida wie Flüssigkeiten oder Gasen zu beobachten. Dabei wird Wärme über ein flüssiges oder gasförmiges Medium von einem Objekt auf ein anderes übertragen, wenn sich diese beiden Objekte nicht in direktem Kontakt miteinander befinden. Bei der Konvektion wird das flüssige oder gasförmige Medium, das der Wärmequelle am nächsten ist, erwärmt und dehnt sich aus. Seine Dichte wird geringer, und so steigt es auf und transportiert die Wärme. Obwohl bei einer Zentralheizung «Radiatoren» verwendet werden, was eher auf Wärmestrahlung schließen lässt, wird ein Großteil der

Wärme durch Konvektion durch das Haus transportiert. Auf diese Weise funktioniert auch ein konventioneller Ofen.

Die dritte und letzte Möglichkeit zur Wärmeübertragung ist Strahlung: Übertragung von Energie durch Elektromagnetismus. In dieser Weise erreicht uns die Wärme der Sonne, die das isolierende Vakuum des Weltalls zu durchqueren imstande ist.

Grenzen des Wissens
Alles strahlt Wärme ab, nicht nur «heiße» Objekte. Auch die Umgebung eines Objekts strahlt ständig. Weist ein Objekt die gleiche Temperatur wie seine Umgebung auf, gleicht die Strahlung, der es ausgesetzt ist, seine ihm eigene Strahlung aus.

Fakten  **zum Angeben**

• Vielleicht haben Sie schon gehört, dass 50 Prozent (anderen Angaben zufolge sogar 75 Prozent) unserer Körperwärme über den Kopf verlorengehen. Dies ist jedoch ein Mythos, der seinen Ursprung in einer Werbekampagne für Hüte hat. Der tatsächliche Wert liegt bei etwa 10 Prozent. Es lohnt sich zwar, einen Hut zu tragen, der Unterschied ist jedoch nicht so groß, wie man dies erwartet hätte.

DER TREIBHAUS-EFFEKT

Basics

Der Treibhauseffekt wird durch Wasserdampf und Gase wie Kohlendioxid oder Methan in der Atmosphäre verursacht. Der Großteil der einfallenden Sonnenstrahlung dringt direkt durch diese Gasschichten, ein Teil der von der Erde abgegebenen Infrarotstrahlung wird jedoch durch diese Moleküle absorbiert. Die Moleküle setzen diese Energie nahezu unverzüglich wieder frei. Ein Teil davon verflüchtigt sich zwar in den Weltraum, der Rest gelangt jedoch wieder auf die Erde und erwärmt deren Oberfläche. Jedes Jahr pumpen wir ca. 26 Milliarden Tonnen Kohlendioxid (CO_2) in die Atmosphäre. Etwa ein Viertel davon wird von den Ozeanen absorbiert (dieser Prozess verlangsamt sich jedoch, da der Säuregehalt der Ozeane immer weiter ansteigt), ein weiteres Viertel von der Landmasse. Der Rest verstärkt jedoch die den Treibhauseffekt verursachende Schicht. Schaut man sich die historische Entwicklung an (was durch die Analyse von in alten Eisschichten eingeschlossenem Gas möglich ist), stellt man fest, dass der Kohlendioxidanteil in der Atmosphäre bis zum Beginn der industriellen Revolution für ungefähr 800 Jahre relativ stabil war. Seitdem steigt er kontinuierlich an.

In vorindustriellen Zeiten betrug der Kohlendioxidanteil in der Atmosphäre etwa 280 ppm (Parts per Million/Teile pro Million). Im Jahr 2005 hatte er 380 ppm erreicht – den höchsten Wert in den letzten 420 000 Jahren.

Grenzen des Wissens

Wir haben uns daran gewöhnt, dem Treibhauseffekt den Schwarzen Peter zuzuschieben, wenn die globale Erwärmung zur Sprache kommt. Ohne jeglichen Treibhauseffekt betrüge die Durchschnittstemperatur auf der Erde jedoch −18 °C, also 33 °C kälter als gegenwärtig. Bei diesen Temperaturen wären Bakterien nahezu die einzigen verbleibenden Lebewesen auf der Erde.

Fakten  **zum Angeben**

- Wir müssen nur in der Morgen- oder Abenddämmerung, wenn die Venus zu sehen ist, den Himmel beobachten, um einen außer Kontrolle geratenen Treibhauseffekt zu sehen. Die Venus ist von derart viel Kohlendioxid eingehüllt, dass nur wenig Energie diese Schicht durchdringen und ins Weltall gelangen kann. Die Durchschnittstemperatur auf der Oberfläche der Venus beträgt 480 °C – heiß genug, um Blei zu gießen –, und die Höchsttemperaturen erreichen 600 °C, was die Venus zum heißesten Planeten unseres Sonnensystems macht.

WÄRMEAUSDEHNUNG

Basics

Wenn wir etwas erhitzen, dehnt es sich aus. Lösen wir den festsitzenden metallenen Schraubdeckel auf einem Gurkenglas, indem wir ihn unter den Heißwasserhahn halten, machen wir uns die Wärmeausdehnung zunutze. Der metallene Deckel dehnt sich mehr aus als das Glas und sitzt daher nicht mehr so fest. Im Falle der meisten Feststoffe verläuft die Ausdehnung in alle Richtungen proportional zum Anstieg der Temperatur (bei relativ kleinen Temperaturänderungen). Bei einer Abkühlung geschieht das Gegenteil: Der Stoff zieht sich wieder zusammen.

Erhitzt man eine Substanz, werden die darin befindlichen Atome oder Moleküle energiereicher. Ihre Bewegung verstärkt sich. Das bedeutet, dass sie auseinanderstreben und sich die Substanz somit ausdehnt. Ingenieure müssen diese Ausdehnung bei ihren Entwürfen berücksichtigen. So dürfen etwa Eisenbahngleise nicht von einem Ende bis zum anderen zusammengeschweißt werden, würden sie sich doch an heißen Tagen nach oben wölben. Wenn Sie eine moderne Brücke betrachten, können Sie oft Dehnungsfugen sehen, die Verschiebungen zwischen der Brücke und dem Straßenbelag kompensieren sollen.

Grenzen des Wissens

Fast alle Stoffe ziehen sich zusammen, wenn sie gekühlt werden. Kühlen wir Wasser herunter, um Eis zu machen, dehnt es sich jedoch aus. Deshalb ist es auch keine gute Idee, eine Glasflasche oder Dose mit Mineralwasser in der Gefriertruhe zu lagern. Die Ausdehnung bringt den Behälter zum Bersten. Wenn Eis erwärmt wird, zieht es sich bei den ersten paar Grad Erwärmung zusammen. Dieser Vorgang ist zwar ungewöhnlich, aber nicht einzigartig. So haben zum Beispiel sowohl Essigsäure als auch Silicium in fester Form eine geringere Dichte als in flüssiger Form.

Das seltsame Verhalten von Wasser ist Wasserstoffbindungen geschuldet, Anziehungskräften zwischen dem positiv geladenen Wasserstoff eines Wassermoleküls und dem negativ geladenen Sauerstoff in einem anderen Molekül. Um in die sechskantige Kristallstruktur von Eis zu passen, müssen sich diese Bindungen ausdehnen und verdrehen, wodurch die einzelnen Wassermoleküle weiter auseinandergezogen werden.

Fakten  zum Angeben

• *Wasserstoffbindungen halten Wassermoleküle zusammen. Dadurch kocht Wasser erst bei einer höheren Temperatur als dies eigentlich zu erwarten wäre. Wasser kocht auf Meereshöhe bei 100 °C. Ohne Wasserstoffbindungen läge der Siedepunkt von Wasser bei −70 °C, es gäbe also auf der Erde kein Wasser in flüssiger Form und somit auch kein Leben.*

ÄNDERUNG DES AGGREGATZUSTANDS

Basics

Wenn wir Materialien erhitzen oder abkühlen, durchlaufen sie Änderungen des Aggregatzustands von fest zu flüssig, von flüssig zu gasförmig und von gas- zu plasmaförmig. Dieses Phänomen hätte zwar auch im Abschnitt «Material» behandelt werden können, da Wärme hierbei jedoch eine entscheidende Rolle spielt, wird es an dieser Stelle beschrieben.

Wir wissen, dass auf Meereshöhe der Schmelzpunkt von Wasser bei 0 °C und der Siedepunkt bei 100 °C liegt. Der Übergang von festem Eis zu flüssigem Wasser oder von flüssigem Wasser zu gasförmigem Wasserdampf erfolgt jedoch nicht augenblicklich.

Erhitzt man eine Substanz, steigt deren Temperatur proportional zur zugeführten Wärmeenergie und in Abhängigkeit von der Fähigkeit des jeweiligen Materials, Wärme zu speichern (seiner spezifischen Wärmekapazität). Stellen Sie sich vor, einen Eisblock zu erwärmen, dessen Temperatur mehrere Grad unter dem Gefrierpunkt liegt. Seine Temperatur steigt durch die zugeführte Wärmeenergie an, bis sie 0 °C erreicht. An diesem Punkt beginnt der Eisblock zu schmelzen. Der Schmelzvorgang bringt jedoch ein Aufbrechen der Bindungen mit sich, die den Feststoff zusammenhalten. Dabei wird Energie verbraucht. Somit steigt die Temperatur bei fortgesetzter Wärmezufuhr für einen gewissen Zeitraum nicht weiter an. Erst wenn sich das Eis in Wasser verwandelt hat, steigt die Temperatur weiter an. Gleiches ist bei der Umwandlung von Wasser in Wasserdampf zu beobachten. Erhitzen Sie Wasser, so stark Sie wollen – die Temperatur wird 100 °C niemals übersteigen. Die Energie, die benötigt wird, um eine Änderung des Aggregatzustands herbeizuführen, wird als «latente Wärme» bezeichnet.

Grenzen des Wissens
Latente Wärme wirkt in beide Richtungen. Wenn ein Stoff seinen Aggregatzustand von fest zu flüssig zu gasförmig zu plasmaförmig ändert, nimmt er Energie auf. Aus diesem Grund hat ein Ventilator abkühlende Wirkung. Er verdampft Flüssigkeit auf Ihrer Haut, ein Prozess, der Wärmeenergie ansaugt. Bei einer Änderung des Aggregatzustands von plasma- zu gasförmig zu flüssig zu fest wird Wärmeenergie freigesetzt. Deshalb verursacht 100 °C heißer Wasserdampf schlimmere Verbrennungen als kochendes Wasser, wird doch bei der Kondensierung des Dampfs auf der Haut zusätzliche Wärmeenergie freigesetzt.

Fakten **zum Angeben**

• Es ist möglich, eine Flüssigkeit wie Wasser bis unter ihren Gefrierpunkt abzukühlen, ohne dass sie fest wird, sofern sie frei von Unreinheiten ist, auf denen sich Kristalle bilden können. Wasser kann auf diese Art auf bis zu −4 °C heruntergekühlt werden. Gelangt jedoch ein Staubkörnchen oder eine winzige Menge Eis in das Wasser, ändert sich der Aggregatzustand des gesamten Wassers extrem schnell.

THERMODYNAMIK

Basics

Die Thermodynamik regelt die Beziehungen zwischen Wärme und Arbeit. Es gibt vier Hauptsätze zur Beschreibung thermodynamischer Vorgänge.

Beginnen wir mit dem nullten Hauptsatz, der so heißt, weil er erst später als die anderen formuliert wurde, aber eine wichtige Basis bildet. Der nullte Hauptsatz besagt, dass sich zwei Objekte in thermischem Gleichgewicht befinden, wenn Wärme von dem einen auf das andere Objekt übertragen werden kann, dies aber eigentlich gar nicht geschieht. Es existiert ein konstanter Energiefluss von einem Objekt zum anderen. Was uns der nullte Hauptsatz aber eigentlich sagen will, ist, dass der Nettoenergiefluss gleich null ist. Anders ausgedrückt heißt dies, dass sich zwei Systeme – A und C – im thermischen Gleichgewicht befinden, wenn ein System A sich mit einem System B und B sich mit einem System C im thermischen Gleichgewicht befindet.

Der erste Hauptsatz ist vom Energieerhaltungssatz abgeleitet. Er besagt, dass sich die Energie in einem geschlossenen System in seiner Form ändert, um die Arbeit auszugleichen, die es nach außen hin leistet (oder die von außen auf das System wirkt), oder um die Wärmeenergie zu kompensieren, die es abgibt oder absorbiert. Der zweite Hauptsatz beschäftigt sich ebenfalls mit der Übertragung von Wärmeenergie von einem Ort an einen anderen. Er besagt, dass sich die Wärme in einem abgeschlossenen System von einem wärmeren zu einem kühleren Teil des

Systems bewegt. Dies klingt zwar simpel, hat jedoch tiefgreifende Konsequenzen, bis hin zur Zukunft des Universums. Im Abschnitt «Entropie» werden wir noch darauf zurückkommen.

Grenzen des Wissens
Der dritte Hauptsatz der Thermodynamik besagt, dass man einen Körper nicht in einer endlichen Anzahl von Verfahrensschritten bis zum absoluten Nullpunkt (−273,15 °C) abkühlen kann. Man kann sich dem absoluten Nullpunkt – unabhängig von der Ausgangstemperatur – immer weiter annähern, erreicht ihn jedoch nie.

Fakten  zum Angeben

• Der Astrophysiker Arthur Eddington sagte: «Wenn Ihnen jemand sagt, dass Ihre eigene kleine Theorie des Universums den Gleichungen Maxwells widerspricht (also den Gleichungen, die die Funktionsweise des Elektromagnetismus beschreiben), dann ist dies umso schlimmer für die Maxwell-Gleichungen. Und wenn man Ihnen sagt, dass Ihre Theorie durch Beobachtungen widerlegt wird – nun, diese Experimentalisten bringen manchmal Sachen durcheinander. Widerspricht Ihre Theorie jedoch dem zweiten Hauptsatz der Thermodynamik, kann ich Ihnen keine Hoffnung machen: Ihre Theorie kann nur in für Sie zutiefst demütigender Weise zusammenbrechen.»

WÄRMEMASCHINEN

Basics

Bei Wärmemaschinen denken wir an eine Dampflokomotive, die an der Spitze eines Zuges über die Gleise schnaubt. Und eine Dampfmaschine ist eine Wärmemaschine. Sie wandelt Wärme in Arbeit um. Genau darum geht es bei Wärmemaschinen.

Der Wirkungsgrad einer Wärmemaschine wird dadurch bestimmt, wie viel Wärme sie in nützliche Arbeit umwandelt. Der Idealfall wäre natürlich ein Wert von 1 (100 Prozent), in der Praxis gibt es jedoch keine hundertprozentig effizienten Wärmemaschinen. Dieses Phänomen wurde bereits im 19. Jahrhundert von dem französischen Ingenieur Nicolas Leonard Sadi Carnot entdeckt. Carnot stellte fest, dass aufgrund der Reibung und sonstiger Energieverluste keine Wärmemaschine in der realen Welt jemals vollkommen effizient sein könne.

Er ersann eine imaginäre Maschine mit dem Namen Carnot-Motor, die nicht mit diesen Problemen der realen Welt zu kämpfen hatte. Doch selbst unter diesen Bedingungen kann der Carnot-Motor nicht hundertprozentig effizient sein. Der Wirkungsgrad einer solchen Maschine betrüge 1 minus das Verhältnis der Temperaturen (in Kelvin) zwischen dem Wärmereservoir (in das etwaige Restwärme abgeführt wird) und der Wärmequelle. Dieses Verhältnis ist nur dann gleich null (was eine hundertprozentig effiziente Maschine bedeuten würde), wenn die Temperatur des Wärmereservoirs am absoluten Nullpunkt läge, was dem dritten Hauptsatz der Thermodynamik zufolge allerdings unmöglich ist.

Grenzen des Wissens

Ein Atomkraftwerk ist eine Wärmemaschine. Bei der Kernspaltung entsteht Wärme, die eingesetzt wird, um Wasser zum Kochen zu bringen und extrem heißen Wasserdampf zu erzeugen. Dieser Dampf wiederum treibt eine Turbine an, die Strom erzeugt. Wärme wird in Arbeit umgewandelt, was ein Atomkraftwerk zu einer Wärmemaschine macht. Die gigantischen Türme, die wir mit Atomkraftwerken assoziieren (denken Sie nur an das Atomkraftwerk Springfield in der Fernsehserie *Die Simpsons*), haben mit Atomenergie nichts zu tun. Es handelt sich dabei lediglich um Kühltürme, die überschüssige Wärme aufnehmen und in die Atmosphäre abgeben. Ein Kraftwerk mit einem Wirkungsgrad von 100 Prozent würde sie nicht benötigen.

Fakten  **zum Angeben**

• Thermische Energie aus dem Erdboden kann als grüne Energiequelle genutzt werden. Dabei werden (außer bei der Herstellung der Bauteile) keine Treibhausgase freigesetzt. Diese Energieform hat jedoch keinen besonders hohen Wirkungsgrad, gerade einmal knapp unter 13 Prozent.

ENTROPIE

Basics

Die Entropie ist eine Zustandsgröße der Thermodynamik, die ein Maß für die Unordnung eines Systems darstellt: je mehr Unordnung, desto größer die Entropie. Das zweite Gesetz der Thermodynamik besagt mit anderen Worten, dass die Entropie in einem geschlossenen System gleich bleibt oder größer wird. Ohne Input von außen kann die Unordnung zu-, aber nicht abnehmen.

Man kann die Entropie auch unter dem Gesichtspunkt betrachten, dass Systeme sich abnutzen. Überträgt man dies auf das Universum (nach unserem Wissensstand ein geschlossenes System), herrscht irgendwann ein Zustand des Chaos. Allerdings gehen andere Kosmologie-Modelle davon aus, dass ein Input von außen das Universum in einen Zustand geringerer Entropie zurückzuführen imstande ist.

Grenzen des Wissens

Die Theorie, dass die Entropie aus eigenem Antrieb nicht zurückgeht, wurde wiederholt als Gegenpart zur Evolution herangezogen. Dabei wird argumentiert, dass sich die Erde mit ihrem breiten Spektrum an strukturierten Lebensformen in einem Zustand geringerer Entropie befindet als die chaotischen Ursprünge, die uns die Verfechter der Evolutionstheorie glauben machen wollen. Leider stellt die Formulierung «in einem geschlossenen System» eine Schlüsselstelle des zweiten Gesetzes dar. Die Erde ist jedoch kein geschlossenes System. Ohne den gewaltigen Energiestrom der Sonne hätte sich die Ordnung, wie wir sie heute kennen, niemals herausbilden können.

Es ist einfach, die Entropie punktuell zu verringern. Stapelt man Ziegelsteine aufeinander, verringert dies die Entropie der Ziegelsteine, die verstreut auf dem Boden liegen. Um dies zu bewerkstelligen, muss man jedoch Energie in das System stecken.

Fakten  zum Angeben

• *Der Wiener Wissenschaftler Ludwig Boltzmann, der im Jahr 1877 das zweite Gesetz formulierte, beging Selbstmord, da ihn die Rezeption seiner Theorien in Depressionen stürzte. Nach seinem Tod dauerte es nur wenige Jahre, bis seine Theorien Anerkennung fanden.*

SCHALL

Basics

Schall stellt eine wohlbekannte Energieform dar. Wenn wir sprechen, bringen im Kehlkopf entstehende Schwingungen die Luftmoleküle zum Vibrieren. Diese Moleküle übertragen eine Reihe von Wellen, bis der Schall das Ohr einer anderen Person erreicht und die Wellen dort Vibrationen im Trommelfell erzeugen. Eine kleine Energiemenge wird über vibrierende Luftmoleküle von unserem Kehlkopf zum Ohr einer anderen Person transportiert.

Im Gegensatz zu Lichtwellen besteht Schall aus Druckwellen, deren Luftmoleküle zunächst enger zusammengedrückt werden, um sich dann wieder auszubreiten. Schall ist wesentlich langsamer als Licht. Er breitet sich auf Meereshöhe mit einer Geschwindigkeit von 1234,8 km/h (343 Meter pro Sekunde) in der Luft aus. Weil Schall so viel langsamer ist als Licht, sehen wir bei einem Gewitter den Blitz, bevor wir den Donner hören. Indem wir die Sekunden zwischen Blitz und Donner zählen, um abzuschätzen, wie weit das Gewitter weg ist, messen wir die Schallgeschwindigkeit und ignorieren das Licht, das zu schnell ist, um sich Gedanken darüber zu machen.

Schall stellt eine Welle in einem Medium (Luft, Wasser etc.) dar, die ohne dieses Medium nicht zu existieren imstande wäre. Aus diesem Grund gibt es im Weltraum keinen Schall, weil dort kein Medium existiert, in dem sich die Schallwellen ausbreiten könnten.

Die Höhe eines Tons wird durch die Frequenz der Schallwelle bestimmt. Je höher der Ton, desto höher die Frequenz. Ein Mensch mit gutem Gehör nimmt Töne zwischen 20 Hertz (Zyklen pro Sekunde) und 20 000 Hertz wahr. Das Hörvermögen für die höheren Frequenzen nimmt jedoch im Alter ab. Die meisten Töne bestehen nicht aus simplen Wellen, sondern sind eine Mischung aus vielen verschiedenen Frequenzen.

Grenzen des Wissens
In manchen Feststoffen kann Schall quantisiert werden, was zu der Vorstellung führte, es existierten Phononen (Schallquanten). Es ist möglich, die Quantenmechanik auf die Übertragung von Schallvibrationen durch ein Kristallgitter anzuwenden. Dies hat sich als nützliche Vorgehensweise erwiesen, wenn es zu verstehen galt, wie Wärme und Energie in Körpern geleitet werden, deren primäre Träger nicht Elektronen sind. In diesem Fall wird die Energie von Phononen transportiert.

Fakten  **zum Angeben**

• *Obwohl es in dem Film Alien richtigerweise heißt, «Im All kann niemand deine Schreie hören», werden in vielen Filmen Explosionen im All von Geräuschen begleitet, weil sie für uns ohne Getöse irgendwie nicht echt wirken. Manche Filmemacher lassen die Explosion selbst geräuschlos verlaufen, unterlegen dann aber die aus dem Wrack geschleuderten Trümmer mit Sound.*

ENERGIEDICHTE

Basics
Die Energiedichte eines Stoffes, also die chemische Energie seiner Molekülbindungen, die freigesetzt wird, wenn wir die Substanz verbrennen, variiert drastisch. Nehmen wir einmal an, wir hätten eine Tonne des Sprengstoffs TNT und eine Tonne Benzin zur Verfügung. Und zünden beide Substanzen an. Welche setzt mehr Energie frei? Das Benzin! Es verfügt über 15 Mal mehr Energie pro Tonne als TNT. Der einzige Grund dafür, dass sich TNT als Sprengstoff besser eignet, besteht darin, dass TNT seine Energie wesentlich schneller freisetzt als Benzin.

Grenzen des Wissens
Obwohl die Energiedichte von Benzin doppelt so hoch ist wie die von Kohle, ist Kohle zur Erzeugung der gleichen Energiemenge zwanzig Mal billiger. Im Zweiten Weltkrieg blockierten die Alliierten erfolgreich die deutsche Ölversorgung. Die Deutschen hatten jedoch noch ein Ass im Ärmel: den Fischer-Tropsch-Prozess, bei dem Kohle in Heizöl oder Benzin umgewandelt wird.

Die Weltwirtschaft hängt in hohem Maße von Öl als Medium zur Speicherung und Verteilung von Energie ab. Es wird jedoch mit abnehmenden Fördermengen gerechnet, was steigende Preise zur Folge haben dürfte. Kohle verfügt zwar über das Potenzial, die Gefahr einer Energiekrise zu bannen, sie könnte jedoch verheerende Auswirkungen auf die Umwelt haben. Mit immer knapper werdenden Ölvorkommen gewinnen Kohlevorräte an Attraktivität. In den USA gibt es zwischen zwei und vier

Milliarden Tonnen Kohle. Diese Menge würde ausreichen, um die Ölversorgung für mehrere hundert Jahre zu sichern. Historisch betrachtet hat der Prozess der Kohleverflüssigung kaum eine Rolle gespielt, ist der Bau der dazu erforderlichen Anlagen doch sehr teuer. Um diesen Prozess wirtschaftlich zu gestalten, müsste der Ölpreis mehr als 50 Dollar pro Barrel betragen. Obwohl der Ölpreis im Jahr 2008 die Marke von 130 Dollar erreichte, wurden keine Fischer-Tropsch-Anlagen gebaut. Dies liegt zum Teil daran, dass dieser Prozess einen hohen Grad an Umweltverschmutzung mit sich bringt, aber auch darin begründet, dass die Unternehmen das Risiko hoher Anfangsinvestitionen scheuen, da die Ölkartelle mit massiven Preissenkungen für Erdöl reagieren könnten. Den Prozess als solchen aber gibt es.

Fakten  **zum Angeben**

• Die schiere Menge an Energie, die in fossilen Brennstoffen steckt, erklärt, wie die Flugzeuge am 11. September 2001 das World Trade Center zum Einsturz bringen konnten. Es war nicht die Aufprallenergie, die die Gebäude zerstörte. Sondern die Energie aus 60 Tonnen Kerosin – dem Äquivalent von 900 Tonnen TNT –, das sich in jeder der Maschinen befand, verursachte den größten Schaden.
• Im Verhältnis zum Gewicht generiert Benzin 720 Mal so viel Energie wie eine Gewehrkugel.

SOLARENERGIE

Basics

Die größte Energiequelle in unserer Nachbarschaft ist die Sonne. Sie hält uns warm, ist der Motor unseres Klimasystems und sorgt per Photosynthese für die Luft zum Atmen. Wir nutzen jedoch nur einen winzigen Prozentsatz der verfügbaren Sonnenenergie. Von den 400 Milliarden Milliarden Megawatt, die die Sonne erzeugt, sind nur 89 Milliarden Megawatt auf der Erde verfügbar, was aber immer noch das Fünftausendfache des weltweiten Energieverbrauchs ist.

Beim Stichwort Solarenergie denken wir an plattenförmige Sonnenkollektoren. Das Sonnenlicht kann aber auch in Röhren konzentriert werden, um Wasser zu erwärmen oder Dampf zu erzeugen, der eine Turbine antreibt. In den neuesten Anlagen wird eine geschmolzene Mischung aus Nitratsalzen erhitzt, die Temperaturen von bis zu 600 °C erreichen kann. Ein Vorteil dieses Verfahrens besteht darin, dass die erzeugte Energie nicht sofort genutzt werden muss. Die Wärme kann gespeichert und später genutzt werden, wenn kein Sonnenlicht verfügbar ist. Ein ähnliches Verfahren setzt auf gebogene Spiegel, die das Sonnenlicht bündeln und auf mit Flüssigkeiten gefüllte Röhren lenken, wo Dampf erzeugt wird, mit dessen Hilfe Elektrizität erzeugt werden kann.

Grenzen des Wissens

Die ersten photovoltaischen Zellen hatten einen Wirkungsgrad von ca. 6 Prozent. Moderne Zellen erreichen einen Wirkungsgrad von etwa 20 Prozent, und schon bald werden Anlagen mit einem Wirkungsgrad von 40 bis 50 Prozent auf den Markt kommen. Als realistisches Ziel gilt ein Wirkungsgrad von mehr als 70 Prozent. Noch wichtiger dürfte allerdings eine Reduzierung der Produktionskosten sein. Hierzu sagte Allen Heeger von der University of California in Santa Barbara, der an billigen Zellen auf Plastikfolien forscht: «Die entscheidende Vergleichsgröße ist Dollar pro Watt. Auch wenn der Wirkungsgrad unserer Anlagen geringer sein sollte als der herkömmlicher Silicium-Anlagen, könnten die Kosten pro Watt dennoch niedriger sein, weil der Herstellungsprozess so kostengünstig ist.»

Fakten  **zum Angeben**

• Bei direkter Sonnenlichteinstrahlung ist man in der Lage, mit Hilfe von Solarzellen, die eine Fläche von 90 mal 90 Zentimetern aufweisen, 1 PS zu erzeugen. Dies bedeutet auch, dass es unmöglich ist, ein Auto mit Solarzellen anzutreiben. Um eine Leistung von 100 PS zu erreichen, müsste man ein Sonnensegel von 27 mal 27 Metern auf dem Autodach montieren.

• Für die Ausgangsleistung eines mittelgroßen Kraftwerks benötigte man einen Quadratkilometer Solarzellen.

DER AUTOR

Brian Clegg wurde in Rochester in der englischen Grafschaft Lancashire geboren und lehrt Naturwissenschaften (Schwerpunkt Experimentalphysik) an der Universität Cambridge. Nach dem Studium verbrachte er ein Jahr an der Universität Lancaster, wo er einen zweiten Master of Arts (MA) in Operations Research («Unternehmensforschung») erwarb – einer Disziplin, die vor allem in der Ökonomie als Ansatz zur Lösung unternehmerischer Probleme dient. 1994 gründete er sein im Kreativbereich tätiges Beratungsunternehmen. Zu seinen Kunden zählten die BBC, das Met Office (der nationale meteorologische Dienst des Vereinigten Königreichs), Sony, GlaxoSmithKline, das Finanzministerium, die Royal Bank of Scotland und viele mehr.

Clegg schreibt Kolumnen, Reportagen und Rezensionen für zahlreiche Magazine, seine Bücher wurden in viele Sprachen übersetzt. Er hält vielbeachtete Vorträge an der Royal Institution in London oder etwa beim Celtenham Science Festival. Außerdem verfasst er Beiträge für Radio- und Fernsehsendungen. Darüber hinaus betreibt er die erfolgreiche Website www.popularscience.co.uk und ist Mitglied der Royal Society of Arts. Brian Clegg lebt in Wiltshire, ist verheiratet und Vater von Zwillingen.

J. R. Minkel

WELTALL
FÜR EIERKÖPFE

Wissenschaft in 60 Sekunden

Aus dem Englischen von
Hubert Mania

Für meine Eltern

INHALT

Vorwort von George Musser	13

MATERIE UND ENERGIE ★ ★ ★ ★ ★ ★ ★ 15

Elektronen, Protonen und Neutronen	16
Atome	18
Die Elemente	20
Moleküle	22
Chemische Energie	25
Aggregatzustände	27
Energieerhaltung	29
Wärme und Temperatur	31
Entropie	33
Der Atomkern	35
Radioaktivität	37
Kernfusion	39

ELEKTROMAGNETISMUS UND LICHT ★ ★ 41

Elektrizität	42
Magnetismus	44
Elektromagnetismus	46
Lichtwellen	48
Das elektromagnetische Spektrum	50
Photonen	52

DIE UNHEIMLICHE QUANTENWELT ★★ 55

Was ist ein Quant?	56
Welle-Teilchen-Dualität	58
Wahrscheinlichkeitswellen	60
Überlagerung	62
Das Unbestimmtheitsprinzip	64
Verschränkung	66
Quantenunwirklichkeit	68

BEWEGUNG, RAUM UND ZEIT ★★★★ 71

Masse und Trägheit	72
Kräfte und Beschleunigung	74
Impuls	76
Gravitation	78
Umlaufbewegung	80
Spezielle Relativität	82
Zeitdilatation	84
Masseenergie und die endliche Lichtgeschwindigkeit	86
Raumzeit	88
Allgemeine Relativität	90

DAS SONNENSYSTEM ★★★★★★★ 93

Sonne	94
Planeten	96
Merkur	98
Venus	100

Erde	102
Mond	104
Mars	106
Asteroiden	109
Meteore	111
Jupiter	113
Saturn	115
Uranus	117
Neptun	119
Pluto und der Kuipergürtel	121
Kometen	123

DAS GEHEIME LEBEN DER STERNE ★ ★ ★ 127

Sterne	128
Nebel	131
Rote Riesen	133
Weiße Zwerge	135
Supernovae	137
Neutronensterne und Pulsare	139
Gammastrahlenausbrüche	141
Schwarze Löcher	143

SELTSAME MATERIE UND ENERGIE ★ ★ ★ 145

Antimaterie	146
Kosmische Strahlung	148
Neutrinos	150
Dunkle Materie	152
Vakuumenergie	155

DIE MILCHSTRASSE UND WAS ES SONST NOCH GIBT ★ ★ ★ ★ 157

Milchstraße	158
Exoplaneten	160
Sternhaufen	162
Galaxien	164
Aktive Galaxien	166
Lokale Gruppe und Galaxienhaufen	168
Evolution der Galaxien	170
Struktur im Großmaßstab	172

KOSMOLOGIE ★ ★ ★ ★ ★ ★ ★ ★ ★ 175

Der Urknall	176
Expandierender Raum	178
Der kosmische Mikrowellenhintergrund	180
Das Universum ist flach	182
Inflation	184
Dunkle Energie	186
Die ersten drei Minuten	188

TEILCHENPHYSIK ★ ★ ★ ★ ★ ★ ★ ★ 191

Das Standardmodell	192
Teilchenbeschleuniger	194
Reich mir die Bosonen, bitte	197
Quarks	199
Die starke Kraft	201
Lernen Sie die Leptonen kennen	203

Die unheimliche Kraft	205
Symmetrie	207
Vereinheitlichung	209
Das Higgs-Boson	211
Quantengravitation	213
Stringtheorie	215

DIE ÄUSSEREN GRENZEN ★★★★★★ 217

Außerirdisches Leben	218
Fortgeschrittene Zivilisationen	220
Gefahr für das Leben	222
In einem Schwarzen Loch	225
Der freie Wille und das Universum	227
Zeitreisen und Wurmlöcher	229
Viele Welten	232
Das Schicksal des Universums	235
Der Zeitpfeil	237
Das Multiversum	239

Gehirn für Eierköpfe   **242**

VORWORT

von George Musser

Bitte lassen Sie dieses Buch nie in einer Zeitmaschine liegen, die ins 19. Jahrhundert zurückreist. Es würde die Menschen dort nur verwirren. Wie bitte, die Welt besteht aus winzigen Teilchen? Die Sonne ist ein riesiger Kernreaktor? Der Lauf der Zeit lässt sich verlangsamen? Das Universum dehnt sich aus? Jeder Wissenschaftler, der dieses Buch auf dem Boden neben dem Zeitportal fände, wäre ratlos und gedemütigt. Wahrscheinlich würde er es einfach kurzerhand als verlogen und allzu phantastisch abtun, um es ernst nehmen zu können.

Die Welt hat sich im 20. Jahrhundert beträchtlich verändert, was ganz besonders für die Entdeckungen gilt, die die moderne Wissenschaft gemacht hat. Die Menschen sprechen häufig über die erstaunlichen Erfindungen, die uns die Wissenschaft beschert hat – von Flugzeugen bis zu elektrischen Zahnbürsten –, aber noch bedeutsamer ist der neue Blick auf die Welt, der uns durch die Forschung ermöglicht wurde. Das hat unser Denken erweitert und uns die wunderbare Vielfalt und Komplexität unseres Daseins erschlossen. Viele der Entdeckungen des vergangenen Jahrhunderts hatten lange zuvor schon Blüten getrieben, allerdings benötigten sie innovative Experimente und theoretische Durchbrüche, um Gestalt anzunehmen.

Dem Buch in Ihren Händen gelingt das eindrucksvolle Kunststück, diese neuen Ideen so knapp darzustellen, dass sie nicht allzu viel Ihrer Zeit beanspruchen. Ich fand vielmehr heraus, dass ich ein Thema wunderbar zwischen zwei U-Bahn-Haltestellen lesen konnte. Der Ansatz, schrittweise vorzugehen, ist nicht nur praktisch und vorteilhaft, sondern vermittelt außerdem, wie die Wissenschaft langsam mit zunehmendem Wissen auf ihren früheren Leistungen aufbaut. Der trockene Humor des Autors J. R. Minkel spiegelt die Haltung der meisten Wissenschaftler zu ihrer Arbeit wider. Sie bemühen sich, die Welt zu verstehen, weil es ihnen Vergnügen bereitet und weil sie überzeugt sind, es schade nichts, wenn sie auch ein bisschen Spaß dabei haben.

In hundert (oder vielleicht auch schon in ein paar) Jahren blicken die Menschen vielleicht zurück und erkennen, wie eine neue wissenschaftliche Revolution aus nebelhaft erkannten Verbindungen zwischen den in diesem Buch verborgenen Vorstellungen und Konzepten aufkeimte, ganz zu schweigen von Entdeckungen, die noch gemacht werden müssen. Was uns heute womöglich noch als allzu verrückt erscheint, wird dann endlich Sinn machen. Andere Aspekte der Welt könnten dann wiederum noch weniger Sinn ergeben als heute – was gut so ist, weil das Leben dadurch interessant bleibt. Wenn daher ein Buch aus der Zukunft aus einer Zeitmaschine vor Ihre Füße fallen sollte, werfen Sie es nicht einfach weg.

George Musser ist Redakteur der Zeitschrift *Scientific American* (deutsche Ausgabe: *Spektrum der Wissenschaft*)

… ★ ★ ★ ★ ★ ★ ★ ★ ★ ★ ★ ★ ★ ★

KAPITEL EINS
MATERIE UND ENERGIE

★ ★ ★ ★ ★ ★ ★ ★ ★ ★ ★ ★ ★ ★

ELEKTRONEN, PROTONEN UND NEUTRONEN

Basics

Die Welt besteht aus Atomen. Und die Rohbestandteile der Atome nennt man subatomare Teilchen. Wir werden einer ganzen Menge Teilchen in diesem Buch begegnen, aber um Materie zu begreifen, von dem Buch in Ihrer Hand bis zum Inneren eines Sterns, müssen wir diese drei Dinge gut verstehen können: Elektronen, Protonen und Neutronen.

Das Elektron ist ein Elementarteilchen, was bedeutet, es lässt sich nicht weiter in andere Bestandteile zerlegen. Es ist ziemlich winzig – eigentlich lässt sich gar keine Ausdehnung ermitteln –, und seine Masse ist gering. (Jede Materie besitzt Masse, die ein Maß für den Schwung ist, den man braucht, um etwas in Bewegung zu setzen.) Ein Elektron ist negativ elektrisch geladen, was das Gegenteil einer positiven Ladung ist. Gleiche Ladungen stoßen sich ab; gegensätzliche Ladungen ziehen sich an.

Im Gegensatz zu Elektronen sind Protonen und Neutronen keine Elementarteilchen, sondern sind aus kleineren Teilchen zusammengesetzt, die Quarks heißen, worauf wir später zurückkommen werden. Protonen sind positiv geladen, und Neutronen sind elektrisch neutral. Protonen und Elektronen bilden Zweiergruppen aufgrund ihrer elektrischen Anziehung, aber das Proton dominiert die Beziehung, weil es die Masse von rund 1800 Elektronen besitzt. Neutronen sind geringfügig schwerer als Protonen, ansonsten aber identisch mit ihnen.

Grenzen des Wissens

Alles, was wir sehen, Erde und Sterne eingeschlossen, besteht aus Atomen, aber wie sich herausstellt, gibt es eine Menge zusätzliche Materie, die wir nicht sehen können. Die Wissenschaftler nennen sie Dunkle Materie, da sie völlig unsichtbar ist. Der einzige Grund, warum wir an ihre Existenz glauben, sind ihre Auswirkungen auf den anderen Stoff im Universum. Eine der größten Herausforderungen der Wissenschaft von heute stellt die Identifizierung der Dunklen Materie dar. Aber lassen Sie uns das eine Weile aufschieben. Wenn wir das Verhalten der Materie studieren, werden wir dem Verständnis, wie unser Universum so entstand, wie wir es heute beobachten, einen großen Schritt näher kommen.

Fakten  **zum Angeben**

- Alle subatomaren Teilchen einer einzelnen Art sind identisch. Es ist unmöglich, eines davon zu kennzeichnen, wie Sie etwa einen Pinguin oder einen Seehund markieren würden, um deren Wanderungsmuster zu studieren. Sobald Sie daher etwas über ein Teilchen herausfinden, gilt das auch für alle anderen. Das ist ein Naturgesetz!
- Die Ladung eines Elektrons ist eine der elementaren Naturkonstanten. Wir können sie nicht von noch grundlegenderen Prinzipien ableiten; wir können sie nur messen.
- Die amerikanischen Physiker Robert Millikan und Harvey Fletcher waren die Ersten, die 1909 die Ladung eines Elektrons gemessen haben, indem sie winzige Öltröpfchen in einem elektrischen Feld zerstäubten. (Sie lagen knapp daneben, aber, hey, selbst Eierköpfe machen manchmal Fehler.)

ATOME

Basics

Die Struktur eines Atoms ähnelt ein wenig der unseres Sonnensystems. Im Mittelpunkt steht ein dichter Kern aus Protonen und Neutronen. Elektronen umkreisen den Kern auf komplizierten Bahnen, sodass alles eher einer Wolke ähnelt, als dass man von Planeten sprechen könnte. (Aber mehr dazu später.) Der Kern ist positiv geladen und zieht auf diese Weise für jedes Proton genau ein Elektron an. Solange die Zahl der Protonen mit der der Elektronen übereinstimmt, ist das Atom elektrisch neutral, was praktisch ist, weil wir sonst durch die Gegend laufen und dabei Funken schlagen würden. Wenn ein Atom Elektronen hinzugewinnt oder verliert, zum Beispiel wegen Reibung oder Wärme, wird es elektrisch aufgeladen, und wir nennen es Ion.

Es gibt 94 natürlich vorkommende Atomsorten – die Elemente. Sie unterscheiden sich durch die Zahl der Protonen in ihren Kernen voneinander. Das ist die Kernladungszahl. Wasserstoff ist mit nur einem Proton das leichteste Element. Weil Elektronen so leicht sind, stammen 99,9 Prozent der Masse eines Elements von seinen Protonen und Neutronen. Alle Elemente existieren in mehrfacher Ausführung mit geringfügig unterschiedlichen Massen. Man nennt sie Isotope. Sie unterscheiden sich durch die Anzahl der Neutronen im Kern.

Manche Isotope sind instabil. Sie spalten sich in einem Prozess, der radioaktiver Zerfall genannt wird, in andere Elemente auf. Alle natürlichen Elemente treten auch vermischt mit radioaktiven Isotopen auf. Forscher können das Alter von Fossilien,

Steinen aus dem Weltraum und anderer historischer Gegenstände schätzen, indem sie das Verhältnis der Isotope in dem Exemplar feststellen.

Grenzen des Wissens

Wegen der Winzigkeit der Atome sollten wir uns nicht allzu sehr grämen, Jahrtausende gebraucht zu haben, um ihre Existenz zu beweisen. Im 19. Jahrhundert stellten Wissenschaftler fest, dass sie das Verhalten von Gasen und Flüssigkeiten erklären konnten, wenn sie von der Annahme ausgingen, dass Atome sich wie Billardkugeln gegenseitig herumschubsten. Heute können wir dank eines speziellen Instruments namens Elektronenmikroskop, das mit Hilfe eines dünnen Elektronenstrahls Oberflächen abtastet, Atome unmittelbar nachweisen.

Wissenschaftler der University of California in Berkeley trieben 2008 die Empfindlichkeit der Elektronenmikroskopie weit genug auf die Spitze, um einzelne, auf einer extrem flachen Oberfläche schwebende Wasserstoffatome – die leichtesten Atome schlechthin – herauszufischen.

Fakten zum Angeben

- *Könnten Sie einen Apfel auf die Größe der Erde ausweiten, wären die Atome darin so groß wie der ursprüngliche Apfel. Beißen Sie zu!*
- *Die Vorstellung von Atomen reicht ein paar tausend Jahre zurück zu frühen Eierköpfen wie Demokrit aus Griechenland, der behauptete, Materie müsse aus Teilchen bestehen, die nicht weiter in kleinere Stücke aufgeteilt werden könnten. (Das Wort Atom bedeutet im Griechischen «das Unzerschneidbare».) Die alten Griechen hatten nur zum Teil recht. Atome sind zwar die kleinsten Einheiten der Elemente, aber nicht die kleinsten Einheiten der Materie.*

DIE ELEMENTE

Basics

Elemente sind Substanzen, die nicht in einfachere Substanzen zerlegt werden können. Wir ordnen die Elemente nach ihrer Lage im Periodensystem der Elemente an, die der russische Chemiker Dmitri Mendelejew 1869 allen Schulkindern auf der Welt hinterlassen hat. Heute wissen wir, dass sie unterschiedliche Atomsorten darstellen.

Das moderne Periodensystem ist in Reihen und Spalten eingeteilt. Elemente in derselben Spalte haben ähnliche chemische Eigenschaften. So sind zum Beispiel die alkalischen Metalle – Lithium, Natrium, Kalium und so weiter – derart reaktionsfreudig, dass sie beim Kontakt mit Wasser explodieren, während die Edelgase – Helium, Neon, Argon und so weiter – alle träge (inert) sind, d.h., sie leisten Widerstand gegen die Bildung von Molekülen.

Die Reihen sind eine kniffligere Angelegenheit. Elektronen umkreisen den Kern in unterschiedlichen Regionen, die Hüllen genannt und wie Stühle um einen Tisch besetzt werden können. Ein Atom strebt stets nach einer vollen Hülle. Die Chemie eines Elements hängt davon ab, wie vollständig seine äußere Hülle ist. Hat ein Atom ein Elektron zu wenig oder zu viel, kann es sich einfach ein anderes Elektron schnappen (oder eins seiner eigenen abgeben) und zu einem Ion werden.

Manche Elemente sind weit verbreitet, andere wiederum kommen äußerst selten vor. Sollten Sie ein Element benennen können, ist es wahrscheinlich ein allgemein bekanntes.

Die Erde und andere Felsplaneten bestehen aus Silizium, Eisen, Kohlenstoff, Stickstoff, Phosphor und aus ganzen Heerscharen weniger geläufiger Elemente. Die Erdatmosphäre ist hauptsächlich aus Stickstoff und Sauerstoff zusammengesetzt.

Grenzen des Wissens
Elemente, die schwerer als Fermium (100 Protonen) sind, zeichnen sich im Allgemeinen durch Instabilität aus. Deshalb existieren sie nur Tage, Stunden, wenige Sekunden oder noch kürzer. Forscher des Lawrence Livermore National Laboratory in Berkeley synthetisierten 2006 das superschwere Element 118, indem sie Isotope von Californium (98 Protonen) und Kalzium (20 Protonen) zusammenstoßen ließen. Es zerfiel in 0,9 Millisekunden in leichtere Elemente.

Das Periodensystem bewies 2007 seine Tugenden erneut, als Forscher in der Schweiz berichteten, dass das langlebige superschwere Element 112 («Copernicium») auf dieselbe Art und Weise Verbindungen mit Goldatomen einging wie die Spalten-Nachbarn Zink und Quecksilber.

Fakten  **zum Angeben**

• Die am häufigsten vorkommenden Elemente im Universum sind Wasserstoff und Helium.
• Man kann tatsächlich die meisten Elemente im Internet kaufen, sogar ein paar radioaktive. Es gibt Leute, die das Sammeln von Elementen zu ihrem Hobby gemacht haben.
• Die Elemente, aus denen die Erde besteht (auch die in unserem Körper), entstanden vor rund fünf Milliarden Jahren in sterbenden Sternen, die explodierten und ihre Asche im Weltraum verstreuten.

MOLEKÜLE

Basics

Ein Molekül ist eine Kombination von Elementen, die zu einer Einheit miteinander verbunden sind. Wenn zwei einzelne Atome nicht genügend Elektronen haben, um ihre äußeren Orbitale zu füllen, können sie ihre Vollständigkeit erreichen, indem sie Elektronen bündeln, etwa so wie man in einem Restaurant zwei Tische zusammenschiebt. Ein Wasserstoffatom hat ein Elektron, braucht aber zwei, um vollständig zu sein. Wenn daher zwei Wasserstoffatome ihre beiden Elektronen miteinander teilen, sind beide glücklich. Die gemeinsame Benutzung von Elektronen nennt man Elektronenpaarbindung.

Moleküle, die aus zwei oder mehreren Elementen bestehen, werden Verbindungen genannt. Zu den berühmten Beispielen gehört Wasser, das aus zwei mit einem Sauerstoffatom verbundenen Wasserstoffatomen zusammengesetzt ist (abgekürzt durch H_2O). Ein weiteres Beispiel ist Kohlendioxid (CO_2). Auch Atome ein und desselben Elements können Moleküle bilden wie etwa Wasserstoff (H_2), Sauerstoff (O_2) und Ozon (O_3). Jene Elemente, die durch Vollständigkeit gesegnet sind – Helium gehört dazu –, neigen nicht zur Bildung von Molekülen welcher Art auch immer. Mit anderen Worten: Sie sind chemisch träge (inert).

Moleküle sind nie ganz und gar elektrisch neutral. Manche Atome in einem Molekül können die gemeinsamen Elektronen an sich reißen. Das Sauerstoffatom im Wasser ist ein gutes Beispiel dafür. Die Elektronen haften enger am Sauerstoff als an den Wasserstoffatomen. Deshalb hat der Sauerstoff eine partiell negative Ladung, während die Wasserstoffatome partielle positive Ladungen haben. Das führt dazu, dass Wassermoleküle dazu neigen, aneinander zu haften, indem sie ihre positiven und negativen Enden einheitlich anordnen.

Grenzen des Wissens
Unter den Elementen ragt der Kohlenstoff als einer der besten Verknüpfungskünstler heraus. Er benötigt acht Elektronen in seiner äußeren Hülle, hat aber nur vier. Deshalb geht er gern vier Verbindungen ein, normalerweise mit anderen Kohlenstoffatomen, aber auch mit Wasserstoff, Sauerstoff, Stickstoff und anderen Elementen. Es gibt unter dem Oberbegriff Organische Chemie eine ganze Wissenschaft der Kohlenstoffverbindungen. Das Leben auf der Erde besteht aus Kohlenstoffmolekülen, die man auch organische Moleküle nennt. Wir essen sie, spalten sie auf und bilden neue, die unseren Körper am Leben erhalten. Auf der Suche nach außerirdischem Leben sollten wir, so glauben die Wissenschaftler, Ausschau nach Anzeichen für Kohlenstoffchemie halten oder zumindest ihre Möglichkeit in Betracht ziehen.

Fakten  **zum Angeben**
- Nicht alle Verbindungen sind Moleküle. Wenn sich zwei Ionen zusammentun, nennt man das eine Ionenverbindung oder ein Salz. Speisesalz besteht aus positiv geladenem Natrium und negativ geladenem Chlor.
- Geckos haben sich als Wandkletterkünstler entwickelt und ziehen Vorteile aus einer schwächeren Form intermolekularer Bindung. Ihre Füße sind von vielen Millionen borstenähnlichen Seten

bedeckt, die für die Maximierung der Van-der-Waals-Kräfte optimiert sind. Die kommen ins Spiel, wenn Elektronen an benachbarten Molekülen gleichzeitig hin und her zucken.

• In einer der am meisten zitierten Arbeiten Albert Einsteins berechnete er die Größe von Molekülen durch die Analyse der Brown'schen Bewegung, dem Zickzackpfad von Blütenstaub und anderen winzigen Staubkörnern in Flüssigkeit.

CHEMISCHE ENERGIE

Basics

Um chemische Verbindungen zu lösen, wird Energie benötigt. Aber ähnlich wie bei zwischenmenschlichen Beziehungen lassen sich manche Moleküle leichter zerlegen als andere. Man muss nur genügend Energie in ein Molekül pumpen, und seine Atome werden abgespalten und gehen eigene Wege. Deshalb erweisen sich Bunsenbrenner im Chemieunterricht auch als so nützlich. Sind die Elemente erst einmal von ihren molekularen Fesseln befreit, können sie sich umstrukturieren, um neue, stabilere Moleküle zu bilden. Dieser Prozess wird eine chemische Reaktion genannt.

Chemische Verbindungen sind Energiequellen. In einer wärmeabgebenden Reaktion setzen aufgebrochene Verbindungen ihre Energie als Wärme frei. Das geschieht zum Beispiel, wenn man ein Feuer anzündet oder eine Maschine anwirft. Wärme aus Reibung, ein Streichholz oder eine Zündkerze spalten jeweils ein paar Kohlenwasserstoffmoleküle, die ihre Energie als Wärme abgeben, die noch mehr Moleküle aufspaltet und so weiter.

Derselbe grundlegende Prozess findet in unseren Körpern statt. Wir essen Kohlenwasserstoffmoleküle (Zucker und Fette), während unser Körper speziell geformte Moleküle einsetzt, um sie zu spalten. Die von den aufgebrochenen Verbindungen freigesetzte Energie wird auf komplizierte Weise umgeleitet, um alles Mögliche zu bewirken: die Bewegung unserer Muskeln, das Wachsen unserer Zellen und ihre Reparatur sowie die

Versorgung unseres Gehirns mit Energie. (Siehe *Instant Egghead Guide: The Mind*, um mehr über die Vorgänge in diesem Organ zu erfahren.)

Grenzen des Wissens
Den größten Teil unserer Energie gewinnen wir aus fossilen Brennstoffen. Aber es gibt noch andere Möglichkeiten, chemische Energie zu erzeugen, wie zum Beispiel mit der Brennstoffzelle, ein Apparat, der Strom produziert, indem er Protonen (alias Wasserstoffionen) durch eine Membran leitet und sie mit Sauerstoff verschmilzt, um Wasser hervorzubringen. Es ist kein Zufall, dass dieses Verfahren der Art und Weise ähnelt, wie der menschliche Körper Sauerstoff benutzt. Unsere Zellen trennen energiereiche Protonen von Kohlenwasserstoffmolekülen und verwenden sie, um eine Art Strom zu erzeugen, der unsere Zellen mit Energie versorgt. Anschließend werden sie mit Sauerstoff verbunden, sodass Wasser entsteht. Verbrauchte Kohlenstoffmoleküle werden als CO_2 ausgeatmet.

Fakten  **zum Angeben**
• In endothermen Reaktionen nehmen Moleküle Wärme aus ihrer Umgebung auf und wandeln die Energie in chemische Verbindungen um. So funktionieren kalte Packungen.
• Exothermische Reaktionen sind nützlich, um Dinge in die Luft zu jagen. Werden die Verbindungen in Trinitrotoluol-Molekülen (TNT) aufgebrochen, wird sehr schnell Energie an die Umgebung freigesetzt.
• Die Atome in einem Molekül schwingen unaufhörlich. Wärme treibt chemische Reaktionen an, weil sie die Atome schneller schwingen lässt.

AGGREGATZUSTÄNDE

Basics

Hier auf der Erde kommt jedes Material – sowohl elementares als auch zusammengesetztes – in einem von drei Zuständen vor: fest, flüssig oder gasförmig. Es gibt diese Aggregatzustände, weil Moleküle über schwache chemische Verbindungen, wie sie zum Beispiel zwischen Wassermolekülen bestehen, aneinanderhaften. Diese Verknüpfungen verleihen ihnen Eigenschaften wie Härte oder Feuchtigkeit, die sie als individuelle Teilchen nicht haben. Die Temperatur, bei der eine Substanz schmilzt (oder kocht), hängt von der Stärke ihrer chemischen Bindungen ab. So sind Moleküle im Felsgestein wesentlich fester zusammengefügt als Wassermoleküle.

Moleküle pendeln ständig vor sich hin. Wir nennen das Wärme oder Temperatur (was nicht ganz dasselbe ist, wie wir noch sehen werden). In einem Feststoff schwingen die Moleküle nicht genug, um die Verbindungen zwischen ihnen zu lösen. Sie bewahren ihre Form, wie es Legosteine tun, die zusammengesetzt worden sind. Wird mehr Wärme zugeführt, fangen die Moleküle so stark an zu schwanken, dass sie sich von ihren Nachbarn befreien und zu tanzen beginnen – etwa so, als greife man in einen Karton mit Legosteinen und wühle darin herum. Dann ist der Feststoff zur Flüssigkeit geworden, die fließt, aber ihr Volumen nicht verändert.

In einem Gas sind die Verbindungen zwischen den Molekülen ganz und gar zerstört worden. Sie schweben umher ohne übergreifende Form, und ihr Volumen dehnt sich mit zunehmender

Temperatur aus. Ein heißes Gas ist weniger dicht als ein kaltes Gas. Aus diesem Grund steigt heiße Luft nach oben.

Grenzen des Wissens
Wenn ein Gas sehr heiß wird – wir sprechen von Tausenden oder Millionen Grad –, zerreißen Wärmeschwingungen einige der Atome in Elektronen und Kerne. Diese elektrisch geladene Wolke wird Plasma genannt. Daraus bestehen die Sonne und die anderen Sterne, was bedeutet, dass dies der am weitesten verbreitete Aggregatzustand im Universum ist. Plasma-Fernseher rufen ein Plasma hervor, das Licht abgibt. In größerem Maßstab arbeiten Wissenschaftler daran, leistungsstarke Magnetfelder zu erzeugen. Diese sollen Plasma unter Kontrolle bringen, um Kernfusionsreaktionen in Gang zu setzen.

Fakten  **zum Angeben**
- Ein einziges Luftmolekül bei Zimmertemperatur stößt mit anderen Molekülen mehr als eine Milliarde Mal pro Sekunde zusammen.
- Mikrowellenherde funktionieren, indem sie elektrische Felder erzeugen, die rasch hin und her oszillieren und die Atome in Schwingungen versetzen.
- Wenn man Helium auf –270 °C herunterkühlt, verliert es seine Zähflüssigkeit und wird zur Supraflüssigkeit, die wie eine außerirdische Lebensform die Wände eines Behälters hochklettern kann.

ENERGIEERHALTUNG

Basics

In letzter Zeit taucht immer wieder das Wort Energie auf. Aber was ist Energie eigentlich? Wir essen, um uns Energie zu verschaffen; wir verbrennen fossile Brennstoffe, damit elektrische Energie aus den Steckdosen in der Wand kommt. Eierköpfe haben sich auf den gemeinsamen Nenner geeinigt, dass Energie die Fähigkeit ist, eine Veränderung zu bewirken. Sie ist eine wesentliche Eigenschaft der Materie.

Eine der grundlegendsten Beobachtungen, die Forscher je gemacht haben, läuft auf Folgendes hinaus: Unabhängig von der Art und Weise der Energieumwandlung, ist die Energiemenge am Ende des Prozesses dieselbe wie am Anfang. Dieses Prinzip wird Energieerhaltung genannt.

Es gibt zwei grundlegende Formen von Energie: Objekte in Bewegung haben kinetische Energie, die sie an alles weitergeben, was mit ihnen zusammenprallt. Wenn Sie gehen, fügen Sie dem Fußweg Energie hinzu, indem Sie die Atome unter Ihren Füßen wegstoßen. Schallenergie ist die kinetische Energie, die Wellen von Molekülen nach außen verbreiten, wie es auch die Wellen in einem Teich tun.

Selbst wenn sich ein Objekt in einem Ruhezustand befindet, hat es das Potenzial, eine Veränderung zu verursachen. Wir sagen, es hat potenzielle Energie, die die zweite grundlegende Form der Energie ist. Sie ist auf die Gravitation und auf andere Kräfte zurückzuführen. Ein Glas Wasser in Ihrer Hand hat das Potenzial herunterzufallen. Es hat daher Gravitationspotenzialenergie. Chemische Verbindungen speichern chemische Energie.

Grenzen des Wissens
Im Wesentlichen stammt die ganze Energie auf der Erde von der Sonne. Das Sonnenlicht erwärmt den Erdboden, die Atmosphäre und unsere nackten Arme. Die Pflanzen fangen Sonnenenergie ein und wandeln sie in Kohlenwasserstoffe um, die wir essen oder als Futter für Tiere verwenden, die wir dann später essen. Fossile Brennstoffe sind einfach nur uralte Pflanzen und Tiere, die in der Erdkruste zu Schmiere zerquetscht wurden.

Wir können die Energie der Sonne durch den Einsatz von Solarzellen unmittelbar anzapfen. Im Prinzip sind sie eine sauberere Energiequelle als Öl oder andere fossile Brennstoffe, die bei ihrem Einsatz das Treibhausgas Kohlendioxid erzeugen. Andere Möglichkeiten, die Energie nicht fossiler Brennstoffe anzuzapfen, sind Windmühlen und Wasserfälle sowie Wärme, die aus dem Inneren der Erde kommt.

Fakten  zum Angeben

- Die Umwandlung einer Art von Energie in eine andere kann viele Formen annehmen. Forscher haben herausgefunden, dass die Sprengung von Flüssigkeiten mit Ultraschall Blasen erzeugen kann, die so heftig zusammenbrechen, dass dabei Temperaturen von einigen Millionen Grad entstehen.
- Der deutsche Chirurg Julius Robert von Mayer war ein Mitentdecker des Prinzips der Energieerhaltung. Er beobachtete 1842, dass seine Patienten in Niederländisch-Ostindien roteres Blut hatten als seine normalen Patienten, was auf einen niedrigen Sauerstoffverbrauch zur Beibehaltung der Körpertemperatur hinwies.

WÄRME UND TEMPERATUR

Basics

Eine sehr geläufige Form von Energie ist Wärme. Wir erwähnten bereits, dass Wärme und Temperatur nicht dasselbe seien. Temperatur ist das durchschnittliche Maß des Schwankens in einer Anordnung von Molekülen. Die Wassermoleküle in einem Becher heißem Kaffee schwanken heftiger als die in einem Glas kalter Milch. Wärme ist Temperatur in Bewegung. Vermischt man kalte Milch mit heißem Kaffee, stoßen die Kaffeemoleküle die Milchmoleküle so lange umher, bis alle Moleküle gleichmäßig schwingen.

Wärme kann Arbeit leisten. Wenn Gasmoleküle schwingen, stoßen sie mit allem zusammen, was sich ihnen in den Weg stellt. Erwärmt man ein Gas, werden die Schwingungen immer heftiger, sodass sich das Gas ausdehnt, sofern der Behälter, in dem es sich befindet, dies zulässt. Ist das nicht der Fall, steigt der Druck, folglich stoßen die Gasmoleküle häufiger und heftiger an die Behälterwände. Ein anderes Beispiel: Der Automotor funktioniert, indem er ein Luft-Benzin-Gemisch verbrennt, das einen Kolben in Bewegung setzt, der schließlich die Räder dreht.

Wie sorgfältig man auch eine Maschine bedient, ganz lässt es sich nie vermeiden, einen Teil der Energie als Wärme zu verschwenden. Es kommt nicht darauf an, ob die betreffende Maschine eine von Menschen gebaute ist wie ein Auto oder ein Computer, ob es sich um einen gewachsenen Organismus wie ein Bakterium oder um einen Bewohner in den Weiten des Universums handelt, etwa einen Stern. Ohne eine gelegentliche frische Zufuhr von Energie wird jedes Objekt allmählich seinen Betrieb einstellen. Diese Vorstellung wird auch Zweiter Hauptsatz der Thermodynamik genannt.

Grenzen des Wissens
Das von einem Objekt abgestrahlte Licht sagt etwas über dessen Temperatur aus. Schwingende Moleküle geben infrarotes Licht ab, das unser Körper als Wärme wahrnimmt. Wenn die Temperatur eines Objekts einen bestimmten Punkt überschreitet, gibt es sichtbares Licht ab. Stellen Sie sich ein Stück glühende Kohle vor. Die Farbe eines erwärmten Objekts (die Lichtfrequenz, die es am stärksten ausstrahlt) hängt lediglich von seiner Temperatur ab. Das wird Schwarzkörperstrahlung genannt, und davon leiten wir dann auch die Temperatur der Sonne und anderer Sterne ab. Sterne kühlen nur sehr langsam ab – in der Größenordnung von Millionen bis Milliarden Jahren –, weil es nicht so viel Materie in ihrer Nähe gibt, die erwärmt werden könnte.

Fakten  zum Angeben

- Frühe Chemiker glaubten, Wärme sei eine hypothetische Flüssigkeit, die sie kalorische Flüssigkeit oder Phlogiston nannten.
- Ein Gummiband kann zu einer Thermodynamik-Lehrstunde werden. Dehnen Sie es, wird es warm. (Versuchen Sie, es mit den Lippen zu berühren.) Sie haben mechanische Energie in Wärme umgewandelt.
- Die Temperatur des Weltraums ist auf ein schwaches Glühen von Mikrowellen zurückzuführen, die kosmische Mikrowellen-Hintergrundstrahlung genannt wird. Wenn Sie ein Thermometer ins Weltall hielten, würde es 2,7 Kelvin anzeigen – das sind rund minus 270 °C.

★ ★ ★ ★ ★ ★ ★ ★ ★ ★ ★ ★ ★

ENTROPIE

★ ★ ★ ★ ★ ★ ★ ★ ★ ★ ★ ★ ★

Basics
Eine Folge des Zweiten Hauptsatzes der Thermodynamik ist die Neigung eines energiehungrigen Systems, mit der Zeit immer «unordentlicher» oder vermischter zu werden. Die Entropie ist ein Maß dafür, wie viel Vermischung stattgefunden hat.

Die Entropie kann in jedem von seiner Umgebung isolierten System, sei es der Kaffee in der Thermoskanne oder ein Stern im Weltall, nur zunehmen oder gleich bleiben, aber niemals abnehmen. Temperaturunterschiede «wollen» sich selbst ausgleichen. Entropie strebt nach Zunahme.

In der Welt der Moleküle bezieht sich die Entropie auf die Anzahl der unterschiedlichen Möglichkeiten, wie die gleichen Moleküle vermischt werden können. Die Situation lässt sich mit einem unaufgeräumten Zimmer vergleichen. Auch dafür gibt es mehrere Möglichkeiten. Die Klamotten können auf dem Stuhl oder auf dem Fußboden liegen, Bonbonpapier auf dem Tisch oder unter dem Bett. Im Gegensatz dazu gibt es wesentlich weniger Optionen für ein aufgeräumtes Zimmer. Die Kleidungsstücke müssen zusammengefaltet und aufgehängt sein. Einwickelpapier landet im Papierkorb.

Aber sobald Sie mit dem Aufräumen aufhören, wird alles schnell wieder unordentlich. Dasselbe trifft auf Moleküle zu. Lassen Sie ein Fläschchen Parfüm unverschlossen stehen, und die Parfümmoleküle werden dazu tendieren, sich in die Luft emporzuschwingen. Dass sie sich alle zufällig in den Flakon zurückzittern, ist extrem unwahrscheinlich.

Grenzen des Wissens

Entropie ist mit dem Lauf der Zeit eng verknüpft. Offenbar unterscheiden die Naturgesetze nicht, ob man vorwärts oder rückwärts in der Zeit geht. Das Einzige, was schwingende Parfümmoleküle davon abhält, in die Flasche zurückzufinden, ist die Statistik. Es ist einfach viel zu unwahrscheinlich. Sollten wir dennoch Zeugen werden, wie es geschieht, würden wir sagen, die Zeit liefe rückwärts. Wissenschaftler glauben, wir erleben den Lauf der Zeit, weil das Universum allmählich immer unordentlicher wird.

Fakten  **zum Angeben**

• Der österreichische Physiker Ludwig Boltzmann dachte sich eine Formel aus, mit der sich die Entropie mit den verschiedenen möglichen Anordnungen einer Gruppe von Molekülen verbinden ließ. Sie steht auf seinem Grabstein.

• Wir sagten, das Leben verletze den Zweiten Hauptsatz nicht. Lebewesen befinden sich definitiv auf einer hohen Ordnungsstufe, allerdings erreichen sie ihre Ordnung dadurch, dass sie in ihrer äußeren Umgebung mehr Unordnung schaffen, als sie sie in ihren Körpern bewahren.

DER ATOMKERN

Basics

Der Kern ist winzig, selbst nach atomaren Maßstäben. Hätte ein Wasserstoffkern die Größe einer Murmel (von rund einem Zentimeter Durchmesser), wäre sein Elektron knapp hundert Meter entfernt. Man fragt sich, was in einem derart kleinen Raum überhaupt passieren kann. Gedulden Sie sich bitte einen Augenblick. Der Kern ist wirklich der aufregendste Bestandteil des Atoms. Obwohl er stabil zu sein scheint, kann er Bruchstücke seiner selbst herausschießen, sich mit anderen Kernen verbinden und sogar explodieren, wobei ein ganzer Schauer anderer Teilchen entsteht. Vielleicht fragen Sie sich, warum es den Kern überhaupt gibt. Wenn gleiche Ladungen sich abstoßen, müsste dann nicht die gegenseitige elektrische Abstoßung aller positiv geladenen Protonen den Kern auseinandersprengen? Nun stellt sich aber heraus, dass es eine noch stärkere Kraft gibt, die der elektrischen Abstoßung entgegenwirkt. Sie wird starke Kraft genannt und lässt Protonen und Neutronen aneinanderhaften wie Kühlschrankmagneten.

Die Protonen sind zu fest gepackt? Fügen Sie einfach Neutronen hinzu und – voilà: Sekundenklebstoff. Jedenfalls bis zu einem bestimmten Punkt. Hat ein Kern mehr als 83 Protonen, kann keine noch so große Menge Neutronenkleber sie auf ewig zusammenfügen. Der Kern wird schließlich in einem Prozess, der radioaktiver Zerfall genannt wird, in die Brüche gehen. Eine zweite Kernkraft – die schwache Kraft – ist verantwortlich für eine bestimmte Form der Radioaktivität.

Grenzen des Wissens

Wir erwähnten, der Kern könne schmelzen. Im Beschleunigerring für relativistische Schwerionen (RHIC) in Long Island, New York, ließen die Forscher Goldkerne mit 99,99 Prozent Lichtgeschwindigkeit zusammenstoßen. Dabei schmolzen sie zu einer Wolke aus Quarks – das sind Teilchen innerhalb der Protonen und Neutronen – und «Gluonen», einer anderen Art von Teilchen, die Quarks auf ganz natürliche Weise zusammenkleben (vom englischen «to glue» = kleben). Diese Mischung wird Quark-Gluon-Plasma genannt. Es ist die heißeste und dichteste Materieform, die Wissenschaftler je erzeugt haben. Die Forscher glauben, das Universum sei ein paar Mikrosekunden nach dem Urknall ganz vom Quark-Gluon-Plasma erfüllt gewesen.

Fakten  **zum Angeben**

- Der englische Physiker Ernest Rutherford entdeckte den Atomkern 1909, indem er sogenannte Alphateilchen auf eine Goldfolie feuerte. Die leichten und positiv geladenen Alphateilchen schienen auf kleine, positiv geladene Klümpchen zu stoßen; Rutherford verglich diesen Vorgang mit einer Granate, die von einem Bogen Seidenpapier abprallt.
- Der Kern kann auch in Hüllen daherkommen wie Elektronen in einem Atom. Superschwere Elemente sind vermutlich stabil, weil die Anzahl der Protonen und Neutronen, die ihre Kernhüllen ausfüllen, «magisch» ist.
- Das Quark-Gluon-Plasma hat eine Temperatur von einigen Billionen Grad und einen Druck von 10^{30} Erdatmosphären.

★ ★ ★ ★ ★ ★ ★ ★ ★ ★ ★ ★ ★

RADIOAKTIVITÄT

★ ★ ★ ★ ★ ★ ★ ★ ★ ★ ★ ★ ★

Basics

Radioaktivität ist ein Vorgang, bei dem ein Element in ein anderes umgewandelt wird. Sie tritt auf, weil der Kern wegen der Abstoßung zwischen den Protonen unter erheblicher Spannung steht und den Druck irgendwie loswerden muss. Alle Elemente, die schwerer als Bismut (die Nummer 83 im Periodensystem) sind, sind immer radioaktiv, während alle Elemente auch radioaktive Isotope haben.

Wenn ein radioaktives Isotop zerfällt, kann es Protonen auf die eine oder andere Art gewinnen oder verlieren. Im Alphazerfall wühlt sich ein Heliumkern (auch Alphateilchen genannt) in einem Prozess namens Quantentunneln wortwörtlich seinen Weg aus dem Kern heraus. Der Alphazerfall von Uran (Element 92) bringt zum Beispiel Thorium (Element 90) hervor. Der Betazerfall ist etwas schräger. Dabei verwandelt sich ein Neutron (mittels der bereits erwähnten schwachen Kraft) in ein Proton und gibt dabei ein Elektron ab, das man ein Betateilchen nennt. Zwei Betazerfälle wandeln Thorium wieder in ein leichteres Isotop von Uran um.

Die von Natur aus radioaktiven Elemente führen gewissermaßen einen Alpha-Beta-Tanz auf – sie verlieren Protonen, um sie anschließend zurückzugewinnen –, bis sie zu Blei mit einem stabilen Kern geworden sind. Allerdings geschieht das nicht über Nacht. Radioaktive Proben zerfallen mit einer Geschwindigkeit, die als die Halbwertszeit des Elements bezeichnet wird. Das ist die Zeit, die vergeht, bis die Hälfte der Atome in einer

Probe zerfallen sind. (Der Zerfall der einzelnen Atome unterliegt dem Zufall.) Die Halbwertszeit von Uran beträgt 4,5 Milliarden Jahre, was in etwa dem Alter der Erde entspricht.

Grenzen des Wissens
Alpha- und Betateilchen sind gefährlich, weil sie sich in unseren Körper eingraben und Elektronen von wichtigen Molekülen abziehen können, was potenziell zum Tod von Zellen oder zu Mutationen führt, die Krebs erregen können. Der frühere russische Geheimdienstagent Alexander Litwinenko wurde 2006 in Großbritannien mit Polonium-210 vergiftet, einem Alphastrahlen abgebenden radioaktiven Isotop mit einer Halbwertszeit von 138 Tagen. Die Täter wussten offenbar nicht, dass es ausreichend empfindliche Tests gab, die Spuren des Isotops im Körper nachweisen konnten.

Fakten  **zum Angeben**
- Radioaktive Isotope sind buchstäblich heiß. Ein Gramm Polonium kann genügend Alphateilchen produzieren, um sich selbst auf mehr als 482 °C aufzuheizen. New Horizons, eine NASA-Sonde zur Erkundung des Zwergplaneten Pluto, wird von 11 Kilogramm Plutonium-238 angetrieben.
- Neutronen sind außerhalb des Kerns instabil. Blieben sie sich selbst überlassen, würden sie innerhalb von durchschnittlich 15 Minuten in Protonen zerfallen (ein hochtrabendes Wort für eine Umwandlung).
- Alpha- und Betateilchen wurden nach ihrer Fähigkeit benannt, Materie zu durchdringen. Ein Blatt Papier blockiert Alphateilchen, aber um Betateilchen aufzuhalten, braucht man schon eine Aluminiumplatte.

★ ★ ★ ★ ★ ★ ★ ★ ★ ★ ★ ★ ★ ★

KERNFUSION

★ ★ ★ ★ ★ ★ ★ ★ ★ ★ ★ ★ ★ ★

Basics

Wenn die Kerne zusammengequetscht und auf viele Millionen Grad erhitzt werden, können sie miteinander verschmelzen, um schwerere Kerne zu bilden. Dieser Prozess wird (sieh einer an) Kernfusion genannt, wobei eine enorme Energiemenge freigesetzt wird. Die Sonne und andere Sterne beziehen ihre Energie aus der Fusion von Wasserstoff zu Helium. Ohne Kernfusion würde die Sonne nicht so scheinen, wie wir es gewohnt sind.

In den einfachsten Fusionsreaktionen verschmelzen Wasserstoffkerne, um Helium zu bilden. Wie beim Lagerfeuer erfordert die Reaktion Wärme, um in Gang zu kommen. Wegen ihrer elektrischen Abstoßung widersetzen sich die Protonen einer Vereinigung. Aber werden sie auf 10 Millionen Grad erhitzt, taumeln sie so heftig hin und her, dass sie sich berühren, und sobald das geschieht, tritt die Kernkraft auf den Plan, wandelt die Protonen in Neutronen um und verbindet sie zu einem Heliumkern.

In Sternen werden vier Protonen benötigt, um in einer sogenannten Proton-Proton-Reaktion Helium zu erzeugen. Der Vorgang ist selbsterhaltend, weil er eine Menge Energie abgibt. Woher kommt diese? Ein Heliumkern ist 0,7 Prozent leichter als die Summe der Massen zweier Protonen und zweier Neutronen. Die fehlende Masse muss irgendwo geblieben sein, und nach der Einstein'schen Gleichung $E = mc^2$ entspricht die Masse der Energie. Die überschüssige Masse ist also in Energie umgewandelt worden.

Grenzen des Wissens

Forscher würden gern die Fusion einsetzen, um Elektrizität zu erzeugen. Heizt man Materie auf Temperaturen auf, die für die Kernfusion erforderlich sind, entsteht ein Plasma, ein heißes Gas aus Elektronen und Kernen, das gefährlich und schwer zu kontrollieren ist. In einem Stern löst die Gravitation dieses Problem, aber hier auf der Erde müssen wir uns etwas anderes einfallen lassen. Inzwischen hat ein internationales Team in Südfrankreich endlich damit begonnen, den Prototyp eines Fusionsreaktors zu bauen, der ITER genannt wird: Internationaler Thermonuklearer Experimental-(Fusions)Reaktor. Das 11,5-Milliarden-Euro-Projekt ist bereits seit mehr als 20 Jahren in Arbeit und soll ein leistungsstarkes elektromagnetisches Feld in Form eines Doughnuts erzeugen – *Tokamak* (Stromfluss im Torus) genannt –, um das Plasma für kontinuierliche Fusionsreaktionen zu erhitzen und zu kontrollieren.

Fakten  **zum Angeben**

• Erinnern Sie sich an den Song von Moby über Menschen, die aus Sternen gemacht sind? Es stimmt. Die Fusion in Sternen ist die Quelle aller Elemente, die schwerer als Lithium (die Nummer drei im Periodensystem hinter Helium) sind.

• Alle Elemente bis zum Eisen wurden in der letzten Lebenswoche eines Sterns produziert. Die Elemente von Kobalt bis zum Uran entstanden im letzten Augenblick, bevor der Stern explodierte, was als Supernova bezeichnet wird.

KAPITEL ZWEI
ELEKTROMAGNETISMUS UND LICHT

ELEKTRIZITÄT

Basics

Zur Elektrizität gehören Funken und Blitze, die elektrische Energie aus Steckdose und Batterien sowie die elektrostatische Aufladung, die Ihr Haar abstehen lässt, nachdem Sie es mit einem Luftballon gerieben haben. In allen Fällen geht es um geladene Teilchen.

Jedes geladene Teilchen ist von einem sogenannten elektrischen Feld umgeben, eine Art unsichtbarer Einfluss, der bewirkt, dass sich gleiche Ladungen abstoßen und gegensätzliche Ladungen einander anziehen. Die Stärke der Abstoßung und Anziehung hängt davon ab, wie konzentriert die Ladungen sind.

Ein elektrischer Strom ist ein Haufen geladener Teilchen, die sich in einer Schleife bewegen. Metalle und andere Materialien ermöglichen den Elektronen eine größere Bewegungsfreiheit. Man nennt sie elektrische Leiter. Materialien wie Glas und Gummi sind Nichtleiter; sie wirken dem Fluss der Elektronen entgegen.

Wenn Sie in Strümpfen über den Teppich gehen, ziehen Atome im Teppich Elektronen aus den Atomen in Ihren Strümpfen. Weil die Luft normalerweise ein Nichtleiter ist, können die Ladungen nirgendwo hingehen, sodass Sie selbst geringfügig positiv aufgeladen werden. Wenn Sie dann an die Türklinke fassen, springen die Elektronen vom Metall auf Ihre Hand über und erzeugen dabei Funken, die Ihnen einen elektrischen Schlag verpassen.

Das Gleiche geschieht bei einem Gewitter. Wolken bauen eine positive Ladung auf, bis das elektrische Feld Elektronen aus den Luftmolekülen reißt, sodass geladene Teilchen zwischen Erdboden und Himmel fließen können. Der Stromfluss erhitzt die Umgebungsluft und erzeugt den Blitz.

Grenzen des Wissens
Normalerweise ist leitendes Material unvollkommen; es leistet in einem nicht zu vernachlässigenden Maß Widerstand gegen den elektrischen Strom. Wenn einige Leiter allerdings auf extrem niedrige Temperaturen abgekühlt werden, sind sie plötzlich in der Lage, einen Strom mit nahezu null Widerstand zu leiten – ein Phänomen, das Supraleitfähigkeit genannt wird. Weil Drähte aus supraleitendem Material wesentlich mehr elektrische Energie transportieren können als normale Kupferdrähte derselben Stärke, installieren manche Energieunternehmen sie unterirdisch, um die Energieversorgung in Städten zu verstärken und um den Menschen den Blick auf unansehnliche Stromleitungen zu ersparen.

Fakten  **zum Angeben**
- *Die erste Dokumentation über elektrostatische Aufladung geht zurück auf das Jahr 600 v. Chr., als der griechische Philosoph Thales von Milet über die Wirkungen schreibt, die einsetzen, wenn man Bernstein mit einem Fell reibt. (Das Wort Elektrizität stammt vom griechischen Wort für «Bernstein».)*
- *In Kupferdraht pflanzen sich Elektronen ungefähr einen Millimeter pro Sekunde fort. Elektrische Energie wird viel schneller übermittelt, weil die Elektronen sich gegenseitig anstoßen wie Wasser in einem Gartenschlauch.*

MAGNETISMUS

Basics

Der Magnetismus ist das Gegenstück zur Elektrizität. Anstelle von Ladungen hat ein Magnet zwei Pole – Nord- und Südpol –, die ein magnetisches Feld erzeugen. Wie bei der Elektrizität ziehen sich die Gegenpole an, während sich die gleichnamigen Pole abstoßen. Daher kommt der Spaß beim Spielen mit Kühlschrankmagneten. Die magnetischen Pole unterscheiden sich von Ladungen, weil man nie einen einzelnen Pol isolieren kann. Wenn Sie einen Magneten entzweibrechen, haben sie zwei kleinere, aber selbständige Magneten.

Das Magnetfeld um einen Magneten lässt sich visualisieren, indem man Eisenspäne um den Magneten streut. Die Späne ordnen sich in Bögen an, die wie ein Quirl von beiden Enden eines Stabmagneten ausgehen. Das sind die magnetischen Feldlinien, die Einheiten eines Magnetfelds. Das Magnetfeld bewirkt, dass sich die magnetischen Regionen im Eisen alle auf die gleiche Weise anordnen, wobei jeder Eisenspan zu einem kleinen Magneten wird, der in dieselbe Richtung zeigt wie der große Magnet.

Bewegte Ladungen erzeugen ein Magnetfeld. Das ist die Vorstellung hinter Elektromagneten: Der elektrische Strom fließt durch einen Draht, der um einen Nagel oder ein anderes Stück Metall gewickelt wird, und erzeugt ein Magnetfeld, das das Metall magnetisiert. Um das Magnetfeld zu forcieren, verstärkt man den Strom oder wickelt mehr Draht um das Metall.

Die Sonne hat ein massives Feld, das sich durchs ganze Sonnensystem erstreckt und geladene Teilchen überträgt, die Sonnenwind genannt werden. Das Magnetfeld der Erde ist verantwortlich für die *aurora borealis*, auch unter dem Begriff nördliche Polarlichter bekannt.

Grenzen des Wissens
So könnte der Superschurke Magneto Ihre Gedanken kontrollieren: Nicht nur bewegte Ladungen erzeugen magnetische Felder, sondern bewegliche Magnetfelder können umgekehrt auch einen elektrischen Strom hervorrufen. Die richtige Form von Magnetfeld kann elektrische Schaltkreise in Ihrem Gehirn beeinflussen – die Grundlage für Lernen, Gedächtnis und Denken (soweit wir wissen). Forscher untersuchen eine Technik namens Transkranielle Magnetstimulation, bei der ein starker Magnet benutzt wird, um elektrische Schaltkreise in der Gehirnregion unterhalb des Magneten anzuregen. Diese Methode soll erforscht werden, um mögliche Auswirkungen auf Migräne, Parkinson und klinische Depression festzustellen.

Fakten  **zum Angeben**

• *Elektronen verhalten sich wie winzige Magneten. Magnetisches Material zeichnet sich dadurch aus, dass sich die magnetischen Pole aller Elektronen auf die richtige Art und Weise summieren.*
• *Forscher haben starke Magneten benutzt, um lebendige Frösche, Grashüpfer, Haselnüsse, Tulpen und andere Organismen frei schweben zu lassen.*
• *Kernspintomographen verwenden starke Magnetfelder, um festzustellen, was im Gehirn und im Körper geschieht. Das Magnetfeld bringt Wasserstoffatome dazu, wie kleine Kreisel zu vibrieren und Radiowellen abzugeben.*

ELEKTROMAGNETISMUS

Basics

Der Elektromagnetismus ist die Doppelhelix der Physik. Wie der Name andeutet, werden hier Elektrizität und Magnetismus zu einer einzigen Kraft zusammengefasst, die Atome und Moleküle zusammenhält und auch dafür sorgt, dass Ihr Handy funktioniert. Der Elektromagnetismus wurde in den 1860er Jahren von dem schottischen Physiker James Clerk Maxwell entwickelt und gehört zu den besten Beispielen für die Vereinheitlichung in der Wissenschaft, denn hier erweist sich, dass zwei scheinbar unabhängige Dinge zwei Seiten einer Medaille sind.

Maxwell erkannte, dass elektrische und magnetische Felder stets im Verbund auftreten, weil jede Veränderung in einem elektrischen Feld eine Veränderung im Magnetfeld bewirkt und umgekehrt. Einer der nützlichsten Aspekte des Elektromagnetismus ist die Induktion, die einen Strom in einem Draht dazu veranlasst, mit Hilfe eines Magnetfelds einen Strom in einem benachbarten Draht zu erzeugen. Sie haben das Prinzip schon erlebt, falls Sie zum Beispiel eine elektrische Zahnbürste benutzen, zu der eine Aufladestation gehört. Die Induktion ist die Grundlage der modernen elektrischen Energieversorgung.

Stellen Sie sich vor, elektrische und magnetische Felder seien zwei Slinkys (Übersetzer: eine Spielzeug-Metallfeder, die Treppen heruntergehen kann), die nebeneinander ausgebreitet sind. Wenn sich ein Elektron bewegt, verursacht es eine Welle im elektrischen Feld, ähnlich wie eine Wellenbewegung durch ein Slinky geht, wenn man ihm einen Schubs gibt. Diese elektrische

Welle setzt den magnetischen Slinky in Bewegung. Die beiden Schwingungen verstärken sich gegenseitig. Bewegt sich die eine auf und nieder, vibriert die andere von einer Seite zur anderen. Die miteinander verbundenen Schwingungen rasen mit Lichtgeschwindigkeit durch den leeren Raum. Und sie sind in der Tat – Licht.

Grenzen des Wissens
Seit Nikola Tesla seine Erfindungen machte, haben Wissenschaftler nach Möglichkeiten gesucht, elektrische Energie wie Radiowellen durch die Luft zu verbreiten, aber über lange Strecken hinweg geht die Induktion normalerweise mit Mikrowellen einher, die uns grillen würden, falls sie auf uns einstürmten. Wissenschaftler am Massachusetts Institute of Technology wiesen 2007 nach, dass sie Energie an eine 60-Watt-Glühbirne übertragen konnten, die knapp zwei Meter von einer Stromquelle entfernt war. Sie befestigten eine Kupferspule an der Birne und eine passende zweite Spule an der Quelle. Dabei wurde niemand gebraten.

Fakten  zum Angeben

• Der Science-Fiction-Autor Arthur C. Clarke sagte einmal, ausreichend fortgeschrittene Technik sei nicht von Magie zu unterscheiden. Er muss damit den Elektromagnetismus gemeint haben.

• Einige Studien haben herausgefunden, dass Menschen, die einer großen Menge elektromagnetischer Strahlung von Handys oder Hochspannungsleitungen ausgesetzt sind, leichter an Krebs erkranken. Im Juli 2008 empfahl der Leiter eines Krebszentrums in Pittsburgh seinen Mitarbeitern, weniger Zeit mit dem Ohr am Handy zu verbringen – nur für den Fall, es könnte etwas dran sein.

LICHTWELLEN

Basics
Licht ist dieses helle Zeug, das von der Sonne und aus Glühbirnen kommt. Vielleicht haben Sie es schon mal gesehen. Es transportiert Energie von einem Ort zum anderen. Sehen ist nur möglich, weil Moleküle in unserer Netzhaut die durch das Auge hereinströmende Lichtenergie der uns umgebenden Materie absorbieren.

In Alltagssprache ausgedrückt, ist Licht eine elektromagnetische Welle, eine Kräuselung im elektromagnetischen Feld. Wie jede Welle hat sie eine Geschwindigkeit, die von dem Medium abhängig ist, durch das sie sich bewegt. Die Lichtgeschwindigkeit in Wasser ist langsamer als die Lichtgeschwindigkeit in der Luft. Wenn Sie jemandem zuhören, der über die Lichtgeschwindigkeit spricht, dann bezieht er sich auf dessen Geschwindigkeit in einem Vakuum (im leeren Raum). Dort beträgt sie 299 792 458 Meter pro Sekunde. Nichts im Universum bewegt sich so schnell fort wie das Licht.

Geht das Licht jedoch aus der Luft in Wasser oder Glas über, verlangsamt es sich, sodass sich sein Pfad in Richtung der Oberfläche des Wassers oder des Fensters beugt. Kommt es wieder heraus, wird es andersherum gebeugt. Deshalb sieht ein Strohhalm in einem Glas Wasser gekrümmt aus wie ein «Z». Und das ist auch der Grund, weshalb Linsen in Brillen und Teleskopen Bilder vergrößern können. Das durch eine tränenförmige Linse scheinende Licht dehnt sich aus, wenn es auf der anderen Seite austritt.

Weißes Licht besteht aus unterschiedlichen Farben. Wenn Sie es durch ein Prisma lenken, breiten sich die Farben aus, weil jede einzelne geringfügig anders gebeugt wird.

Grenzen des Wissens
Die Unsichtbarkeit des Alien-Jägers in den *Predator*-Filmen ist gar nicht mal so weit hergeholt. Kürzlich ist es Wissenschaftlern gelungen, Spezialmaterial zu entwickeln, um Licht auf eine Art und Weise zu beugen, die in der Natur nicht vorkommt. Die Forscher haben behauptet, kugelförmiges sogenanntes Metamaterial könnte ein Objekt unsichtbar machen, indem es Licht dazu veranlasst, sich schneller als gewöhnlich fortzubewegen und wie Luft, die über die Tragfläche eines Flugzeugs gleitet, um die Kugel herumzusausen. Wissenschaftler an der Duke University machten 2006 erste Schritte in diese Richtung, als sie zeigten, dass konzentrische Scheiben aus Kupfer-Metamaterial Mikrowellen um die Mitte umlenken konnten. Hoffen wir also, uns die Unsichtbarkeit zu erobern, bevor es feindseligen Außerirdischen gelingt.

Fakten  **zum Angeben**
• Ein Lichtjahr ist die Entfernung, die Licht in einem Jahr zurücklegt. Sie beläuft sich auf 9,5 Billionen Kilometer.
• Die Lichtgeschwindigkeit ist so schnell, dass sie uns auf der Erde als unverzüglich erscheint, aber im Weltall machen die Entfernungen schon etwas aus. Das Licht der Sonne benötigt acht Minuten, um uns zu erreichen. Der nächste Stern, Proxima Centauri, ist 4,2 Lichtjahre entfernt.

DAS ELEKTROMAGNETISCHE SPEKTRUM

Basics

Das Universum ist voll von elektromagnetischer Strahlung, von der das sichtbare Licht nur einen Bruchteil ausmacht. Das breitere elektromagnetische Spektrum reicht von Radio- und Mikrowellen bis zu Röntgen- und Gammastrahlen.

Licht hat eine Wellenlänge, die der Entfernung zwischen Kämmen und Tälern im gekräuselten elektromagnetischen Feld entspricht. Die unterschiedlichen Anteile des Spektrums sind durch die Wellenlänge der Strahlung definiert. Das Licht kürzerer Wellenlängen führt mehr Energie mit sich.

Das sichtbare Spektrum reicht vom Rot einer Wellenlänge von 750 Nanometern bis zu Violett bei 380 Nanometern. Wenn wir im Spektrum über Rot hinausgehen, kommen wir zu Infrarot, zu Mikrowellen und dann zu Radiowellen. Jenseits von Violett gibt es noch Ultraviolett, Röntgenstrahlen und Gammastrahlen, die man ionisierte Strahlung nennt, weil sie genügend Energie besitzen, um Elektronen aus ihren Kernen abzustoßen.

Wollten wir uns lediglich auf das sichtbare Licht beschränken, das aus der Materie kommt, würden wir eine Menge verpassen. Das einzige Licht, das von manchen Sternen zu uns dringt, ist höchstens infrarotes Licht, oder es sind Mikrowellen, aber es muss nicht unbedingt sichtbares Licht sein. Da wir das Universum bei unterschiedlichen Wellenlängen beobachten können, gelangen wir zu einem besseren Verständnis der Ereignisse.

Grenzen des Wissens

Erinnern Sie sich an die Röntgenbrillen, für die in Illustrierten und Comicheften geworben wurde? Durch die Kleidung von Leuten hindurchschauen! Die Freunde bloßstellen! Die Technik von heute hat diesen Traum endlich eingeholt, aber das Geheimnis hat nichts mt Röntgenstrahlen zu tun. Es sind vielmehr T-Strahlen oder Terahertz-Strahlung, der Anteil des elektromagnetischen Spektrums zwischen Infrarot und Mikrowellen (Wellenlängen von einem Millimeter bis zu einem zehntel Millimeter). Unschädliche Terahertz-Strahlung dringt durch Kleidung, aber nicht durch Metall. Manche Flughäfen testen Terahertz-Sicherheitsscanner, um Passagiere auf Waffen, Messer und andere Objekte zu überprüfen. Aber sind die Sicherheitsbestimmungen für Flughäfen nicht schon schlimm genug? Eine elektronische Leibesvisitation der Behörde für Innere Sicherheit muss doch nicht auch noch sein, oder?

Fakten  zum Angeben

- Mikrowellen sind elektromagnetische Strahlung mit Wellenlängen im Zentimeter- bis Dezimeterbereich.
- Durchsichtiges Klebeband auf Rollen glüht auf, wenn man es schnell im Dunkeln abrollt. Es sendet auch Röntgenstrahlen aus, sofern man es in einem Vakuum ablöst, wie Forscher 2008 entdeckten. Sie nutzten den Effekt, um die Röntgenaufnahme eines Fingers zu machen.
- Radiowellen haben die längste Wellenlänge, die mehrere Kilometer weit reicht. Deshalb werden Radioteleskope als riesige Antennenschüsseln konstruiert.

PHOTONEN

Basics

Jahrhundertelang diskutierten die Forscher darüber, ob das Licht nun eine Welle oder ein Teilchen sei. (Das sind nun mal die Debatten, die Wissenschaftler führen.) Und in gewisser Hinsicht verhält sich das Licht tatsächlich wie eine Welle. Aber genau wie scheinbar glatte Materie aus einzelnen Teilchen zusammengesetzt ist, so besteht auch Licht eigentlich aus Teilchen, die Photonen genannt werden. Materie – insbesondere Elektronen – kann entweder Energie gewinnen, indem sie Photonen absorbiert, oder sie verliert Photonen, indem sie sie ausspuckt.

Ein entscheidender Aspekt bei Photonen ist die Energiemenge. Sie hängt von der Frequenz der elektromagnetischen Welle ab oder, anders ausgedrückt, von der Farbe des Lichts. Photonen einer höheren Lichtfrequenz transportieren auch mehr Energie. Deshalb schädigt ultraviolettes Licht die Haut, während infrarotes Licht harmlos ist. Die ultravioletten Photonen haben einfach mehr Schwung.

Richtet man Licht auf bestimmte Metalle, gibt es Elektronen einen Kick, wodurch ein elektrischer Strom entsteht. Wäre das Licht eine reine Welle, sollte helleres Licht den Elektronen einen größeren Schwung versetzen als ein trüberes Licht. Aber Experimente im späten 19. Jahrhundert zeigten, dass es auf die höhere Lichtfrequenz ankam. Unter einer bestimmten Frequenz schlägt Licht überhaupt keine Elektronen aus dem Metall heraus.

Aber es gibt noch etwas Erstaunliches bei Photonen. Im Gegensatz zu Atomen können zwei von ihnen denselben Ort gleichzeitig besetzen. Deshalb ist Laserlicht auch so leistungsfähig. Alle Photonen sind auf kleinem Raum konzentriert.

Grenzen des Wissens
Laser gehören zum festen Inventar moderner Technik. Sie sind entscheidende Bestandteile in DVD-Spielen und in Glasfaserkabelnetzen, die Breitbandverbindungen im Internet bereitstellen. Das ist toll, aber wann werden Laser auch Objekte in die Luft sprengen können? Nun, vielleicht eher, als Sie es für möglich halten. Im August 2008 behauptete der Rüstungskonzern Boeing, man habe erfolgreich eine Laserkanone an Bord eines Kanonenbootes auf der Luftwaffenbasis Kirtland in New Mexico getestet. Boeing-Vertreter sagten, man wolle 2013 die Gefechtsbereitschaft eines Systems zum Abschuss von Raketen, Artillerie- und Mörsergranaten von Lastwagen aus testen.

Fakten  **zum Angeben**

• *Albert Einstein gewann 1921 den Nobelpreis für Physik für seine Definition des Lichts als Teilchen. Ironischerweise trug seine Arbeit dazu bei, den Weg für die seltsamen Effekte der Quantenmechanik zu ebnen, die er selbst nie ganz akzeptieren konnte.*
• *Superlaser erfüllen auch friedliche Zwecke. An der National Ignition Facility in New Mexico arbeiten die Wissenschaftler an einer Anordnung von 192 Lasern, die konstruiert wurden, um eine Kernfusion in Gang zu bringen. Geplant sind Tests für kommerzielle Fusionsreaktoren auf Laserbasis.*

KAPITEL DREI
DIE UNHEIMLICHE QUANTENWELT

WAS IST EIN QUANT?

Basics

Die Theorie der Quantenmechanik ist die Grundlage für unser Verständnis von Atomen und subatomaren Teilchen seit den ersten Augenblicken nach dem Urknall bis heute. Die Theorie ist für ihre Merkwürdigkeit berühmt, doch einige ihrer Schlüsselmerkmale sind gut verständlich. Die Quantentheorie bringt mit sich, dass die Energie der Materie immer mit mundgerechten Stücken einer festen Größe einhergeht. Das Wort *Quant* beschreibt eine unteilbare Einheit. Ein Teilchen kann, sagen wir, drei oder vier Einheiten oder «Quanten» Energie enthalten, aber niemals einen Wert dazwischen, wie etwa 3,5.

Wir können diese Quanten-Energiebrocken aus demselben Grund nicht sehen wie die Pixel in einem Fotoabzug. Im Vergleich zu den Energiewerten, mit denen wir es tun haben, sind sie zu klein. Sie tauchten auf, als Wissenschaftler das Atom im Detail zu erforschen begannen. Die Entfernung eines Elektrons zum Atomkern hängt von der Energiemenge ab, die es enthält. Wenn ein Elektron aber nur über eine bestimmte Energie verfügt, kann es nicht wie ein aufsteigendes Flugzeug auf ein höheres Orbital gelangen. Deshalb kreisen Elektronen in Wirklichkeit auch nicht um den Kern wie Planeten um die Sonne.

Das Elektron lässt sich eher mit einem Fahrstuhl vergleichen. Ein Orbital-Paar ist durch eine bestimmte Energiemenge voneinander getrennt – wie die Entfernung zwischen zwei Stockwerken. Um auf ein höheres Orbital springen zu können, muss ein Elektron ein Photon absorbieren, das haargenau die benötigte

Energiemenge enthält: nicht mehr und nicht weniger. Sitzt das Elektron dann einmal dort, kann es nur noch auf das niedrigere Orbital herunterfallen, indem es wieder genau die gleiche Energiemenge als Licht abgibt.

Grenzen des Wissens
Wir können ein Atom nicht auf dieselbe Art und Weise betrachten wie beispielsweise einen Planeten, weil die Elektronen des Atoms gestört werden, wenn man Licht auf sie richtet. Allerdings können Wissenschaftler extrem kurze Laserlichtimpulse abfeuern. Damit lässt sich ein Atom auf den Augenblick genau «anpingen», um zu sehen, wie es reagiert. Der Effekt ähnelt einem Stroboskop. Forscher am Max-Planck-Institut für Quantenoptik in Garching bei München haben Impulse benutzt, die nur ein paar hundert Attosekunden dauern – eine Attosekunde ist ein Milliardstel einer milliardstel Sekunde –, um zu untersuchen, wie Atome und Moleküle zu Ionen werden. Künftige Experimente könnten ihnen die Beobachtung gestatten, wie Orbitale während chemischer Reaktionen ihre Form verändern.

Fakten  **zum Angeben**
• Könnte ein Elektron jede beliebige Energiemenge abgeben, würde es innerhalb einer billionstel Sekunde in den Kern stürzen und dabei tödliche Gammastrahlen abfeuern.
• Die mundgerechte Natur der Quantenmechanik kommt durch eine äußerst kleine Zahl zum Ausdruck, die Planck'sche Konstante genannt wird, benannt nach dem deutschen Physiker Max Planck.

WELLE-TEILCHEN-DUALITÄT

Basics

Wir haben erfahren, dass das Licht sowohl Welle als auch Teilchen sein kann. Könnte dasselbe vielleicht auch auf subatomare Teilchen zutreffen? Darauf können Sie wetten. Eine Möglichkeit, Elektronen in einem Atom zu betrachten, ist die Vorstellung einer zu einem Kreis zusammengelegten Gitarrensaite. Würden Sie die Saite anschlagen, könnte sie nur in bestimmten Frequenzen schwingen, ähnlich wie die Gitarrensaite einer bestimmten Länge auch nur bestimmte Noten wiedergeben kann.

Die Wellennatur von Teilchen ist ganz und gar nicht offensichtlich. Die eindeutigste Methode, um das Wellenverhalten von Teilchen zu beobachten, besteht darin, einen Haufen davon durch eine Anordnung schmaler Öffnungen zu schießen. Zwingt man eine Welle, sich durch Öffnungen zu bewegen, die kleiner sind als ihre Wellenlänge, wird sie eine Anordnung sich überlagernder Kräuselungen bilden, wie sie entstehen, wenn man zwei Steine nebeneinander in einen Teich wirft. Auf diese Weise bewiesen die Wissenschaftler erstmals, dass Licht sich wie eine Welle verhält. Leitet man Licht durch schmale Öffnungen, bildet es ein Muster aus hellen und dunklen Streifen, die man Interferenzstreifen nennt.

Wir bemerken die Wellennatur der Elektronen und anderer subatomarer Teilchen deshalb nicht, weil ihre Wellenlängen äußerst kurz sind. Aber mit anspruchsvoller Technik haben Forscher dasselbe Beugungsmuster für Elektronen beoachtet, das auch für Photonen gilt. Dasselbe trifft auf Neutronen und sogar auf einige Moleküle zu.

Grenzen des Wissens
Vielleicht haben Sie schon einmal von einem Elektronenmikroskop gehört. Wenn Sie jemals das Bild eines Bakteriums oder eines Virus gesehen haben, das aussah wie eine im Frost erstarrte Landschaft, dann war es die Aufnahme eines Elektronenmikroskops. In einem Lichtmikroskop lassen die von einer Oberfläche reflektierten Lichtwellen Merkmale erkennen, die zumindest den Durchmesser einer Lichtwellenlänge haben. Ein Elektronenmikroskop funktioniert genauso, nur ist es sehr viel leistungsstärker, weil Elektronen eine kürzere Wellenlänge haben. Lichtmikroskope erreichen nur zweitausendfache Vergrößerungen, während ein Elektronenmikroskop Bilder bis zu zwei Millionen Mal vergrößern kann.

Fakten  zum Angeben
• Um eine lebende Probe für ein Elektronenmiskroskop vorzubereiten, müssen Wissenschaftler spezielle Methoden anwenden. Die Körperoberfläche einer Biene etwa bekommt einen Goldüberzug, oder eine Probe wird in flüssigem Stickstoff schockgefroren, und anschließend bricht man ein Stück davon ab.
• Jedes Jahr finanzieren Unternehmen, die bildgebende Verfahren entwickeln, Wettbewerbe für die besten Mikroskopbilder lebendiger Organismen. Für die preisgekrönten Einreichungen sind recht häufig Elektronenmikroskope benutzt worden. Suchen Sie im Internet Nikons Wettbewerb «Small World».

WAHRSCHEINLICHKEITSWELLEN

Basics

Vorsicht, bitte fallen Sie jetzt nicht vom Hocker. Nehmen wir an, wir hätten in dem Experiment, das Interferenzstreifen hervorruft, den Lichtstrahl so gedämpft, dass immer nur ein einziges Photon auf einmal durch die Schlitze ging. Dann würden wir sehen, wie jedes Teilchen an einem zufälligen Ort landet (wo der Teilchendetektor ein Energiequant aufspürt). Während immer mehr Photonen durchgingen, würden sie allmählich das Beugungsmuster aufbauen.

Wenn Sie im Alltag eine Münze werfen, landet sie zufallsbedingt mit dem Kopf oder mit der Zahl nach oben. Kennen Sie jedoch sowohl die genaue Position der Münzen und die Kräfte, die in dem Moment auf sie einwirken, wenn sie hochgeworfen werden, als auch die genaue Landeposition auf der Oberfläche, könnten Sie im Prinzip einen leistungsstarken Supercomputer benutzen, um das Landemanöver genau vorherzusagen.

Aber in der Quantenwelt gibt es kein Hilfsmittel zur Vorhersage, wo ein Teilchen landet, nachdem es durch die winzigen Schlitze gegangen ist. Hier kommt echter Zufall ins Spiel. Das Einzige, was wir sagen können, ist: Ein Teilchen wird durch etwas definiert, das wir eine «Wellenfunktion» nennen, die uns sagt, wie hoch die Wahrscheinlichkeit ist, dass ein Teilchen hier oder da landen wird. Das Gleiche gilt für andere Ereignisse in der Quantenwelt. Sie können nicht vorhersagen, welches Photon durch ein Fenster geht und welches reflektiert wird oder wann ein Elektron ein Photon abgeben wird.

Grenzen des Wissens

In der Zeit vor der Quantenmechanik glaubten Forscher, dass, falls sie ein Experiment auf genau die gleiche Weise zweimal durchführten, sie auch stets dasselbe Ergebnis erzielten. Die Quantenmechanik brach mit dieser Idealvorstellung. Einstein glaubte, der Theorie fehle noch ein entscheidender Bestandteil, der die Zufälligkeit in vertrauteren Begriffen erklären würde, und noch heute gibt es Forscher, die in dieser Hinsicht mit ihm übereinstimmen. Aber niemand kann den Erfolg der Quantenmechanik bestreiten, wenn es um Vorhersagen von Ereignissen in der subatomaren Welt geht.

Fakten  **zum Angeben**

• Kennen Sie diese schrägen Bildschirmschoner in Musikprogrammen, die synchron mit der Musik Schnörkel bilden? Man könnte die Wellenfunktion damit vergleichen. Die Höhe der Schnörkel gibt die Wahrscheinlichkeit an, das Teilchen an genau diesem Ort zu finden, während die Form des Schnörkels sich im Lauf der Zeit verändern kann.

• Einstein geriet regelmäßig mit seinem dänischen Kollegen Niels Bohr, dem Mitentdecker der Quantenmechanik, in Streit. Einstein bestand gegenüber Bohr darauf: «Gott würfelt nicht», bis Bohr eines Tages konterte: «Hören Sie auf, Gott vorzuschreiben, was er tun soll.»

• Die meisten Wissenschaftler kümmern sich nicht allzu sehr darum, was die Quantenmechanik bedeutet – zumindest nicht bei der Arbeit. Sie halten sich an die Devise «Halt die Klappe und rechne».

ÜBERLAGERUNG

Basics

Häufig hört man, in der Quantenwelt könne ein Teilchen an zwei Orten gleichzeitig sein – ein Zustand, den man Überlagerung nennt. Das Beugungsexperiment mit Photonen ist eine praktische Möglichkeit, die Überlagerung zu demonstrieren, weil wir die Anzahl der Gitter auf lediglich zwei begrenzen können: eins rechts und eins links. Die Wellenfunktion geht durch beide Öffnungen. Wir sagen, das Photon befinde sich in einer Überlagerung beider Zustände – links und rechts –, bis wir seine Poisition messen und es dann auf Zufallsbasis einen Pfad wählt.

Aber jetzt geschieht etwas Seltsames: Wenn Sie versuchen nachzuschauen, welchen Pfad das Photon «wirklich» nahm, indem Sie Ihr Experiment so anordnen, dass Sie zwischen zwei Pfaden unterscheiden können, verschwinden Überlagerung und Interferenzmuster. Die Wissenschaftler sagen dann manchmal, der Messvorgang lasse die Wellenfunktion «zusammenbrechen». Im Grunde ist es so: Wenn Sie ein Teilchen suchen, finden Sie es entweder an dem einen oder an einem anderen Ort. Wenn Sie nicht hinschauen, nimmt es alle möglichen Wege, die alle zu der Wahrscheinlichkeit beitragen, dass es hier oder dort landen wird.

Das menschliche Eingreifen hat in Wirklichkeit allerdings nichts damit zu tun. Befindet sich etwas in einer Überlagerung, dann heißt das nur, dass es kurzfristig von seiner Umgebung isoliert ist. Sobald es von einem anderen Teilchen angestoßen wird, verschwindet die Überlagerung.

Grenzen des Wissens

Mit der Überlagerung ließe sich ein wirklich leistungsstarker Computer bauen. Normale Compter arbeiten mit Nullen und Einsen. Aber in einem sogenannten Quantencomputer befänden sich die Atome in einer Überlagerung zweier Zustände, die faktisch als 1 und 0 gleichzeitig auftreten. Wenn viele Atome so angeordnet sind und gemeinsam funktionieren, könnte ein Quantencomputer Probleme lösen, die heute noch als schwer lösbar gelten, wie beispielsweise das Knacken von Geheimcodes oder die Simulation der Funktionsweise von Materialien.

Fakten  zum Angeben

• Ein Bose-Einstein-Kondensat ist eine fast auf den absoluten Nullpunkt abgekühlte Gaswolke, sodass alle Gasatome dieselbe Überlagerung haben, was sie damit quasi zu einem einzigen großen Atom macht.

• Wissenschaftler haben darüber nachgedacht, ob ein Objekt von der Größe einer Katze in einen Überlagerungszustand treten könnte – hier handelt es sich natürlich um Schrödingers berühmt-berüchtigte Katze, benannt nach dem österreichischen Physiker Erwin Schrödinger. Aber eine Katze besteht aus lauter Teilchen, die zusammenstoßen, sodass sie sich nicht alle in einem riesigen Überlagerungszustand befinden können.

• Aber falls eine Wellenfunktion im Wald zusammenbricht und niemand da ist, um sie zu messen ... Ach, vergessen Sie's.

DAS UNBESTIMMTHEITSPRINZIP

Basics

Die Quantenmechanik schränkt unser Wissen über ein Teilchen drastisch ein. Immer wenn Sie glauben, Sie hätten die Identität des Teilchens ermittelt, findet es eine Möglichkeit herauszuschlüpfen.

Nehmen wir an, Sie wollten ein Elektron auf kleinem Raum festhalten, damit Sie seine Position ziemlich genau feststellen können. Wenn Sie seinen Impuls wiederholt messen, wäre es überall zu finden. Es hat den Anschein, als seien die Teilchen klaustrophobisch. Auf kleine Flächen beschränkt, fangen sie an, wie verrückt die Wände hochzuklettern, um zu entkommen. Je stärker man ein Teilchen einengt, umso heftiger wird es umherspringen.

Das ist die Bedeutung des berühmten Heisenberg'schen Unbestimmtheitsprinzips, benannt nach dem deutschen Physiker Werner Heisenberg. Es besagt, dass kein Experiment sowohl die Position als auch den Impuls eines Teilchens genau bestimmen kann.

Hat demnach ein Teilchen zwar sowohl eine Position als auch einen Impuls, aber wir können nur jeweils eines auf einmal messen? Wissenschaftler glauben das nicht. Misst man eine Eigenschaft, verschwimmt die andere, und je genauer man die erste misst, desto unschärfer wird die zweite. Diese Teilchen scheinen geistesabwesenden Eierköpfen zu ähneln, die sich nur mit einer Sache auf einmal beschäftigen können.

Grenzen des Wissens

Das Unbestimmtheitsprinzip – auch Unschärferelation genannt – trifft nicht nur auf Position und Impuls, sondern ebenso auf Energie und Zeit zu. Forscher können Laserlicht in kurzzeitige Pulse aufspalten. Aber wenn sie das tun, verlieren sie die Kontrolle über die Energiemenge in jedem Puls. Sie beginnen mit Laserlicht einer äußerst genauen Energie, die einer bestimmten Frequenz oder Farbe entspricht. Die Farbe des Pulses wird dabei verschmiert. Es ist, als könnte das Universum mit der Energie nicht Schritt halten, wenn etwas schnell geschieht.

Fakten  **zum Angeben**

- Das Unbestimmtheitsprinzip gestattet den Teilchen, Orten zu entkommen, an denen sie sonst festgehalten würden. Beim radioaktiven Zerfall gelangen Alphateilchen durch Tunnel aus dem Kern heraus, auch wenn ihre Energie eigentlich nicht ausreichen sollte, um ausbrechen zu können.
- Im Star Trek-Universum funktionieren die Transporter aufgrund einer Technik, die Heisenberg-Kompensator genannt wird. Der Kompensator entfernt die Quantenunbestimmtheit der zu teleportierenden Atome.

VERSCHRÄNKUNG

Basics

Der Zufallsaspekt der Quantenmechanik ist schon recht merkwürdig. Aber damit nicht genug. Den Quantenregeln zufolge kann das Verhalten eines Teilchens auf dieser Seite des Universums das eines zweiten Teilchens in einer fernen Region des Universums bestimmen, und zwar unverzüglich, ohne dass ein Signal zwischen den beiden unterwegs sein muss.

Diese Quantenverbindung wird Verschränkung genannt, und Einstein kam damit nicht zurecht. Er sprach von einer «spukhaften Fernwirkung» und glaubte, es sei ein Zeichen dafür, dass die Quantenmechanik nicht das letzte Wort des Universums sei. Inzwischen haben die Forscher es akzeptiert, auch wenn sie es nicht verstehen.

Teilchen verschränken sich, wenn sie im selben Prozess entstehen, wie etwa in speziellen Kristallen, die ein Photon in zwei Photonen mit niedrigerer Energie aufspalten. Wenn Forscher eine Menge Photonenpaare produzieren und die Polarisierung eines jeden Photons messen (d.h., wie es im Raum ausgerichtet ist), erhalten sie Zufallsergebnisse von einem Paar zum anderen.

Aber sie werden auch feststellen, dass die Messungen für jedes Paar stets in besonderer Weise zueinander in Beziehung stehen. Ist ein Photon des Paares vertikal polarisiert, wird das andere horizontal ausgerichtet sein. Es erinnert an die Punkte in einem Stereogramm (Raumbild). Für sich allein betrachtet, erkennt man in den Punkten nur eine Zufallsverteilung. Konzentriert man sich aber mit jedem Auge auf eine andere Anordnung von Punkten, dann entsteht ein Bild.

Grenzen des Wissens
Wissenschaftler haben die Verschränkung benutzt, um eine Art Teleportation zu erschaffen. Zwar können sie Materie nicht buchstäblich auflösen und an einem anderen Ort wiederauftauchen lassen. Aber sie können die nächstbeste Form davon verwirklichen. Forscher haben also die Verschränkung benutzt, um den Quantenzustand eines Lichtstrahls auf eine Wolke aus Atomen zu «teleportieren» oder zu übertragen. Dieser Vorgang könnte in einem Quantencomputer nützlich sein. Rechnen Sie aber nicht damit, schon demnächst von Scotty hochgebeamt zu werden. Teleportation funktioniert nur für Dinge, die in einem schönen, ordentlichen Quantenzustand sind, nicht aber für chaotische Lebewesen.

Fakten  **zum Angeben**
• Man kann die Verschränkung benutzen, um Geheimcodes zu senden. Sollte ein Lauscher versuchen, die Übertragung abzuhören, wird er die Verschränkung stören und sich dadurch zu erkennen geben.
• 2007 übermittelten Forscher verschränkte Photonen zwischen den Kanarischen Inseln La Palma und Teneriffa vor der Küste Marokkos 143 Kilometer weit durch die Luft. Der nächste Plan, womöglich schon 2014: verschränktes Licht viele tausend Kilometer von der Erde zur Internationalen Raumstation zu schicken und zurück zur Erde springen zu lassen.

QUANTENUNWIRKLICHKEIT

Basics

Vielleicht fragen Sie sich jetzt, ob die Seltsamkeit der Quantenmechanik Realität ist oder ob wir einfach nur keine andere Erklärung zur Hand haben, die besser mit unserem Alltagsverständnis der Welt übereinstimmt. Die Quantentheorie hat uns überzeugt, dass Teilchen keine wahren Eigenschaften wie Position und Impuls haben und dass die Verschränkung eine verzögerungsfreie Verbindung darstellt.

Aber vielleicht hat ein Teilchen echte Eigenschaften, die in unserem Experiment irgendwie nicht hervortreten, sodass bei der Entstehung eines Paars verschränkter Teilchen womöglich jeder Partner des Paars Anweisungen erhält, die ihm sagen, wie er jeweils auf die unterschiedlichen Messungen reagieren soll. Die beiden Teilchen erhielten demnach einander ergänzende Anweisungen, sodass keine verzögerungsfreie Verbindung zwischen den beiden nötig wäre. Jedes Teilchen trifft auf einen Detektor und handelt nach den Anweisungen, die es erhielt – und das war's dann. Diese Vorstellung wird lokaler Realismus genannt.

Der irische Physiker John Bell erfand ein Experiment, das zwischen den beiden Möglichkeiten unterscheiden konnte. Bei diesem als Bell-Test bekannt gewordenen Versuch wird jeder Partner des Paars verschränkter Teilchen, die normalerweise Photonen sind, in einen separaten Detektor geleitet. Bei den Photonen misst der Detektor die räumliche Orientierung oder die Polarisierung des elektrischen Felds eines jeden Photons.

Entweder stimmt die Polarisierung überein oder nicht. Falls der lokale Realismus die richtige Auffassung sein sollte, dürften die Polarisierungen nicht länger als einen bestimmten prozentualen Anteil der Zeit andauern. Aber sie stimmen tatsächlich dauerhaft überein, was wiederholte Versuche gezeigt haben.

Grenzen des Wissens
Die Verschränkung scheint nicht nur den Geist, sondern auch den Buchstaben von Einsteins spezieller Relativitätstheorie zu verletzen, die besagt, nichts sei schneller als das Licht. Aber um zu bestätigen, dass eine Verschränkung stattgefunden hat, müssen die Forscher die Mitteilungen beider Partner des verschränkten Paars vergleichen. Und das kann nicht schneller als mit Lichtgeschwindigkeit geschehen.

Für alle, die glauben, die Quantenmechanik werde ewig eine Unannehmlichkeit bleiben, könnte sich eine Alternative als ein besserer Lösungsansatz erweisen. Es wäre der Versuch, zu verstehen, wie die verschränkten Teilchen Raum und Zeit sehen. Vielleicht weist ja die Verschränkung auf eine tiefer reichende Theorie des Universums hin.

Fakten  **zum Angeben**
- In einem Experiment von 2006 fanden die Forscher heraus, dass die Verschränkung nicht wirklich augenblicklich geschieht, sie funktioniert mit Geschwindigkeiten, die mindestens zehntausend Mal schneller als das Licht sind.
- Eine etwas elegantere Version des Bell-Tests besteht darin, drei Photonen zu erzeugen, die alle miteinander verschränkt sind. In dieser Version bedarf es nur einiger weniger Messungen, um zu bestätigen, dass die Quantenmechanik stimmt.

KAPITEL VIER
BEWEGUNG, RAUM UND ZEIT

★ ★ ★ ★ ★ ★ ★ ★ ★ ★ ★ ★ ★

MASSE UND TRÄGHEIT

★ ★ ★ ★ ★ ★ ★ ★ ★ ★ ★ ★ ★

Basics

In der Schule erfährt man alles über Newtons Bewegungsgesetze, die nach dem großen englischen Wissenschaftler des 17. Jahrhunderts benannt sind. Sie beschreiben das Verhalten sich bewegender Objekte in der Alltagswelt. Das betrifft alles von Billard- und Gewehrkugeln bis zum Sprint-Olympiasieger Usain Bolt.

Newtons erstes berühmtes Gesetz behauptet, dass ein sich bewegendes Objekt in Bewegung bleibt oder dass es, sollte es ruhen, in Ruhe bleibt, es sei denn, eine äußere Kraft wirkt auf das Objekt ein. Tritt man auf der Erde gegen einen Ball, stößt er in die Moleküle von Luft und Erde, was die Kräfte Luftwiderstand beziehungsweise Reibung ins Spiel bringt, die ihn schließlich zur Ruhe bringen.

Wenn Sie jedoch im Weltall gegen einen Ball treten, würde er mit gleichbleibender Geschwindigkeit ewig weiterfliegen oder zumindest so lange, bis er gegen einen Asteroiden oder etwas Ähnliches stieße. Er baucht absolut keine Hilfe, um sich fortzubewegen. Wir sagen dann, der Ball besitzt Trägheit. Dieses Konzept ist als Erstes Newton'sches Gesetz bekannt.

Trägheit ist proportional zur Masse. Je mehr Masse ein Objekt hat, umso größeren Anschub braucht es, um in Gang zu kommen. Gewicht ist nicht dasselbe wie Masse. Gewicht ist ein Produkt der Erdgravitation. Objekte im Weltall mögen kein Gewicht haben, aber ihre Trägheit wirkt sich sehr wohl aus. Deshalb gehen Sie lieber in Deckung, wenn Sie je ein Astronaut sein sollten und eine Bowlingkugel auf sich zukommen sehen. Denken Sie nicht zu lange darüber nach, wie sie dort hingekommen sein könnte.

Grenzen des Wissens
Nach vielen hundert Jahren sind die Wissenschaftler schließlich davon überzeugt, den Ursprung von Trägheit und Masse zu kennen. Halten Sie sich fest. Sie glauben, es gebe ein Feld, ähnlich wie ein elektrisches Feld oder ein Magnetfeld, das den ganzen Raum ausfüllt und Wackelpudding ähnelt, durch den sich subatomare Teilchen kämpfen müssen. Es wird Higgsfeld genannt. Manchen Teilchen fällt es leichter als anderen, sich hindurchzubewegen, als hätten sie Skier untergeschnallt oder sagen wir lieber Wackelpuddingschuhe. Warum also fühlen manche Teilchen diesen Glibber stärker als andere? Hey, keine weiteren Fragen bitte. Niemand weiß es genau.

Fakten  **zum Angeben**
• Auf Youtube gibt es ein lustiges Video, das die Trägheit in Bewegung zeigt: Ein mit Einkaufswagen voll beladener Sattelschlepper an der Laderampe eines Supermarkts fährt los, bevor die Arbeiter die Hintertür des LKW geschlossen haben, sodass etliche Dutzend Einkaufswagen herausfallen.
• Der berühmte italienische Wissenschaftler Galileo Galilei leitete Newtons Gesetz zuerst ab, indem er eine Kugel ein paar glatte schiefe Ebenen hinunterrollen ließ.
• Masse wird in Kilogramm gemessen. Ein Kilogramm wird als die Masse eines hochglanzpolierten Platin-Iridium-Barrens definiert, von denen sieben Exemplare im Internationalen Büro für Maß und Gewicht in Sèvres bei Paris stehen.

KRÄFTE UND BESCHLEUNIGUNG

Basics

Eine Kraft ist etwas, das Beschleunigung verursacht, etwa ein Geschwindigkeits- oder Richtungswechsel. Newtons zweites Gesetz besagt, für ein bestimmtes Objekt, sagen wir einen Fußball, werde mehr Kraft benötigt, um ihn auf eine höhere Geschwindigkeit zu beschleunigen. Damit also ein Fußball eine längere Strecke zurücklegt, muss man ihm eine größere oder kontinuierliche Kraft zuführen – das heißt, man muss ihn praktisch härter treten. In gleicher Weise gilt: Wirft man eine Murmel und eine Bowlingkugel mit derselben Kraft, nimmt die Murmel mehr Geschwindigkeit auf.

Auf der Erde zieht die Gravitation alles mit derselben Kraft herunter. Wenn Sie in die Luft springen, fallen Sie mit der Geschwindigkeit von 9,75 Metern pro Sekunde. Wenn Sie also aus einem Flugzeug fallen, wird mit jeder Sekunde, die Sie fallen, Ihre Geschwindigkeit um knapp 10 Meter pro Sekunde zunehmen.

Newtons drittes Gesetz besagt: Falls eine in eine Richtung gehende Kraft auf Widerstand trifft, muss es eine zweite gleich starke Kraft geben, die in die entgegengesetzte Richtung wirkt. Nehmen wir eine Fahrt im Auto. Wenn Sie aufs Gaspedal drücken, widersteht die Trägheit Ihres Körpers der Bewegungsveränderung. Sie werden zurück in den Sitz gedrückt, der mit gleicher Kraft zurückdrückt. Sonst wären Sie oder der Sitz in Bewegung. Das ist Newtons drittes Gesetz.

Grenzen des Wissens

Sie wissen nie, wann Sie einmal einen Beschleunigungsmesser brauchen werden. Sie werden normalerweise in Raketen und Weltraumteleskopen eingesetzt, um die richtige Flugbahn und Orientierung beizubehalten. Aber jetzt tauchen sie zunehmend in Geräten des täglichen Gebrauchs auf. Sie werden in Notebooks eingesetzt, um Stürze wahrzunehmen; in iPhones, damit die Geräte wissen, wann Sie sie umgedreht haben; und im Wii Controller von Nintendo, um zuzuschlagen, aufzuschlitzen und aufzuschlagen. In Italien haben Lehrer den Wii Controller ins Klassenzimmer eingeführt, um einfache Experimente durchzuführen wie das Messen der Gravitationsbeschleunigung. Wir hoffen, sie funktionieren in wissenschaftlichen Experimenten ein wenig besser als bei der Umsetzung subtiler Drehungen des Handgelenks beim Bowling.

Fakten  **zum Angeben**

- Newtons drittes Gesetz sagt uns, dass die Kraft, die Moleküle zusammenhält, wesentlich stärker ist als die Gravitation, sonst würden wir nämlich durch den Fußboden krachen.
- Beschleunigungen werden in Vielfachen der Gravitations- oder g-Kräfte gemessen. Wenn Sie niesen, ziehen sie fast mit vier g.
- Der menschliche Körper kann 16 g fast eine Minute lang aushalten. Der Rennfahrer Jeff Gordon soll angeblich 64 g draufgehabt haben, als er seinen Wagen 2006 im Pennsylvania-500-Rennen zu Schrott fuhr.

★ ★ ★ ★ ★ ★ ★ ★ ★ ★ ★ ★ ★

IMPULS

★ ★ ★ ★ ★ ★ ★ ★ ★ ★ ★ ★ ★

Basics
Newtons Bewegungsgesetze gelten nicht für subatomare Teilchen und für Objekte, die sich mit annähernder Lichtgeschwindigkeit fortbewegen. Die Quantenmechanik und die spezielle Relativitätstheorie mussten formuliert werden, um die Bewegung in solchen Situationen zu beschreiben. Diese umfassenderen Theorien haben nichts mit Kräften, sondern mit einem Phänomen namens Impuls zu tun.

Sobald sich ein Objekt bewegt, sagen wir, es habe an Impuls gewonnen. Im Grunde ist es die Trägheit, die in die Richtung zeigt, in die sich das Objekt bewegt. Je mehr Masse ein Objekt besitzt und je schneller es unterwegs ist, umso mehr Impuls hat es. Und je länger eine Kraft auf etwas einwirkt, umso mehr Impuls nimmt es auf. Deshalb sollte man beim Baseball immer voll durchziehen, um mit dem Schläger den Kontakt zum Ball bis zum letzten Augenblick zu verlängern.

Wie es bei der Energie der Fall ist, muss auch der Impuls von irgendwoher kommen. Er bleibt stets erhalten. Deshalb gibt es einen Rückstoß, wenn man eine Waffe abfeuert. Pistole und Kugel fangen mit null Gesamtimpuls an. Sie können immer noch null Gesamtimpuls haben, wenn die Kugel abgefeuert wird, falls der in die eine Richtung zielende Impuls der Kugel den in die andere Richtung zielenden Impuls der Pistole aufhebt.

Es gibt auch einen Drehimpuls, den Sie schon beim Eiskunstlauf in Aktion gesehen haben. Wegen der Erhaltung des Drehimpulses dreht sich ein Eiskunstläufer schneller, wenn er seine Arme anzieht. Ein schnell sich drehendes, kompaktes Objekt hat denselben Drehimpuls wie ein langsamer sich drehendes ausgedehntes Objekt derselben Masse.

Grenzen des Wissens
Astronomen erleben ständig die Wirkung der Drehimpulserhaltung im Weltall. Offenbar ist er der Antrieb hinter Plasmajets, die aus jungen Sternen und dichten stellaren Objekten wie Pulsaren und Schwarzen Löchern sprühen. Diese dichten Kameraden ziehen Scheiben rotierenden Gases und Staubs hinter sich her. Häufig beginnt der innere Teil der Scheibe den Drehimpuls zu verlieren, wenn er auf den Stern oder auf ein anderes Objekt fällt. Der Drehimpuls muss ja irgendwo bleiben. Ein praktisches Ventil sind zwei Hochgeschwindigkeitsjets von zwei Enden des Sterns, die einen großen Impuls ohne viel Masse erzeugen.

Fakten  **zum Angeben**
• Würden Sie glauben, dass Licht einen Impuls hat? Forscher arbeiten an sogenannten Sonnensegeln, die sich diesen Impuls zunutze machen, um ein Raumschiff mit Sonnenlicht oder Laserstrahlen anzutreiben.
• Auch in bestimmten Videospielen könnten Sie bereits die Erhaltung des Impulses am Werk gesehen haben. Da stoßen Sie mit Hilfe eines Steuerknüppels auf beiden Seiten des Bildschirms einen kleinen Ball hin und her. Wenn der Knüppel beim Schlagen des Balls unbewegt ist, ändert sich die Richtung nicht.

GRAVITATION

Basics

Die Gravitation ist die Kraft, die uns am Boden hält, die Kugelform der Erde garantiert und dafür sorgt, dass die Planeten um die Sonne kreisen. 1687 veröffentlichte Isaac Newton sein Gesetz der universellen Gravitation. Es besagt, dass die Gravitationskraft zwischen zwei Objekten von drei Faktoren abhängt: von ihren jeweiligen Massen, von der Entfernung zwischen ihnen und von der Stärke der Gravitation selbst.

Newtons Gesetz erklärte sowohl die Umlaufbahnen der Planeten als auch den Grund, warum eine Bowlingkugel und ein Golfball trotz ihrer unterschiedlichen Massen mit der gleichen Geschwindigkeit fallen. Die Kraft zwischen Erde und Bowlingkugel ist stärker als die Kraft zwischen Erde und Golfball. Deshalb fallen beide mit derselben Geschwindigkeit.

Newtons Gesetz sagt auch, dass alle Massen einander anziehen, und solange die Objekte weit genug voneinander entfernt sind, hängt die Stärke der Kraft von der Entfernung der Massen im Quadrat ab. Verdoppelt sich der Abstand zwischen den Massen, beträgt die Kraft nur noch ein Viertel. Auf der Erde macht die Entfernung zwischen den Massen nicht viel aus, weil alles im Vergleich zur Erde ziemlich klein ist.

Nur der Mond ist im Vergleich zur Erde nicht klein. Die Gravitationsanziehung zwischen Erde und Mond ist für Ebbe und Flut verantwortlich. Der Mond zieht das Wasser, das ihm zugewandt ist, näher an sich heran. Mit anderen Worten: Die Flut neigt dazu, dem Mond zu folgen.

Grenzen des Wissens

Die Gravitation ist für die Struktur und die Form des Universums in seiner Ganzheit verantwortlich. Deshalb müsste sie doch eigentlich eine recht starke Kraft sein, nicht wahr? Die Antwort lautet: Ja und nein. Im atomaren Maßstab ist sie recht schwach. Bis in die 1990er Jahre hinein konnten die Wissenschaftler nicht die Gravitationskraft zwischen zwei Objekten messen, die nur wenige Millimeter oder noch weniger voneinander getrennt waren. Die Gravitation ist nämlich so schwach, dass die entsprechenden Experimente einfach nicht empfindlich genug waren. (Permanente Tests messen inzwischen die Stärke der Gravitation bei weitaus kürzeren Entfernungen.)

Doch im Gegensatz zur Kraft zwischen geladenen Teilchen ist die Gravitation kumulativ, weil alle Objekte durch die Gravitationsanziehung miteinander verbunden sind. Mit der Zeit bricht sogar eine im Weltall treibende Gaswolke unter ihrer eigenen Gravitation zusammen, bildet Sterne und Planeten, Galaxien und sogar Galaxienhaufen.

Fakten  zum Angeben

- Die Gravitation schwankt auf der Erde von Ort zu Ort, abhängig von Stärke und Dichte der Erdkruste. Die NASA publizierte 2003 eine Karte dieser Abweichungen, die vom Satelliten GRACE gemessen wurden.
- Die Gravitation eines kugelähnlichen Sphäroiden wie der Erde nimmt ab, je tiefer man gräbt. Wenn Sie zum Erdkern vordringen könnten, würden Sie feststellen, dass Ihr Gewicht allmählich abnähme und im Mittelpunkt des Planeten null erreichen würde.

UMLAUFBEWEGUNG

Basics

Als Newton sein Gravitationsgesetz entwickelte, bestand seine große Erkenntnis darin, dass es dieselbe Kraft ist, die sowohl den Apfel vom Baum fallen lässt als auch die Planeten auf ihren Umlaufbahnen hält.

Die Sonne ist vergleichbar mit einem Kind, das einen Eimer Wasser durch die Luft schleudert. Der Eimer bewegt sich in einem Bogen, aber die auf ihn einwirkende Kraft stößt den Eimer nicht zur Seite. Sie zieht ihn zum Kind hin. Deshalb wird das Wasser gegen den Boden des Eimers gedrückt. Das ist Newtons altes Gesetz der gleichen, aber entgegengesetzten Kräfte. Die nach innen wirkende Kraft wird von einer gleichen, aber entgegengesetzten Kraft ausgeglichen.

Mit den Planeten verhält es sich genauso. Die Gravitation zieht sie zur Sonne hin. Um das zu verstehen, stellen wir uns vor, das Kind sei jetzt der nordische Gott Thor, der seinen getreuen Hammer Mjöllnir schleudert, indem er ihn herumwirbelt und dann loslässt. Je kräftiger Thor den Hammer wirft, umso weiter wird er fliegen, bevor die Gravitation ihn auf die Erde zurückbringt.

Aber da die Erde gekrümmt ist, müsste Thor seinen Mjöllnir nur mit der richtigen Geschwindigkeit werfen, und er würde mit demselben Tempo auf die Erde zurückfallen, wie die Erde vor ihm herunterfällt. Dann ist Mjöllnir in eine Umlaufbahn eingetreten. Mit den Planeten geschieht dasselbe. Jeder einzelne fällt mit einer Geschwindigkeit in Richtung Sonne, die ihn auf der Umlaufbahn hält.

Grenzen des Wissens

Mit seiner Erkenntnis war Newton in der Lage, die drei Gesetze der Planetenbewegung zu erklären, die der Astronom Johannes Kepler 1605 aufgestellt hatte. Kepler hatte entdeckt, dass jeder Planet eine Ellipse beschreibt und sich umso schneller bewegt, je näher er der Sonne kommt, wobei seine Umlaufzeit sich nach der Größe der Ellipse richtet.

Keplers Gesetze sind auch heute noch die Richtschnur für die Astronomen, wenn sie ferne Sterne und Planeten untersuchen. Planeten, die andere Sterne umkreisen, sind so weit entfernt, dass wir sie nicht direkt sehen können. Aber die Wissenschaftler haben einige Tricks parat, um herauszufinden, wie lange diese Planeten für die Umrundung ihrer Sterne brauchen. Und mit Hilfe des dritten Kepler'schen Gesetzes können sie dann die Entfernung zwischen Planet und Stern bestimmen.

Fakten  **zum Angeben**

- Vor Newton und Galilei glaubten alle, die Planeten bewegten sich, weil sie von Engeln angeschoben wurden.
- Die Geschwindigkeit, mit der Thor seinen Hammer werfen müsste, um ihn in die Umlaufbahn zu bringen, hängt lediglich von der Masse der Erde ab. Die sogenannte Fluchtgeschwindigkeit der Erde beträgt 11,2 Kilometer pro Sekunde. Um von der Erde aus der Gravitation der Sonne zu entkommen, müsste Thor Mjöllnir mit einer Geschwindigkeit von 41,6 Kilometern pro Sekunde fortschleudern.
- Forscher haben den Bau eines Weltraumlifts vorgeschlagen: ein Seil, das vom Erdboden aus ins Weltall reicht und von einem Gegengewicht gehalten wird, das 35 200 Kilometer über der Erde seine Bahn zieht.

SPEZIELLE RELATIVITÄT

Basics

Wir müssen auf die Theorie der speziellen Relativität zurückgreifen, wenn wir verstehen wollen, was geschieht, wenn Objekte sich der Lichtgeschwindigkeit annähern. Nehmen wir an, Sie befänden sich auf dem *Kampfstern Galactica* (einem Kampfraumschiff) und versuchten, Raketen mit Atomsprengköpfen auszuweichen, die von einem Basisstern der Zylonen auf Sie abgefeuert wurden. Ihr Hyperraumantrieb ist kaputt, deshalb bedienen Sie die Steuerraketen. Die Geschwindigkeit der eintreffenden Atomsprengköpfe hat sich, relativ zur *Galactica*, verlangsamt, was Ihren Ingenieuren ein paar wertvolle Sekunden verschafft, den Hyperraumantrieb wieder in Gang zu bringen.

Sie wären nicht mit einem blauen Auge davongekommen, wenn die Zylonen es geschafft hätten, ihre neue Laserwaffe zu bauen, die in der Lage gewesen wäre, selbst in ein Schiff der Kampfsternklasse ein Loch zu schmelzen. Albert Einstein kannte zwar Admiral Adama von Adam nicht, aber die wesentliche Erkenntnis seiner speziellen Relativitätstheorie träfe dennoch zu. Nachdem Einstein über Maxwells Elektromagnetismus-Gleichungen nachgedacht hatte, erkannte er, dass die Lichtgeschwindigkeit immer und überall gleich groß sein muss, ganz gleich, wie schnell man sich relativ zur Lichtquelle bewegt.

Maxwells Gleichungen berücksichtigen nicht die Geschwindigkeit einer Lichtquelle. Die Lichtgeschwindigkeit ist nun einmal die Lichtgeschwindigkeit. Für die Crew der *Galactica* bedeutet dies, dass es für sie schwieriger wäre, Zeit zu gewinnen, nachdem die Zylonen ihren Todesstrahl abgefeuert hätten, weil der sich mit Lichtgeschwindigkeit auf die *Galactica* zubewegen würde.

Grenzen des Wissens

Angenommen, die Zylonen besäßen einen funktionierenden Laser und die *Galactica* hätte einen guten Vorsprung. Sollte sich das Raumschiff schnell von den Zylonen entfernen können – sagen wir 10 bis 20 Prozent der Lichtgeschwindigkeit –, bevor der Laserstrahl es träfe, würde der Laser zwar immer noch nicht langsamer werden, aber er verlöre dabei einen Teil seiner Energie. Wenn man sich schnell von einer Lichtquelle fortbewegt, dehnen sich die Lichtwellen nämlich aus, was man den relativistischen Dopplereffekt nennt. Der reguläre Dopplereffekt tritt auf, wenn ein Krankenwagen mit hohem Sirenenton auf Sie zu fährt, der tiefer wird, wenn das Fahrzeug an Ihnen vorbeigefahren ist und sich entfernt. Rotes Licht hat eine größere Wellenlänge als blaues Licht. Deshalb sagen wir, das Licht sei rotverschoben.

Fakten zum Angeben

• *In Einsteins Tagen glaubten einige Forscher, ein unsichtbarer «Äther» müsse die Lichtwellen auf die gleiche Art und Weise tragen, wie das Wasser Meereswellen transportiert. Wenn die Erde sich durch den Äther fortbewegt – so die Vermutung –, nahm die Lichtgeschwindigkeit zu und wurde geringer – wie ein Hochseeschiff, das mit oder gegen die Wellen schwimmt. Aber in den Experimenten konnte man die vorhergesagte Veränderung der Lichtgeschwindigkeit nicht feststellen.*
• *Relativität ist ein irreführender Name. Man geht von der grundlegenden Vorstellung aus, dass alle Naturgesetze gleich sind, egal wie schnell man sich relativ zum Rest des Universums bewegt.*

ZEITDILATATION

Basics

Kampfstern Galactica ist schon ziemlich cool, aber es geht noch besser. Alles, was Sie über die erstaunlichen Folgen der speziellen Relativität wissen müssen, können Sie aus dem Disneyfilm *Der Flug des Navigators* erfahren. In diesem Streifen von 1986 («Klassiker» zu sagen, wäre wohl etwas übertrieben) wird der zwölfjährige David von einem außerirdischen Raumschiff entführt und fliegt mit hoher Geschwindigkeit ins Weltall. Als David zurückkehrt, sind auf der Erde zwölf Jahre vergangen, aber er ist nur ein paar Stunden älter geworden.

Das ist im Wesentlichen das Phänomen der Zeitdilatation, die Verlangsamung der Zeit bei hohen Geschwindigkeiten. Die spezielle Relativität schreibt vor, dass die Zeit für etwas, das sich relativ zu Ihnen sehr schnell bewegt, langsamer vergeht als für Sie. Dabei ist es egal, ob es sich um ein Teilchen, eine Stoppuhr oder um eine Galaxie handelt. Hätte Davids Familie ihn auf seiner Reise durch ein Teleskop beobachten können, wäre es ihnen vorgekommen, als bewegte er sich in Zeitlupe voran. Je größer die Geschwindigkeit ist, umso langsamer wird die Zeit.

Mit der Zeitdilatation geht eine Verzerrung des Raums einher, die man Längenkontraktion nennt. Hätte Davids Familie beobachten können, wie das Raumschiff an der Erde vorbeisauste, wäre es ihnen in seiner Bewegungsrichtung flach wie ein Pfannkuchen vorgekommen. David selbst hätte wie ein Strichmännchen ausgesehen. Eine Reise mit annähernder Lichtgeschwindigkeit hielte Sie also nicht nur jung, sondern auch dünn.

Grenzen des Wissens

Die spezielle Relativität kommt uns unheimlich vor, weil wir eben nicht regelmäßig in Raumschiffen mit annähernder Lichtgeschwindigkeit unterwegs sind. Wären jedoch solche Reisen ganz normal, würden wir uns an vorwärtsgerichtete Zeitreisen gewöhnen. Das muss auch die Sorge der prominenten Erbin Paris Hilton gewesen sein, die kürzlich einen Flug bei Virgin Enterprise Rocket buchte, ein Weltraumtourismus-Unternehmen. «Bei diesem ganzen Lichtjahrezeugs», sagte sie den Reportern, «frage ich mich, was passiert, wenn ich nach 10 000 Jahren zurückkomme und alle, die ich kenne, sind tot.» Damit diese Befürchtung wahr würde, müsste Virgin seine Rakete für einen zehnstündigen Flug auf 99,9999999 Prozent der Lichtgeschwindigkeit beschleunigen.

Fakten  **zum Angeben**

- 1971 testeten Physiker die spezielle Relativität, indem sie ein Paar höchst genauer Atomuhren auf der Basis von Cäsiumatomen in Linienflugzeugen auf einen 45-stündigen Flug rund um die Welt schickten. Als die Zeit mit Uhren verglichen wurde, die auf der Erde geblieben waren, stellte man – wie vorhergesagt – fest, dass sie gegenüber den erdstationierten Uhren um einen kleinen Betrag nachgingen.
- Instabile, Myonen genannte Teilchen fliegen kontinuierlich durch die Erdatmosphäre (siehe den Abschnitt über kosmische Strahlen). Sie würden normalerweise nach 2,2 Mikrosekunden zerfallen, aber da sie sich mit 99,8 Prozent der Lichtgeschwindigkeit fortbewegen, existieren sie, nach Messungen erdgebundener Uhren, 35 Mikrosekunden lang, was genügt, um fast 10 Kilometer zurückzulegen.

MASSEENERGIE UND DIE ENDLICHE LICHTGESCHWINDIGKEIT

Basics

Der speziellen Relativitätstheorie zufolge kann kein Objekt, das Masse hat, je die Lichtgeschwindigkeit erreichen, geschweige denn überschreiten. Um den Grund zu verstehen, sollten wir jetzt Einsteins berühmte Formel $E = mc^2$ präsentieren, die wir bisher so dargestellt haben, als sei vollkommen klar, was die Austauschbarkeit von Masse und Energie tatsächlich bedeute.

Einsteins Gleichung besagt: Wann immer ein Objekt Masse gewinnt oder verliert, gewinnt oder verliert es auch eine relativ winzige Menge Energie und umgekehrt. Wenn Sie einen Felsbrocken einen Berg hochrollen, gewinnt er ein Gravitationspotenzial und daher auch ein kleines bisschen Masse. Wenn die Sonne Energie in Form von Licht abstrahlt, verliert sie Masse. Verstehen Sie das Prinzip?

Die Gleichung $E = mc^2$ bezieht sich nur auf die Energie, die in einem Objekt im Ruhezustand eingeschlossen ist. Das m in der Gleichung nennen wir die Ruhemasse eines Objekts. Um eine erkennbare Delle in der Ruhemasse zu verursachen, muss sich etwas bei der Energie hinreichend verändern. Die Gleichung behauptet, dass eine Veränderung der Ruhemasse der Veränderung der Energie geteilt durch c^2 entspricht – der Lichtgeschwindigkeit im Quadrat, was eine ziemlich große Zahl ist.

Aber der Energiebetrag, den Sie in einem Objekt messen, ändert sich, wenn sich das Objekt relativ zu Ihnen fortbewegt.

Die spezielle Relativität schreibt vor, dass die von einem stationären Beobachter gemessene Energie eines Raumschiffs, das sich der Lichtgeschwindigkeit annähert, unendlich wird. Um also die Lichtgeschwindigkeit zu erreichen, müsste sich die Energie auf einen unendlichen Wert zubewegen, was nicht möglich ist.

Grenzen des Wissens
Wie nahe können wir also der Lichtgeschwindigkeit kommen? Es hängt von der Masse ab, die dabei im Spiel ist. Teilchenbeschleuniger benutzen starke Magneten, um Protonen und Elektronen auf mehr als 99,99 Prozent Lichtgeschwindigkeit zu beschleunigen. Wir könnten 10 bis 20 Prozent Lichtgeschwindigkeit in einem Raumschiff erreichen, das von Kernexplosionen angetrieben wird. Ein Sonnensegel, angetrieben durch den Impuls eines Laserstrahls, könnte sich viel schneller fortbewegen, weil es keinen Treibstoff brauchte, aber es könnte auch keine Passagiere aufnehmen. Am besten für interstellare Reisen wären «Generationenschiffe», riesige Frachter, die Miniaturzivilisationen beherbergen, bis sie ihren Zielort erreichten.

Fakten  **zum Angeben**
• *Könnte man die Masse eines Golfballs in reine Energie umwandeln, ließe sich eine 75-Watt-Birne fast zwei Millionen Jahre lang mit Strom versorgen.*
• *Manchmal reden sie bei Star Trek über «Tachyonen». Das sind hypothetische Teilchen, die sich schneller als das Licht fortbewegen, aber nie unter Lichtgeschwindigkeit abtauchen können, was eigentlich nicht untersagt ist. Aber es wird nicht klar, ob Tachyonen in unserer Welt existieren können.*

RAUMZEIT

Basics

Wegen der Zeitdilatation und der Längenkontraktion scheinen zwei Ereignisse, die aus einer bestimmten Perspektive offenbar gleichzeitig geschehen, aus einer anderen Perspektive zu verschiedenen Zeiten stattzufinden. Die spezielle Relativität teilt uns mit, wie man zwischen diesen Perspektiven vermittelt: indem man sie nämlich in die Raumzeit versetzt, die für alle gleich ist. Wir kennzeichnen ein Ereignis in der Raumzeit – die Explosion eines Sterns, eine Geburtstagsfeier – durch seinen Ort und durch den Zeitpunkt seines Geschehens, beurteilt aus der Perspektive jedes beliebigen Beobachters.

Die Raumzeit lässt sich mit einem Rosinenbrot vergleichen. Der Ruhezustand bedeutet, das Brot auf die übliche Weise in Scheiben zu schneiden. Die Länge des Brotlaibs ist wie die Zeit, während Breite und Höhe den Entfernungen in zwei Richtungen entsprechen. Eine Rosine ist ein Ereignis. Jede Scheibe ist eine Sekunde «dick» und enthält eine bestimmte Menge Rosinen, die gleichzeitigen Ereignissen entsprechen.

Bewegt sich jemand relativ zu Ihnen, dann ist es, als werde der Laib gedreht, bevor er in Scheiben geschnitten wird. Rosinen, die sich in einer einzelnen Ihrer Scheiben befanden, könnten jetzt zwischen zwei, drei oder mehreren Scheiben verteilt sein. Aber dank der Gleichungen der speziellen Relativität ist es egal, wie die Scheiben aufgeschnitten werden. Legt man sie alle zusammen, sind die Rosinen an denselben Orten.

Grenzen des Wissens

Obwohl Raum und Zeit jeweils relativ sind, ist es die Raumzeit nicht. Sie ist für jeden im Universum gleich. Entfernte Galaxien bewegen sich mit hoher Geschwindigkeit von uns fort, sodass man denken könnte, Außerirdische in einer fernen Galaxie würden eine andere Meinung haben, wenn es um die Zeit geht, die seit dem Urknall verstrichen ist. Aber wie sich herausstellt, bewegen sich Galaxien nicht durch die Raumzeit von uns fort. Sie werden mit der sich ausdehnenden Raumzeit fortgetragen. Wir werden später darauf zurückkommen, aber für den Augenblick bedeutet es einfach nur, dass alle übereinstimmen, wenn es um das Alter des Universums geht. Es ist 13,7 Milliarden Jahre alt.

Fakten  **zum Angeben**

- Wir bewegen uns stets durch die Raumzeit. Selbst wenn wir uns im Ruhezustand befinden, bewegen wir uns mit unserer Umgebung durch die Zeit. Der Pfad, den ein Objekt in der Raumzeit hinterlässt, wird Weltlinie genannt. Die Weltlinie der Erde hat die Form einer Spirale.
- Es könnte zusätzliche Raumdimensionen geben, die so klein zusammengerollt sind, dass wir sie nicht sehen können. Sie wären wie kleine Nischen, die wir nur betreten könnten, wenn wir auf deren Größe schrumpfen könnten.

ALLGEMEINE RELATIVITÄT

Basics

Die allgemeine Relativitätstheorie ist Einsteins Gravitationstheorie. Sie besagt, dass die Gravitation im Gegensatz zu anderen Kräften die Dinge nicht mit aller Gewalt gegen den Strich von Raum und Zeit bürstet. Die Gravitation funktioniert in der Raumzeit. Eigentlich ist sie selbst die Raumzeit. Einstein erkannte, dass massereiche Objekte wie die Sonne die Raumzeit genau genommen krümmen, vergleichbar mit der Krümmung, die eine Bowlingkugel auf einem Trampolin hinterlässt. Kleinere Objekte wie Planeten folgen dieser Krümmung ganz von selbst, etwa so wie es ein Tennisball tun würde, rollte man ihn der Bowlingkugel hinterher.

Einsteins Erkenntnis ergab sich aus dem Nachdenken über die Schwerelosigkeit des freien Falls. Eine Fallschirmspringerin fühlt während des freien Falls keine Schwerkraft. Wären ihre Augen zugebunden, könnte sie auch den Eindruck haben, frei im Weltraum zu schweben. Es ist eine Kraft nötig – hier in Form des Erdbodens –, um den freien Fall zu stoppen. Einstein beschloss, dass ein Fallschirmspringer einer geraden Linie durch die Raumzeit folgen müsse. Nun stellen Sie sich eine ganze Horde von Springern vor, die an unterschiedlichen Punkten über den ganzen Globus verteilt durch die Luft fallen. Ihre Wege fallen alle im Erdkern zusammen. Unser Planet muss dafür sorgen, dass «gerade» Linien in seinem Mittelpunkt aufeinandertreffen.

Der allgemeinen Relativität zufolge verlangsamt konzentrierte Masse die Zeit in ihrer Umgebung und verzerrt außerdem den Raum. Erreicht die Masse eine ausreichende Konzentration – ein Stern wie unsere Sonne wäre ein gutes Beispiel –, kann sie sogar an vorbeieilendem Licht zerren, wie die Schwerkraft an einem Auto, das versucht, an einem Steilufer entlang geradeaus zu fahren.

Grenzen des Wissens
Wenn zwei massereiche Objekte zusammenstoßen, beispielsweise ein Paar Schwarze Löcher, sagt die allgemeine Relativität voraus, dass sich die Raumzeit kräuselt wie die Wellen in einem Teich. Diese Wellen breiten sich mit Lichtgeschwindigkeit aus und bewirken zunächst eine Ausdehnung der Raumzeit in die eine Richtung und anschließend die Stauchung in die andere Richtung – wie bei einem Akkordeon. Um Gravitationswellen aufzuspüren, haben Wissenschaftler ein gewaltiges Experiment ersonnen, LIGO genannt. Es besteht aus zwei vier Kilometer langen Vakuumkammern, die mehr als 2880 Kilometer voneinander entfernt sind. Eine eintreffende Gravitationswelle würde das Laserlicht ablenken, das durch die vier Kilometer langen Röhren geschickt wird.

Fakten  **zum Angeben**
• Das GPS hat seine Genauigkeit allein der allgemeinen Relativitätstheorie zu verdanken. Wenn GPS-Satelliten die Erde umkreisen, verlangsamen Gravitationsabweichungen deren interne Uhren relativ zueinander. Man braucht Einsteins Theorie, um die Veränderungen zu korrigieren.
• Einstein wurde berühmt, nachdem Astronomen die allgemeine Relativität 1919 während einer totalen Sonnenfinsternis einem

Test unterzogen. Sie stellten Positionsveränderungen von Sternen in der Nähe der Sonne fest, während diese über den Himmel zog, ein Zeichen, dass die Gravitation der Sonne das Licht in ihrer Umgebung krümmte.

KAPITEL FÜNF
DAS SONNENSYSTEM

★ ★ ★ ★ ★ ★ ★ ★ ★ ★ ★ ★ ★

SONNE

★ ★ ★ ★ ★ ★ ★ ★ ★ ★ ★ ★ ★

Basics
Sämtliche Objekte, von Planeten bis zu den bescheidensten Meteoren, kreisen um die große Kugel aus glühendem Gas, die täglich zwischen Sonnenaufgang und Sonnenuntergang sichtbar ist. Sie hat den Durchmesser von 109 Erdkugeln und macht 99,8 Prozent der Gesamtmasse im Sonnensystem aus. Die Gravitation zerquetscht den Kern der Sonne und erzeugt dadurch einen so enormen Druck, dass Wasserstoffkerne zu Helium verschmelzen und dabei Energie freisetzen, die den Kern auf eine Temperatur von fast 15 Millionen Grad Celsius aufheizt.

Bis die Strahlung sich zur Sonnenoberfläche vorgearbeitet hat, besitzt sie noch genügend Energie, um die Atome auf eine Temperatur von 5700 Grad Celsius aufzuheizen, was sie veranlasst, Licht abzustrahlen, das die Planeten, die Erde eingeschlossen, beleuchtet und erwärmt. Die Untersuchung des Lichts ergibt, dass die Atome dort zu 75 Prozent aus Wasserstoff, zu 24 Prozent aus Helium und zu etwa einem Prozent aus Spurenelementen bestehen, zu denen Eisen, Nickel, Sauerstoff, Silizium, Schwefel, Magnesium, Kohlenstoff, Kalzium und Chrom gehören.

Die Sonne ist eine Fusionsmaschine. In jeder Sekunde zerstampft sie 700 Millionen Tonnen Wasserstoff zu 695 Millionen Tonnen Helium. Klingt eindrucksvoll, aber das ist nur ein winziger Bruchteil der Erdmasse. In ihrer Lebenszeit von 4,6 Milliarden Jahren hat die Sonne erst 7,8 Prozent ihres Wasserstoffs verbrannt. Forscher vermuten, dass sie noch weitere fünf bis sechs Milliarden Jahre kochen wird.

Grenzen des Wissens

Die Sonne wird von einer Korona von mehreren Millionen Kilometern Umfang umrundet. Sie ist ein Halo geladener Teilchen, die vom kraftvollen Magnetfeld der Sonne herausgeweht werden. Die Temperatur der Korona beträgt knapp 2 Millionen Grad Celsius und ist damit viele hundert Mal heißer als die Oberfläche. Irgendetwas muss Energie in die Korona pumpen. Forscher vermuten, es sei eine Mischung aus einer Neuverbindung (wenn magnetische Feldlinien sich falten und sich wiedervereinigen) und aus Wellen im Magnetfeld, die das Plasma zusammendrücken, etwa so wie man ein Handtuch faltet. Die NASA hat vorgeschlagen, die Sonnensonde Solar Probe Plus könne ein Raumfahrzeug bis auf ein paar Millionen Kilometer an die Sonne heranbringen, um die Lage zu klären. Die Mission wird noch geprüft und könnte frühestens 2015 starten.

Fakten  zum Angeben

- Photonen in der Sonne brauchen unter Umständen eine Million Jahre, um an die Oberfläche zu gelangen. Um von dort aus zur Erde zu kommen, brauchen sie dann bloß noch 8,3 Minuten.
- Die Sonne hat eine ausgedehnte Atmosphäre geladener Teilchen – Sonnenwind genannt –, die sich bis über die Umlaufbahn Plutos hinaus erstreckt. Sie verliert sich schließlich in einer Region namens Heliopause, wo der Wind die Energie verloren hat, um das Material zwischen den Sternen zurückzustoßen.
- Man sollte unsere Sonne nicht für durchschnittlich halten. Was ihre Masse angeht, gehört sie zu den ersten 10 Prozent der Sterne in unserer Galaxie; von den 50 nahegelegensten Sonnensystemen steht unseres, was die Helligkeit betrifft, an vierter Stelle.

PLANETEN

Basics
Die acht Planeten des Sonnensystems entstanden vor rund 4,6 Milliarden Jahren aus einer sogenannten protoplanetaren Scheibe aus Gas und Staub, die um die Sonne wirbelte. Wie bei Staub üblich, klumpte er zu «Wollmäusen» (größeren Staubflocken) zusammen, die im Lauf vieler Millionen Jahre lawinenartig zu gewaltigen Felsbrocken anschwollen, die dann zu Protoplaneten von Mondgröße miteinander verschmolzen. Wie Flipperkugeln stießen sie zusammen, bis sich die acht Planeten gebildet hatten.

Kleine Steine und Metallkörner wurden von der Gravitation zum Zentrum der Scheibe gezogen und bildeten vier felsige oder «terrestrische» Planeten: Merkur, Venus, Erde und Mars. Jeder hat einen dichten Eisenkern, umgeben von einem Mantel, der reich an Siliziumdioxid ist – derselbe Stoff, aus dem Glas, Quarz und Beton hergestellt werden.

Die Strahlung von der Sonne wehte die Gase noch weiter fort, sodass sie mit fernen Brocken eisigen Gesteins die vier Gasriesen bildeten: Jupiter, Saturn, Uranus und Neptun. Sie werden auch jupiterähnliche Planeten genannt. Ihre Helium- und Wasserstoffatmosphären verflüssigen sich allmählich, sodass diesen Planeten ausgeprägte Oberflächen fehlen. Sie haben felsige Kerne, die nicht unbedingt Miniplaneten sind, sondern vielmehr Zusammenballungen von Eisen und Nickel, durchsetzt von leichteren Elementen. Die Überreste der Planetenbildung wurden zu Asteroiden, Kometen und zu den Eiskörpern des

Kuipergürtels, Pluto und andere Zwergplaneten eingeschlossen, die zwar eine runde Form erreichten, aber niemals groß genug wurden, um alles wegzufegen, was ihnen im Weg stand.

Grenzen des Wissens
Der Begriff des Zwergplaneten ist noch relativ neu und muss vermutlich revidiert werden. Die Internationale Astronomische Union (IAU) degradierte Pluto 2006 zum Status eines Zwergs, nachdem man Eris, ein sogar noch größeres Objekt, im Kuipergürtel entdeckt hatte. Die IAU erkennt mittlerweile fünf Zwergplaneten an: Pluto, Eris, Haumea, Makemake (alle im Kuipergürtel jenseits von Neptun) sowie Ceres (einen Asteroiden). Womöglich gibt es viel mehr, aber selbst diese Gruppe ist nur provisorisch. Astronomen haben lediglich Ceres und Pluto genau genug studiert, um sich über ihren Status sicher zu sein.

Fakten  **zum Angeben**

• Sonnensysteme wie das unsere könnten vielmehr die Ausnahme und nicht die Regel sein. Von mehr als 300 entdeckten Planeten um ferne Sterne sind die meisten Gasriesen, die ihre Muttersterne in engen Bahnen umkreisen. Natürlich ist das auch die Art von Planet, die wir am besten aufzuspüren wissen.

• Die Grenzlinie zwischen einem Stern und einem Planeten ist ein wenig verschwommen. Astronomen entdeckten 2006 protoplanetare Scheiben um rund ein halbes Dutzend planetenähnlicher Objekte, deren Masse im Bereich vom Fünf- bis zum Fünfzehnfachen des Jupiters angesiedelt war. Die Forscher haben sich bis jetzt noch nicht geeinigt, ob sie eigenwillige Planeten oder «Braune Zwerge» sind, Protosterne, die zu klein waren, um eine ausreichende Kernfusion zuwege zu bringen.

MERKUR

Basics

Merkur ist der kleinste Planet im Sonnensystem, er ist nur 40 Prozent größer als der Mond der Erde und der Sonne am nächsten. Außerdem ist er der schnellste. Benannt nach dem geflügelten Gott aus der römischen Mythologie, umkreist er die Sonne in 88 Tagen. Von der Erde aus betrachtet, schwingt er ungefähr zweimal im Jahr am Himmel vor und zurück. Wie unser Mond ist Merkur von zahlreichen Einschlagkratern wie mit Narben übersät, da er so gut wie keine Atmosphäre hat, in der Meteoriten verbrennen könnten.

Ein Tag auf Merkur dauert zwei Erdjahre, Zeit genug, dass seine Tagseite auf 430 Grad Celsius aufgeheizt wird. Die Temperaturen auf der Nachtseite des Merkur stürzen auf −172 Grad Celsius ab. In den schattigsten Tiefen seiner Krater könnte sogar Eis verborgen sein.

Auf der Grundlage seiner Größe und Masse schätzen Forscher, dass Merkurs Kern hauptsächlich aus Eisen besteht, das mindestens 60 Prozent seiner Masse und 75 Prozent seines Durchmessers ausmacht. Merkur ist der einzige andere Felsenplanet im Sonnensystem außer der Erde, der ein Magnetfeld hat, was auf einen geschmolzenen äußeren Kern hinweist, der in fließender Bewegung elektrische Ströme erzeugt. Beim Abkühlen der geschmolzenen Schicht sollte der innere feste Kern anwachsen. Pures Eisen ist dichter als flüssiges Eisen, sodass der Kern insgesamt in Wirklichkeit schrumpfen müsste.

Grenzen des Wissens

Die Merkuroberfläche weist Belege für sein Schrumpfen in Form von verlängerten Klippen oder Steilhängen auf. Forscher vermuten, dass an diesen Orten die Oberfläche aufgebrochen ist, wobei ein Teil der Kruste unter einen andern Teil geglitten ist und ihn nach oben gedrückt hat. Andere Oberflächenmerkmale legen ehemalige vulkanische Aktivitäten nahe. Krater enthalten glatte Abschnitte von Felsgestein, das gehärtete Lava zu sein scheint. Beide Schlussfolgerungen wurden von Daten der NASA-Raumsonde MESSENGER (Mercury Surface, Space Environment, Geochemistry and Ranging; etwa: Sonde zur Messung der Merkuroberfläche, seiner Raumumgebung, Geochemie und der Entfernungen) bestätigt. Sie kam im Januar 2008 bis auf 200 Kilometer an ihn heran. Es war der erste Vorbeiflug am Merkur seit über 30 Jahren. MESSENGER ist die erste Raumsonde, die konstruiert wurde, um Merkur zu umrunden. Am 18. März 2011 trat sie in die Umlaufbahn ein.

Fakten  **zum Angeben**

• Die Kartierung von Merkur brachte Narben von 15 großen Einschlägen zum Vorschein. Dazu gehört das Calorisbecken mit einem Durchmesser von 1550 Kilometern. Womöglich hat es hier einen Asteroideneinschlag gegeben, der offenbar die Kruste auf der gegenüberliegenden Seite des Planeten angehoben und aufgebrochen hat.

• Sie wollen zum Merkur fliegen? Dann nehmen Sie Ihre Sonnenbrille mit, denn die Sonne erscheint Ihnen dort zweieinhalbmal größer als auf unserem Planeten.

★★★★★★★★★★★★★

VENUS

★★★★★★★★★★★★★

Basics
Einst Morgen- oder auch Abendstern genannt, ist Venus als zweiter, die Sonne umrundender Planet nach dem Mond das hellste Objekt am Nachthimmel. Aber obwohl Venus nach der römischen Göttin der Liebe und Schönheit benannt wurde, ist sie bei näherer Betrachtung ziemlich hässlich. Die gelblichen Wolken, die sie so hell erscheinen lassen, bestehen aus Schwefelsäuretröpfchen. An der Oberfläche erreichen die Temperaturen 482 Grad Celsius – heiß genug, um Blei zu schmelzen –, und der dort herrschende Druck entspricht dem Zustand 1000 Meter unter dem irdischen Meeresspiegel. Sonden, die auf Venus landeten, hielten nur wenige Stunden.

Venus ähnelt der Erde in Größe, Masse und Zusammensetzung. Als Opfer des stärksten Treibhauseffekts im Sonnensystem hat sie eine dichte, trockene Atmosphäre, die reich an Kohlendioxid ist und mehr Sonnenwärme abfängt als Merkur, was zu heißeren Temperaturen führt, obwohl sie doppelt so weit von der Sonne entfernt ist. Ohne den Treibhauseffekt, so vermuten die Wissenschaftler, ähnelte das Venusklima dem der Erde. Und tatsächlich könnte Venus einmal Ozeane gehabt haben. Die wären dann aber in der Wahnsinnshitze verdunstet.

Venus ist unsere nächste Nachbarin, zu der wir seit 1962 mehr als 20 Raumsonden geschickt haben. Es gab eine Zeit, als die Forscher glaubten, der Planet sei der beste Ort im Sonnensystem, um nach Leben Ausschau zu halten. Inzwischen wissen wir, dass er zu den vermutlich schlechtesten gehört.

Grenzen des Wissens

Die Sonde Venus Express der Europäischen Weltraumorganisation hat den Planeten seit 2006 umrundet und dabei einen riesigen atmosphärischen Wirbel in der Nähe des Südpols des Planeten entdeckt. Die NASA plant den Start des «Venus In-Situ Explorer», der auf der Venusoberfläche landen soll, um ein Loch in die Kruste zu bohren und Proben unter der vom Wetter mitgenommenen Oberfläche zu nehmen. Venus hat in den letzten Jahren erhöhte Aufmerksamkeit erlangt, weil sie als Extremfallstudie für die globale Erwärmung, die inzwischen die Erde beeinflusst, dienen könnte.

Das heißt nicht, dass wir wie Venus im ausgetrockneten Zustand enden müssen. Die Forscher glauben, dass die Sonne im Lauf vieler Millionen Jahre zuerst das Wasser der Venus verdunsten ließ und anschließend der Treibhauseffekt ins Spiel kam, weil weder Lebewesen noch geologische Reaktionen das Kohlendioxid absorbierten.

Fakten  **zum Angeben**

- Die rückläufige Rotation der Venus (sie dreht sich in umgekehrter Richtung zu ihrer Umlaufbewegung) hat zur Folge, dass auf ihrer Oberfläche die Sonne im Westen auf- und im Osten untergeht.
- Die Temperatur auf der Venus scheint nur mit zunehmender Höhe abzuweichen. Die Magellan-Sonde entdeckte eine reflektierende Substanz auf den höchsten Gipfeln des Planeten, was aussah wie Schnee. Die Wissenschaftler haben spekuliert, es könnte sich um das kondensierte Flement Tellur oder um Bleisulfid handeln.
- Radarbilder der Venusoberfläche zeigen einige große Krater, aber nur wenige kleine. Kleine Meteoriten würden in der dichten Atmosphäre verglühen.

ERDE

Basics

Unser Heimatplanet strotzt vor Superlativen: Die Erde ist der größte Felsplanet und der dichteste im Sonnensystem. Außerdem gibt es nur hier Wasser in flüssiger Form an der Oberfläche. Obendrein ist sie der einzige Himmelskörper, der bekanntermaßen Leben beherbergt. Meere bedecken 71 Prozent der Erdoberfläche, sie absorbieren die Sonnenwärme und tragen dazu bei, die Temperaturen stabil zu halten. Der Eisen-Nickel-Kern des Planeten erzeugt ein starkes Magnetfeld. Und unsere dichte Atmosphäre schützt das Leben vor tödlicher kosmischer Strahlung.

Bemerkenswert an der Erdatmosphäre ist ihr Sauerstoffgehalt (21 Prozent), den atmende Pflanzen und fotosynthetische Mikroben beisteuern. Der Rest besteht hauptsächlich aus Stickstoff (78 Prozent) mit Spuren von Argon (nahezu 1 Prozent), Wasserdampf und vor allem Kohlendioxid, das zur Erwärmung der Erdoberfläche beiträgt, indem es infrarotes Licht einfängt. Die felsige Oberfläche ist relativ jung und erneuert sich selbst regelmäßig durch die Verschiebung tektonischer Platten in der Erdkruste. Die Rotationsachse des Planeten ist um 23,4 Grad zur Vertikalen geneigt, was im Lauf des Jahres zu geringfügigen Temperaturabweichungen auf dem Globus führt – die Ursache der Jahreszeiten.

Die Geschichte des Lebens auf der Erde hängt davon ab, wie schnell sich der Planet nach seiner Entstehung vor 4,5 Milliarden Jahren zu einem bewohnbaren Ort entwickelte. Das früheste

Anzeichen für Leben stammte – wenn es auch ziemlich flüchtig war – von Steinen aus Grönland, die 3,8 Milliarden Jahre alt sind. Sie haben etwas mehr Kohlenstoff-12 als Kohlenstoff-13, was auf die Arbeit mikroskopischen Lebens hinzuweisen scheint.

Grenzen des Wissens

Früher glaubten die Wissenschaftler, die Erde sei die ersten 700 Millionen Jahre lebensfeindlich gewesen. Diese Periode nannte man Erdurzeit oder Hadaikum in Anlehnung an den Hades, das griechische Wort für Hölle. Als dann mit einem Kometenbombardement große Mengen Eis auf die Erde kamen, die schmolzen und zu unseren Meeren wurden, muss sich das Leben rasch entwickelt haben, was ein wenig suspekt klang. Aber in den letzten Jahren haben Studien kleiner Zirkonkristalle aus Australien diese Ansicht revidiert. Untersuchungen dieser 4,2 Milliarden Jahre alten Mineralien, die zu den ältesten bekannten Steinen gehören, legen nahe, dass die Erde vor 4,2 Milliarden Jahren sowohl Meere als auch Kontinentalplatten hatte, sodass dem Leben mehr Zeit zur Entwicklung blieb.

Fakten  zum Angeben

- Bis zu 90 Prozent der Erdwärme stammen aus dem radioaktiven Zerfall von Elementen wie Kalium-40, Uran-235, Uran-238 und Thorium-232.
- Der Himmel ist blau, weil blaues Licht von der Sonne stärker streut als andersfarbiges Licht, wenn es auf Gasmoleküle in der Atmosphäre trifft. Aus dem Weltall betrachtet, erscheint die Sonne weniger blau und mehr orange.
- Die Kontinente verschieben sich um einige Zentimeter pro Jahr, was sich mit dem Wachstum von Fingernägeln vergleichen lässt.

MOND

Basics

Der auffälligste Himmelskörper nach der Sonne ist der Mond. Er machte einen so gewaltigen Eindruck auf die Menschen, dass unsere Vorfahren schon mit ihren ersten Rechenübungen anfingen, den Zeitverlauf auf der Grundlage seiner regelmäßigen Zyklen zu messen (er braucht 29,5 Tage, um an denselben Ort am Himmel zurückzukehren). Bis heute ist er der einzige Ort im Sonnensystem außerhalb der Erde, auf den wir unseren Fuß gesetzt haben, und wahrscheinlich werden wir dorthin zurückkehren, bevor wir irgendwo anders hinfliegen werden.

Zwei wesentliche Oberflächenarten geben dem Mond das unverwechselbare Aussehen: alte, hellfarbige Hochländer (Terrae genannt) im Kontrast zu glatten, dunklen Tiefebenen (Maria genannt). Sie bildeten sich, als gewaltige Krater mit Lava überschwemmt wurden. Wahrscheinlich kam mit Kometeneinschlägen im Lauf der Zeit etwas Wasser auf die Mondoberfläche. Die meisten dieser Wassermoleküle wurden vermutlich vom Sonnenlicht in Sauerstoff und Wasserstoff gespalten und dann ins Weltall ausgeworfen, aber es ist auch möglich, dass Eis in einigen der tiefsten Krater in der Nähe der Pole schlummert, wohin das Sonnenlicht nie vordringt.

Forscher glauben, der Mond sei vor rund 4,5 Milliarden Jahren entstanden, als ein Asteroid oder ein kleiner Protoplanet auf der Erde einschlug und dabei ein Stück unseres sich gerade bildenden Planeten abbrach. Da der Mond praktisch keine Atmosphäre und kein Magnetfeld besaß, die ihn vor den Gefahren aus dem

Weltall hätten schützen können, wurde er zu einer bequemen Zielscheibe für Meteoriten. Mehr als eine Million der Krater, von denen der Mond übersät ist, haben einen Durchmesser von 800 oder mehr Metern.

Grenzen des Wissens
Obwohl wir den Mond zuletzt 1972 besuchten, kündigte die NASA 2006 Pläne an, eine permanente Basis in der Nähe der Pole zu bauen, wo Wissenschaftler und Astronauten nach natürlichen Ressourcen suchen, ausgedehnte Experimente durchführen und sich auf künftige Marsmissionen vorbereiten könnten. Die USA starteten am 18. Juni 2009 die Mondsonde Lunar Reconnaissance Orbiter (LRO). Sie soll den Weg für eine Mondstation bereiten, die schon 2020 fertig sein könnte.

Die Sonde wird ein zweites Raumfahrzeug an Bord haben, das konstruiert wurde, um in den Südpol des Mondes einzuschlagen und etwaiges verborgenes Wassereis zu entdecken.

Fakten  **zum Angeben**
• Der Mond weicht jährlich vier Zentimeter weiter von der Erde ab – eine Auswirkung der Gezeiten. Die Erdrotation verlangsamt sich aus demselben Grund um einen kleinen Betrag. Wissenschaftler glauben, ein Erdtag habe einmal fünf bis sechs Stunden gedauert. Geben Sie also dem Mond die Schuld für die augenblickliche Länge des Arbeitstags.
• Der Mond hat einen der größten Einschlagkrater im Sonnensystem. Das Südpol-Aitken-Becken, das auf der Mondrückseite in dessen südlicher Hemisphäre liegt, hat einen Durchmesser von 2240 Kilometern und ist 13 Kilometer tief.

MARS

Basics

Der vierte, um die Sonne kreisende Planet ist der Mars. Sein Spitzname lautet Roter Planet, weil sein roter Farbton sogar mit dem bloßen Auge zu erkennen ist. Diese Farbgebung stammt von oxidierten Eisenmineralen – Rost im wahrsten Sinn des Wortes – in Gestein und Boden seiner Oberfläche. Kräftige Marswinde verstärken die rote Farbe noch, wenn sie Staub in die dünne trockene Atmosphäre blasen.

Nach planetarischen Maßstäben ist das Marsklima relativ mild. Die Oberflächentemperaturen erreichen durchschnittlich frostige −65 Grad Celsius und Tiefsttemperaturen bis zu −128 Grad im Winter, aber an Sommertagen kann es bis zu 26 Grad warm werden.

Hätte der Mars Nationalparks, wären die Eintrittspreise wahrscheinlich deftig. Die Marslandschaft beherbergt die höchsten Berge und die tiefsten Schluchten des Sonnensystems. So ist zum Beispiel Olympus Mons, ein inaktiver Vulkan, 26 400 Meter hoch, sein Durchmesser misst sogar fast 600 Kilometer. Die Valles Marineris (Mariner-Täler) sind fast 4000 Kilometer breit und 7 Kilometer tief.

Eiskappen an beiden Polen verweisen auf eine feuchte Marsvergangenheit. Trockene Flussbetten und uralte Überschwemmungsebenen nähren die Vorstellung einer längeren Periode vor etwa drei bis vier Milliarden Jahren, als flüssiges Wasser weit verbreitet war. Heute ist der Planet zu kalt und zu trocken, um für flüssiges Wasser an der Oberfläche geeignet zu sein, aber die

Forscher hoffen noch immer, es könnte unter der Oberfläche versteckt sein. Und vielleicht findet man dann sogar Beweise für Leben in der Vergangenheit des Planeten.

Grenzen des Wissens
Der Mars hat mehr Roboter-Besucher auf seiner Oberfläche oder in der Umlaufbahn gesehen als jeder andere Planet im Sonnensystem, wenn man einmal von der Erde absieht. Die Rover Spirit und Opportunity der Sonde Mars Explorer werkeln seit der Landung 2004 noch immer auf der staubigen Marsoberfläche herum. Sie haben den zwingenden Beweis erbracht, dass der Mars große stehende Gewässer in der Vergangenheit hatte. Der Mars Reconnaissance Orbiter knipste 2007 Bilder von verdächtig schlängelnden Lawinen, die durch Rinnen flossen (wobei es sich vielleicht um Wasser, vielleicht aber auch um feinen Staub handelte), während 2008 das Landefahrzeug Mars Phoenix in der Nähe des Nordpols aufsetzte, wo es die Anwesenheit von Eis unter dem Boden bestätigte. Im November 2011 ist das Mars Science Laboratory gestartet. Dieser aufgemotzte Rover ist mit einem Laser ausgestattet, der die chemische Zusammensetzung von Steinen in zwölf Metern Entfernung untersuchen soll.

Fakten  **zum Angeben**
• Der Mars hat zwei unregelmäßig geformte Monde namens Phobos und Deimos, die vermutlich eigenwillige Asteroiden sind, die aus dem benachbarten Asteroidengürtel angezogen wurden. In 30 bis 80 Millionen Jahren wird Phobos entweder auf die Marsoberfläche aufschlagen oder, was wahrscheinlicher ist, auseinanderbrechen, um einen Planetenring zu bilden.

- Ein gigantischer Asteroid scheint vor mehr als vier Milliarden Jahren in den Mars eingeschlagen zu sein. Dabei hat er eine 33 Kilometer tiefe elliptische Senke – die «hemisphärische Dichotomie» – zurückgelassen, die 42 Prozent des Planeten ausmacht.

ASTEROIDEN

Basics

Asteroiden sind die Krümel des Sonnensystems: trockene, staubige Gesteins- und Eisenbrocken, die im Weltall schweben. Die meisten bekannten Asteroiden umkreisen die Sonne in einem Gürtel zwischen Mars und Jupiter, wo sie ständig zusammenstoßen. Astronomen haben fast 300 000 von ihnen entdeckt, gehen aber von einer Milliarde und mehr aus. Sie schwanken in der Größe zwischen Ceres, die rund ist und einen Durchmesser von 975 Kilometern hat, bis zu Objekten, die nicht viel größer sind als ein paar Straßenzüge. Andere Asteroiden waren anfangs womöglich einmal rund, wurden dann aber zu kleineren Formaten zerrieben. Insgesamt macht ihre Masse einen Bruchteil der Mondmasse aus.

Die Erde zeigt so manche Narbe von Asteroideneinschlägen, wie etwa den Chicxulub-Krater, eine 175 Kilometer breite Formation an der Küste der mexikanischen Halbinsel Yucatán, der Wissenschaftler die Schuld am Aussterben der Dinosaurier geben. Sie glauben, der Krater stamme von einem zehn Kilometer breiten Asteroiden, der vor 65 Millionen Jahren auf der Erde einschlug und dabei eine Staubwolke aufwirbelte, die den Himmel verdunkelte und den Globus abkühlte.

Tausende von Asteroiden kreuzen die Erdumlaufbahn oder kommen ihr zumindest nahe. Himmelsbeobachter haben fast 1000 dieser erdnahen Objekte – wenn Sie Raumfahrtfans beeindrucken wollen, sprechen Sie von NEOs (Near Earth Objects) – als potenziell gefährliche Asteroiden eingestuft. Sie sind per definitionem größer als eineinhalb Kilometer und rücken der Erdumlaufbahn bis zu 7,5 Millionen Kilometer auf die Pelle. Die Forscher hoffen, dass sie mit ihrer Überwachung die Bedrohung eines Einschlags vorhersagen können.

Grenzen des Wissens
Die NASA-Raumsonde Dawn ist auf einer achtjährigen Mission. Im Sommer 2011 traf sie mit dem Asteroiden Vesta zusammen, während sie dem Zwergplaneten Ceres 2015 begegnen soll. Das sind zwei der größten Asteroiden in dem Gürtel zwischen Mars und Jupiter. Dawn ist so ausgelegt, dass sie Form, geologische Geschichte und die Zusammensetzung der Himmelskörper untersuchen kann. Dazu gehört auch die Suche nach wasserführenden Mineralien. Falls Asteroiden tatsächlich das Saatgut der Planetenbildung sein sollten, wovon die Forscher ziemlich überzeugt sind, sollte die Studie ein besseres Bild dieser frühen Planetenkrümel ergeben.

Fakten  **zum Angeben**
• Ceres wurde 1801 entdeckt und ein halbes Jahrhundert lang als Planet betrachtet, bevor Wissenschaftler das Asteroiden-Konzept entwickelten.
• Die NASA behauptet, sie habe mindestens 168 Fehler in dem Weltuntergangsfilm Armageddon gefunden, in dem es um einen Asteroiden geht und den sie für ihr Managementtraining benutzt. Unter anderen hätte ein Asteroid keine erdähnliche Gravitation, und mit einem Shuttle auf einem zu landen, sei völlig undenkbar.

METEORE

Basics

Meteoroiden ist ein vager Sammelbegriff für kleine Steine aus dem Weltall, zu denen auch Bruchstücke von Asteroiden und Kometen zählen, aber auch die seltenen Steine, die vom Mars oder vom Mond fortgesprengt werden. Jeder abgebrochene Meteoroid beginnt seine eigene, höchst unregelmäßige Umlaufbahn um die Sonne. Wenn einer dieser Steine, von einem Blitz begleitet, durch die Erdatmosphäre saust, wird er Meteor (Sternschnuppe) genannt. Sollte er die Reise überleben und auf die Erde fallen, nennt man ihn einen Meteoriten.

Überbleibsel von Kometen bewegen sich häufig gemeinsam auf einer Umlaufbahn und erzeugen leuchtende Meteorschauer, wenn sie in unsere Atmosphäre eintreten. Der Perseiden-Meteorstrom findet jedes Jahr zwischen dem 9. und 13. August statt, wenn die Erde den Orbit des Kometen Swift-Tuttle kreuzt. Der Halleysche Komet ist der Ursprung des Orioniden-Meteorstroms im Oktober.

Meteore werden normalerweise in 65 bis 120 Kilometern Höhe gesehen. Sie können mit bis zu 70 Kilometern in der Sekunde mit der Erde zusammenstoßen. Wenn ein solcher Stein in die Erdatmosphäre eintritt, ionisiert er Luftmoleküle und hinterlässt einen leuchtenden Streifen, der Ionisationsspur genannt wird. Wenngleich diese hellen Blitze bis zu 45 Minuten dauern können, sind die meisten, in der Atmosphäre verbrennenden Meteore so groß wie Sandkörner und verursachen überhaupt kein Feuerwerk.

Trotz eingeschränkter Sicht stehen wir unter kontinuierlichem Bombardement: Es wird geschätzt, dass diese winzigen Meteoroiden alle paar Sekunden in die Atmosphäre eintreten.

Grenzen des Wissens
Meteoroiden können Sie krank machen. Im September 2007 erleuchtete ein Meteor den Himmel und hinterließ in der Nähe des Titicacasees in Peru einen Krater von zwanzig Metern Durchmesser und fünf Metern Tiefe. Innerhalb weniger Tage wurden Menschen in einer nahegelegenen Stadt krank. Sie litten unter schwerer Benommenheit, Schwindelgefühl, Erbrechen und Hautverletzungen. Tödliche Mikroben aus dem Weltall? Nein. Wie sich herausstellte, verdampfte der Meteor einen Teil eines unterirdischen, arsenverseuchten Wasserreservoirs. Der Arsendampf wurde vom Wind fortgetragen, streifte die Schaulustigen und Stadtbewohner und machte sie krank.

Fakten  **zum Angeben**
• Kleine Meteoroiden können sich zu einer echten Bedrohung für Raumsonden entwickeln. Das Hubble-Weltraumteleskop hat 572 Dellen und Narben von Meteoroideneinschlägen. Es gibt einen NASA-Mitarbeiter, dessen Aufgabe es ist, diese Einschläge zu simulieren, indem er künstliche Meteoriten aus einer großen Kanone abfeuert.

JUPITER

Basics

Der Jupiter ist mehr als doppelt so massereich wie alle anderen Planeten zusammengenommen. Käme noch mehr Materie hinzu, würde sie ihn nur zusammendrücken und dichter machen, statt bloß seinen Durchmesser zu vergrößern. Jupiter ist aus den Urelementen des Sonnennebels zusammengesetzt, der die Sonne erschuf: 90 Prozent Wasserstoff und 10 Prozent Helium. Wäre Jupiters Masse 80-mal größer, würden die Wasserstoffkerne in seinem Kern mit der Kernfusion beginnen. Größe und Energie des Planeten nähmen dabei exponentiell zu, bis er sich in einen Stern verwandelt hätte.

Würden Sie tief ins Innere des Jupiters reisen, wo die Temperaturen bis auf 11 000 Grad Celsius steigen und die Drücke vier Millionen Mal stärker als auf der Erde sind, träfen Sie eine elementare Rarität an: flüssigen metallischen Wasserstoff. Dies geschieht nur, wenn Wasserstoffatome auseinandergerissen werden, sodass Elektronen frei fließen. Die daraus resultierenden elektrischen Ströme erzeugen ein gewaltiges Magnetfeld, das bis über den Saturn hinausreicht.

Nur Jupiters oberste Wasserstoff- und Heliumschichten sind auf seiner aufgewühlten Oberfläche sichtbar. Seine extreme Rotation (ein Jupitertag dauert 10 Stunden) wirbelt starke Turbulenzen auf, die seine Atmosphäre in parallele Sturmbänder aufbricht. Der berühmteste dieser Stürme ist der Große Rote Fleck, der groß genug ist, um die Erde viermal zu verschlingen, und der wahrscheinlich bereits seit 300 Jahren wütet.

Grenzen des Wissens

Der Jupiter ist, für sich allein betrachtet, schon ein kleines Planetensystem. Man kennt 63 Monde, von denen die meisten nach den zahlreichen Geliebten des Zeus benannt sind. Bei den Römern hieß Zeus Jupiter. Die Monde könnten unterschiedlicher kaum sein: Die aggressive Io kann aktive Vulkane vorweisen, die Schwefelfahnen viele hundert Kilometer weit in den Weltraum speien; Callisto ist das vernarbteste Objekt im ganzen Sonnensystem, während Ganymed der größte Mond ist – größer noch als der Planet Merkur. Am bezauberndsten ist vielleicht Europa. Die Forscher glauben, der Jupitermond beherberge einen ausgedehnten Wasserozean unter seiner eisig glatten Oberfläche, die mit braunen Rissen übersät ist. Geothermische Energie aus dem Inneren des Mondes könnte eine hervorragende Brutstätte des Lebens sein. Die NASA testet bereits ein 1,7 Millionen Euro teures Tauchfahrzeug, um voraussichtlich im Jahr 2028 nachschauen zu können.

Fakten zum Angeben

• *Jupiter muss immer noch von seiner Entstehung abkühlen. Er gibt ungefähr 70 Prozent mehr Wärme ab, als er von der Sonne aufnimmt. Sie geht auf eingeschlossene infrarote Strahlung zurück.*

• *Selbst wenn der Große Rote Fleck verblassen sollte, könnten künftige Generationen es mit einem neuen Supersturm zu tun bekommen. 1999 entdeckte die NASA einen «großen weißen Fleck» von ungefähr der halben Größe des Großen Roten Flecks, der sich aus einer Ansammlung kleinerer Stürme bildete. 2006 war der wachsende Sturm rot geworden.*

SATURN

Basics
Wenige außerirdische Sehenswürdigkeiten erregen so viel Staunen wie Saturns leuchtende Ringe. Berücksichtigt man noch eine fast makellose «Hautfarbe» – blassgelb und sahnig –, dann ist der Saturn mit Abstand der fotogenste Planet im Sonnensystem. Aber der Planet hat noch mehr zu bieten als nur ein plakatives Aussehen. Der Saturn ist aus demselben Material zusammengesetzt wie Jupiter und dreht sich so schnell, dass er am Äquator anschwillt und an den Polen abflacht. Dadurch entsteht eine längliche Form. Er ist der zweitgrößte Planet im Sonnensystem, aber auch der Himmelskörper mit der geringsten Dichte. Der Saturn würde im Wasser schwimmen, fände man einen ausreichend großen Ozean, um ihn dort einzutauchen.

Wie Jupiter hat auch Saturn zahlreiche Satelliten (60 sind bestätigt) und ein Inneres aus flüssigem metallischem Wasserstoff, der einen kleinen felsigen Kern umgibt. Er erzeugt ähnliche Wolkenbänder und Sturmflecken, aber sie sind auf der vanilleähnlichen Oberfläche, dem Produkt vernebelten Ammoniaks, schwer zu unterscheiden.

Die berühmten Ringe des Saturns haben einen Durchmesser von vielen hunderttausend Kilometern, sind aber nur wenige Meter dick. Sie bestehen hauptsächlich aus mikroskopischen Wassereisteilchen (manche sind so groß wie Autos) und bleiben durch die Gravitation und wegen einiger «Schäfermonde» an Ort und Stelle. Die Ringe könnten sich zur Zeit der Dinosaurier auf der Erde aus einem zerfallenden Mond gebildet haben.

Grenzen des Wissens

Der faszinierendste Saturnmond ist Titan, der zweitgrößte Mond im Sonnensystem hinter dem Jupitermond Ganymed. Er ist größer als Merkur und dichter als Pluto und der einzige Mond in unserem Sonnensystem mit einer nennenswerten Atmosphäre. Außerdem ist er der einzige Ort im Sonnensystem, abgesehen von der Erde, mit Flüssigkeiten auf der Oberfläche. Als nämlich die NASA-Mission Cassini-Huygens 2004 unter Titans orangen Himmel vordrang, entdeckte man zwar nicht den Methanozean, auf den viele Forscher gesetzt hatten, aber dafür kamen an den Polen des Monds ganze Seen flüssigen Kohlenwasserstoffs zum Vorschein. Jüngste Funde weisen darauf hin, dass Titan 50 bis 145 Kilometer unter seiner Oberfläche einen Ozean mit flüssigem Wasser haben könnte.

Fakten  **zum Angeben**

- Die Ringe des Saturns haben eine Art Atmosphäre aus molekularem Sauerstoff, der entsteht, wenn ultraviolettes Sonnenlicht mit Wassereis in den Ringen reagiert.
- Wie beim Titan nimmt man auch beim Saturnmond Enceledus an, er verberge Wasser unter seiner Oberfläche. Jüngste Beobachtungen legen nahe, dass frostige Vulkane auf seiner Oberfläche regelmäßig Eiskristalle ins Weltall ausstoßen, wo sie vermutlich die Saturnringe verjüngen und auffrischen.
- Durch einen seltsamen Mechanismus erzeugt der Saturn so viel Wärme, wie er von der Sonne bekommt: nämlich durch Reibung von Tröpfchen flüssigen Heliums, das durch die metallische Schicht des Planeten fällt.

URANUS

Basics

Uranus ist der drittgrößte Planet im Sonnensystem. Im Gegensatz zu Jupiter und Saturn macht Wasserstoff nur 15 Prozent der Masse des Uranus aus. Helium ist nur in winzigen Mengen vorhanden. Beide Elemente sind in der Atmosphäre konzentriert, die blassbläulich glüht, weil hoch stehende Methanwolken das Licht auf ähnliche Weise streuen wie die Erdatmosphäre. Im Mittelpunkt des Planeten befindet sich ein felsiger, eisiger Kern, nicht viel größer als die Erde und umgeben von dichten Schichten aus Wasser, Methan und Ammoniak.

Uranus strahlt recht wenig Wärme ab und empfängt auch wenig Wärme von der Sonne (ein Vierhundertstel der Intensität des Sonnenlichts auf der Erde), womit er zum kältesten Planeten im Sonnensystem avanciert. Seine atmosphärische Temperatur fällt bis auf –223 Grad Celsius ab. Einige Wissenschaftler vermuten, eine frühe Kollision mit einem Protoplaneten von der Masse der Erde könnte den größten Teil des warmen Uranuskerns weggerissen haben.

Dieselben Zusammenstöße könnten für das seltsamste Merkmal des Planeten verantwortlich sein: Seine Rotationsachse liegt nämlich auf der Seite, und ein Pol zeigt in Richtung Sonne. Während sich alle anderen Planeten wie Kreisel drehen, dreht sich Uranus wie ein rollender Ball. Jeder Pol empfängt 42 Jahre lang kontinuierlich Sonnenlicht, gefolgt von 42 Jahren der Dunkelheit.

Grenzen des Wissens

Uranus war der zweite Planet, der den Astronomen seine Ringe zeigte und dadurch bewies, dass sie ein gemeinsames Merkmal sind. Die 13 bekannten Ringe des Planeten sind dunkel und bestehen aus Staub- und Gesteinsteilchen, die womöglich von einem zerstörten Mond stammen. Jüngste Forschungen weisen auf eine dramatische Veränderung der Ringe hin, was sogar schon die Beobachtungen von Voyager 2 aus dem Jahr 1986 aufgedeckt hatten. Teleskope, die 2007 auf den Planeten gerichtet wurden, zeigten, dass sich einer der Hauptringe des Uranus einige tausend Kilometer von seiner ursprünglichen Position entfernt hatte.

Fakten  **zum Angeben**

- Uranus braucht für eine Umrundung der Sonne 84 Jahre.
- Uranus ist manchmal, in außergewöhnlich klaren und dunklen Nächten, gerade noch mit bloßem Auge sichtbar. Als der Astronom William Herschel ihn 1781 erstmals identifizierte, glaubte er, einen Kometen entdeckt zu haben.
- Man kennt 27 Uranusmonde. Bis auf einen sind alle nach Shakespeare'schen Figuren benannt (Miranda, Titania, Oberon etc.). Alle anderen Monde im Sonnensystem haben ihre Namen von griechischen Göttern.

★ ★ ★ ★ ★ ★ ★ ★ ★ ★ ★ ★ ★

NEPTUN

★ ★ ★ ★ ★ ★ ★ ★ ★ ★ ★ ★ ★

Basics

Passend zum römischen Meeresgott, nach dem Neptun benannt wurde, ist der achte und letzte Planet ein stürmischer Ort, Heimat der schnellsten Winde im Sonnensystem. Sie können über 2000 Kilometer pro Stunde erreichen. Neptun hat die Masse von 17 Erden und ist damit geringfügig größer und dichter als Uranus, was ihn auf den dritten Rang der massereichsten Planeten im Sonnensystem befördert.

Als Voyager 2 im Jahr 1989 am Uranus vorbeiflog, beobachteten Kameras in Äquatornähe einen Sturm von mehreren tausend Kilometern Breite, den man «Großer Dunkler Fleck» nannte. Ein kleinerer dunkler Fleck wurde im Süden ausgemacht. Als das Hubble-Weltraumteleskop 1994 erneut nachschaute, war der Große Dunkle Fleck verschwunden und von einem ähnlichen Sturm in der nördlichen Hemisphäre ersetzt worden.

Wie beim Uranus liegt auch unter Neptuns Atmosphäre ein Mantel aus Wasser, Methan und Ammoniak, der einen kleinen felsigen Kern umgibt. Die Wissenschaftler definieren den Mantel zwar als Eis, dabei ist er in Wirklichkeit eine dichte, elektrisch leitende Flüssigkeit. Die Forscher glauben, Neptun habe ein vielfältigeres Klima als Uranus, weil er mehr innere Energie erzeugt. Wie er das bewerkstelligt, ist noch unbekannt.

Neptun braucht 165 Jahre, um einmal die Sonne zu umkreisen. 2011 hat er seinen ersten vollständigen Zyklus um die Sonne seit seiner Entdeckung 1846 vollendet. Er hat 13 Monde und ein undeutliches Ringsystem, das wegen einer Kohlenstoff-

oder Silikatstaubschicht auf den eisigen Ringteilchen, aus der Nähe betrachtet, rot erscheinen könnte.

Grenzen des Wissens
Neptun ist 4,5 Milliarden Kilometer von der Sonne entfernt, 30-mal so weit wie die Erde von der Sonne, sodass es unmöglich ist, ihn mit bloßem Auge zu sehen. Die Astronomen schlossen auf seine Existenz aus Unregelmäßigkeiten in der Umlaufbahn von Uranus. Aber selbst bei einer derart großen Entfernung zur Sonne können minimale Abweichungen von der Sonnenerwärmung zu Jahreszeiten führen. Seit 1980 ist Neptun kontinuierlich heller geworden, und im Lauf des letzten Jahrzehnts sind seine Wolkenbänder ebenfalls breiter und heller geworden. Sollte es auf Neptun tatsächlich jahreszeitliche Veränderungen geben, sollte der Planet eigentlich noch in unserer Lebenszeit immer heller werden.

Fakten  **zum Angeben**

- Triton, der größte der 13 Neptunmonde, ist der kälteste Himmelskörper im Sonnensystem. Bei −235 Grad Celsius sind Methan, Stickstoff und Kohlendioxid gefrorene Feststoffe. Saisonabhängige Erwärmung durch die Sonne bringt die Eisvulkane auf Triton dazu, flüssigen Stickstoff auszuspeien, der sich unter der Oberfläche des felsigen Mondes befindet.
- Das von den Neptunpolen entweichende Methan schwebt hoch genug in der Atmosphäre, um weiße Wolkenfetzen zu bilden, die nicht viel anders aussehen als Zirruswolken auf der Erde. Aber auf dem stürmischen Neptun bewegen sich diese Wolken schneller als der Schall.

PLUTO UND DER KUIPERGÜRTEL

Basics

Pluto wurde 1930 entdeckt und galt lange Zeit als der neunte Planet. Dennoch ist er stets ein Außenseiter geblieben. Pluto ist 2240 Kilometer breit oder hat, anders ausgedrückt, zwei Drittel der Größe unseres Mondes. Und seine Umlaufbahn um die Sonne ist so geneigt, dass sie 20 Jahre lang Neptuns Orbit auf dessen 249 Jahre dauernden Reise um die Sonne kreuzt. (Zwischen 1979 bis 1999 war Pluto der Sonne näher als Neptun.)

Forscher glauben inzwischen, Pluto sei nur einer von vielen zehntausend gefrorenen, kometenähnlichen Steinen, die jenseits von Neptun in einer Region, die Kuipergürtel (reimt sich auf «Kneiper») genannt wird, die Sonne ununterbrochen umrunden. Seit 1992 haben Wissenschaftler rund 70 000 Kuipergürtelobjekte entdeckt, die einen Durchmesser haben, der größer ist als 100 Kilometer. Dazu gehören die Zwergplaneten Haumea und Makemake.

Der Kuipergürtel erstreckt sich in einer Region, die 55-mal weiter von der Sonne entfernt ist als die Erde. Jenseits davon befindet sich eine andere Gruppe von Steinen, die gestreute Kuipergürtelobjekte genannt werden. Dieser Gürtel hat den doppelten Umfang des Kuipergürtels. Unter den gestreuten Kuipergürtelobjekten gibt es mehr unregelmäßige Umlaufbahnen, und sie könnten die Quelle einiger Kometen sein.

2002 entdeckten Astronomen Eris, ein gestreutes Kuipergürtelobjekt, das 5 Prozent größer ist als Pluto und das für kurze Zeit als zehnter Planet galt. Aufgrund dieser Entdeckung entschied sich die Internationale Astronomische Union dafür, Pluto und Eris zurückzustufen und sie in die neue Kategorie der Zwergplaneten einzuordnen, die jetzt «Plutoide» genannt werden.

Grenzen des Wissens

Es fällt schwer, Details über Pluto zusammenzutragen. Er ist so klein und so weit entfernt, dass selbst das Hubble-Weltraumteleskop nur sich voneinander abhebende helle und dunkle Bereiche auf seiner Oberfläche ausmachen kann. Forscher spekulieren, sie könnten von ungleichmäßigen Konzentrationen gefrorener Gase wie Kohlenstoff und Stickstoff stammen. Um mehr herauszufinden, startete die NASA im Frühjahr 2006 ihre Mission New Horizons. Die Raumsonde schafft 80 000 Kilometer pro Stunde und soll Pluto 2015 erreichen, um Bilder zu knipsen und detaillierte Daten über Plutos Zusammensetzung, über die geologischen Kräfte, die seine Oberfläche gestalten, und über seine Atmosphäre zu sammeln.

Fakten  **zum Angeben**

• Astronomen entdeckten 1978, dass Pluto einen Begleiter hat, der halb so groß ist wie er selbst. Man nannte ihn Charon. Mit dem Einsatz des Hubble-Teleskops 2005 fand man noch zwei weitere Satelliten namens Nix und Hydra. Alle vier Objekte könnten Fragmente eines ehemaligen Felsbrockens gewesen sein.

• Eris war eigentlich Xena genannt worden, inspiriert von der Hauptdarstellerin der Fernsehserie Xena – Die Kriegerprinzessin, gespielt von der Schauspielerin Lucy Lawless. Sie wurde dann in Eris umbenannt (nach der griechischen Göttin des Streits und der Zwietracht), aber ihr Mond hält die Verbindung zur Fernsehserie aufrecht: Dysnomia bedeutet gesetzlos («lawless»).

KOMETEN

Basics

Kometen sind die Bummler des Sonnensystems. Als Überbleibsel des Rohmaterials, aus dem sich die Planeten bildeten, sind sie lose, unregelmäßig geformte Klumpen aus Eis, Staub und kleinen Felsbrocken, die einen Durchmesser von bis zu sechzehn Kilometern haben.

Meistens ähneln die Kometen Asteroiden. (Und in der Tat könnten manche Asteroiden tote Kometen sein.) Aber wenn ein Komet in einigen hundert Millionen Kilometern Entfernung an der Sonne vorbeifliegt, verdunstet die Sonneneinstrahlung das Eis auf seiner Oberfläche in eine Wolke, die sich bis zu einer Länge von 100 000 Kilometern ausdehnen kann. Hinzu kommt ein blauer Schweif, der bis zu 100 Millionen Kilometer lang werden kann.

Manche Kometen brauchen nur wenige Jahre, um die Sonne zu umkreisen. Diese Projekte stammen vermutlich aus dem Kuipergürtel oder aus der gestreuten Wolke jenseits des Gürtels, wo sich die eisigen Felsbrocken jenseits von Neptun gruppenweise tummeln. Kollisionen mit anderen Kometen oder die Gravitation der äußeren Planeten könnten sie in das innere Sonnensystem schubsen.

Kometen reisen häufig in annähernd elliptischen Umlaufbahnen, und auf einem Abschnitt dieser Bahn kommen sie der Sonne recht nahe. Oder sie kommen auf ihrem Weg aus dem Sonnensystem heraus nur einmal dort vorbei. Forscher vermuten, diese vereinzelten Besucher stammten aus einer noch weiter entfernten Region, nämlich aus der sogenannten Oort'schen Wolke, die 100-mal weiter entfernt ist als der Kuipergürtel und wo Kometen von der Gravitationsanziehung benachbarter Sterne abhängig sind.

Grenzen des Wissens
Stets haben die Menschen Kometen am Himmel gesehen. Von alters her galten sie als Omen. Selbst heute wissen wir recht wenig über sie. So kennen wir nicht einmal ihren genauen Eisgehalt. Sie gehören zu den dunkelsten Objekten im Weltall. Die NASA-Sonde Deep Space 1 flog 2001 am Kometen Borrelly vorbei und bestätigte, dass dessen Oberfläche mehr Licht absorbiert als Asphalt. 2005 feuerte die NASA-Mission Deep Impact einen waschmaschinengroßen, sogenannten Impaktor (etwa: Aufprallgeschoss) in den Kometen Tempel 1. Die Explosion entsprach 5 Tonnen TNT und beförderte mehr als 1000 Tonnen Kometenmaterial ins All. Die Wissenschaftler folgerten daraus, dass der Komet zu ungefähr 75 Prozent aus leerem Raum mit der Konsistenz von Zitronenbaiser bestand. Mhhh … Zitronenbaiser.

Fakten  **zum Angeben**
- Kometen stoßen häufig mit Planeten und mit anderen Körpern auf Umlaufbahnen zusammen. Der Komet Shoemaker-Levy zerbrach in viele hundert Stücke, bevor er 1994 auf den Jupiter stürzte. Wissenschaftler glauben, ein Bruchstück des Kometen Encke könnte 1908 das Tunguska-Ereignis verursacht haben, das Bäume platt walzte und ein Gebiet von rund 1500 Quadratkilometern vernichtete.
- Kometen verlieren mit jeder Umrundung Masse, was sich jähr-

lich auf Material von etwa einem Meter achtzig Länge beläuft. Der Komet Borrelly, der die Sonne alle sieben Jahre umrundet, hat einen Durchmesser von 3,2 Kilometern, und falls er weiter auf seinem Pfad bleibt, wird er in 6000 Jahren auf nichts zusammengeschrumpft sein.

KAPITEL SECHS
DAS GEHEIME LEBEN DER STERNE

STERNE

Basics

Sterne sehen aus wie Punkte am Himmel, aber Astronomen können Alter, Masse und Zusammensetzung von Sternen herausfinden, indem sie deren Bewegung durchs Weltall verfolgen und das Licht untersuchen, das von ihnen kommt. Bricht man Sternenlicht in einem Prisma, kommen die Elemente zum Vorschein, die im Stern vorhanden sind und Licht unterschiedlicher Wellenlängen absorbieren. Das war die ursprüngliche Methode, Sterne zu klassifizieren.

Heute wissen die Astronomen, dass die meisten Eigenschaften von Sternen mit ihrer Masse verknüpft sind. Je größer ein Stern ist, desto heißer und schneller brennt er. Die kühlsten Sterne sind rot glühend, Sterne mit mittleren Temperaturen sind weiß und gelb, während die heißesten und am seltensten vorkommenden Sterne blau oder bläulich weiß scheinen. Größere Sterne geben mehr Licht ab, sodass blaue Sterne zu den hellsten zählen und rote Sterne am mattesten sind.

Solange im Kern eines Sterns Wasserstoff zu Helium verschmilzt, ist der Stern davor gefeit, unter seinem eigenen Gewicht zu schrumpfen. Die meisten Sterne verbringen 90 Prozent ihrer Lebenszeit – im Wesentlichen ihr Erwachsenenalter – damit, Wasserstoff zu verbrennen. Astronomen sprechen dann von einem «Hauptreihenstern».

Die größten Sterne, Blaue Superriesen genannt, leben schnell und sterben langsam. Sie verbrennen ihren Kernbrennstoff in ungefähr einer Million Jahren. Die als Rote Zwerge bezeichneten Sterne sind die kleinsten, sie brennen schwach und langsam viele Dutzend und gar viele hundert Milliarden Jahre lang. Kleinere Sterne werden häufiger geboren als große. Bedenkt man ihre längere Lebensspanne, übertreffen sie zahlenmäßig die größeren Sterne erheblich.

Grenzen des Wissens
Da Astronomen wissen, wie man Sterne in verschiedene Kategorien einteilt, können sie die Entfernung zu den Sternen ableiten, die sie mit ihren Teleskopen entdecken. Gelingt es ihnen, die Masse eines Sterns auszurechnen, wissen sie, wie viel Licht er erzeugen muss, sodass seine scheinbare Helligkeit ihnen sagen kann, wie weit entfernt der Stern ist. Die «absolute Helligkeit» eines Sterns ist dadurch definiert, wie hell er auf der Erde bei einer Entfernung von 10 Parsec (Parallaxensekunden) oder 32,6 Lichtjahren erscheinen würde.

Astronomen berechnen die Entfernung, indem sie nach Sternen Ausschau halten, die wahrscheinlich stets dieselbe absolute Helligkeit haben und deshalb Standardkerzen genannt werden. Wie eine 60-Watt-Birne leuchtet eine Standardkerze immer schwächer, je weiter entfernt sie ist. Ein Beispiel sind die Cepheiden, auch veränderliche Sterne genannt. Sie gehören zu den Sternen, die sich regelmäßig ausdehnen und zusammenziehen. Ein weiteres Beispiel sind explodierende Sterne, die als Supernovae vom Typ Ia bezeichnet werden und die stets den gleichen Energiebetrag abzugeben scheinen.

Fakten  **zum Angeben**

• *Aufgrund von Turbulenzen in der Erdatmosphäre sieht es so aus, als ob Sterne funkeln. Astronomen müssen diesen Störungen* in jeder Linse eines erdgestützten Teleskops, deren Durchmesser 10 Zentimeter überschreitet, Rechnung tragen.

• Die meisten Sterne sind zwischen einer Milliarde und zehn Milliarden Jahre alt. Der älteste, je entdeckte Stern namens HE 1523–0901 ist schätzungsweise 13,2 Milliarden Jahre alt, womit er fast so alt ist wie das Universum selbst.

★ ☆ ★ ☆ ★ ☆ ★ ☆ ★ ☆ ★ ☆ ★ ☆

NEBEL

★ ☆ ★ ☆ ★ ☆ ★ ☆ ★ ☆ ★ ☆ ★ ☆

Basics

In Science-Fiction-Filmen fliegen Raumschiffe stets in einen Nebel hinein. Aber man kriegt nie zu hören, was Nebel eigentlich wirklich sind. Wir wollen das jetzt nachholen. Schauen Sie, nur ein Zehntel der Atome in der Galaxie sind an die Sterne und an deren Planeten gebunden. Die restlichen 90 Prozent bilden einen dünnen Schleier aus Gas und Staub, der interstellares Medium genannt wird. Die sichtbaren Teile des Mediums sind ausgedehnte Wolken, die Nebel genannt werden und die sich über Tausende von Lichtjahren erstrecken können.

Sterne entstehen aus dem interstellaren Medium, insbesondere aus Wolken kalter Wasserstoffmoleküle. Erhält die Wolke den richtigen Anstoß, zum Beispiel den Ruck eines vorbeiziehenden Sterns oder die Druckwelle einer Supernova, zerfällt sie in kleinere Klümpchen, die sich verdichten, um Sterne zu bilden. Solange das Fragment dieser Wolke mindestens 8 Prozent der Masse unserer Sonne hat, wird es im Lauf einiger Millionen Jahre zu einer dichter Kugel kondensieren, die in der Lage ist, Wasserstoff in Helium umzuschmelzen. Gaskugeln, die das 8-Prozent-Limit nicht einhalten, sind dazu verurteilt, Braune Zwerge zu werden, «gescheiterte Sterne», die eventuell einige Dutzend Millionen Jahre schwach vor sich hin glimmen werden.

Da Sterne in den Wasserstoffwolken entstehen, geben sie ultraviolettes Licht ab, das das Gas in der Umgebung ionisiert, sodass es sichtbar glüht und einen wunderbaren Anblick bieten, der zum Schönsten gehört, was die Astronomie zu bieten hat. Diese hellen Nebel werden HII-Regionen oder Emissionsnebel genannt.

Grenzen des Wissens
Wenn Sterne altern und sterben, kehren sie zum interstellaren Medium zurück, indem sie entweder ihre äußere Hülle ins Weltall abwerfen oder, im Fall Roter Riesen, ihre Materie weit hinaussprengen, wenn sie zur Supernova werden. Diese Ausbrüche bereichern die nächste Sternengeneration mit chemischen Elementen. Wenn sich heute Sterne bilden, bestehen sie, wenn man von ihrer Masse ausgeht, aus ungefähr 70 Prozent Wasserstoff, 28 Prozent Helium und einem kleinen Bruchteil schwererer Elemente. Im Lauf der Zeit wird der Heliumanteil in neu entstandenen Sternen zunehmen. Nach Schätzungen von Forschern beginnen Sterne schließlich ihr Leben mit einem sechzigprozentigen Heliumanteil.

Fakten  zum Angeben

• Emissionsnebel sind die sichtbare Spitze der sie umgebenden Wasserstoffwolken, die durchgehendes Licht absorbieren, was sie zu dunkel macht, um sichtbar zu sein, er sei denn, man betrachtet sie vor der Kulisse anderer Nebel.
• Supernovae geben eine Menge Staub ab – verrußte Moleküle aus Kohlenstoff, Silizium und Sauerstoff –, der im Weltall schwebt und den Astronomen die Sicht verdirbt. Nach einer 2008 unternommenen Schätzung würde das Universum doppelt so hell sein wie heute, wenn sich der Staub wegfegen ließe.
• Streifen und andere sichtbare Strukturen in Nebeln könnten das Produkt von Magnetfeldern sein, die sich durchs Weltall drehen und winden, fortgetragen vom stellaren Wind heißer Sterne.

ROTE RIESEN

Basics

Wenn einem Stern die Wasserstoff-Brennvorräte ausgehen, hängt der nächste Schritt von seiner Masse ab. Das Schicksal eines Sterns wie unserer Sonne ist die Aufblähung zu einem gewaltigen Roten Riesen, der einige hundert Mal größer als ursprünglich, aber wesentlich kühler ist. Diese Umwandlung geschieht, weil der Stern damit beginnt, Wasserstoff zu verbrennen, der sich in einer Hülle um den Kern herum befindet.

Der neu brennende Wasserstoff erweitert die äußere Hülle des Sterns, die auf eine Temperatur von rund 5000 Grad Celsius abkühlt, allmählich abfließt und einen planetarischen Nebel bildet. Ein Roter Riese kann auf diese Weise bis zu ein Drittel seiner Masse verlieren. Manche Rote Riesen schrumpfen wieder, wenn Helium im Kern zu neuen Elementen verschmilzt. Wenn dann die neue Brennstoffquelle wieder versiegt, dehnen sie sich erneut aus. Die Masse eines Sterns entscheidet, ob er mehrfach Rote-Riesen-Phasen durchläuft.

Sterne, die mehr Masse haben als zehn Sonnen, dehnen sich zu Roten Superriesen aus und werden bis zu 1500 Mal so groß wie die Sonne, was sie, hinsichtlich ihres Volumens, zu den größten Sternen im Universum macht, wenngleich sie dabei nicht unbedingt auch die massereichsten sein müssen. Die Sterne Betelgeuse und Antares sind Beispiele für Rote Superriesen. Die kleinsten Sterne schaffen es gar nicht bis zur Phase eines Roten Riesen. Wenn sie ihren Wasserstoff verbrannt haben, kühlen sie allmählich ab und schrumpfen zu Roten Zwergen.

Grenzen des Wissens

Die Rote-Riesen-Phase bedeutet Vernichtung für jeden Planeten, der den aufgeblähten Stern nahe genug umkreist, um von ihm verschlungen zu werden. Die Experten sind sich einig, dass sich unsere Sonne bei der Umwandlung in einen Roten Riesen in 7,6 Milliarden Jahren über die augenblickliche Umlaufbahn der Erde hinaus ausdehnen wird. Über den Verbleib der Erde zu diesem Zeitpunkt gibt es keine übereinstimmende Meinung. Die Sonne wird dann ungefähr ein Drittel ihrer Masse verlieren, was zu einer Erweiterung der Erdumlaufbahn führen könnte. Aber die abgeworfene Sonnenmaterie könnte an der Erde zerren und sie näher an sich heranziehen. Egal, was passiert: Das Leben würde ausgelöscht werden. Die Strahlung der expandierten Sonne würde die Erde verbrennen.

Fakten  **zum Angeben**

- 2007 entdeckten Astronomen den ersten Planeten, der einen Stern umkreiste, der die Phase eines Roten Riesen durchlaufen hatte. Wahrscheinlich überlebte er eine flüchtige Berührung mit seinem Stern V391 Pegasi, obwohl er ihn zuvor, wie man glaubt, in ungefähr derselben Entfernung umkreist hatte wie die Erde die Sonne.
- Der nächste Rote Superriese ist Betelgeuse (manchmal ausgesprochen wie der Film: «Beetle Juice»), in 600 Lichtjahren Entfernung. Er ist der Stern, der nach der Sonne am größten am Himmel erscheint.

WEISSE ZWERGE

Basics

Wenn ein Stern die Phase des Roten Riesen durchläuft, stößt er den größten Teil seiner Masse in einer Wolke ab, die planetarischer Nebel genannt wird. Der Kern des Sterns bleibt erhalten, aber seine Masse ist danach auf viel kleinerem Raum zusammengequetscht. Dabei findet eine Umwandlung in einen heißen, dichten Stern statt, den man Weißer Zwerg nennt. Weiße Zwerge haben normalerweise eine halbe Sonnenmasse, sind aber nur geringfügig größer als die Erde.

Wenn im Kern kein nuklearer Brennstoff mehr verbrannt wird, quetscht die Gravitation die Atome allmählich zusammen, bis ein Vorgang namens Entartungsdruck einsetzt und den Prozess anhält. Abgesehen von der gegenseitigen elektrischen Abstoßung der Elektronen, lehnen es die Atome auch schlicht und einfach ab, denselben Platz einzunehmen, was schließlich den Kollaps des Weißen Zwergs stoppt. Das ganze Zerquetschen heizt den Zwerg auf eine Temperatur von einigen hunderttausend Grad auf.

Der Entartungsdruck führt zu einer seltsamen Konsequenz: Je massereicher ein Weißer Zwerg ist, umso kleiner muss er sein, damit seine Elektronen genügend Widerstand leisten können, um der Gravitation entgegenwirken zu können. Sollte ein Weißer Zwerg allerdings zu viel Masse anhäufen, durchlaufen seine Atome noch eine weitere Umwandlung. Das Masselimit liegt bei 1,4 Sonnenmassen, nach dem indischen Physiker Subrahmanyan Chandrasekhar auch Chandrasekhar-Grenze genannt.

Weiße Zwerge machen ungefähr 6 Prozent der benachbarten Sterne aus, aber sie sind schwer zu entdecken, weil sie nicht sehr viel Licht abgeben. Wissenschaftler glauben, dass etwa 97 Prozent der Sterne in der Milchstraße als Weiße Zwerge enden werden.

Grenzen des Wissens
Weiße Zwerge klammern sich ziemlich an ihre Wärme. Die in ihrem Inneren zerdrückten Elektronen sollten die Wärme eigentlich recht gut leiten, dennoch vermuten die Forscher, dass die Oberfläche eines Weißen Zwergs aus einer etwa 50 Kilometer dicken Kohlenstoff- und Sauerstoffkruste besteht. Diese Oberflächenschicht hält die Energie davon ab, als Strahlung zu entweichen. Im Lauf vieler Jahrmilliarden sollte sich ein Weißer Zwerg allmählich rot färben und zu einem Schwarzen Zwerg verblassen. Aber selbst 13,7 Milliarden Jahre nach dem Urknall sind sich die Forscher ziemlich sicher, dass sogar die ältesten Weißen Zwerge immer noch eine Temperatur von vielen tausend Grad haben.

Fakten zum Angeben
- *Wenn Sie auf der Erde 150 Pfund wiegen, würden Sie auf der Oberfläche eines Weißen Zwergs 150 000 Tonnen wiegen.*
- *Die meisten Weißen Zwerge müssten eigentlich aus Kohlenstoff und Sauerstoff bestehen, weil die Hauptreihensterne, aus denen sie entstehen, normalerweise nicht groß genug wären, um schwerere Element zu erzeugen.*
- *Weiße Zwerge haben Atmosphären fast reinen Wasserstoffs oder Heliums. (Schwerere Elemente würden zum größten Teil unter die Oberfläche sinken.) Aber die starke Gravitation des Sterns würde dafür sorgen, dass diese Art von Atmosphäre auf die Höhe eines irdischen Wolkenkratzers beschränkt wäre.*

SUPERNOVAE

Basics

Und hier kommt endlich das, worauf Sie gewartet haben: Explosionen. Wenn einem ausreichend großen Stern der nukleare Brennstoff ausgeht, gibt es einen verheerenden Zusammenbruch des Kerns, was zu einer gewaltigen Explosion führt, die man Supernova nennt. Ein paar Minuten lang kann eine Supernova ganze Galaxien überstrahlen, wobei sie so viel Energie abgibt wie die Sonne in ihrer gesamten Lebenszeit. Danach verblasst sie im Lauf einiger Wochen oder Monate.

Wenn der Kern zusammenbricht, breitet sich eine Schockwelle aus, die die äußere Hülle des Sterns auseinanderreißt, sodass sie mit einigen Zehnteln Lichtgeschwindigkeit fortfliegt. Sobald Sterne in dieses fortgeschrittene Alter gekommen sind, haben sie meistens eine Wolke aus Gas um sich herum versammelt, das aus dem Stern ausgetreten ist. Die Schockwelle wühlt sich nun durch dieses Material und erzeugt eine Menge sichtbares und ultraviolettes Licht sowie Röntgenstrahlen. Gas und Staub dehnen sich kontinuierlich aus und bilden das, was man ein Supernovarelikt nennt.

Es gibt unterschiedliche Supernovatypen, was davon abhängt, welche Art von Stern explodiert. Supernovae vom Typ II lassen den Tod von Sternen gewaltiger erscheinen als acht Sonnen. Der Supernovatyp I findet statt, wenn ein Weißer Zwerg Materie von einem benachbarten Stern aufsaugt und dabei eine unkontrollierbare Kernreaktion auslöst.

Supernovarelikte bereichern das interstellare Medium, das

Gas und den Staub zwischen Sternen, mit schweren Elementen, die als Rohmaterial für Planeten dienen. Die sich ausbreitende Schockwelle kann außerdem die Bildung eines neuen Sterns auslösen, sollte sie durch eine Wasserstoffwolke gehen.

Grenzen des Wissens

Astronomen entdecken Supernovae anhand ihres sichtbaren Nachglühens. Lange Zeit glaubten sie, diesem Glühen ginge ein Blitz oder Ausbruch von Röntgenstrahlen voraus, wenn der explodierende Stern in das ihn umgebende Gas knallt. 2008 ertappten die Forscher schließlich eine Supernova auf frischer Tat und konnten dieses Modell bestätigen, als sie eine Explosion von Röntgenstrahlen in 88 Millionen Lichtjahren Entfernung beobachteten. Ein paar Monate später wurden andere Wissenschaftler Zeugen, wie eine weitere Supernova sich auf ihren Ausbruch vorbereitete. Ein helles Aufglühen ultravioletten Lichts wies darauf hin, dass die Temperatur des Sterns steil anstieg, bevor er explodierte.

Fakten  **zum Angeben**

- *Nach Schätzungen der Experten sollten sich in der Milchstraße ungefähr drei Supernovae pro Jahrhundert ereignen, doch es könnte sein, dass die Sicht auf etliche von ihnen versperrt ist.*
- *2006 beobachteten Astronomen die hellste Supernova aller Zeiten. Sie wurde 2006gy genannt und brannte erstaunliche drei Monate lang 100-mal heller als eine typische Supernova. Auch acht Monate später war sie noch immer gut dabei. Der explodierende Stern hat vermutlich so viel gewogen wie 100 Sonnen.*

NEUTRONENSTERNE UND PULSARE

Basics

Nachdem ein Stern zur Supernova geworden ist, wird sein Kern zusammenbrechen und sich zu etwas entwickeln, das noch exotischer ist als ein Weißer Zwerg. Eine Masse von bis zu zwei Sternen wird zu einer Kugel zusammengequetscht, deren Durchmesser nur 19,2 Kilometer beträgt – ein derart dichter Zustand, dass Protonen und Elektronen zu Neutronen verschmelzen. Das Ergebnis ist ein Neutronenstern. Er ist wesentlich dichter als ein Weißer Zwerg. Ein Teelöffel Neutronensternmaterie wiegt eine Milliarde Tonnen.

Neutronensterne werden am häufigsten als Pulsare beobachtet, dauerhafte Quellen von Radiowellen oder anderer Strahlung, die wie ein Leuchtturm in regelmäßigen Abständen pulsiert. Es gibt Pulsare, weil Neutronensterne rasch rotieren und starke Magentfelder besitzen, die geladene Teilchen in Zwillingsströmen auf annähernde Lichtgeschwindigkeit beschleunigen. Die Ströme werden von den Polen des Neutronensterns herausgeschleudert. Aber wie es bei der Erde der Fall ist, können die Magnetpole von der Rotationsachse versetzt werden, sodass sich die Strahlen wie Wasserfontänen aus einem Rasensprenger ineinander verquirlen.

Pulsare können viele hundert Mal pro Sekunde rotieren. 1982 entdeckten Wissenschaftler einen Pulsar mit einer Rotationsperiode von nur 1,6 Millisekunden. Aber mit zunehmendem Alter rotiert ein Pulsar nur noch alle paar Sekunden einmal.

Manche Pulsare geben Röntgenstrahlen ab. Der berühmte

Krebsnebel, das Überbleibsel einer 1054 n. Chr. beobachteten Supernova, hat in seinem Kern einen Röntgenpulsar.

Grenzen des Wissens
Die Astronomen haben ungefähr 2000 Neutronensterne gefunden, 1500 Pulsare eingeschlossen. Üblicherweise waren sie in Supernovarelikten verborgen, manchmal wurden sie aber auch allein entdeckt, oder zwei und mehr umkreisen einander in Gruppen. Der nächstgelegene, uns bekannte Neutronenstern heißt PSR J0108–1431 und liegt 280 Lichtjahre von der Erde entfernt. Ungefähr fünf Prozent der Neutronensterne werden in Binärsystemen gefunden und umkreisen Sterne, Weiße Zwerge, andere Neutronensterne und sogar Schwarze Löcher.

Zwillingspulsarsysteme, in denen ein Pulsar einen anderen umkreist, stellen für die Forscher eine einzigartige Gelegenheit dar, Einsteins allgemeine Relativitätstheorie in Fällen zu testen, in denen die Gravitation ungewöhnlich stark ist. Sie vermuten, diese Systeme könnten eine Hauptquelle von Gravitationswellen sein, Kräuselungen in der Raumzeit, die sich mit Lichtgeschwindigkeit ausbreiten.

Fakten  **zum Angeben**
• Pulsare rocken: Für das Cover ihres Debütalbums Unknown Pleasures von 1979 zeigte die englische Rockband Joy Division das Bild einer Radiowelle vom Pulsar CP 1919.
• Die ersten außerhalb des Sonnensystems entdeckten Planeten fand man in der Umgebung von Pulsaren. Ab 2008 wurde die Existenz von fünf Pulsar-Planeten bestätigt, die vermutlich felsige Kerne ehemaliger Gasriesen waren oder die von einer Supernova übriggebliebenen Anhäufungen von Festkörperspuren.

GAMMASTRAHLENAUSBRÜCHE

Basics
Sollten Supernovae Ihnen nicht gewaltig genug sein, versuchen Sie es mal mit Gammastrahlenausbrüchen. Ungefähr einmal täglich gibt es an einem beliebigen Ort am Himmel einen weit entfernten Punkt, der intensiv scheint und bei dem Gammastrahlen im Spiel sind, die energiereichste Form elektromagnetischer Strahlung. Diese Gammastrahlenausbrüche dauern typischerweise nur wenige Sekunden, aber sie können auch nur eine Millisekunde kurz oder aber zwei Minuten lang sein. Nach dem Ausbruch folgt ein Nachleuchten, das von Strahlung im Bereich zwischen Röntgenstrahlen und Radiowellen verursacht wird.

Eine Zeitlang wussten die Wissenschaftler mit diesen Explosionen, die man nur im Weltall sehen kann, nichts anzufangen, weil die Erdatmosphäre Gammastrahlen absorbiert. Jeder Ausbruch setzt die kombinierte Energie von 1000 Sternen frei, die unserer Sonne ähneln – verglichen mit einer typischen Supernova also ein wesentlich gewaltigeres Ereignis. Satellitenbeobachtungen legen nahe, dass vor einigen Milliarden Jahren Ausbrüche in fernen Galaxien stattfanden. Vermutlich hat es sie sogar schon vor 13 Milliarden Jahren gegeben.

Das führende Modell der Gammastrahlenausbrüche behauptet, sie fänden statt, wenn der Kern eines massereichen, rasch rotierenden Sterns zusammenbricht und eine gigantische Supernova hervorbringt. Um einen Gammastrahlenausbruch zu erzeugen, muss ein explodierender Stern so viel wiegen wie 30 Sonnen oder mehr, wobei ein solcher Stern höchstwahrscheinlich in sich zusammenfallen und ein Schwarzes Loch bilden würde, ein derart dichtes Objekt, dass ihm nicht einmal mehr das Licht entkommen kann. Deshalb glauben die Experten, Gammastrahlenausbrüche seien die Geburtsschreie Schwarzer Löcher.

Grenzen des Wissens
Im Jahr 2003 bestätigten die Forscher, dass das Nachglühen eines nahegelegenen Ausbruchs dasselbe optische Spektrum hatte wie eine frühere Supernova, die man 1998 beobachten konnte. Und so glaubte man: Wenn das Ereignis wie eine Supernova daherkommt, dann muss es auch eine Supernova sein.

Verblüffend sind noch immer die Ausbrüche von der Dauer einiger Sekunden oder einer noch geringeren Zeitspanne. Sie tendieren dazu, aus älteren Galaxien zu kommen, wo heftigere Supernovae seltener auftreten. Die Experten vermuten, die kurzen Ereignisse geschehen, wenn ein Neutronensternpaar zusammenstößt und zu einem einzigen Himmelskörper verschmilzt. Im Sommer 2008 startete die NASA das Fermi-Gammastrahlen-Weltraumteleskop, um den Himmel nach Quellen für Gammastrahlen abzusuchen und sich die Ausbrüche genauer anschauen zu können.

Fakten zum Angeben
• *Der amerikanische Militärsatellit Vela 4 entdeckte 1967 zufällig den ersten Gammastrahlenausbruch, als er nach sowjetischen Verletzungen des 1963 abgeschlossenen Atomwaffensperrvertrags Ausschau hielt.*
• *Wissenschaftler schätzen, dass nur eine von 100 000 Supernovae stark genug ist, um einen Gammastrahlenausbruch zu erzeugen, was auf einen Ausbruch täglich hinausliefe. Und das stimmt mit den Fakten überein.*

SCHWARZE LÖCHER

Basics

Wenn ein Stern von mindestens 10 bis 15 Sonnenmassen in einer Supernova explodiert und einen genügend massereichen Kern (auch Relikt genannt) hinterlässt, ist das Ergebnis ein Schwarzes Loch, ein derart dichtes Objekt, dass ihm nicht einmal mehr das Licht entkommen kann. Ein Schwarzes Loch bildet sich, wenn Materie in ein so kleines Volumen gequetscht wird, dass seine Gravitationsanziehung jede denkbare Abstoßung zwischen Atomen oder subatomaren Teilchen bedeutungslos werden lässt. Die ganze Materie wird in einem Punkt von eigentlich null Volumen und unendlicher Dichte, der Singularität genannt wird, zerschmettert.

Die Gravitation im Bereich einer Singularität ist so stark, dass sie alles, was sich in einem bestimmten Abstand befindet, anzieht. Diese Entfernung ist der berühmt-berüchtigte Ereignishorizont. Was diesen Horizont überschreitet, kehrt nicht mehr zurück, nicht einmal das Licht, daher der Name Schwarzes Loch. Sollten Sie in ein Schwarzes Loch fallen, würden Sie von der heftigen Gravitation rasch zerrissen werden.

Die Entfernung zum Horizont entspricht dem sogenannten Schwarzschildradius, der angibt, wie klein man einen Stern (oder jedes beliebige Objekt) zusammendrücken muss, um ihn in ein Schwarzes Loch zu verwandeln. Der Schwarzschildradius für die Erde beträgt 9 Millimeter, für die Sonne knapp drei Kilometer. Das würde bedeuten, wenn eine bösartige außerirdische Zivilisation die Sonne durch ein Schwarzes Loch mit gleicher

Masse austauschte, würde die Erde zwar nicht von ihm angesaugt werden, aber es würde hier empfindlich kalt und dunkel werden.

Grenzen des Wissens
In Wirklichkeit können Schwarze Löcher eine ganze Menge Licht abgeben. Ein «aktives» Schwarzes Loch zeichnet sich dadurch aus, dass es die Materie in seiner Umgebung zu einer sich drehenden Scheibe, die sehr heiß wird und energiereiche Strahlung abgibt, zusammenzieht. Mit dem Röntgenteleskop Chandra in der Erdumlaufbahn können die Forscher Röntgenstrahlen, die aus diesen Scheiben stammen, aufspüren. Es gibt schätzungsweise 100 Millionen Schwarze Löcher in der Milchstraße, die im Bereich von 3 bis etwa 100 Sonnenmassen liegen. Der nahegelegenste Kandidat ist 1600 Lichtjahre von der Erde entfernt.

Fakten  **zum Angeben**
- Kleinere Schwarze Löcher sind tödlicher als große, denn wenn ein Schwarzes Loch an Masse gewinnt, nimmt es auch an Größe so sehr zu, dass seine Dichte genau genommen abnimmt und dadurch die Gravitationskraft reduziert wird.
- Schwarze Löcher können rotieren. Dabei absorbieren sie den Drehimpuls jeder Materie, die sie verschlingen.
- Niemand ist sich sicher, was in einer Singularität geschieht, weil Einsteins Theorie dort versagt. Die Experten glauben, Singularitäten seien stets von einem Ereignishorizont umgeben; sie seien sozusagen niemals «nackt».

KAPITEL SIEBEN
SELTSAME MATERIE UND ENERGIE

ANTIMATERIE

Basics

Jedes subatomare Teilchen hat einen dunklen Zwilling, eine Art Schattenbild, das die gleiche Masse hat, aber in jeder anderen Hinsicht sein genaues Gegenteil ist. Sie werden Antiteilchen oder Antimaterie genannt. Antiteilchen werden im radioaktiven Betazerfall erzeugt und wenn Teilchen bei ausreichend hohen Energien zusammenstoßen. Wenn sich Materie und Antimaterie begegnen, löschen sie einander aus. Dabei kommt es zu einem Gammastrahlenausbruch, bei dem instabile Teilchen entstehen. (*Star Trek*-Fans werden sich erinnern, dass Antimaterie als Energiequelle für das Raumschiff *Enterprise* eingesetzt wird.)

Der offensichtlichste Unterschied zwischen einem Teilchen und seinem Antiteilchen ist die Ladung. Das Antiteilchen des Elektrons ist das positiv geladene Positron. Aber auch Neutronen und andere elektrisch neutrale Teilchen haben Antiteilchen.

Ein Universum aus Antimaterie wäre von unserem Weltall fast nicht zu unterscheiden. Positronen, Antiprotonen und Antineutronen würden sich zusammenfügen, um Antiwasserstoff, Antihelium und andere Antielemente zu erschaffen. Wissenschaftler aus Antimaterie würden dieselbe Gravitation, denselben Elektromagnetismus sowie alle anderen Kräfte entdecken.

Materie und Antimaterie zerstören einander, weil sich bei ihrer Zusammenkunft ihre entgegengesetzten Eigenschaften auslöschen. So ergeben zum Beispiel die negative Ladung des

Elektrons und die positive Ladung des Positrons null Ladung. Dem Universum erscheint das Paar wie reine Materie, die aufgrund der Einstein'schen Formel $E = mc^2$ gleichbedeutend mit Energie ist. Umgekehrt kann konzentrierte Energie Teilchen-Antiteilchen-Paare erzeugen.

Grenzen des Wissens
Im CERN, dem Europäischen Labor für Kernforschung, wurden 1995 erstmals Antiwasserstoffatome erzeugt – ganze neun Exemplare –, indem man Xenon mit Antiprotonen bombardierte. Bei den jüngsten Methoden springen ungefähr 199 Antiwasserstoffatome pro Sekunde heraus, indem man Positronen und Antiprotonen in einer Magnetfalle zusammenbringt. Dabei werden sie allerdings recht schnell vernichtet. Im CERN gab man kürzlich eine Schätzung ab, die darauf hinauslief, dass es zwei Milliarden Jahre dauern würde, um ein Gramm Antiwasserstoff herzustellen.

Fakten  **zum Angeben**
• *Weil Antimaterie sich nur in Teilchenbeschleunigern erzeugen lässt, wurde sie schon die teuerste Substanz der Welt genannt. Ein Milligramm Antimaterie könnte etwa 235 Millionen Euro kosten.*
• *Eine Bombe aus Antimaterie könnte zerstörerischer sein als eine Atomwaffe. Die gegenseitige Vernichtung von Materie und Antimaterie wandelt 100 Prozent Masse in Energie um, verglichen mit 0,7 Prozent in einer Wasserstoffbombe.*

KOSMISCHE STRAHLUNG

Basics

Kosmische Strahlung sind geladene Teilchen, die von Explosionen außerhalb des Sonnensystems stammen und, mit reichlich Energie beladen, ständig auf die Erde herabregnen. Wenn sie auf die Erdatmosphäre treffen, explodieren sie wie Feuerwerkskörper in Schauern energiereicher Teilchen. Etwa 90 Prozent aller eintreffenden kosmischen Strahlung sind Protonen, 9 Prozent Heliumkerne und 1 Prozent schwerere Kerne, zu denen seltene Elemente und Isotope gehören.

Kosmische Strahlung bezieht ihre Energie von Magnetfeldern in Galaxien und vom Magnetfeld der Sonne, aber diese Felder stören auch deren Flugbahnen, sodass ihre Quellen schwer zurückzuverfolgen sind. Manche müssen von der Sonne kommen, weil die Zahl der eintreffenden kosmischen Strahlung nach einer Sonneneruption zunimmt. Diese Strahlung bewegt sich mit 80 Prozent der Lichtgeschwindigkeit und wäre für künftige Astronauten, die zum Mars oder darüber hinaus reisen wollen, potenziell tödlich.

Die meiste kosmische Strahlung stammt vermutlich von Supernovae, den Explosionen sterbender Sterne. Bei solchen Explosionen wird nicht unbedingt buchstäblich kosmische Strahlung herausgeschossen. Stattdessen entsteht dabei eine expandierende Plasmawolke, die man ein Relikt nennt und die viele tausend Jahre Bestand hat. Geladene Teilchen scheppern in dem Magnetfeld des Relikts herum, und manche von ihnen nehmen genügend Fahrt auf, um sich zu befreien.

Grenzen des Wissens
Wenn kosmische Strahlung auf die Atmosphäre trifft, werden kurzlebige Teilchen, die man Myonen nennt, erzeugt. Jede Minute fallen ungefähr 10 000 Myonen auf jeden Quadratmeter Erde. Sie können einige Meter tief in den Erdboden eindringen, es sei denn, dichte Elemente blockieren ihren Pfad. Forscher am Los Alamos National Laboratory entwickeln eine Technik, die Myonen benutzt, um illegale Kernbrennstoffe aufzuspüren. Man legt eine Probe in ein Myon-Erkennungssystem, das Geschwindigkeit und Flugbahn der Myonen misst, die in den Apparat eintreten, sodass man die wahrscheinliche Zusammensetzung der Probe analysieren kann. Man muss zwar eine Weile warten, bis genügend Myonen durchgegangen sind, aber zumindest muss man keine gefährlichen Röntgenstrahlen einsetzen.

Fakten  **zum Angeben**

• Die stärkste kosmische Strahlung ist mit der Energie eines kräftig geschlagenen Baseballs ausgestattet, was die Teilchenenergien, die wir auf der Erde erzeugen können, in den Schatten stellt. Die Wissenschaftler vermuten, diese ultrahohen Energiestrahlen könnten aus fernen aktiven Galaxien stammen, die offenbar enorme Schwarze Löcher beherbergen, die Materieklümpchen aufsaugen.

• Der schwache Mikrowellenschein im Weltall sollte eigentlich die Energie kosmischer Strahlung begrenzen, weil die Strahlung schließlich dazu übergehen könnte, die Mikrowellen zu zerstreuen.

NEUTRINOS

Basics

Das Neutrino ist ein geisterhaftes Elementarteilchen, das keine elektrische Ladung und eine kaum erwähnenswerte Masse hat. Es bewegt sich mit Lichtgeschwindigkeit fort und kann – sozusagen als Verwandter des Elektrons – durch gewöhnliche Materie hindurchgehen, ohne eine Spur zu hinterlassen. In jeder Sekunde strömen einige Dutzend Milliarden Neutrinos durch jeden Quadratzentimeter unseres Körpers.

Neutrinos werden in Kernreaktionen in Sternen und im radioaktiven Betazerfall erzeugt. Als das Universum jung und heiß war, fanden solche Reaktionen in großem Maßstab statt, und die damals entstandenen Neutrinos schwirren noch heute herum. Diese «Relikt-Neutrinos» gehören zu den am häufigsten vorkommenden Teilchen im Weltall. Sie sind fast so reichlich vorhanden wie die ersten Photonen.

Eine weitere wichtige Neutrinoquelle ist die Sonne. Als Forscher in den 1960er Jahren erstmals Sonnen-Neutrinos verfolgten, entsprach das Ergebnis nur einem Drittel der erwarteten Menge. Das «Rätsel der Sonnen-Neutrinos» blieb jahrzehntelang ungelöst. Es stellte sich heraus, dass es drei unterschiedliche Arten von Neutrinos gibt, die sich obendrein im Flug gegenseitig ineinander umwandeln können.

Neutrinos sind so flüchtig, weil sie keine Ladung und wenig Masse haben. Atome können sie einzig und allein mit Hilfe der schwachen Kraft, die bei kurzen Reichweiten ins Spiel kommt, fühlen. Um ein Atom wahrzunehmen, muss ein Neutrino auf

Protonenbreite am Kern vorbeifliegen. Und da der Kern ohnehin schon recht winzig ist, geschieht dies nicht sehr häufig.

Grenzen des Wissens
Weil Neutrinos Materie mit Leichtigkeit durchdringen können, vermitteln sie den Forschern eine einzigartige Sicht auf Nischen des Universums, die sonst verborgen geblieben wären. Ice Cube, ein Observatorium für Hochenergie-Neutrinos, ist 2010 in der Nähe des Südpols fertiggestellt worden und besteht aus Tausenden lichtempfindlichen Detektoren, die unter dem Eis installiert wurden. Hochenergie-Neutrinos, die aus Regionen jenseits des Sonnensystems stammen, treffen hin und wieder auf ein Eisatom und geben dabei einen Lichtblitz ab, den die Detektoren aufspüren. Das Ziel von Ice Cube ist eine Neutrinokarte des Himmels, die Forschern ein besseres Verständnis extremer Umgebungen vermitteln kann. Supernovae sind ein gutes Beispiel, weil sie wahrscheinlich 99 Prozent ihrer Energie in Form von Neutrinos abgeben.

Fakten  **zum Angeben**
• *Der Kernphysiker Enrico Fermi prägte den Namen Neutrino, der auf Italienisch «klein und neutral» bedeutet. Der Physiker Wolfgang Pauli sagte seine Existenz schon 1931 voraus, um zu erklären, warum radioaktiver Zerfall mehr Energie zu verbrauchen als zu produzieren schien.*
• *Das radioaktive Kalium in unseren Knochen gibt etwa 400 Neutrinos pro Sekunde ab. In jeder Sekunde strömen fünfzig Milliarden Neutrinos aus radioaktiven Elementen in der Erde durch jeden menschlichen Körper.*

DUNKLE MATERIE

Basics

Wie wir im ersten Kapitel bereits erwähnt haben, ist der größte Teil der Materie im Universum nicht der gewöhnliche Stoff, aus dem Atome gemacht sind. In Wirklichkeit ist es keine Art von Materie, wie wir sie heute kennen. Wir nennen sie Dunkle Materie, weil das Einzige, was wir über sie wissen, die Tatsache ist, dass sie Licht weder reflektiert noch absorbiert. Messungen der Mikrowellenstrahlung, die vom Urknall übrig blieb, weisen darauf hin, dass Dunkle Materie 23 Prozent des Universums ausmacht. Nur 4 Prozent des Weltalls bestehen aus sichtbarer oder «baryonischer» Materie.

Wie können wir denn wissen, ob es Dunkle Materie gbt, wenn wir sie nicht sehen können? Nun, irgendetwas veranlasst die Galaxien, sich seltsam zu verhalten. Spiralgalaxien wie die Milchstraße rotieren schneller in Richtung ihres Zentrums als zu den Enden ihrer Spiralarme, weil da draußen die Materie immer dünner wird. Aber der Unterschied in der Rotationsgeschwindigkeit ist geringer, als man erwarten sollte. Es scheint, als seien die Galaxien in zusätzliche Materie eingebettet, die sie schwerer beweglich machen.

Die Astronomen können lediglich sagen, dass Galaxien und Galaxienhaufen stets in Klecksen Dunkler Materie sitzen – wie die Lichtdekoration eines Weihnachtsbaums. Sie kommen zu diesem Ergebnis, indem sie nach dem Gravitationslinseneffekt bei Galaxien Ausschau halten. Das ist die Fokussierung des Lichts durch dichte Materieklumpen. Der bisher beste Beweis für Dunkle Materie stammt vom Bullet-Cluster (etwa: Geschosshaufen), einem Paar kollidierender Galaxienhaufen. Der Gravitationslinseneffekt des Haufens ist in zwei Klumpen, die von sichtbarer Materie abgesondert sind, am stärksten.

Grenzen des Wissens
Die Wissenschaftler glauben, Dunkle Materie müsse aus einer Art Teilchen-Schneesturm bestehen. Diese Teilchen fühlen, wie das Neutrino, nur die schwache Kraft, neigen aber noch weniger dazu, gegen Atomkerne zu stoßen. Man nennt diese hypothetischen Exzentriker schwach wechselwirkende massereiche Teilchen. Im Englischen wird daraus das Akronym WIMPs, was so viel wie Feigling oder Knalltüte bedeutet. (Physiker sind Spitze, wenn es um neue Akronyme geht.) Einer der WIMP-Kandidaten ist das Sneutrino, ein neutrinoähnliches Teilchen, das von der Supersymmetrie, einer vorgeschlagenen Erweiterung des Standardmodells, vorhergesagt wird

Entsprechende Experimente, die WIMPs entdecken könnten, sind in Vorbereitung. Und sollte das Sneutrino tatsächlich existieren, wird der Große Hadronen-Speicherring in der Nähe von Genf es womöglich in den kommenden Jahren entdecken.

Fakten  **zum Angeben**
• WIMPs würden, sollten sie denn existieren, mit einer Häufigkeit von ein paar Teilchen pro Liter pro Sekunde durch die Erde zischen. Wenn es WIMPs gäbe, könnten sie sich im Kern der Galaxie gegenseitig vernichten und dabei nachweisbare Gammastrahlen freisetzen.
• Einige Wissenschaftler haben vorgeschlagen, dass das, was wir Dunkle Materie nennen, in Wirklichkeit eine Veränderung

der Gravitationskraft über weite Entfernungen hinweg ist. Aber mit dieser Vorstellung lassen sich sowohl der Gravitationslinseneffekt bei Galaxien als auch die Veränderungen im kosmischen Mikrowellenhintergrund nur schwer erklären.

VAKUUMENERGIE

Basics

Aus der Quantenmechanik geht hervor, dass es so etwas wie den leeren Raum nicht gibt. Selbst wenn man alle subatomaren Teilchen und Photonen aus einem Raumvolumen absaugen könnte, gäbe es immer noch das elektromagnetische Feld sowie andere Felder, über die wir später noch sprechen werden. Dem Unbestimmtheitsprinzip zufolge kann nichts völlig in Ruhe sein. Egal wie viel Energie man aus einem Feld abgesaugt hat, bei genauerem Hinsehen fänden Sie überall Inseln mit Energiefluktuationen.

Normalerweise müssten Sie ein subatomares Teilchen sein, um diese Vakuumfluktuationen zu bemerken, weil diese sich über Entfernungen, die größer sind als Teilchen, wieder ausgleichen. Bedenken Sie aber, dass nach der allgemeinen Relativitätstheorie Energie die Raumzeit krümmt. Diese Energie des leeren Raums wird Vakuumenergie oder Kosmologische Konstante genannt, und sie hat eine überraschende Auswirkung. Normale Masse und Energie üben Druck aus – sie wollen expandieren –, aber die Gravitation zwingt sie zusammen.

Die Vakuumenergie funktioniert umgekehrt. Sie hat negativen Druck. Das heißt, sie leistet Widerstand gegen eine Expansion ungefähr so wie Silly Putty (eine «intelligente» Knetmasse). Und in der allgemeinen Relativität bewirkt die Gravitation, dass ein Objekt mit negativem Druck nach außen expandiert. Im Gegensatz zu Materie kann Vakuumenergie nicht verdünnt werden. Sie ist gleichmäßig im Weltall verteilt. Je größer also das Universum und je verdünnter normale Materie wird, umso mehr Vakuumenergie wird dazu neigen, alles auseinanderzuschieben. Dieser Punkt wird später noch einmal wichtig werden, wenn wir über die Expansion des Universums sprechen werden.

Grenzen des Wissens
Belassen wir es vorerst dabei, dass Vakuumfluktuationen tatsächlich im Labor erschlossen werden können. In den 1960er Jahren rechnete der niederländische Physiker Hendrik Casimir Folgendes aus: Bringt man zwei elektrisch neutrale Metalloberflächen im Abstand einiger tausendstel Millimeter zueinander in einem Vakuum zusammen, heben sich einige der Fluktuationen in dem elektromagnetischen Feld zwischen den beiden Platten auf. Die Fluktuationen außerhalb der Platten blieben unverändert. Sie würden praktisch die Platten zusammenquetschen, als hätte der Luftdruck um die Platten herum zugenommen.

Fakten  zum Angeben

• *Der Casimireffekt ist schwach: Wenn Oberflächen 10 Nanometer voneinander entfernt sind, was der Größe von 100 Atomen entspricht, wird eine Kraft von einer Atmosphäre Druck erzeugt.*
• *Es gibt Leute, die behaupten, die Vakuumenergie als Energiequelle angezapft zu haben, aber man sollte ihnen nicht glauben. Eine geringfügige Anziehung zwischen Metallplatten wird kaum die Energieprobleme der Welt lösen.*

KAPITEL ACHT
DIE MILCHSTRASSE UND WAS ES SONST NOCH GIBT

MILCHSTRASSE

Basics

Die Milchstraße ist unsere Heimatgalaxie. Sie ist eine Gruppe von rund 200 Milliarden Sternen, die um ein gemeinsames Zentrum kreisen. Fast alle mit dem bloßen Auge sichtbaren Objekte am Himmel gehören zur Milchstraße. Sie ist die gewaltige Region leuchtender Materie, die man nachts außerhalb der Städte sehen kann. Alles, was unsere Vorfahren mit Sicherheit wussten, war, dass sie aussah wie verschüttete Milch. Das Wort Galaxie stammt von dem altgriechischen Wort «*galaxias*» ab, was milchig bedeutet.

Galileo Galilei entdeckte als Erster die wahre Natur der Milchstraße, als er 1610 durch sein Teleskop blickte und bestätigte, dass das Leuchten eigentlich Sterne waren, die ineinander verschwommen waren. Heute wissen wir, dass die Milchstraße eine Art von Spiralgalaxie ist, die aus einer Scheibe aus Sternen besteht und einen Durchmesser von rund 100 000 Lichtjahren hat. Ausgehend vom galaktischen Zentrum, dehnen sich ihre Spiralarme wie ein Feuerrad aus. Die Milchstraße kommt uns wie eine glühender trüber Fleck vor, weil wir sie hochkant sehen und alle Sterne in einer Scheibe zusammengepackt sind.

Wir leben auf einem der kleineren Spiralarme, der Orion genannt wird. Die Sterne in diesem Spiralarm sind jünger und leuchten heller als die im galaktischen Zentrum, weil von hier aus kontinuierlich neue Sterne aus Gaswolken entstehen. Die ältesten Sterne in der Milchstraße bildeten sich vor 12 bis 13 Milliarden Jahren, aber manche Wissenschaftler glauben, die

Galaxie selbst sei sogar noch älter und aus dem ursprünglichen Gas des frühen Universums entstanden.

Grenzen des Wissens
Unmittelbar im Kern der Galaxie, mitten in der galaktischen Wölbung, liegt ein gewaltiges Schwarzes Loch, das 3 bis 4 Millionen Mal massereicher ist als unsere Sonne und einen Durchmesser von rund 16 Millionen Kilometern hat. Es wird Sagittarius A* («A-Stern») genannt. Die Forscher entdeckten es, als sie die Orbits der benachbarten Sterne untersuchten, die sich so schnell bewegten, dass es sich nur um ein außerordentlich massereiches Objekt handeln konnte, das sie umkreisen. 2006 fingen die Astronomen ein Röntgenbild von Sagittarius A* auf, dessen Auflösung so gut war, dass man vergleichsweise von der Erde aus einen Baseball auf dem Mond hätte sehen können.

Fakten  **zum Angeben**
• *Die Sonne ist schätzungsweise 26 000 Lichtjahre vom galaktischen Zentrum entfernt und umkreist es mit einer Geschwindigkeit von 224 Kilometern pro Sekunde. Eine vollständige Umrundung sollte 226 Millionen Jahre dauern.*
• *Wissenschaftler halten bis zu 60 Prozent der Sterne in der Milchstraße für binäre Systeme, bei denen zwei Sterne oder Mehrfachsysteme von drei und mehr Sternen einander umkreisen.*
• *In der galaktischen Ebene, wo die Sonne beheimatet ist, beträgt der durchschnittliche Abstand zwischen Sternen einige Lichtjahre. Proxima Centauri, unser nächster Nachbarstern, ist ein Roter Zwerg und 4,2 Lichtjahre entfernt. Proximus oder proxima ist Lateinisch und bedeutet «nächstliegend».*

EXOPLANETEN

Basics

Die Wahrscheinlichkeit der Existenz außerirdischer Welten hat die Vorstellungskraft der Wissenschaftler jahrhundertelang inspiriert. Sollte es irgendwo anders noch Leben im Universum geben, wird man es gewiss auf einem fernen Planeten finden, der einen anderen Stern umkreist. 1995 entdeckten Wissenschaftler den ersten extrasolaren Planeten, der einen sonnenähnlichen Stern umkreise: 51 Pegasi, 50 Lichtjahre entfernt. Bis 2008 hatten die Forscher 329 wahrscheinliche Exoplaneten gefunden, natürlich alle in unserer Galaxie. Allein 2007 wurden 61 neue Planeten entdeckt.

Die Experten glauben, dass 10 Prozent oder mehr Sterne Planeten haben könnten. Die meisten bis jetzt entdeckten Exoplaneten sind gewaltige Gasriesen, die bis zu einem Dutzend Mal massereicher sind als Jupiter, aber sonst dem größten Planeten unseres Sonnensystems durchaus ähneln sollen. Viele von ihnen wurden «heiße Jupiter» getauft. Sie bewegen sich auf einer nahen Umlaufbahn um ihren Mutterstern, der ihre Atmosphären auf hohe Temperaturen aufheizt.

Die geläufigste Methode, einen Exoplaneten aufzuspüren, liegt darin, nach dem Schwanken eines fernen Sterns Ausschau zu halten, da ein Planet im Orbit an ihm zerrt. Das Schwanken zeigt sich als periodische Verschiebung in der Farbe des Sternenlichts. Eine weitere Strategie besteht darin, nach einer Abschwächung des Sternenlichts zu suchen, wenn der Planet an seinem Stern vorbeizieht. Bei beiden Nachweismethoden werden bevorzugt massereiche Planeten, die wesentlich größer sind als die Erde, entdeckt.

Grenzen des Wissens
Bis November 2008 hatten die Astronomen nicht ein einziges Mal in überzeugender Manier einen Exoplaneten direkt aufgespürt. In jenem Monat aber bildeten die Forscher einen Gasriesen ab, der schätzungsweise die dreifache Jupitermasse hatte und den Stern Fomalhaut umkreiste, 25 Lichtjahre von uns entfernt. Er tauchte als winziger Lichtpunkt in Bildern des Hubble-Weltraumteleskops auf. Unabhängig von dieser Entdeckung erspähte ein zweites Team drei Gasriesen in der Umlaufbahn um den Stern HR 8799, die dem Vielfachen der Entfernung zwischen Erde und Sonne entsprach. Sie hatten sieben bis zehn Mal so viel Masse wie der Jupiter.

Fakten  **zum Angeben**
• Noch haben die Forscher keine Planeten mit Erdmasse entdeckt, aber sie haben eine Reihe von «Supererden» gefunden, potenziell felsige Planeten mit der fünf- bis zehnfachen Masse der Erde. Man schätzt, dass Supererden den extrasolaren Jupiter-Planeten im Verhältnis drei zu eins überlegen sein könnten.
• Der bewohnbarste bisher entdeckte Exoplanet heißt Gliese 581 d, der dritte Planet im System des Roten Zwergs Gliese 581, rund 20 Lichtjahre von der Erde entfernt.
• 2007 wiesen Astronomen einen rekordverdächtigen fünften Planeten um den sonnenähnlichen Stern 55 Cancri nach, 40 Lichtjahre entfernt im Sternbild Krebs.

STERNHAUFEN

Basics

Viele Millionen Sterne in der Milchstraße treten in Haufen auf. Das sind Gruppen von Sternen, die gemeinsam entstanden sind und durch die Gravitation miteinander verbunden bleiben. Die Forscher untersuchen diese Haufen, um ihre Theorien der Bildung und Entwicklung von Sternen zu überprüfen.

Offene Sternhaufen sind lose Gruppen von bis zu einigen hundert Sternen und haben einen Durchmesser von bis zu 30 Lichtjahren. Häufig beherbergen sie eine Menge heißer, junger, blauer Sterne. Offene Sternhaufen entstanden aus denselben Gas- und Staubwolken in den Spiralarmen, sodass sie noch etwas von dem ursprünglichen Gas, aus dem immer noch Sterne entstehen, zurückbehalten haben könnten. Das Ergebnis ist eine Mischung aus Sternentypen. Astronomen haben 1100 offene Sternhaufen in der Galaxie entdeckt, was ungefähr 1 Prozent aller hier vorhandenen Sterne repräsentiert. Offenbar lassen sich offene Sternhaufen leicht zerschlagen, denn sie verlieren ihre Sterne an das galaktische Zentrum.

Kugelsternhaufen hingegen können so viele Sterne wie eine kleine Galaxie enthalten (zwischen 10000 und einigen Millionen). Sie sind in eine dichte Kugel mit einem Durchmeser von 200 Lichtjahren gepackt und bestehen aus uralten gelben und roten Sternen. Hinzu kommt gelegentlich ein «Blauer Nachzügler», ein junger blauer Stern, der vermutlich durch die Verschmelzung kleinerer Sterne entstanden ist. Da Kugelsternhaufen straffer gebunden sind als offene Sternhaufen, sind sie stabiler, neigen aber auch dazu, keine neuen Sterne mehr zu bilden. Astronomen haben 150 Kugelsternhaufen in der Milchstraße entdeckt, die grob in einer Kugel um das galaktische Zentrum verteilt sind.

Grenzen des Wissens
2005 haben Astronomen in der Andromedagalaxie, unserer 2,5 Millionen Lichtjahre entfernten Nachbargalaxie, eine dritte Art von Sternhaufen nachgewiesen. Diese mittleren Sternhaufen ähneln in der Zusammensetzung den Kugelsternhaufen. Sie enthalten Hunderttausende von Sternen, erstrecken sich aber über weit größere Regionen mit einigen hundert Lichtjahren Durchmesser, sodass sie weit weniger dicht sind als die Kugelsternhaufen. Die Milchstraße scheint keine solche Haufen zu haben, die die Lücke zwischen Kugelhaufen und «Zwerggalaxien» füllen.

Fakten  **zum Angeben**

• Kugelsternhaufen repräsentieren womöglich das früheste Stadium der Entstehung der Milchstraße und sind wahrscheinlich älter als die galaktische Scheibe.

• Der entfernteste je beobachtete Sternhaufen mit einigen hunderttausend Sternen befindet sich in ungefähr einer Milliarde Lichtjahre Distanz zu uns.

• Sobald ein offener Sternhaufen auseinandergebrochen ist, bewegen sich die zuvor gebundenen Sterne auf ähnlichen Bahnen durchs Weltall. Eine solche Gruppe wird Sternansammlung oder Bewegungsgruppe genannt. Die meisten Sterne im Sternbild Großer Wagen gehörten einmal zu einem offenen Sternhaufen.

GALAXIEN

Basics
Erst in den 1920er Jahren konnten Astronomen bestätigen, dass spiralförmige Nebel in Wirklichkeit ferne Galaxien wie unsere eigene sind. Heute ist die Katalogisierung von Galaxien eine kleine Industrie geworden. Moderne Galaxienvermessungen deuten darauf hin, dass das Universum mehr als 400 Milliarden Galaxien enthält, deren Spannweite von Zwerggalaxien mit einem Hundertstel der Milchstraßengröße bis zu gigantischen elliptischen Galaxien reicht, die sich über Hunderttausende von Lichtjahren erstrecken. Jede einzelne beheimatet ein paar Millionen bis zu einer Billion Sterne.

Galaxien gibt es in drei grundlegenden Formen: als Spirale, als Ellipse oder in unregelmäßiger Form. Spiralgalaxien machen fast ein Drittel unserer Nachbargalaxien aus. Sie ähneln wachsenden Städten. Der Kern der Galaxie – die Innenstadt, wenn Sie so wollen – besteht aus Millionen älterer roter und oranger Sterne, die dicht in eine Kugel gepackt sind, die man galaktische Wölbung nennt. Die Spiralarme sind in dieser Analogie die Vorstädte, wo die Neubauten entstehen. Hier sind die Sterne jünger und heller. Außerdem bilden sich kontinuierlich neue Sterne aus Gaswolken.

Die meisten anderen Galaxien sind elliptisch oder rautenförmig. Sie tendieren zu einer Bevölkerung überwiegend älterer Sterne. Die Forscher glauben, sie seien das Ergebnis der Kollision und Verschmelzung von Spiralgalaxien. Riesige Ellipsen findet man häufig in der Nähe des Zentrums großer Galaxienhaufen. Unregelmäßige Galaxien, die auch als «eigenartig» gelten, befinden sich womöglich in den ersten Stadien der Verschmelzung mit einer anderen Galaxie.

Grenzen des Wissens

Die meisten Astronomen vermuten, große Galaxien hätten in ihrem Zentrum sogenannte supermassereiche Schwarze Löcher. Die Forscher sind sich nicht sicher, wie diese gigantischen Schwarzen Löcher entstehen. Sie könnten erstens von Schwarzen Löchern normaler Größe stammen, die langsam große Mengen Materie absorbieren; zweitens von Sternen, die so groß sind, dass sie direkt zu einem riesigen Schwarzen Loch kollabieren und keine Supernova hervorbringen; drittens von dichten Sternhaufen; oder sie könnten Relikte des extremen Drucks in den ersten Augenblicken nach dem Urknall sein. Die Masse des riesenhaften Schwarzen Lochs ist proportional zur Masse der Galaxie, was den Schluss nahelegt, dass es eine Rolle bei der Regulierung der Größe der Galaxie spielt.

Fakten zum Angeben

• Wenn Sie einen Stern pro Sekunde zählen könnten, brauchten Sie 31 546 Jahre, um die eine Billion Sterne in einer gigantischen elliptischen Galaxie zu zählen. Verstehen Sie jetzt, warum man große Zahlen «astronomisch» nennt?

• Vor ungefähr acht Milliarden Jahren entstanden alle Sterne in größeren Galaxien. Seitdem haben die kleineren Galaxien die Lücke ausgefüllt. Die Experten nennen diese Umstellung Downsizing, und es könnte tatsächlich etwas mit dem Wachstum supermassereicher Schwarzer Löcher zu tun gehabt haben.

• Manche Galaxien sind lentikulär oder linsenförmig. Es könnten Spiralen sein, die den größten Teil ihrer Gas- und Staubhülle verloren haben.

AKTIVE GALAXIEN

Basics

Ein paar der besten Beweise für Schwarze Löcher in großen Galaxien lassen sich auf die Existenz aktiver Galaxien zurückführen, deren Kerne viel mehr Energie abgeben, als man aufgrund ihrer Zusammensetzung aus Sternen, Gas und Staub erwarten würde. Diese Energie kann das ganze elektromagnetische Spektrum umfassen: von Radiowellen bis zu Gammastrahlen. Die berühmtesten aktiven Galaxien sind Quasare. Das ist die Abkürzung für quasistellare Objekte, die hell scheinen, wenngleich sie 12 Milliarden Lichtjahre entfernt sind.

Die Forscher haben lange geglaubt, dass aktive Galaxien ihre Energie von supermassereichen Schwarzen Löchern beziehen, die eine ausgedehnte Akkretionsscheibe aufgebaut haben. Wenn Materie ins Schwarze Loch fällt, wird ihre Energie als Wärme und elektromagnetische Strahlung abgegeben. Ungefähr 10 Prozent der aktiven Galaxienkerne bringen ein Paar Ultrahochgeschwindigkeits-Jets oder relativistische Jets geladener Teilchen hervor, die in entgegengesetzte Richtungen zeigen.

Eine maßgebliche Vorstellung behauptet, dass die Unterschiede zwischen aktiven Galaxien sich im Großen und Ganzen auf die Unterschiede in ihrer Richtung belaufen. Wenn die relativistischen Jets einer aktiven Galaxie auf uns gerichtet sind, ist das Ergebnis ein «Blasar», eine aktive Galaxie, die schwächer, aber energiereicher als ein Quasar ist und deren Ausstoß einige Minuten oder auch Tage lang vom Normalwert abweichen kann. Sogenannte Seyfertgalaxien, die weniger energiereich als Quasare, aber der Erde näher sind, könnten durchaus Quasare sein, die uns hochkant gegenüberstehen, sodass Gas und Staub um das zentrale Schwarze Loch einen Teil ihres Lichts blockieren.

Grenzen des Wissens

Bis Mitte der 1990er Jahre glaubten die Astronomen, aktive Galaxien seien ein Phänomen des frühen Universums und damals weit verbreitet, als die Galaxien noch links und rechts zusammenstießen. Die Anzahl der Quasare war vor ungefähr elf Milliarden Jahren offenbar am größten. Dann entdeckte man eine zuvor unbekannte Gruppe von Quasaren, verborgen unter Gas und Staub, die vor rund acht Milliarden Jahren aktiv waren. Einzeln betrachtet waren sie schwächer als frühere Quasare, aber ihr gemeinsames Glühen stellte ihre älteren Pendants in den Schatten, was darauf hinwies, dass Schwarze Löcher viel später anfingen, galaktisches Material aufzumampfen, als es sich die Forscher vorgestellt hatten.

Fakten  **zum Angeben**

• 1918 beobachteten Astronomen einen Jet von 5000 Lichtjahren Durchmesser, der aus der aktiven Galaxie M87 ausstrahlte, einer gigantischen elliptischen Galaxie im Virgo(Jungfrau)-Galaxienhaufen, in 60 Lichtjahren Entfernung.

• Relativistische Jets scheinen die Lichtgeschwindigkeit zu überschreiten, wenn sie fast genau, aber geringfügig seitlich versetzt, in Richtung Erde zeigen.

• Bis in die späten 1980er Jahre hinein glaubten die Astronomen, Quasare könnten Weiße Löcher sein, umgekehrte Schwarze Löcher, die die ganze Energie ausspien, die das Schwarze Loch einfing.

LOKALE GRUPPE UND GALAXIENHAUFEN

Basics

Galaxien sind keineswegs die größten Strukturen im Weltall. Galaxien finden in Gruppen, in Haufen und in noch größeren Strukturen zusammen, die Superhaufen genannt werden. Der Abstand zwischen Galaxien beträgt typischerweise einige Millionen Lichtjahre. Aber Sie erinnern sich, dass die Gravitation keine Grenzen kennt. Sie greift nach allen Dingen und zwingt die Galaxien in ihre wechselseitigen Umlaufbahnen, so wie sich die Sterne in Galaxien bewegen und sich die Planeten um Sterne drehen.

Eine sogenannte kompakte Galaxiengruppe ist klein und isoliert und enthält normalerweise weniger als 50 Galaxien. Unsere Heimatgalaxie, die Milchstraße, ist eine von ungefähr 40 Mitgliedern der sogenannten Lokalen Gruppe, die sich über sechs Millionen Lichtjahre hinweg ausdehnt. Dazu gehören die 2,6 Millionen Lichtjahre entfernte Andromeda-Galaxie und die Große Magellan'sche Wolke, eine Satellitengalaxie der Milchstraße in 169 000 Lichtjahren Entfernung. Man erwartet, dass die Lokale Gruppe noch viele Billionen Jahre intakt bleiben soll.

Ein Galaxienhaufen kann bis zu 1000 Galaxien beherbergen, aber sie sind typischerweise als Gruppe in dasselbe Volumen zusammengepfercht, sodass der Unterschied hauptsächlich etwas mit der Dichte zu tun hat. Jenseits der Lokalen Gruppe ist der Virgo-Galaxienhaufen, eine dichtere Ansammlung Hunderter Galaxien, die alle durcheinandergewürfelt sind. Der Coma-Galaxienhaufen ist sogar noch dichter, hat eine hübsche Kugelform und ist auf mehrere riesige elliptische Galaxien zentriert. Wie unsere Lokale Gruppe haben diese Galaxienhaufen die Größe von einigen Millionen Lichtjahren.

Grenzen des Wissens
Wissenschaftler schätzen, dass die Milchstraße mit der Andromeda-Galaxie in bereits zwei Milliarden Jahren zusammenstoßen und zu einer einzigen Galaxie verschmelzen wird. Als neuer Name wurde «Milkomeda» vorgeschlagen. Die Forscher kennen die Annäherungsgeschwindigkeit der beiden Nachbarn. Sie beträgt 120 Kilometer pro Sekunde. Womöglich bewegt sich Andromeda schnell genug seitwärts, um an uns vorbeizurauschen, wenn aber nicht, dann werden sich die beiden Galaxien ein oder zwei Mal gegenseitig durchdringen, bevor sie sich zu einer einzigen Galaxie zusammengefunden haben. Dieses gefährliche Zusammentreffen könnte unser Sonnensystem ohne weiteres in die entlegensten Ecken der Galaxie befördern. Eventuell werden wir sogar in Andromeda landen.

Fakten zum Angeben
- *Eine isolierte Galaxie wird Feldgalaxie genannt. Rund 5 Prozent der in den Vermessungen gefundenen Galaxien gehören zu diesem Typ. Sie können die Bildung von mehr Sternen unterstützen als andere Galaxien, weil sie ihr Gas nicht bei Wechselwirkungen mit anderen Galaxien verschwendet haben.*
- *Viele Bestandteile von Galaxienhaufen sind im Wesentlichen womöglich unsichtbar. Dazu gehören schwache Zwerggalaxien, die zu unscharf sind, um klare Beobachtungen vornehmen zu können, sowie «dunkle» Galaxien, deren Ausdehnung zu dünn ist, um Sterne hervorbringen zu können.*

EVOLUTION DER GALAXIEN

Basics

Die Forscher möchten gern verstehen, wie Galaxien zu den Formen verschmolzen, wie wir sie heute sehen. Aber die Bilder in den Teleskopen sind lediglich Schnappschüsse des Universums zu unterschiedlichen Augenblicken. Es ist so ähnlich, als betrachte man einmal alle hundert Jahre Luftaufnahmen der größten Städte der Welt. Um die Ursprünge der Galaxie zurückverfolgen zu können, bauen die Forscher immer leistungsstärkere Teleskope. Damit können sie immer weiter ins All hinausblicken, was gleichbedeutend ist mit einem Blick zurück in der Zeit.

Unter den lokalen Galaxien scheint nur eine von einer Million mit einer anderen Galaxie in Wechselwirkung zu treten. Weiter entfernte Galaxien erleben Zusammenstöße offenbar häufiger, was darauf hinweist, dass sie in der Frühzeit des Universums weiter verbreitet waren. Die Wissenschaftler glauben in der Tat, dass Fusionen zu den Antriebskräften der Galaxienevolution gehören. Der aktuellen Theorie zufolge fingen die Galaxien klein an und taten sich dann zusammen, was zu Spiralgalaxien führte. Wenn Spiralen verschmolzen, entwich das Gas in ihren Scheiben, und ihre Sterne wurden in kompliziertere Umlaufbahnen gestoßen. Das gemeinsame Endergebnis: eine elliptische Galaxie.

Unterstützt wird diese Vorstellung durch die Entdeckung gigantischer elliptischer Galaxien in der Mitte dichter Galaxienhaufen, wo Kollisionen wahrscheinlich sind. Die Kollisionstheorie erklärt außerdem, warum elliptische Galaxien tendenziell mit alten Sternen angefüllt sind, während in Spiralgalaxien noch immer Sterne entstehen. Die Spiralen müssen erst noch ihr Gas verlieren.

Grenzen des Wissens
Die NASA plant für 2013 den Start des James-Webb-Weltraumteleskops, des Nachfolgers des Hubble-Teleskops. Es sollte leistungsstark genug sein, um die ersten Galaxien nachzuweisen. Aber es wird damit das Bild des frühen Universums noch nicht vervollständigen. Denn das Weltall durchlief ein langes dunkles Zeitalter, bevor sich die ersten Galaxien bildeten. Leistungsfähige Radioteleskope sollen diese Ära bald erkunden.

Fakten  **zum Angeben**

• Wenn Galaxien zusammenstoßen, kann das die Entstehungsrate von Sternen explosionsartig beschleunigen. Diese Phase dauert womöglich nur 10 Millionen Jahre. Im frühen Universum waren solche «Sternenausbrüche» ganz geläufig, allerdings schätzen die Forscher ihren Anteil an der Entstehung von Sternen auf immer noch 15 Prozent.

• Die Milchstraße ist eine Kannibalin. Sie verschlingt kleinere Zwerggalaxien, die ihren Weg kreuzen. Eine ist ein Sternenband, das Virgo-Strom genannt wird und 5 Prozent des Himmels in der nördlichen Hemisphäre in Richtung des Sternbilds Jungfrau (Virgo) ausmacht.

• Die meisten Galaxien im Universum scheinen Zwerggalaxien zu sein. Sie enthalten ein paar Millionen bis einige Milliarden Sterne, die in einer Region von rund 1000 Lichtjahren komprimiert sind. Sie könnten die Überbleibsel der ersten Galaxien sein.

STRUKTUR IM GROSSMASSSTAB

Basics

Bei Galaxienvermessungen im Lauf der letzten Jahrzehnte wurde festgestellt: Genauso wie Galaxien sich zu Haufen bündeln, sind die Haufen untereinander zu Ketten verbunden, die man Superhaufen nennt. Sie können sich über Hunderte von Millionen Lichtjahren erstrecken. Die Superhaufen wiederum sind zu «Wänden» und Filamenten verknüpft, obwohl es keine Haufen von Superhaufen zu geben scheint.

Unsere Lokale Gruppe gehört zum Virgo-Superhaufen, einer verästelten und verdrehten Kette von Galaxienhaufen, die uns mit dem Virgo-Haufen in 52 Millionen Lichtjahren Entfernung verbindet. Der dehnt sich über eine Region von 200 Millionen Lichtjahren aus und verschmilzt schließlich mit anderen Superhaufen. Haufen und Superhaufen können existieren, weil sie trotz der kosmischen Expansion durch ihre gegenseitige gravitative Anziehungskraft zusammengehalten werden.

Die Verteilung der Galaxien kann man sich wie Schaum vorstellen, in dem die Galaxien-Filamente durch riesige Leerräume (*voids*) voneinander getrennt sind. Eines der dramatischsten Beispiele für diese Struktur ist die Große Wand (auch Große Mauer genannt), ein weitmaschiges Galaxiennetz von mehr als 500 Millionen Lichtjahren Ausdehnung. Astronomen haben das Universum bis auf eine Entfernung von ein paar hundert Millionen Lichtjahren kartiert, und soweit sie es überschauen können, wiederholt sich dieses Schaummuster in alle Richtungen, statt noch größere Strukturen zu bilden. Diese Wiederholung wird das «Ende der Größe» genannt.

Grenzen des Wissens
Die großmaßstäbliche Struktur des Universums ist ein Echo des Urknalls. Die Gravitation hat die Zeit gehabt, einzelne Galaxien zu Haufen zusammenzuziehen, aber die Experten vermuten, dass sie sie nicht zu Superhaufen arrangiert haben konnte. Stattdessen soll die Materie im frühen Universum leicht gekräuselt und in Filamenten um diese Kräuselungen herum angesammelt gewesen sein – wie Wasser in einem Flussdelta. Die dichtesten Gruppen von Filamenten verschmolzen zu Superhaufen. Den Antrieb für diesen Vorgang leistete die Dunkle Materie, in der die Filamente eingebettet waren.

Fakten  **zum Angeben**
• Der Virgo-Superhaufen stürzt allmählich in eine verborgene Gravitationsquelle, die «Großer Attraktor» genannt wird, höchstwahrscheinlich ein großer Superhaufen, der von der Milchstraße verdeckt wird.
• Die Leerräume zwischen Superhaufen sind womöglich nicht ganz so leer, wie sie scheinen. Astronomen vermuten, sie könnten Wolken aus Wasserstoffgas enthalten, die nur durch die Art und Weise nachweisbar sind, wie sie das Licht von fernen Quasaren beeinflussen.

KAPITEL NEUN
KOSMOLOGIE

DER URKNALL

Basics

Okay, jetzt sind wir endlich so weit, den ganz großen Fisch an die Angel zu bekommen, nämlich das Weltall selbst. Das Studium des Universums als Ganzes wird Kosmologie genannt. Eine Theorie der Kosmologie verknüpft alles, was wir über die großmaßstäblichen Merkmale des Universums kennen. Es ist die Urknalltheorie. Der Urknall ist für die Kosmologie das, was die Evolution für die Biologie ist. Es ist die eine Vorstellung, die den Zusammenhang zwischen allen Dingen hervorhebt.

Die Urknalltheorie besagt, dass vor annähernd 13,7 Milliarden Jahren alle Materie und Energie im beobachtbaren Universum – die ganzen 92 Milliarden Lichtjahre – in einem einzigen Punkt konzentriert waren. Und genau diese Materie und Energie im Universum war in diesem Raum komprimiert. Erinnern Sie sich an den Energieerhaltungssatz: Sie muss also von Anfang an da gewesen sein. Demnach war der Anfang des Universums extrem heiß und dicht, aber jene Materie und Energie verursachten die Expansion der Raum-Zeit-Struktur an sich. Dabei gingen die Temperaturen allmählich zurück, und alles wurde geglättet.

Es gibt drei Hauptbeweisstücke für den Urknall: die Tatsache, dass ferne Galaxien sich mit hoher Geschwindigkeit von uns entfernen, das schwache Leuchten von Radio- und Mikrowellen im ganzen Weltall und der Überfluss von Wasserstoff und Helium im Universum. Obendrein erlaubt uns das Urknallmodell zu verstehen, warum Galaxien genau so angeordnet sind, wie wir es beobachten.

Grenzen des Wissens

Niemand weiß, was den Urknall verursachte. Genau wie im Kern eines Schwarzen Lochs weisen Einsteins Gleichungen der allgemeinen Relativitätstheorie darauf hin, dass das Universum unendlich dicht gewesen sein musste, was wiederum ein Anzeichen dafür ist, dass die Theorie verbessert werden muss, um diesen Augenblick hinreichend zu erklären. Bis wir verstehen können, was in diesem Moment der Singularität vor sich ging, ist unsere Chance gering, die Ursache des Urknalls zu erkennen. Sollten die Forscher eine Theorie ausarbeiten können, die die Quantenmechanik mit der Gravitation verbindet, sollte dieses Problem gelöst werden können. Bis dahin bleibt uns nichts anderes übrig, als die Auswirkungen des Urknalls bis auf den heutigen Tag zu verfolgen.

Fakten  **zum Angeben**

• Der ursprüngliche Name der Urknalltheorie lautete «Hypothese des primordialen Atoms» (Uratoms).
• Der Physiker Fred Hoyle prägt den Begriff «Urknall», wenngleich er ihn spöttisch verwendete. Hoyle glaubte stur an die Kosmologie des «Steady State» – des stationären Gleichgewichts, in dem das Universum immer da gewesen war und immer da sein wird.

EXPANDIERENDER RAUM

Basics

Im frühen 20. Jahrhundert konnte der Astronom Edwin Hubble etwa ein Dutzend Galaxien beobachten und stellte fest, dass sie sich alle mit großer Geschwindigkeit von uns entfernen. Hmm, wenn sich die Galaxien also voneinander entfernen, müssen sie doch alle irgendwo herkommen. Hubble hatte damit das erste Beweisstück für den Urknall entdeckt.

Es gelang ihm, die Rotverschiebung ferner Galaxien zu messen. Sie erinnern sich vielleicht, dass bei schnell sich von uns fortbewegenden Objekten die Wellenlänge des Lichts, das von ihnen ausgeht, wie eine Sprungfeder gestreckt wird. Der allgemeinen Relativität zufolge kann sich auch der Raum selbst – also die Entfernung zwischen zwei Dingen – ausdehnen und zusammenziehen. Deshalb zeigt sich die Ausdehnung des Raums als eine Rotverschiebung.

Ein expandierendes Universum lässt sich nicht mit einer Explosion von Galaxien ins Weltall vergleichen. Die Expansion hat kein Zentrum, wie es bei einer Bombenexplosion der Fall ist. Es ist der Raum selbst, der expandiert, vergleichbar mit einem Lineal, das auf einen Ballon aufgedruckt ist. Wenn Sie den Ballon aufblasen, nimmt die Entfernung zwischen den Linealmarkierungen zu, und je weiter die Markierungen voneinander entfernt sind, umso schneller wächst dieser Abstand. Dasselbe trifft auf Galaxien zu. Je weiter entfernt sie von uns sind, umso stärker sind sie rotverschoben. Die Expansionsrate des Universums, also die Beziehung zwischen Entfernung und

Rotverschiebung, wird als Hubble-Konstante bezeichnet. Zum heutigen Zeitpunkt liegt sie bei 80 000 Kilometern pro Stunde, auf jede Million Lichtjahre zwischen den Galaxien gerechnet.

Grenzen des Wissens

Das beobachtbare Universum ist jeder beliebige Bereich des Universums, von dem uns ein Signal erreichen kann, sei es Licht, seien es Neutrinos oder Gravitationswellen. Die Entfernung in Lichtjahren zu einer weit entfernten Galaxie ist nicht deren augenblicklicher Abstand zu uns. Die Galaxie hat sich inzwischen längst von diesem Ort fortbewegt. Sie ist vom expandierenden Universum davongetragen worden.

Nimmt man die gemessene Expansionsrate als Anhaltspunkt, wird das beobachtbare Universum als eine Kugel mit dem Durchmesser von 92 Milliarden Lichtjahren veranschlagt. Und während sich die Expansionsgeschwindigkeit des Universums verändert (siehe den Abschnitt über Dunkle Energie), wird sich auch die Größe des beobachtbaren Universums ändern.

Fakten  **zum Angeben**

• Vor Hubbles Messungen nahm Einstein an, das Universum sei statisch. Deshalb fügte er den Gleichungen der allgemeinen Relativität, die ein expandierendes Universum vorhergesagt hatte, einen Korrekturfaktor (die kosmologische Konstante) hinzu. Später nannte er dies «meine größte Eselei».

• Es gibt keinen Grund zu glauben, der Rand des beobachtbaren Universums sei auch der Rand des Universums an sich. Das würde ja bedeuten, die Erde stünde im Mittelpunkt des Universums, was Wissenschaftler für unwahrscheinlich halten.

DER KOSMISCHE MIKROWELLENHINTERGRUND

Basics

Eines der aussagekräftigsten Beweisstücke für den Urknall ist eine schwache Mikrowellenglut am Himmel, die weder von einem speziellen Stern noch von einer Galaxie stammt und Kosmische Mikrowellen-Hintergrundstrahlung (KMH) genannt wird. Erd- und weltraumgestützte Radioteleskope haben bestätigt, dass die KMH hochgradig gleichmäßig ist. Jede Theorie, die sich mit dem Ursprung des Universums beschäftigt, muss die Strahlung und die Muster ihrer Abweichungen erklären können.

Der Urknalltheorie zufolge ist die KMH ein Überbleibsel des ersten Augenblicks, als sich Protonen und Elektronen vor 379 000 Jahren zu Wasserstoffatomen verdichteten. Vor diesem Zeitpunkt verhinderte die Restwärme des Urknalls die Bildung von Wasserstoff, während die Photonen nur kurze Strecken bewältigen konnten, bevor sie vom Elektronennebel absorbiert wurden. Die Intensität der KMH bei unterschiedlichen Wellenlängen entspricht einer Temperatur von etwa −270 Grad Celsius.

Die Photonen müssen am Anfang wesentlich heißer gewesen sein, aber der Raum trug im Lauf seiner Expansion dazu bei, die Strahlung zu dehnen oder rotzuverschieben, was sie veranlasste, schwächer zu werden, da sie inzwischen ein viel größeres Raumvolumen füllen muss. Zieht man die Expansion des Raums in den vergangenen 13 Milliarden Jahren in Betracht, lässt sich abschätzen, in welcher Phase das Universum diese Temperatur erreichte und wie alt daher die KMH ist.

Grenzen des Wissens

Das Ausmaß der Kosmischen Mikrowellen-Hintergrundstrahlung schwankt von Ort zu Ort, weil die Teilchensuppe nicht gleichmäßig beschaffen war. Manche Orte waren ein wenig dichter als der Durchschnitt, andere Stellen wiederum waren eher diffus. Diese Dichtevariationen breiteten sich wie Kräuselungen aus, die entstehen, wenn man einen Stein ins Wasser wirft. Und die Muster dieser Wellen sagen uns, wie viel Materie und Energie das Universum enthält.

Außerordentlich präzise Daten der Mikrowellensonde WMAP von 2003 lassen den Schluss zu, dass das Universum 13,7 Milliarden Jahre alt ist und lediglich aus 4 Prozent normaler Materie (Baryonen), 23 Prozent Dunkler Materie und aus 73 Prozent Dunkler Energie besteht. Das Planck-Weltraumteleskop soll noch genauere Messungen durchführen.

Fakten  **zum Angeben**

• Die Schwankungen in der KMH sind geringfügig. Die Mikrowellen sind von einem Punkt im Weltall zum nächsten bis auf mindestens einen Teil von 10000 identisch.

• Die Physiker Arno Penzias und Robert Wilson entdeckten die KMH 1964 nach jahrelangen Versuchen, ein Rauschen in ihren Radioteleskopen an den Bell Labs loszuwerden, das nach der Eliminierung aller anderen Signale immer noch da war.

• Mit einem alten Analogfernseher können Sie sich in die KMH einschalten. Die KMH ist verantwortlich für 3 Prozent des Rauschens zwischen den Kanälen.

DAS UNIVERSUM IST FLACH

Basics

Denken Sie daran, dass sich die Raumzeit unter dem Gewicht von Materie und Energie krümmt. Sie hat eine Form. Nun ja, das Universum als Ganzes muss ja auch eine Form haben. Entscheidend dabei ist, dass diese Gestalt auch der wesentlichen Annahme der Wissenschaftler über das Weltall, nämlich in allen Richtungen gleich auszusehen, Genüge tun muss.

Es gibt nur drei grundlegende Formen, die diesen Anforderungen entsprechen. Um sie darzustellen, müssen wir uns auf (unvollkommene) zweidimensionale Analogien einlassen. Die erste ist die Oberfläche einer Kugel. Wir sagen, sie habe eine positive Krümmung, was bedeutet, sie wölbt sich in jede Richtung. Die zweite Form (negative Krümmung) schrumpft nach innen in jede Richtung wie die Oberfläche eines Sattels. Die dritte Form ähnelt einem Blatt Papier. Sie wird flacher Raum genannt und hat null Krümmung.

Die Form des Universums hängt von der durchschnittlichen Dichte der darin enthaltenen Materie und Energie ab. Durch sorgfältige Messungen des kosmischen Mikrowellenhintergrunds haben die Forscher herausgefunden, dass die Dichte messerscharf so beschaffen ist, dass man von Flachheit sprechen kann. Bei nur etwas mehr Dichte würde sich die Raumzeit wie ein großer Ball wölben; und bei geringfügig weniger Dichte würde sie sich wie ein Sattel nach innen biegen. Diese sogenannte kritische Dichte ist ungefähr die Masse von fünf Wasserstoffatomen pro Kubikmeter.

Grenzen des Wissens

Es wäre schön zu wissen, ob das Universum unendlich wäre – ob es also ewig währte –, doch bedauerlicherweise gibt die allgemeine Relativitätstheorie keine Antwort auf diese Frage. Sie sagt uns lediglich, dass sich die Raumzeit zwischen zwei beliebigen Punkten krümmt. Aber es gibt noch eine andere Möglichkeit, es herauszufinden. Wäre das Universum endlich, würde es ähnlich funktionieren wie das Computerspiel Pac-Man. Alles, was den Rand des «Monitors», sprich des Universums, verlässt, würde auf der anderen Seite wiederauftauchen. Die Wissenschaftler können diese Möglichkeit überprüfen, indem sie nach sich wiederholenden Mustern am Himmel Ausschau halten wie nach einem Bild in einem Zerrspiegel. Bis jetzt haben sie keine Beweise für Wiederholungen gefunden. Falls das Universum endlich sein sollte, muss es allerdings ziemlich groß sein.

Fakten  **zum Angeben**

• Die Flachheit oder annähernde Flachheit des Universums wird inzwischen als ein frühes Anzeichen dafür betrachtet, dass der größte Teil des Universums nicht aus sichtbarer Materie besteht. Bei Untersuchungen wurde viel zu wenig sichtbare Materie gefunden. Sie macht nur 5 Prozent der kritischen Dichte aus.

• Erst 2003 spekulierten Experten darüber, ob das Universum womöglich wie ein Zwölfflächner geformt sein könnte, ein zwölfseitiges Objekt (denken Sie an einen Fußball), allerdings scheinen inzwischen die Daten diese Möglichkeit nicht zu bestätigen.

INFLATION

Basics

Die Flachheit des Universums ist mit der reinen Urknalltheorie nur schwer zu erklären. Hätte das Universum auch nur um eine Haaresbreite über oder unter der kritischen Dichte begonnen, hätten Zeit und Gravitation diese Fehlanpassung enorm vergrößert. Wissenschaftler mögen es überhaupt nicht, wenn Theorien so angesetzt werden müssen, dass sich alles schön zusammenfügt. Das klingt nämlich allzu verdächtig nach Schmu.

Sie glauben, die Antwort in der kosmischen Version unkontrollierbarer Inflation gefunden zu haben. Im ersten winzigen Sekundenbruchteil nach dem Urknall wuchs das beobachtbare Universum von einigen Milliardstel der Größe eines Protons zur Größe einer Kugel irgendwo zwischen einer Murmel und einem Fußballplatz an. Das ist proportional vergleichbar mit der Ausdehnung eines DNS-Strangs zur Größe der Milchstraße. Selbst die vergangenen 14 Milliarden Jahre der Expansion haben das beobachtbare Universum nie wieder um einen solchen Betrag vergrößert.

Kehren wir zurück zu unserer Ballon-Analogie. Wenn Sie einen Ballon zur Größe der Erde aufblasen könnten, würde er flach statt gekrümmt aussehen. Demnach wären zwei Punkte, die sehr nahe beisammen im Urknall ihren Anfang nahmen, inzwischen weit voneinander entfernt. Und jede kleine Abweichung von der Flachheit wäre komplett ausgelöscht worden. Das ist die beste Begründung der Wissenschaftler für die annähernd perfekte Flachheit des Universums.

Grenzen des Wissens

Unter Berücksichtigung der Inflation sind die Details des kosmischen Mikrowellenhintergrunds widerspruchsfrei, allerdings behaupten die Wissenschaftler nicht, dass die Inflationstheorie dieselben strengen Tests bestanden hätte wie die Urknalltheorie. Die allgemeine Relativität kann einem expandierenden Universum Rechnung tragen. Um aber die Inflation zu rechtfertigen, müssen die Forscher schon eine exotische Energieform aufbieten, eine Art Vakuumenergie oder kosmologische Konstante, die nur einen kurzen Augenblick während des Urknalls existiert hätte. Unglücklicherweise gibt es keine Theorie, die ihnen genau sagen könnte, wie groß der Anteil der inflationären Expansion hätte gewesen sein müssen, was davon abhängt, wie lange die exotische Energie am Drücker gewesen wäre.

Fakten  **zum Angeben**

- *Teilchenphysiker Alan Guth, inzwischen Professor am Massachusetts Institute of Technology, stellte seine Idee der kosmischen Inflation Ende 1979 vor. Die Vereinigten Staaten hatten gerade eine Phase der wirtschaftlichen Inflation erlebt, was zu dem Namen geführt haben könnte.*
- *Die Inflation mag zwar von einer exotischen Energieform abhängen, aber zumindest ist nicht allzu viel davon erforderlich. Die Forscher schätzen, dass Energie im Wert von lediglich 20 Pfund ausgereicht hätte, um die Inflation in Gang zu setzen.*

DUNKLE ENERGIE

Basics

Die Forscher nahmen lange Zeit an, die Expansion des Raums würde sich unter dem kombinierten Einfluss der Gravitation sämtlicher Galaxien letztlich verlieren. Aber 1998 schlossen die Astronomen die Messungen der Rotverschiebung und der Entfernung uralter Supernovae ab und stellten fest, dass sich der Raum weiter ausgedehnt hatte, als man das von der vermutlichen Abbremsung der Galaxien hätte erwarten können. Mit anderen Worten: Die Expansionsrate des Universums nimmt zu.

Die Gründe für die beschleunigte Ausdehnung kennen die Wissenschaftler nicht, aber gemäß der allgemeinen Relativität muss es irgendeine Energieform sein, die sie – als Hommage an die Dunkle Materie – Dunkle Energie nennen. Vermessungen der Kosmischen Mikrowellen-Hintergrundstrahlung deuten darauf hin, dass die dünn und gleichmäßig im Weltall verteilte Dunkle Energie 74 Prozent des Universums ausmacht.

Die einfachste Form der Energie wäre etwas, das man kosmologische Konstante nennt, die sich im Lauf der Zeit nicht verändert. Das ist die Energie des leeren Raums, die wir bereits kennengelernt haben. Zu jedermanns Leidwesen sagen einfache Schätzungen der Vakuumenergie eine enorme Menge voraus, die die Galaxien vor langer Zeit in die Länge und in die Breite geblasen hätte. Die beobachtete Dunkle Energie hat einen geheimnisvoll kleinen Wert. Die Forscher haben sich an den Gründen dafür bisher die Zähne ausgebissen.

Grenzen des Wissens

Die kosmische Beschleunigung könnte sich mit der Zeit verlangsamen. Um das herauszufinden, müssen die Forscher die Expansionsrate des Universums äußerst präzise messen. Ein vorgeschlagenes Experiment ist die Supernova Acceleration Probe oder SNAP – eine Sonde zur Erforschung der Dunklen Energie, die die Entfernung und die Geschwindigkeit von rund 2000 Supernovae pro Jahr messen würde. Mit einer zweiten Technik soll eine umfassende hochauflösende Erkundung von Galaxien durchgeführt werden. Dabei will man nach geringfügigen Veränderungen ihrer Form Ausschau halten, verursacht von Licht, das wie eine Murmel, die man über einen gewölbten Fußboden rollt, durch die Dunkle Materie dringt. Eine solche Karte könnte den Forschern Anhaltspunkte dafür geben, wie die Dunkle Energie die Struktur des Universums im Verlauf der Zeit beeinflusst hat.

Fakten  zum Angeben

- *Die Forscher glauben, das Universum habe vor rund fünf Milliarden Jahren angefangen, sich zu beschleunigen. Hätte es viel früher damit begonnen, wäre den Galaxien keine Zeit zur Entstehung geblieben.*
- *Die Dunkle Energie muss dünn und gleichmäßig mit der Dichte einiger weniger Protonen pro Kubikmeter über das ganze Universum verteilt sein. Die gesamte Dunkle Energie des Sonnensystems würde sich auf die Masse eines kleinen Asteroiden belaufen.*
- *Die Dunkle Energie könnte die Atome geringfügig größer machen, als sie sonst wären. Geht man davon aus, dass sie das ganze Universum durchdringt, könnte sie ein wenig der Gravitationsanziehung zwischen Protonen und Neutronen im Atomkern entgegenwirken.*

DIE ERSTEN DREI MINUTEN

Basics

Drei Minuten sind keine lange Zeit. Sie genügt, um eine Tüte Popcorn in der Mikrowelle zuzubereiten, kurz zu duschen und ein Stück Musik zu hören – oder zwei, wenn Sie auf Punk-Rock stehen. Aber dem Urknall reichten drei Minuten völlig aus, um das Universum mit Materie anzufüllen.

Mit so viel konzentrierter Energie in der Hinterhand war das frühe Universum ein großer Teilchenbeschleuniger. Teilchen und Antiteilchen aller Arten platzten ins Dasein und vernichteten sich gegenseitig. Mit jedem vorübergehenden Moment dehnte sich der Kessel aus und kühlte allmählich ab. Weil es nicht genügend konzentrierte Energie gab, durchlief das Weltall eine Reihe von Kontrollpunkten, die seine Fähigkeit einschränkten, unterschiedliche Teilchen zu produzieren.

Nach einer Mikrosekunde kühlte das Universum ausreichend ab, sodass Quarks (die Teilchen, aus denen Protonen und Neutronen bestehen) «auszufrieren» begannen. Das heißt, sie schlossen sich zu Protonen und Neutronen zusammen, statt sich in der Begegnung mit Antiquarks auszulöschen. Da die Neutronen eine Spur massereicher als Protonen und daher weniger stabil sind, zerfielen sie in Protonen, bis nur noch ein Neutron auf sieben Protonen kam. Gemeinsam bildeten sie Wasserstoff- und Heliumkerne im Verhältnis 9:1 sowie Lithium.

Diese sogenannte Nukleosynthese des Urknalls dauerte rund drei Minuten und erzeugte 98 Prozent des heute im Weltall vorhandenen Heliums. (Der Rest stammt von den Sternen.) Das

Verhältnis zwischen Wasserstoff, Helium und Lithium ist ein weiterer wichtiger Stützpfeiler der Urknalltheorie.

Grenzen des Wissens
Unmittelbar nach dem Urknall, als das Universum sehr jung und heiß war, gab es eigentlich eine Menge Teilchen und Antiteilchen, die sich gegenseitig vernichteten. Wäre Antimaterie ein perfektes Spiegelbild der Materie, hätte das Universum von beiden die gleiche Menge erzeugt, sodass es überhaupt keine Materie gäbe. Aber da wir eindeutig hier sind, ist dies offenbar nicht passiert. Der Sieg der Materie wird Baryogenese genannt («Genesis» für Schöpfung und «Baryo» für Baryonen. Das sind Protonen und Neutronen).

Fakten  **zum Angeben**
• Die Überschrift dieses Abschnitts ist gleichzeitig der Titel eines berühmten Buches des Teilchenphysikers Steven Weinberg. Er schrieb einmal, je mehr wir über das Universum erfahren, umso weniger Bedeutung scheint unsere Existenz zu bekommen.
• Astronomen messen den Überfluss an primordialem (uranfänglichem) Deuterium – schwerem Wasserstoff –, indem sie das Licht von fernen Quasaren untersuchen, das sich durch unsichtbare Wasserstoffwolken hindurchbewegt.
• Wissenschaftler glauben, dass das Universum im Prozess der Baryogenese ungefähr eine Milliarde plus ein normales Teilchen gegenüber einer Milliarde Antiteilchen produzierte.

KAPITEL ZEHN
TEILCHENPHYSIK

DAS STANDARDMODELL

Basics

Standardmodell der Teilchenphysik ist ein ziemlich nichtssagender Name für eine immens wichtige Theorie. Im Lauf der letzten 30 Jahre haben Forscher die detaillierten Mechanismen und Funktionsweisen der drei wichtigsten, in Atomen wirksamen Naturkräfte zusammengetragen: Der Elektromagnetismus hält die Atome zusammen, die starke Wechselwirkung hält den Kern zusammen, und die schwache Kraft bestimmt den radioaktiven Zerfall.

Das Standardmodell besagt, dass die grundlegenden Bestandteile des Universums nicht Teilchen, sondern Felder sind, die, analog zu elektrischen Feldern und Magnetfeldern, über die gesamte Raumzeit ausgebreitet sind. Jede Elementarteilchensorte ist die Einheit eines anderen Feldes. Selbst wenn keine Teilchen in der Nähe sind, schwanken diese Felder aufgrund des Unbestimmtheitsprinzips kontinuierlich. Wenn die Teilchen zusammenstoßen, bestimmt die Wechselwirkung der Felder, welche Teilchen zerfallen und welche neuen Teilchen entstehen.

In den ersten Augenblicken nach dem Urknall war das Universum ein einziger riesiger Teilchenbeschleuniger, ein Energiekessel, aus dem die Teilchen links und rechts und aus der Mitte heraussprangen. Das Standardmodell teilt uns mit, welche Teilchen in jedem Augenblick vorhanden waren, welche überlebten und wie sie sich in Atomen festsetzten. Gemeinsam mit der allgemeinen Relativität, Einsteins Gravitationstheorie, sagt uns das Standardmodell, wie das Weltall in Erscheinung trat, dass wir es heute so sehen, wie es ist.

Grenzen des Wissens
Jedenfalls nah dran. Das Standardmodell lässt ein paar Fragen offen. Dazu gehören die Beschaffenheit der Dunklen Materie sowie der Grund, weshalb das Weltall offenbar in geringem Maß die Materie gegenüber der Antimaterie bevorzugt. Antworten auf einige dieser Fragen können nur geringfügige Veränderungen der Theorie mit sich bringen, andere hingegen könnten durchaus zu einer noch umfassenderen Theorie führen. Die direkteste Möglichkeit, das Standardmodell zu testen, ist der Bau immer größerer Teilchenbeschleuniger – Maschinen, in denen Teilchen bei hohen Energien zusammenstoßen. Das kann aber ziemlich teuer werden, sodass Wissenschaftler stets auf Hinweise aus der Astrophysik lauern, zum Beispiel Neues über Neutrinos und kosmische Strahlung.

Fakten  **zum Angeben**
- *Das Standardmodell ist die sorgfältigste und genaueste wissenschaftliche Theorie aller Zeiten. Sie sagt die Stärke des Magnetfelds eines Elektrons auf eine Genauigkeit eines Anteils pro 10 Milliarden voraus.*
- *Das Standardmodell hat mehr als 20 «freie Parameter», Naturkonstanten wie die Ladung des Elektrons und die Quarkmassen, die Wissenschaftler nicht von Grund auf erklären können. Ihnen bleibt nichts weiter übrig, als die Konstanten in Experimenten zu messen.*

TEILCHENBESCHLEUNIGER

Basics
Eines unserer besten Instrumente für das Verständnis der inneren Mechanismen des Universums ist der Teilchenbeschleuniger, eine Maschine, die Protonen, Elektronen und andere Teilchen auf hohe Geschwindigkeiten peitscht und sie zusammenstoßen lässt. Aus den Kollisionen entstehen neue Teilchen, die nie zuvor existierten. Sie zerfallen oder wandeln sich sehr schnell in neue Teilchen um.

Um eine Vorstellung zu bekommen, warum das so ist, erinnern Sie sich bitte an das Unbestimmtheitsprinzip. Wie wir schon bei der Vakuumenergie feststellten, ist ein Feld, selbst wenn es leer ist, voller Aktivität. Die Teilchenphysiker finden es nützlich, das Feld so zu betrachten, als sei es voller sogenannter virtueller Teilchen, die paarweise aus dem Vakuum sprudeln – ein Teilchen und sein Antiteilchen.

Das Paar vernichtet sich normalerweise selbst so schnell, dass es nicht nachweisbar ist. Obendrein gehorchen die Teilchen seltsamen Regeln, und so nennt man sie virtuelle Teilchen, um sie von der normalen Sorte zu unterscheiden. Pumpt man jedoch eine Menge Energie in einen kleinen Raum, kann man den virtuellen Teilchen gewissermaßen Beine machen und sie in die Wirklichkeit befördern.

Die Teilchen, die Sie erhalten, richten sich nach der Energiemenge, die Sie in einen bestimmten Raum quetschen. Je konzentrierter die Energie ist, umso massereicher sind die Teilchen, die Sie, dank der Formel $E = mc^2$, dabei erzeugen können. Deshalb ist der Teilchenbeschleuniger im Grunde ein gewaltiges Mikroskop, aber statt kleine Abstände zu vergrößern, pumpt er Energie in sie hinein.

Grenzen des Wissens

Um solche hohen Energien – und kurzen Abstände – zu pflegen, bedarf es immer größerer Maschinen, um die Teilchen auf annähernde Lichtgeschwindigkeit zu beschleunigen. Vielleicht haben Sie schon von dem Großen Hadronen-Speicherring (LHC) gehört, einem ringförmigen Beschleuniger von knapp 27 Kilometer Umfang, bei dem leistungsstarke Magnetfelder Teilchenstrahlen um eine rennbahnähnliche Piste wirbeln und zusammenstoßen lassen.

Der LHC ist die größte wissenschaftliche Versuchsanordnung, die je gebaut wurde. Er wurde konstruiert, um aufeinander zulaufende Protonenstrahlen auf 99,9 Prozent der Lichtgeschwindigkeit zu beschleunigen und sie bei den höchsten Energien zusammenstoßen zu lassen, die jemals von Forschern erzielt wurden.

Fakten  **zum Angeben**

- *Wissenschaftler haben einen drastischen Vergleich für die Experimente mit Teilchenbeschleunigern gefunden. Es sei, so sagen sie, als wolle man herausfinden, wie ein Fernsehgerät funktioniert, indem man es vom Empire State Building herunterwirft und dann den Schrott auseinanderharkt.*
- *Die Energie subatomarer Teilchen wird in Elektronenvolt gemessen. Ein Elektronenvolt ist die Energie, die einem einzelnen Elektron von einer Ein-Volt-Batterie verliehen wird.*
- *Ein paar, sagen wir, besorgte Bürger fürchten, der LHC-Teil-*

chenbeschleuniger könnte ein die Erde verschlingendes Schwarzes Loch im Mikromaßstab erzeugen. Wissenschaftler haben darauf hingewiesen, dass kosmische Strahlung regelmäßig auf die gleichen Energien kommt und dennoch keine winzigen Schwarzen Löcher auf uns herabregnen.

REICH MIR DIE BOSONEN, BITTE

Basics

Dem Standardmodell zufolge ähnelt die Teilchenphysik einem großen Völkerballspiel. Theoretisch sind die Teilchen in zwei Familien aufgeteilt, nämlich in Fermionen und in Bosonen. Fermionen sind die Materieteilchen, die Quarks und die Leptonen. Sie verhalten sich wie Elektronen, insofern sie Widerstand dagegen leisten, zusammengequetscht zu werden. Sie sind wie Völkerballspieler. Die Bosonen können sich alle an einem Fleck anhäufen. Sie sind für die Übertragung der Naturkräfte verantwortlich wie Völkerbälle, die zwischen Fermionen geschleudert werden.

Das berühmteste kraftvermittelnde Boson ist das Photon. Wenn zwei Elektronen so nahe zusammengebracht werden, dass sich ihre elektrischen Felder gegenseitig abstoßen, dann schleudern sie laut Standardmodell Photonen hin und her. (Technisch gesehen, sind das nicht nachweisbare «virtuelle» Photonen.) Wenn ein Elektron ein Photon einfängt, will es in eine neue Richtung davonlaufen. Also ist es vielleicht doch eher Lasertag als Völkerball.

Wie auch immer, dasselbe gilt für die anderen Kräfte im Standardmodell. Die starke Kraft wird durch Teilchen übertragen, die Gluonen heißen (abgeleitet vom Verb «kleben»). Die schwache Kraft wirkt durch das W-Boson, das positiv oder negativ geladen sein kann, sowie durch das neutrale Z-Boson. Der wirksame Bereich einer Kraft hängt von der Masse ihrer Bosonen ab. Die schwache Kraft lässt ziemlich schnell nach, weil ihre Bosonen massereich sind. Bei den Gluonen, die gar keine Masse haben, liegen die Dinge etwas komplizierter.

Grenzen des Wissens

Warum hat das Universum die Teilchen in Bosonen und Fermionen aufgeteilt? Gute Frage! Das Standardmodell erklärt nicht, warum das so ist. Eine Idee namens Supersymmetrie könnte hier weiterhelfen. Sie besagt, dass es für jedes bekannte Boson ein schwereres Fermion gibt. Diese zusätzlichen Teilchen, auch Superpartner genannt, haben skurrile Namen wie Selektron, Photino und Squark. Man hofft, dass der Große Hadronen-Speicherring, der neue Teilchenbeschleuniger in der Nähe von Genf, einige dieser Teilchen aufspüren wird. Sollte dem so sein, dann ändert sich die Fragestellung: Statt nach dem Warum von Bosonen und Fermionen zu fragen, geht es dann um das Problem, warum sich Bosonen und Fermionen von den anderen unterscheiden.

Fakten  **zum Angeben**

• Bosonen sind nach dem indischen Physiker Satyendra Nath Bose benannt worden, der die Theorie gemeinsam mit Albert Einstein entwickelte. Bei den Fermionen stand Enrico Fermi Pate.
• Nach den Quantenprinzipien sollte die Gravitation ihr eigenes Boson haben, das Graviton, das – wie das Photon – keine Masse und eine unendliche Reichweite haben sollte.
• Mit Hilfe konzentrierter Energie können Teilchenkollisionen ein virtuelles Teilchen wie beispielsweise ein W-Boson in ein wirkliches Teilchen umwandeln. So bewiesen die Wissenschaftler endgültig die Existenz des W- und des Z-Bosons.

QUARKS

Basics

Wenn Sie in ein Proton oder in ein Neutron hineinschauen könnten, würden Sie sehen, dass jedes der beiden in Wirklichkeit drei separate Teilchen enthält, die im Inneren hin und her ruckeln. Diese Teilchen heißen Quarks. Sie reagieren auf alle drei Kräfte des Standardmodells, aber zusammengehalten werden sie durch die starke Kraft.

Die Forscher dachten sich das Quark-Konzept aus, um die verwirrende Anordnung neuer Teilchen zu erklären, die auftauchten, als man in den 1950er Jahren damit anfing, die Atome zusammenstoßen zu lassen. Nun stellte man sich vor, der Teilchenzoo bestünde aus unterschiedlichen Kombinationen jeweils zweier Teilchen, die man «Up»- und «Down»-Quarks taufte.

So besteht zum Beispiel das Proton aus zwei Up-Quarks und aus einem Down-Quark. Die Up- und Down-Quarks haben geringfügig unterschiedliche Massen – das Up-Quark ist ein wenig leichter –, was der Grund ist, warum die Protonen leichter als Neutronen sind.

Um die Dinge noch unübersichtlicher zu machen, kommen die Quarks obendrein in drei Farbladungen vor, die nicht wirklich Farben sind, sondern vielmehr elektrischen Ladungen ähneln. Wenn Quarks mit der richtigen Farbladung aufeinandertreffen, beginnt die starke Kraft zu wirken, so wie es bei der Elektrizität der Fall ist, wenn sich eine positive und eine negative Ladung begegnen.

Bei Experimenten traten noch vier zusätzliche «Geschmacksrichtungen» (*flavours*) von Quarks auf – wie schwerere Versionen des Up- und Down-Quarks. Nur diese beiden sind in der Alltagswelt stabil. Um die anderen hervorzubringen, die *Strange* und *Charm*, *Top* und *Bottom* heißen, werden hochenergetische Kollisionen benötigt.

Grenzen des Wissens
Das Top-Quark ist das schwerste bisher bekannte Teilchen. Es wurde 1997 bei Experimenten im Fermilab in Batavia, Illinois, entdeckt. Es hat eine Masseenergie von 180 GeV. Das ist so viel wie ein ganzes Goldatom! Die Wissenschaftler rätseln noch, warum es so groß ist. Sie hoffen, die Antwort zu finden, falls sie in den nächsten Jahren am Großen Hadronen-Speicherring das Higgs-Boson entdecken sollten, das hypothetische Teilchen, das anderen Teilchen Masse verleiht.

Fakten  **zum Angeben**

- Teilchen aus drei Quarks werden Baryonen genannt (deshalb heißt gewöhnliche Materie auch baryonische Materie).
- Könnten Quarks wiederum aus noch kleineren Teilchen bestehen? Es gibt zwar keinen Grund, warum das so sein sollte, aber wenn es sich als zutreffend herausstellen sollte, würde man diese Teilchen Preonen nennen.
- Das Top-Quark ist derart instabil, dass die starke Kraft keine Zeit hat, darauf einzuwirken. Stattdessen kommt sofort die schwache Kraft zum Zug und spaltet es in ein Bottom-Quark und in ein W-Boson auf. Vielleicht ist es für uns die einzige Möglichkeit, jemals ein nacktes Quark untersuchen zu können.

DIE STARKE KRAFT

Basics

Es gab ein Problem, die Quarks zu entdecken, weil man ein Proton oder ein Neutron nicht einfach in seine Quark-Bestandteile zerlegen kann. Im Gegensatz zu den anderen Kräften besitzt die starke Kraft die seltsame Eigenschaft, umso stärker zu werden, je weiter die Quarks sich voneinander entfernen. Quarks lassen sich deshalb mit geflohenen Häftlingen im Film vergleichen, die an den Füßen aneinandergekettet sind und durch die Wälder laufen. Solange sie nahe beisammenbleiben, passiert nichts. Aber sobald sie zu weit abschweifen, ziehen die Ketten sie wieder aneinander.

Die starke Kraft wird durch Gluonen vermittelt, von denen es acht Sorten gibt, die wie Mischungen aus den drei Farbladungen der Quarks sind: rot, blau und grün. Quarks und Gluonen sind, selbst nach den Maßstäben der Physik, ziemlich kompliziert. Weil Gluonen selbst Farbladungen haben, tauschen sie Gluonen untereinander aus. Es ist also sehr viel mehr in einem einzelnen Proton los als nur eine friedliche Versammlung dreier Quarks.

In der Tat machen die Massen der Up- und Down-Quarks nicht die Gesamtmasse des Protons und des Neutrons aus. Stattdessen stammt der größte Teil der Masse im Kern von der Bewegungsenergie der Quarks und Gluonen, die wie wütende Bienen im Inneren der Protonen und Neutronen hin und her schwirren. Es ist nämlich die Bewegungsenergie, die eine Masse verleiht (wieder einmal dank $E = mc^2$). Das ganze Summen macht 4 bis 5 Prozent der Masse im Weltall aus.

Grenzen des Wissens

Forscher können die Ränder von Protonen und Neutronen dämpfen, indem sie ein Quark-Gluon-Plasma erzeugen, worauf wir bereits hinweisen, als wir über den Kern sprachen. Wenn Kerne mit hoher Energie zusammenkommen, beginnt die starke Kraft, alle vorhandenen Quarks in einer großen Wolke, die rasch in andere Teilchen zerfällt, miteinander zu verbinden.

Wissenschaftler glaubten ursprünglich, dass die zusammenstoßenden Quarks bei der Produktion von Plasma Teilchenstrahlen in entgegengesetzten Richtungen verströmen. Stattdessen aber sehen die Forscher einzelne Strahlen, als würde eine Pistolenkugel ins Wasser gefeuert. Das sagt ihnen, dass das Quark-Gluon-Plasma viel dichter ist, als sie vermuteten. Es ist eher eine Flüssigkeit als ein Gas.

Fakten  **zum Angeben**

- Wissenschaftler glauben, dass nackte Quarks schon in den ersten Augenblicken des Urknalls existiert haben könnten.
- Manche Neutronensterne könnten dicht genug sein, um sich in Klumpen aus Quarks aufzulösen. Sie werden Quarksterne oder seltsame Sterne genannt. Sie hätten lediglich eine dünne Neutronenkruste.
- Ein Zweck des Großen Hadronen-Speicherrings ist die Erzeugung eines Quark-Gluon-Plasmas durch den Zusammenstoß von Bleiionen. Es könnte den Experten eine neue Perspektive bieten.

LERNEN SIE DIE LEPTONEN KENNEN

Basics

Was im Bereich der Materie kein Quark ist, das ist ein Lepton. Zu dieser Kategorie gehören Elektronen und Neutrinos. Im Gegensatz zu Quarks spüren die Elektronen nur den Elektromagnetismus und die schwache Kraft, während die Neutrinos ausschließlich Geschöpfe der schwachen Kraft sind.

Sie treten in drei Paaren auf, die Generationen genannt werden. Das Universum kann nicht einen Partner des Paars erzeugen, ohne auch den anderen zu kreieren. Das berühmteste Leptonenpaar besteht aus dem Elektron und dem Neutrino, die beide im radioaktiven Betazerfall hervorgebracht werden.

Das nächste Paar besteht ebenfalls aus einem negativ geladenen Teilchen, dem Myon, und einem dazu passenden Myon-Neutrino. Das Myon ist massereicher als das Elektron, aber leichter als die Quarks. Es war das erste entdeckte Teilchen, das nicht zu gewöhnlicher Materie gehört. Außerdem ist es das stabilste exotische Teilchen. Myonen gehen als Produkt kosmischer Strahlen, die in der Atmosphäre explodieren, ständig auf die Erde nieder.

Das dritte Leptonenpaar besteht aus dem Tau, das auch negativ geladen, aber weniger stabil als das Myon ist, und dem Tau-Neutrino. Das Tau-Teilchen existiert nur in Teilchenbeschleunigern. Es hat die Masse von zwei Protonen, und wenn es zerfällt, erzeugt es Teilchen, die aus Quarks zusammengesetzt sind.

Grenzen des Wissens
Alles, was man braucht, damit das Standardmodell funktioniert, sind vier Teilchen: die Up- und Down-Quarks, das Elektron und das Neutrino. Aber aus irgendeinem unheimlichen Grund hat das Universum beschlossen, es brauche zwei zusätzliche Generationen – wie jemand, der unbedingt dasselbe Hemd in jeder Farbe haben muss. Die Wissenschaftler glauben, es gäbe nicht mehr als drei Generationen, weil sie sonst längst ein viertes Neutrino gefunden hätten. Warum es drei Familien sind und nicht vier oder zwei? Niemand weiß es.

Fakten  **zum Angeben**

• Das Wort Leptonen kommt aus dem Griechischen und bedeutet «dünn», was ein wenig irreführend ist. Manche Leptonen haben eine relativ große Masse, obwohl sie recht klein sind – nicht größer als 10^{-18} Meter.

• Als das Myon 1936 entdeckt wurde, kam es so unerwartet, dass der theoretische Physiker Isidor Rabi ausrief: «Wer hat das denn bestellt?»

• Myonen zerfallen normalerweise nach 2,2 Mikrosekunden, aber Sie erinnern sich vielleicht, dass sie länger überleben können, wenn sie sich als Teil eines kosmischen Strahlenschauers mit Hochgeschwindigkeit fortbewegen.

DIE UNHEIMLICHE KRAFT

Basics

Die schwache Kraft zieht die vier Teilchen zusammen, aus denen die gewöhnliche Materie im Weltall besteht: Up- und Down-Quark, Elektron und Neutrino. Alle vier Teilchen sind imstande, die W- und Z-Bosonen, die die schwache Kraft vermitteln, umherzuwirbeln.

Im radioaktiven Betazerfall gibt ein W-Boson ein Quark ab, das sich in ein Elektron und in ein Neutrino aufspaltet. Während dieses Vorgangs wird das Up-Quark zum Down-Quark, wobei ein Neutron in ein Proton verwandelt wird. Ähnliches geschieht in Neutrinodetektoren und bei der Kernfusion in Sternen.

Kommen wir nun zum unheimlichen Teil. Das W-Boson wiegt so viel wie 80 Protonen oder Neutronen. Aus der Völkerball-Perspektive würde sich der handliche Ball in Ihren Händen in Bleitrümmer verwandeln. Das Unbestimmtheitsprinzip gestattet ein derart seltsames Verhalten, solange das W sich nicht allzu weit entfernen kann. Deshalb ist auch die Reichweite der schwachen Kraft auf das Innere des Kerns beschränkt. Die Chancen eines W, darüber hinauszugelangen, lassen stark nach.

Dennoch schreit die Seltsamkeit der schwachen Kraft geradezu nach einer Erklärung, die die Forscher schon zu haben glauben. Es geht um ein exotisches Teilchen namens Higgs-Boson, das in den nächsten Jahren in Experimenten auftauchen könnte.

Grenzen des Wissens

Die schwache Kraft ist schrecklich tendenziös. Der Elektromagnetismus behandelt alle elektrischen Ladungen gleich; dasselbe gilt für die starke Kraft, was die Farbladung betrifft, und für die Gravitation, die auf Masse und Energie einwirkt. Die schwache Kraft hingegen geht unterschiedlich mit den Teilchen um. So ist sie zum Beispiel die einzige Kraft, die sich verändert, sobald die Forscher sie durch einen Spiegel betrachten.

Alle Fermionen treten in zwei Varianten auf, die wie Spiegelbilder voneinander sind. Das eine ist linkshändig, das andere rechtshändig. Die anderen Kräfte unterscheiden nicht zwischen Linkshändigkeit und Rechtshändigkeit. Aber es gibt Aspekte der schwachen Kraft, die nur auf linkshändige Neutrinos und rechtshändige Antineutrinos reagieren.

Noch untersuchen Forscher die Angelegenheit, aber es kann sein, dass rechtshändige Neutrinos überhaupt nicht existieren. Dasselbe trifft auf linkshändige Antineutrinos zu.

Fakten  **zum Angeben**

- Das W im W-Boson steht für «weak» (englisch für schwach); der Name Z-Boson bezieht sich auf den Witz, es sei das letzte Teilchen, das die Forscher finden müssten.
- Die Wissenschaftler sagten 1968 die Existenz von W- und Z-Teilchen voraus. Sie wiesen die Teilchen schließlich 1983 in Beschleunigerexperimenten nach.
- Das W-Boson ist das einzige Kraftteilchen, das imstande ist, die Erzeugung eines Teilchens zu verändern. Beispiele sind die Umwandlung eines Strange-Quarks in ein Up-Quark oder eines Bottom-Quarks in ein Charm.

SYMMETRIE

Basics

Aus Untersuchungen geht hervor, dass symmetrische Gesichter augenfreundlicher sind. Auch das Universum scheint Symmetrie zu bevorzugen. Die Forscher glauben, dass die Regeln des Standardmodells unterschiedliche Natursymmetrien widerspiegeln. Das Motto der Symmetrie lautet: «Auch wenn die Dinge sich immer stärker verändern, so bleiben sie doch stets gleich.» Nehmen Sie eine polierte Metallkugel und drehen Sie sie in jede beliebige Richtung, so wird sich Ihr Spiegelbild in der Kugel nicht verändern. Wir sagen dann, die Kugel habe Rotationssymmetrie.

Auf ähnliche Weise kommen bei Experimenten zu verschiedenen Zeitpunkten keine anderen Ergebnisse zustande. Das Gleiche gilt für Versuche in der linken oder rechten Ecke des Labors. Die spezielle Relativität spiegelt die Symmetrie (Lorentz-Symmetrie genannt) zwischen Experimenten wider, die sich mit unterschiedlichen Geschwindigkeiten fortbewegen, während die allgemeine Relativität die Symmetrie um beschleunigte Bewegung erweitert. Zur Suche nach einer Theorie, die über das Standardmodell hinausgeht, gehört es auch, nach neuen Symmetrien Ausschau zu halten.

Die Forscher glauben, dass bei vielen Arten von Symmetrie etwas im Universum erhalten bleibt. So ist zum Beispiel die Symmetrie der Naturgesetze von einem Augenblick zum anderen mit der Erhaltung von Energie verbunden. Die Rotationssymmetrie ist ihrerseits mit der Erhaltung des Drehimpulses verknüpft.

Grenzen des Wissens
Manche Symmetrien sind gebrochen, das heißt, das Universum begann zwar, indem es der Symmetrie gehorchte, aber irgendetwas kam dazwischen. Die Forscher wissen, dass Antimaterie in Wirklichkeit kein perfektes Abbild von Materie ist. Wenn ein Antimaterieteilchen zerfällt oder sich in andere Teilchen aufteilt, dann geschieht das manchmal mit einer anderen Geschwindigkeit als bei seinem Materie-Pendant. Ein anderer Symmetriebruch ist vermutlich für die Masse der Elementarteilchen verantwortlich.

Fakten  **zum Angeben**
- Der scharfzüngige Physiker Fritz Zwicky sagte einmal, ein kugelförmiger Schweinehund bleibe ein Schweinehund, egal aus welcher Perspektive man ihn betrachte.
- Als wir über links- und rechtshändige Neutrinos sprachen, ging es um die sogenannte CPT-Symmetrie (englisch für charge, parity, time = Ladung, Parität, Zeit). Stellen Sie sich einfach vor, Sie verwandelten Ihr Experiment in Antimaterie und schauten es sich, auf den Kopf gestellt, in einem Spiegel an.
- Symmetrie ist eng verknüpft mit der vermuteten Vereinheitlichung der drei Kräfte des Standardmodells bei den hohen Energien, die während des Urknalls vorhanden waren. Als sich das Universum abkühlte, trat ein Symmetriebruch ein, und die Kräfte spalteten sich in ihre jetzige Form auf.

★ ★ ★ ★ ★ ★ ★ ★ ★ ★ ★ ★ ★

VEREINHEITLICHUNG

★ ★ ★ ★ ★ ★ ★ ★ ★ ★ ★ ★ ★

Basics

Eines der ambitioniertesten Ziele der Teilchenphysik läuft darauf hinaus zu verstehen, warum die Kräfte so unterschiedliche Stärken haben. Grob gesagt, ist die Gravitation einige Millionen Mal schwächer als der Elektromagnetismus, der selbst wiederum schwächer ist als die schwache Kraft und noch schwächer als die starke Kraft. Der enorme Schwankungsbereich, bekannt als das Hierarchieproblem, beunruhigt die Forscher, weil es einfach zu chaotisch erscheint.

Zur Lösung gehört die Vorstellung, dass die Kräfte bei hohen Energien (oder auf kurze Distanz) ununterscheidbar werden und zu einer einzigen Kraft vereinheitlicht werden sollten, so wie es beim Elektromagnetismus der Fall ist, wo die Elektrizität mit dem Magnetismus verschmilzt, oder bei der elektroschwachen Theorie, die zu der Mischung noch die schwache Kraft hinzufügt.

Laut Standardmodell verändert sich die Stärke der Kräfte bei kurzen Entfernungen. Der Elektromagnetismus wird stärker, während die starke und die schwache Kraft allmählich schwinden. Bei Abständen von 10^{-31} Metern sollten sich ihre Stärken einander angenähert haben.

Dehalb sind Teilchen auch von einem Schleier virtueller Teilchen umgeben, die ihre wahren Eigenschaften schützen. Ein Effekt von Teilchenbeschleunigern ist es, durch Vakuumfluktuationen zu dringen. Wenn Teilchen bei höheren Energien zersplittern, ist ein größerer Anteil des nackten Teilchens freigelegt. So nimmt das Elektron bei höheren Energien beispielsweise eine negative Ladung an, was die elektromagnetische Kraft praktisch verstärkt.

Grenzen des Wissens
Wissenschaftler haben eine sogenannte Große Vereinheitlichte Theorie gesucht, mit der sich die starke und die elektroschwache Kraft vereinigen ließe, aber derzeit gibt es eine solche Theorie nicht. Sie haben sie noch nicht formulieren können.

Und selbst wenn man sie finden sollte, wäre die Gravitation noch nicht integriert. Die Forscher glauben, sie wird bei kurzen Abständen immer stärker. Bei 10^{-35} Metern, auf einem 10 000-mal kleineren Terrain als dem Bereich der großen Vereinheitlichung, wird sie den anderen Kräften wahrscheinlich ebenbürtig. Diesen Abstand nennt man Planck-Länge.

Fakten  zum Angeben

- Große Vereinheitlichte Theorien setzen voraus, dass das Protein geringfügig instabil sein muss. Aber sollte dem so sein, braucht es mehr als 10^{-32} Jahre, um sich aufzuspalten, oder Experimente hätten es inzwischen bewiesen.
- Große Vereinheitlichte Theorien sagen die Existenz von Monopolen voraus, separaten magnetischen Polen, vergleichbar mit elektrischen Ladungen.
- Die Supersymmetrie würde die Kräfte in eine bessere Anordnung bringen. Aber die Forscher wissen, dass es zu den Voraussetzungen einer Supersymmetrie gehört, dass sie gebrochen sein muss. Anderenfalls hätten wir inzwischen Anhaltspunkte dafür gefunden.

DAS HIGGS-BOSON

Basics

Das Higgs-Boson ist der letzte noch fehlende Bestandteil des Standardmodells. Es ist wahrscheinlich für die Masse anderer Elementarteilchen verantwortlich. Wie andere Teilchen ist auch das Higgs-Boson die Manifestation eines zugrundeliegenden Feldes, das natürlich Higgs-Feld genannt wird. Aber wenn die Energie anderer Felder erschöpft ist, fällt deren Aktivität auf ein Minimum zurück. Beim Higgs-Feld ist das anders. Noch bei niedrigstem Energiestand ist es präsent und aktiv. Dabei verhält es sich wie Sirup.

Wenn andere Elementarteilchen versuchen, sich im Higgs-Feld zu bewegen, setzen sie Schwingungen in Gang, die sie langsamer werden lassen. Die Situation ist vergleichbar mit einer prominenten Persönlichkeit, die von einer Menschenmenge bedrängt wird. Einige Teilchen sind A-Promis und ziehen eine größere Menge (sprich mehr Masse) an; andere wiederum hängen zusammen mit Dschungelcampkandidaten auf der C-Promi-Liste ab.

Das Higgs-Boson oder ein ähnliches Teilchen wird benötigt, um zu erklären, warum Elektromagnetismus und schwache Kraft so unterschiedlich zu sein scheinen. In den 1970er Jahren entdeckten die Wissenschaftler, dass die beiden Kräfte Bestandteile einer einzigen elektroschwachen Kraft sind. Dieser Theorie zufolge sollten W- und Z-Boson keine Masse haben. Das ist aber nicht der Fall. Die Symmetrie zwischen den elektrischen und den schwachen Bestandteilen der Kraft ist gebrochen. Und es ist die Lieblingsvorstellung der Forscher, dass das Higgs-Feld für den Symmetriebruch verantwortlich ist.

Grenzen des Wissens
Das Higgs-Boson ist augenblicklich das attraktivste Objekt in der Teilchenphysik, weil es wie die schnuckelige Nachbarin ist – erreichbar! Es könnte im Lauf der nächsten Jahre in Experimenten auftauchen. In der Vergangenheit haben Untersuchungen und Studien des Top-Quarks gezeigt, dass das Higgs-Boson – sollte es denn existieren – eine Masse irgendwo zwischen 115 und 180 Giga-Elektronenvolt haben muss. Der Große Hadronen-Speicherring von 27 Kilometern Umfang in der Nähe von Genf ist konstruiert worden, um Energien bis zu 14 000 Giga-Elektronenvolt zu erzeugen, genug, um jede Menge Higgs-Bosonen aufzustöbern und ihr Verhalten zu untersuchen.

Fakten  **zum Angeben**
• Nach der elektroschwachen Theorie waren Elektromagnetismus und schwache Kraft während der ersten Nanosekunde nach dem Urknall vereinigt. Sie hatten annähernd dieselbe Intensität und verhielten sich Elektronen und Neutrinos gegenüber gleich.
• Technisch gesehen, ist das Higgs-Feld lediglich eine besondere Art von Feld und unterscheidet sich von Materie- und Kraftfeldern im Standardmodell. Sollte eine Idee namens Supersymmetrie korrekt sein, müsste es zusätzliche Higgs-Felder mit ihren eigenen Higgs-Bosonen geben.

QUANTENGRAVITATION

Basics

Die allgemeine Relativität deckt Größe und Gestalt des Universums ab. Sie beschreibt eine sanft gekrümmte Raumzeit. Die Quantentheorie erklärt das Verhalten von Materie und Energie im kleinsten Maßstab und bei höchsten Energien. Kein Quantenobjekt ist völlig glatt; aus der Nähe betrachtet, verschwimmt alles.

Die Forscher würden gern diese beiden Gesichtspunkte in einer Quantentheorie der Gravitation vereinen und dabei die Erkenntnisse der Quantenmechanik auf die Struktur des Universums anwenden. Sie sind sich ziemlich sicher, dass laut Quantenmechanik die Raumzeit wie eine Fahne im Wind ständig willkürlich fluktuiert. Sobald aber die Forscher ihre üblichen mathematischen Tricks anwenden, stellen sie Folgendes fest: Je näher man an die Raumzeit herangeht, umso heftiger ist sie aufgewühlt, bis sie sich schließlich selbst zerfetzt.

Die Quantentheorie setzt voraus, dass sich die Raumzeit wie Schaum in Fetzen auflöst. Es sollte einen kleinstmöglichen Abstand zwischen zwei beliebigen Objekten geben. Sie beträgt 10^{-35} Meter und nennt sich, zu Ehren Max Plancks, der die Quantenmechanik angeschoben hat, Planck-Länge. Das sind $1/10^{20}$ des Durchmessers eines Protons. Wenn man Teilchen eng zusammenquetscht und dabei diesen Abstand überschreitet, braucht man eine Quantentheorie der Gravitation, um zu verstehen, was mit ihnen geschieht. Aber so eine Theorie gibt es noch nicht.

Grenzen des Wissens

Forscher glauben, eine erfolgreiche Quantentheorie der Gravitation würde erklären, was bei der Singularität in Schwarzen Löchern und beim Urknall geschieht, wo nach der allgemeinen Relativität Materie und Energie unendlich verdichtet sind. Die Quantengravitation sollte dieser Dichte eine Begrenzung auferlegen. Wenn die Raumzeit aus Teilen besteht, die nur so klein sein können, dann lässt sich das Universum nicht in einen kleineren Raum als diesen zwängen. Die aussichtsreichste Kandidatin für die Quantengravitation ist die Stringtheorie, die nichts Kleineres als Strings zulässt. Aber es gibt noch eine weitere Kandidatin namens Schleifenquantengravitation, bei der es «Atome» der Raumzeit gibt, die kleiner sind als Strings.

Fakten  **zum Angeben**

• Womöglich tauchen Raum und Zeit nicht unversehrt aus einer Quantentheorie der Gravitation wieder auf. Die Forscher befürchten, dass nach der erfolgreichen Formulierung einer solchen Theorie Raum und Zeit als solche auf der Planck-Länge nicht mehr existieren werden.

• Stringtheorie und Schleifenquantengravitation weisen darauf hin, dass es einen Big Bounce, einen Großen Rückprall, gegeben habe, bei dem ein früheres Universum kollabierte und sich wieder ausdehnte, um unser Universum zu bilden.

★ ☆ ★ ☆ ★ ☆ ★ ☆ ★ ☆ ★ ☆ ★

STRINGTHEORIE

★ ☆ ★ ☆ ★ ☆ ★ ☆ ★ ☆ ★ ☆ ★

Basics

Die Stringtheorie führt im Prinzip zur Vereinigung der gesamten Teilchenphysik, indem sie zeigt, dass alle Kräfte aus dem gleichen zugrundeliegenden Stoff gemacht sind. Der Stringtheorie zufolge sind alle Teilchen unterschiedliche Manifestationen eines einzigen Objekts, das String genannt wird. Unterschiedliche Schwingungen desselben Strings entsprechen verschiedenen Teilchen. Man könnte ihn mit einer Gitarrensaite vergleichen: Eine Note entspricht dem Elektron, eine andere bringt das Top-Quark hervor, wieder eine andere ist ein Photon und so weiter.

Das Potenzial für die Vereinheitlichung ist deshalb gegeben, weil eine dieser Schwingungen die Eigenschaften des Gravitons hat, des hypothetischen Teilchens, das die Gravitation überträgt. Um jedoch die unterschiedlichen Schwingungen unterzubringen, brauchen die Strings zusätzlichen Raum, um sich winden zu können. Und der kommt in Gestalt von sechs (oder vielleicht auch sieben) zusätzlichen Raumdimensionen ins Spiel. In der Alltagswelt können sich sowohl Menschen als auch Teilchen nur hinauf und hinunter, von einer Seite zur anderen oder vor und zurück bewegen. Die Stringtheorie sagt nun dies voraus: Falls Sie selbst um ein unglaubliches Ausmaß schrumpfen könnten – auf eine Größe, die den Durchmesser eines Protons, ja sogar die Größe der Quarks in einem Proton bei weitem unterschreitet –, würden Sie schließlich den Punkt erreichen, wo Sie sich in neue Richtungen bewegen könnten. Es ist, als würden sich die Teilchen wie Ameisen auf einer Wäscheleine fortbewegen. Aus unserer Perspektive scheint sich das Teilchen geradlinig fortzubewegen. Aber bei näherer Betrachtung läuft es spiralenförmig um die Wäscheleine herum.

Grenzen des Wissens

Die zusammengerollten zusätzlichen Dimensionen der Stringtheorie sind an jedem Punkt der Raumzeit miteinander zu einer Gestalt verflochten, die man Calabi-Yau-Mannigfaltigkeit nennt. Und das ist auch der Haken bei der Sache. (Es gibt immer einen Haken, nicht wahr?) Die Massen und die anderen Eigenschaften der Strings sind auf die Form der Calabi-Yau-Mannigfaltigkeit angewiesen. Aber die Stringtheorie funktioniert auch genauso gut für eine astronomisch hohe Zahl unterschiedlicher Calabi-Yau-Mannigfaltigkeiten. Wissenschaftler könnten im Prinzip die Zahl verringern, zuerst aber müssen sie einen Weg finden, um Auswirkungen zu beobachten, die offensichtlich auf Strings zurückzuführen sind. Bis jetzt ist ihnen das nicht gelungen.

Fakten zum Angeben

- *Die Stringtheorie ist eigentlich eine irreführende Bezeichnung, weil der Begriff «Theorie» normalerweise für etwas reserviert ist, das auf vielfältige Weise immer wieder neu überprüft wurde, wie zum Beispiel die Atomtheorie der Materie oder die allgemeine Relativitätstheorie.*
- *Die Kritiker der Stringtheorie halten sie für schlechte Wissenschaft, weil sie nicht überprüfbar ist, während ihre Befürworter sagen, sie seien noch mit der Ausarbeitung der Details beschäftigt. Und bisher hat noch niemand eine bessere Idee formuliert.*
- *Um Strings direkt nachzuweisen, benötigten wir einen Teilchenbeschleuniger von der Größe des Sonnensystems, was wohl kein Parlament der Welt finanzieren würde.*

KAPITEL ELF
DIE ÄUSSEREN GRENZEN

AUSSERIRDISCHES LEBEN

Basics

Wir wissen, dass es Leben auf der Erde gibt. Auch Wissenschaftler wollen, genauso eifrig wie alle am Thema Interessierten, herausfinden, ob es noch irgendwo sonst im Universum existiert. Bis vor kurzem konnten wir, abgesehen vom Entwurf außerirdischer Invasionsszenarios, lediglich im Sonnensystem nach Wasser herumstochern oder den Radiosignalen aus dem All lauschen mit dem Ziel, Botschaften außerirdischer Zivilisationen aufzufangen. Aber die Entdeckung von Planeten anderer Sterne hat der Suche nach Außerirdischen neuen Schwung verliehen.

Die Chance, dort draußen Leben zu entdecken, hängt davon ab, wie weit verbreitet extrasolare Planeten sind, wie häufig und wie lange sie schon Leben fördern und welche Art von Zeichen jene Lebewesen vielleicht hervorbringen. Hält man nach Leben im Sonnensystem Ausschau, lautet das Mantra der NASA: «Folge dem Wasser». Soweit wir wissen, ist flüssiges Wasser der einzige Stoff, der die komplexen chemischen Reaktionen unterstützt, die vermutlich das Leben auf der Erde hervorriefen.

Das Gleiche gilt für Leben außerhalb des Sonnensystems. Die Wissenschaftler vermuten, am besten sei es, erdähnliche Planeten zu suchen, die ihre Sterne in der richtigen Entfernung umrunden, sodass es flüssiges Wasser auf der Planetenoberfläche geben kann. Eine zu große Nähe zur Sonne ließe das Wasser verdunsten, bei zu großer Entfernung droht ewiges Eis. Die Reichweite und Ausdehnung dieser bewohnbaren Zone hängt von der Größe und von der Temperatur des Sterns ab.

Grenzen des Wissens

Die Suche nach erdähnlichen Planeten geht weiter. Mit den heutigen Teleskopen sind Planeten von Erdgröße zu klein, um sie aufgrund ihrer Auswirkungen auf den Stern ausfindig zu machen. Künftige Teleskope wie etwa das James-Webb-Weltraumteleskop, das 2013 ins All geschickt werden soll, haben das Potenzial, diese Planeten nachzuweisen und sie direkt zu beobachten. Der nächste Schritt wird die Analyse ihrer Atmosphäre sein, die Suche nach bestimmten Veränderungen, die mikroskopische Organismen verursachen können. Forscher glauben, Sauerstoff sowie Methan – hier auf der Erde von Mikroben, Kühen und anderen Organismen abgegeben – sollten die ersten Punkte auf der Checkliste sein.

Fakten  **zum Angeben**

• *Wissenschaftler könnten fotosynthetisches Leben auf anderen Planeten, also außerirdische Pflanzen, entdecken, indem sie nach der Absorbierung oder Reflexion charakteristischer Farben Ausschau halten. Pflanzen im Wirkungsbereich blauer Sterne könnten blaues Licht absorbieren, sodass sie grün, gelb und rot erscheinen. Pflanzen auf der Bahn um mattere, rote Sterne könnten versuchen, alles Licht zu absorbieren, sodass sie schwarz wären.*

• *2007 wiesen die Forscher Wasserdampf in der Atmosphäre eines Gasriesen nach, als sie das Sternenlicht beobachteten, das durch ihn hindurchschien. Unglücklicherweise würde ein solcher Planet kein Reservoir flüssigen Wassers unterstützen.*

FORTGESCHRITTENE ZIVILISATIONEN

Basics

Das Leben auf der Erde ist das einzige Beispiel, das wir haben. Die Biologen können nicht sagen, ob die Art des evolutionären Drucks, der gehende, sprechende, Werkzeuge herstellende, Straßen bauende Primaten (also uns selbst) hervorrief, auch auf anderen Planeten möglich wäre.

Aber für manchen Wissenschaftler ist es selbstverständlich, dass intelligentes Leben inzwischen vielfach in unserer Galaxie entstanden sein könnte. Und falls dem so ist, sollten diese Lebensformen genügend Zeit gehabt haben, den interstellaren Raum zu durchqueren. Eines erkennen dieselben Experten allerdings ziemlich schnell: Sobald eine solche Lebensform auch nur einmal entstanden wäre, sollten sich die kleinen grünen Männchen eigentlich überall hin verbreitet haben.

Die Forscher vermuten, die Kolonialisierung der Galaxie würde unter der Voraussetzung, dass die Außerirdischen sich mit dem «langsamen» Tempo von 10 bis 20 Prozent der Lichtgeschwindigkeit fortbewegten, 5 bis 50 Millionen Jahre in Anspruch nehmen. Sie müssten lediglich eine Kolonie auf dem nächsten bewohnbaren Planeten gründen. Und sobald die Kolonie ebenfalls Raketen bauen kann, wiederholt sich der Prozess.

Und dennoch haben wir E.T. Nummer eins immer noch nicht ausfindig gemacht. Dieser offensichtliche Widerspruch ist als Fermi-Paradox bekannt, benannt nach dem Kernphysiker Enrico Fermi.

Grenzen des Wissens

Das Fermi-Paradox führt unmittelbar zu paranoiden Gedanken. Haben sich die Aliens selbst zerstört? Sind sie schüchtern? Oder könnte es sein, dass sie bereits hier sind und sich unentdeckt mitten unter uns befinden? Aber da wir Eierköpfe und keine Filmproduzenten sind, nehmen wir einen vernünftigeren Standpunkt ein. Entweder suchen wir nicht an den richtigen Orten, was durchaus möglich wäre, oder wir sind – was wahrscheinlicher ist – voreingenommen und intelligentes Leben ist einfach viel weniger verbreitet, als wir annehmen. Oder aber es ist wesentlich flüchtiger (siehe nächstes Kapitel).

Fakten  zum Angeben

- Der Physiker und Mathematiker Freeman Dyson schlug einmal vor, dass Außerirdische mit überragender Intelligenz die ganze Lichtenergie eines Sterns einfangen könnten, indem sie ihn in einer gewaltigen Kugel einschlössen. Das Fermi National Accelerator Laboratory in Illinois betreibt tatsächlich ein kleines Projekt, das diese sogenannten Dyson-Sphären erforschen soll. Bis jetzt nada.
- Das SETI-Institut (Suche nach Außerirdischer Intelligenz) in Kalifornien lauscht Radiosignalen von fernen Sternen, aber manche Wissenschaftler argwöhnen, die Aliens könnten über Neutrinos kommunizieren, die eine wesentlich größere Reichweite hätten, weil sie durch Materie hindurchgehen.
- Falls Außerirdische jemals direkten Kontakt herstellen sollten, geschähe dies nach Ansicht des SETI-Astronomen Seth Shostak vermutlich mit Hilfe von Robotern – vielleicht über «Von-Neumann-Maschinen». Das sind sich selbst kopierende Sonden, die ausgesandt wurden, um die Sterne zu besiedeln.

GEFAHR FÜR DAS LEBEN

Basics

Das Weltall ist kein freundlicher Ort. Vorausgesetzt, wir schaffen es, uns nicht selbst in die Luft zu jagen, keinem Mördergrippevirus zum Opfer zu fallen und auch das Klima nicht schneller zu verändern, als wir durchhalten können, sind wir im grünen Bereich, oder? Nicht unbedingt. Es gibt Dinge im Weltraum, die unser Schicksal besiegeln könnten.

Wir haben gesehen, dass kollabierende Sterne enorme Explosionen hervorrufen können, sogenannte Supernovae und Gammastrahlenausbrüche. Sollte eines dieser Ereignisse jemals irgendwo in unserer galaktischen Nähe geschehen, würden wir von hochenergetischer Strahlung gegrillt werden. Die irdische Ozonschicht, die uns normalerweise vor tödlichen Sonnenstrahlen schützt, würde einfach weggebrutzelt werden. Ohne sie durchdringen die Röntgenstrahlen und die ultravioletten Strahlen einer Supernova die Atmosphäre.

Sollten wir einem Gammastrahlenausbruch im Weg stehen, so schätzt der Astronom Phil Plait die Situation ein, wäre das mit der Detonation einer Atombombe von einer Megatonne Sprengkraft pro Quadratkilometer des Planeten vergleichbar. Diejenigen von uns, die nicht sofort zu Asche zerfielen, würden rasch der Strahlung erliegen, die unsere Hatut verbrennen und unsere inneren Organe erledigen würde, wie es den japanischen Opfern der Atombombenexplosionen im Zweiten Weltkrieg passiert ist.

Wie genau sich diese Explosionen ereignen müssten, ist nicht ganz klar, vielleicht in einer Entfernung von 25 Lichtjahren für eine Supernova oder innerhalb von 3000 Lichtjahren für einen Gammastrahlenausbruch, aber wenn sich die Wissenschaftler unsere Nachbarsterne ansehen, halten sie weder das eine noch das andere Ereignis für wahrscheinlich.

Grenzen des Wissens

Viel wahrscheinlicher könnte der Einschlag eines Asteroiden sein, und zwar einer von der Art, wie er in den Filmen *Armageddon* und *Deep Impact* dargestellt wurde. Plait hat hilfreicherweise die Chancen einer ganzen Heerschar von Ereignissen aufgelistet, die das Ende der Welt bedeuten könnten. Nach seiner Schätzung stehen die Chancen einer Supernova oder eines Gammastrahlenausbruchs 1 zu 10 Millionen beziehungsweise 1 zu 14 Millionen pro Jahrhundert. Ein Asteroideneinschlag hat bessere Chancen: 1 zu 700 000.

Im Gegensatz zu *Armageddon* würde ein Atombombenangriff auf einen Asteroiden vermutlich zu keinem glücklichen Ende führen, da der gigantische Stein nur in einen Hagel kleinerer, aber immer noch tödlicher Geschosse zersprengt werden würde. Stattdessen sollten wir den Asteroiden lieber mit einer Rakete «wegschubsen».

Fakten  **zum Angeben**

- *Abgesehen von unvorhergesehenen Katastrophen, hängt das Schicksal der Erde von der Sonne ab. Das pflanzliche Leben wird in etwa 900 Millionen Jahren aussterben, wenn steigende Temperaturen den Kohlendioxidzyklus kurzschließen werden. Und wenn es keine Pflanzen mehr gibt, die Sauerstoff produzieren, wird auch das Tierreich zugrunde gehen.*

• Wissenschaftler haben vorgeschlagen, wir sollten der Strahlung der Sonne, wenn sie zum Roten Riesen geworden ist, ausweichen. Wir müssten zur Anpassung der Erdumlaufbahn lediglich Asteroiden einsetzen.

IN EINEM SCHWARZEN LOCH

Basics

Schwarze Löcher genießen den Ruf, zu den feindseligsten Orten im Universum zu gehören, und in vielerlei Hinsicht trifft das auch zu. Nehmen wir an, Sie fielen wie ein Fallschirmspringer in ein Schwarzes Loch von der Masse unserer Sonne. Sie sind noch gut vom Ereignishorizont entfernt, dem Abstand, bei dem nichts mehr dem Schwarzen Loch entkommen kann. Bei einem Schwarzen Loch von der Masse unserer Sonne sind das rund drei Kilometer Entfernung vom Mittelpunkt.

Aber die hohe Dichte der Materie im Schwarzen Loch erzeugt eine starke Gravitationsanziehung in einem Bereich vieler hunderttausend Kilometer, wobei die Intensität mit jedem Zentimeter zunimmt. Sobald Sie also etwa 650 000 Kilometer vom Schwarzen Loch entfernt sind, wäre die Gravitation, die auf Ihren Kopf wirkt, wesentlich stärker als an Ihren Füßen, sodass Sie wie Toffee zu einem dünnen Faden in die Länge gezogen werden würden. Man nennt das «Spaghettifizierung».

Falls Sie das überleben sollten, sagen wir, weil Sie vielleicht so richtig schön dehnbar sind wie Reed Richards von den Fantastic Four, dann sehen Sie, wie die Sterne um das Schwarze Loch blau werden, während Sie beschleunigt auf sie zueilen. Die Sterne hinter Ihnen erscheinen rot. Wenn Sie den Ereignishorizont überqueren, nehmen Sie keine Veränderung wahr, bis eine Gravitationsflutwelle Sie erfasst und Sie gemeinsam mit dem Rest der im Schwarzen Loch steckengebliebenen Materie um die Singularität herumgewirbelt werden.

Grenzen des Wissens

Sie würden das Schwarze Loch nicht wahrnehmen, wenn Sie den Ereignishorizont überqueren, aber die Wissenschaftler glauben, dass es ein schwaches Glühen abgibt. Erinnern Sie sich, dass das Weltall voller virtueller Teilchen-Antiteilchen-Paare ist. In den 1970er Jahren erkannte der an den Rollstuhl gefesselte theoretische Physiker Stephen Hawking, dass bei den virtuellen Pärchen direkt auf dem Horizont der eine Partner ins Loch hineingezogen werden könnte, während der andere entkäme.

Diese Teilchen, die Hawking-Strahlung getauft wurden, sollten dafür sorgen, dass das Schwarze Loch Tröpfchen für Tröpfchen langsam verdampft, indem es der herausgehenden Strahlung Energie verlieh. Die Betonung liegt hier auf «langsam». Ein Schwarzes Loch von der Größe der Sonne würde 10^{66} Jahre brauchen, um zu verdampfen. Das ist das Vielfache des augenblicklichen Alters des Universums.

Fakten  **zum Angeben**

• Wenn Sie in einem Raumschiff am Ereignishorizont vorbeiziehen könnten und weit genug entfernt blieben, um wieder herauszufliegen, würden Sie feststellen, dass Tausende von Jahren vergangen wären, wenn Sie zum Mutterschiff zurückkehrten, das in sicherem Abstand zum Schwarzen Loch auf Sie gewartet hat. Die starke Gravitation hätte die Zeit in Ihrem Schiff verlangsamt.
• 2008 stellte ein Forscherteam einen künstlichen Ereignishorizont her, indem es ein Paar speziell geformter Laserpulse entlang einer optischen Faser abfeuerte – einen nach dem anderen. Der zweite, schneller fliegende Puls blieb wie das gefangene Licht jenseits eines Ereignishorizonts hinter dem ersten stecken.

DER FREIE WILLE UND DAS UNIVERSUM

Basics

Wir haben das Gefühl, als seien die Dinge, die wir tun, völlig spontan. Warum lesen Sie dieses Buch? Nun, weil Sie offenbar mehr über das Weltall wissen wollen. Und Sie sind wahrscheinlich hier, auf dieser Seite, weil Sie die Überschrift interessant fanden. Vielleicht glauben Sie ja, Sie hätten auch etwas ganz anderes tun können, wenn Sie es nur gewollt hätten. Dieses Gefühl wird freier Wille genannt, und er ist enorm wichtig für uns. Die meisten von uns wären deprimiert, falls sie wirklich glaubten, sie könnten ihre Handlungen nicht kontrollieren.

Aber obwohl es viele Dinge gibt, die geschehen *könnten*, wird Naturgesetzen zufolge nur das Eine geschehen. Wir bestehen aus Atomen, und Atome gehorchen strengen Regeln, die genau festlegen, was mit ihnen von einem Moment zum anderen geschieht. Wir sagen deshalb, das Universum sei deterministisch. Deshalb haben wir das Gefühl, als würden unsere Handlungen in Eile festgelegt. Andererseits jedoch ist alles, was im Universum geschieht, durch vorausgegangene Ereignisse festgelegt. Wie lassen sich diese beiden Perspektiven miteinander versöhnen?

Das ist zum Teil eine Frage der Arbeitsweise des Geistes, was über das Thema unseres Buches hinausgeht. (Probieren Sie es mal mit dem Band *Instant Egghead Guide: The Mind*.) Aber vom Standpunkt der Naturgesetze aus betrachtet, lässt sich Folgendes beobachten: Selbst sehr einfache Systeme können ein derart kompliziertes Verhalten zeigen, dass sie im Grunde unvorhersagbar sind.

Grenzen des Wissens
Moment mal, könnten Sie jetzt sagen. Haben wir nicht bereits erfahren, dass Ereignisse in der Quantenwelt nicht deterministisch sind, was heißt, sie geschehen zufällig? Das ist wohl wahr (obwohl Sie daran denken sollten, dass Wellenfunktionen im Quantenbereich deterministisch sind).

Der Mathematiker Sir Roger Penrose hat vorgeschlagen, dass Quanteneffekte im Gehirn viel größer sein könnten als bisher angenommen. Die meisten Wissenschaftler sind ziemlich skeptisch. Denken Sie an Schrödingers Katze. Sobald man damit beginnt, Teilchen zu vermischen, ist die Quantenzufälligkeit sehr schnell verschwunden.

Fakten  **zum Angeben**
• Verlassen Sie sich auf keinen Wissenschaftler, wenn Sie Ihre Küchenspüle repariert haben wollen. Die Gleichungen, die Turbulenzen beschreiben, die plötzlichen Bewegungsveränderungen bei Reisen im Flugzeug sowie der plötzliche Druckanstieg beim Aufdrehen des Wasserhahns sind so kompliziert, dass das Clay Mathematics Institute eine Million $ für denjenigen geboten hat, der etwas besser als bisher erklären kann, wie alles funktioniert.
• Wenn Sie hören, wie jemand über den Schmetterlingseffekt spricht, dann geht es um die Vorstellung, dass eine geringfügige Veränderung in den Anfangsbedingungen, zum Beispiel bei den Lufttemperaturen und den Luftdruckwerten auf dem Globus, eine große Auswirkung auf ein Ergebnis – hier: auf das Wetter – haben kann.

ZEITREISEN UND WURMLÖCHER

Basics

Da wir gerade von Wahlfreiheit sprechen, gibt es bestimmt ein paar Entscheidungen in Ihrem Leben, die Sie gern wieder rückgängig machen würden wie zum Beispiel vor ein paar Jahren die Investition einer Menge Geld in den Aktienmarkt. Nahezu jeder möchte wissen, ob Zeitreisen möglich sind. *Wissenschaft in 60 Sekunden* antwortet Ihnen hier mit einem eindeutigen, unmissverständlichen «Wir wissen es nicht».

Die allgemeine Relativität verbietet Reisen zurück in der Zeit nicht von vornherein. Die Forscher zu Einsteins Zeiten konnten mathematisch Raumzeiten konstruieren, in denen die Zeit sich in sich selbst zurückkrümmte. Dabei brachten sie allerdings immer etwas ins Spiel, das es in unserem Universum nicht geben konnte, wie etwa einen unendlich langen, rotierenden Zylinder.

Das vielleicht plausibelste Zeitreiseszenario bringt ein Wurmloch mit sich, eine hypothetische Brücke, die zwei Punkte in der Raumzeit miteinander verbindet, ganz gleich wie weit voneinander entfernt oder wie isoliert in der Zeit sie auch sein mögen. Ein Wurmloch ist wie eine Webcam-Verbindung, nur dass man dabei direkt bis zur anderen Seite vordringen kann. Angenommen, Sie würden eine solche Vorrichtung finden oder herstellen können, würden Sie die eine Öffnung des Wurmlochs an Ihrem Raumschiff anbringen und dann eine Weile so schnell fliegen, dass auf der Erde viel Zeit vergeht, und anschließend zurückkehren.

Sie und Ihre Öffnung des Wurmlochs wären dann in der fernen Zukunft, während die andere Öffnung noch in der Vergangenheit stünde.

Grenzen des Wissens
Es gibt bestimmt eine Million Warnungen vor Wurmlochreisen. Eine davon sei hier ausgesprochen: Die Raum-Zeit-Cam würde ohne eine Vorrichtung, die sie geöffnet hält, sofort zerbrechen. Insbesondere benötigten Sie eine Quelle sogenannter negativer Energie. Der schon beschriebene Casimir-Effekt, eine Anziehungskraft, kommt von allen bisherigen Bemühungen in dieser Richtung der negativen Energie am nächsten. Allerdings gibt es eine Schätzung für die Energiemenge, die Sie brauchten, um ein Wurmloch von einem Meter Breite zu stabilisieren. Es ist fast so viel, wie die Sonne im Lauf von zehn Milliarden Jahren produziert.

Fakten zum Angeben
• Wenn Sie das nächste Mal eine Physik-Zeitschrift durchblättern und auf den Begriff «geschlossene zeitartige Kurve» stoßen, dann ist damit eine Reise zurück in der Zeit im Jargon der allgemeinen Relativitätstheorie gemeint, während ein Wurmloch als eine «mehrfach verbundene» Raumzeit bezeichnet wird.
• Die Vorstellung von Zeitreisen führt zu jeder Menge witziger Paradoxa. So stellt sich etwa die Frage, ob Sie in der Zeit zurückgehen und die Begegnung Ihrer Eltern verhindern könnten, sodass Sie nicht gezeugt werden.
• Ein anderes Paradoxon, das sich aus der Möglichkeit von Zeit-

reisen ergibt: Warum begegnen wir nicht überall Schülern aus dem 25. Jahrhundert, die unsere Ära studieren, um bessere Noten im Geschichtsunterricht zu bekommen? Vielleicht deshalb, weil ein Wurmloch einen nur bis zu dem Punkt zurück in der Zeit bringen kann, als die Wurmlochzeitmaschine erfunden wurde. Und das könnte noch gaaaanz schön lange dauern.

VIELE WELTEN

Basics

Falls Sie nicht in der Zeit zurückgehen können, um Ihren zeitlich unglücklich platzierten Beutezug am Aktienmarkt zu revidieren, wäre es dann nicht vorteilhaft zu wissen, dass es irgendwo in einem Paralleluniversum eine Version von Ihnen gäbe, die ein wenig weiser – oder ein wenig ärmer – war und überhaupt nicht investiert hat? Nun denn, hier ist die gute Nachricht. Manche Wissenschaftler glauben, dass dies tatsächlich der Fall sein könnte!

Erinnern Sie sich, dass in der Quantenmechanik eine Wellenfunktion schließlich willkürlich in einen eindeutigen Zustand «kollabiert», wobei sie viele mögliche Zustände zur Auswahl hat. Bei dem Versuch, die Auswirkungen dieses Phänomens auf die Wirklichkeit zu verstehen, beschloss ein junger Physiker namens Hugh Everett, in den sauren Apfel zu beißen. Wie wäre es, überlegte Everett, wenn bei jedem Zusammenbruch der Wellenfunktion sich das Universum in eine unendliche Zahl von Paralleluniversen aufspaltete, eines für jedes mögliche Ergebnis? In dem einen Universum investierten Sie in eine andere Aktie, die nicht so schlimm abstürzte, als der Markt ins Wanken geriet. In einem anderen Universum kamen Sie zu spät zur Arbeit, verloren Ihren Job und hatten gar kein Geld, um zu investieren.

Es gibt ein paar kluge Leute, die diese sogenannte «Viele-Welten-Interpretation» der Quantenmechanik – der Film *Sliding Doors* (*Sie liebt ihn, sie liebt ihn nicht*) war noch nicht gedreht worden – als ein seriöses Konzept betrachten. Unglücklicherweise gibt es offenbar, ganz im Gegensatz zu anderen Interpretationen der Quantenmechanik, keinerlei Möglichkeit, diese Theorie zu überprüfen. Andererseits ist es vielleicht auch besser, wenn wir es nicht wissen.

Grenzen des Wissens
Mit der Vorstellung der Vielen Welten macht das Nachdenken über Zeitreisen zumindest mehr Spaß. Sollte man also zurück in der Zeit reisen und nicht in der Lage sein, die Vergangenheit zu ändern, könnte man sie stattdessen in eine neue Zeitschiene aufspalten. Das ist im Wesentlichen das, was im zweiten Teil des Films *Zurück in die Zukunft* geschieht, wenn Michael J. Fox in die Zukunft reisen muss, um Probleme zu lösen, die er im ersten Film schuf, als er die Vergangenheit änderte. Haben Sie's kapiert?

Hey, also gibt es vielleicht doch eine Möglichkeit, die Viele-Welten-Interpretation zu überprüfen. Sie gehen also einfach in der Zeit zurück und versuchen, die Vergangenheit zu verändern. Da kann man Ihnen nur viel Glück wünschen, dass es Ihnen gelingt, die Leute dort von dem zu überzeugen, was Sie getan haben. Die werden Sie womöglich dafür einsperren. In einem anderen Universum würde man Sie wahrscheinlich zum König proklamieren!

Fakten  **zum Angeben**
- *Hugh Everetts Kollegen beurteilten seine Arbeit derart abschätzig, dass er sich von der Physik abwandte und stattdessen zum Verteidigungsexperten wurde, der Millionen verdiente.*
- *Everetts Sohn Mark war in den 1990er Jahren der Frontmann*

der Rockband Eels. Die BBC drehte einen Dokumentarfilm über ihn, der 2007 einen Preis gewann. Darin sprach er mit Physikern und Kollegen seines Vaters über das Erbe der Viele-Welten-Theorie.

DAS SCHICKSAL DES UNIVERSUMS

Basics

Das Universum wird nicht immer so aussehen wie heute. Letztlich werden die Sterne ausbrennen, die Planeten werden sterben, und ferne Galaxien könnten für alle Zeiten unsichtbar werden. Früher glaubten die Forscher, das Schicksal des Universums hinge nur von der in ihm enthaltenen genauen Menge an Materie und Energie ab. Falls diese Größe eine kritische Dichte überschreite, kehrte sich die Expansion um, und das Universum kollabierte ins Gegenteil des Urknalls, den man «Big Crunch» nannte. Hätte das Universum weniger als die kritische Dichte, würde es ewig expandieren und in die Phase des Wärmetods («Big Chill») eintreten.

Inzwischen wissen wir, dass 70 Prozent der Energiedichte zu einer rascheren Expansion des Universums beitragen. Alles hängt davon ab, wie die Dunkle Energie sich ausbreitet. Vielleicht wird die Beschleunigung in Zukunft nachlassen und in einem Big Crunch enden, aber noch gibt es keinen Anlass dafür, so zu denken. Das naheliegendste Szenario ist die unbestimmte Fortdauer der Beschleunigung. Alles, was nicht durch die Gravitation zusammengehalten wird, wird schließlich mit zunehmender Expansion auseinandergerissen werden. Unsere Galaxie und ihre Nachbarn werden einsam und allein in einer ungeheuren Dunkelheit enden.

Nach ungefähr 100 Milliarden Jahren könnte uns jeder Beweis

für den Urknall abhandengekommen sein. Ohne sichtbare Galaxien in der Nähe können wir die Ausdehnung des Raums nicht mehr nachweisen. Selbst die Photonen des kosmischen Mikrowellenhintergrunds werden dann unsichtbar sein, ausgestreckt zu Wellenlängen, die größer sind als unsere Galaxie.

Grenzen des Wissens
Im Lauf der nächsten Billionen Jahre wird den Galaxien das Gas ausgehen, die Voraussetzung zur Entstehung neuer Sterne. Innerhalb von 100 Billionen Jahren wird selbst der kleinste, langlebigste Stern in unserer Nähe allmählich verblassen. Zum Schluss werden nur noch ausgebrannte Weiße Zwerge übrig sein, Neutronensterne und Schwarze Löcher, die auf spiralförmigem Kurs in supermassereiche Schwarze Löcher stürzen, die in galaktischen Kernen hausen. Durch Quantenprozesse könnten sogar die Schwarzen Löcher langsam verdunsten. In 10^{100} Jahren wird das Universum völlig dunkel sein, ein dünnes Gas aus Photonen und Elementarteilchen. Deprimierend, oder?

Fakten  **zum Angeben**

• Sollte die Dunkle Energie an Stärke zunehmen, könnte es bereits in 20 bis 30 Milliarden Jahren eine Wende zum Schlimmeren geben. In einem Szenario namens «Big Rip» («Endknall») würden zuerst Galaxien und andere Sonnensysteme verschwinden, ein paar Monate später – man höre und staune: Monate! – würden die Sterne und Planeten explodieren, gefolgt von den Atomen.

• Manche Forscher glauben, das Universum sei zyklisch und durchlaufe eine Reihe von Urknallereignissen, denen eine lange Zeitspanne Dunkler Energie folge.

★ ☆ ★ ☆ ★ ☆ ★ ☆ ★ ☆ ★ ☆ ★ ☆

DER ZEITPFEIL

★ ☆ ★ ☆ ★ ☆ ★ ☆ ★ ☆ ★ ☆ ★ ☆

Basics

Noch schwieriger als die Vorhersage der Zukunft ist es herauszufinden, ob es überhaupt eine Zukunft gibt. Erinnern Sie sich: Als wir über Entropie gesprochen haben, sagten wir, die Naturgesetze verlangten nicht, dass die Zeit wie ein Fluss dahinströmen müsse. Stattdessen nehmen wir den Lauf der Zeit wahr, weil alles von einem geordneteren Zustand auf einen weniger geordneten Zustand hinauslaufe. Eier fallen vom Ladentisch und zerbrechen, aber sie können sich nicht wieder zusammenfügen wie der T-1000 im Film *Terminator 2* und wieder zurück auf den Tisch springen. Das wäre rückwärtslaufende Zeit.

Dasselbe trifft auf das Universum zu. Es hat sich nun einmal so ergeben, dass der Urknall das Universum mit einem Haufen konzentrierter Materie ins Leben rief, die die Gravitation anschließend zu Sternen, Galaxien und zum Rest der Struktur zusammenzog, die wir heute beobachten können. Für Wissenschaftler klingt das verrückt. Warum sollte die ganze Materie und Energie des Universums so und nicht anders im Augenblick des Urknalls arrangiert worden sein?

Eine mögliche Antwort kommt aus der Inflationsforschung, die besagt, dass das beobachtbare Universum einst in einer äußerst winzigen Region komprimiert war, die durch einen relativ kleinen Betrag an Vakuumenergie dazu angeregt wurde, sich aufzublähen. Wissenschaftler haben vorgeschlagen, die Inflation habe womöglich deshalb einsetzen können, weil die Energie im Universum vor der Inflation heftigen Quantenfluktuationen unterlag, die groß genug waren, um ein ganzes Universum zu schaffen.

Grenzen des Wissens
Unglücklicherweise zeigen die Vorstellungen über Quantengravitation an, dass sogar ein kleiner Klacks inflationärer Vakuumenergie in hohem Maß geordnet ist, noch viel mehr als der Urknall.

Dennoch könnte es Hoffnung für die Zeit geben. Vielleicht war unser hypothetisches, präinflationäres Universum völlig leer, abgesehen von einer dünnen Schicht Dunkler Energie, dem Stoff, der die Expansion des heutigen Universums immer schneller vorantreibt. Und falls die Dunkle Energie an einem Fleck zufällig etwas dichter wurde, dann machte es peng: Inflation!

Fakten  **zum Angeben**

- *Das Universum vor dem Urknall, das uns hervorbrachte, könnte auch in andere Universen aufgespalten worden sein, in denen die Zeit rückwärtsläuft. Das würde nicht zwangsläufig bedeuten, dass die Menschen in diesem Universum in umgekehrter Richtung altern würden wie Brad Pitt in dem Film Der seltsame Fall des Benjamin Button. Es würde lediglich heißen, dass unsere Vergangenheit deren Zukunft ist.*
- *Haben Sie die Folge von Futurama gesehen, in der körperlose Gehirne eine Invasion auf der Erde starten? Wenn Wissenschaftler über Vakuumfluktuationen nachdenken, fragen sie sich, wie oft das Vakuum etwas derart Kompliziertes wie ein Gehirn erbricht, das sie ein Boltzmann-Gehirn nennen. Sollte es recht häufig geschehen, erschiene das selbst Wissenschaftlern als ziemlich abgedreht.*

DAS MULTIVERSUM

Basics

Wissenschaftlern fiel es schwer zu erklären, warum das Universum so ist, wie es ist. In mancher Hinsicht scheint es verdächtig clever angeordnet oder «feinabgestimmt» zu sein, um Sterne und Galaxien hervorzubringen. Falls Materie und Antimaterie zum Beispiel perfekt symmetrisch wären, hätte das Universum überhaupt keine Struktur. Viele Wissenschaftler würden gern eine einzige Gleichung oder ein Gleichungssystem finden, das simultan zeigt, warum all die lustigen Details des Universums so sein müssen, wie sie sind.

Andererseits könnte es sein, dass unser Universum eine Art Unfall ist. Es wird interessanter, wenn Sie sich vorstellen, unser beobachtbares Universum sei nur ein kleiner Bereich eines größeren «Multiversums», was dem ähnelt, worüber wir schon gesprochen haben. Jedes Universum könnte seine eigenen Gesetze haben. In unserem Weltall gestatten die Gesetze die Bildung von Sternen und Galaxien, was zu Bedingungen führt, die die Existenz von Planeten und das Leben fördern.

Die Forscher sind kürzlich durch die Dunkle Energie auf diese Denkweise gestoßen. Sie erinnern sich, dass die kosmologische Konstante recht klein, aber nicht ganz null ist, was schwer nachzuvollziehen ist. Momentan ist die beste Idee der Wissenschaftler die Vermutung, es gäbe viele Universen, die unterschiedliche Dunkle Energien haben, wobei wir in einem Weltall leben, in dem das Leben unterstützt wird. Diese Vorstellung nennt sich anthropisches Prinzip.

Grenzen des Wissens

Wissenschaftler haben vorgeschlagen, dass die astronomisch hohe Zahl von Formen, die die Stringtheorie annehmen kann, womöglich behilflich sein könnte, das Problem der Dunklen Materie zu lösen. Vielleicht sind all diese mathematisch möglichen Universen auch real und entwickeln sich irgendwie aus dem einen ins andere. Und dabei käme dann zwangsläufig ein Universum wie das unsere heraus. Diese Vorstellung wird die «anthropische Landschaft» der Stringtheorie genannt. Nicht jeder mag das anthropische Prinzip, weil es den Verzicht auf eine einzige Gleichung, die alle unsere Fragen nach dem Weltall beantworten könnte, mit sich bringt. Dennoch hoffen die Forscher, diese Vorstellung nutzen zu können, um überprüfbare Vorhersagen zu liefern.

Fakten  **zum Angeben**

• Wir können die Tatsache unseres eigenen Daseins nicht dazu benutzen, die Existenz multipler Universen zu beweisen. Und zwar aus demselben Grund, warum wir es nicht verwenden können, um uns zu verdeutlichen, wie weit verbreitet das Leben außerhalb der Erde ist. Logischerweise ist unsere Existenz gleichermaßen kompatibel mit einem einzigen Universum.

• Sterne sind womöglich ein verbreitetes Merkmal in anderen Universen. Forscher haben Simulationen erarbeitet, was geschehen würde, wenn die Naturkräfte ein wenig anders wären, und es sieht so aus, als sollten sich auch dann noch immer Sterne bilden. Es werde also Licht!

Emily Anthes

DAS GEHIRN
FÜR EIERKÖPFE

Wissenschaft in 60 Sekunden

Aus dem Englischen von
Monika Niehaus

Mein besonderer Dank gilt Dr. Richard G. Pellegrino
für die Überprüfung der Fakten in diesem Buch.

Vorwort von Steve Mirsky   9

REINE KOPFSACHE:
HIRNSTRUKTUREN

Nervenzellen	12
Neuronale Kommunikation	14
Gliazellen	16
Rückenmark	18
Hirnstamm und Kleinhirn	20
Thalamus, Hypothalamus und Hypophyse	22
Großhirn	24
Großhirnrinde	26
Die Hirnhemisphären	28
Das ganze Gehirn	30
Bildgebende Verfahren	32

KÜMMERE DICH UM DEINEN EIGENEN KRAM:
GRUNDFUNKTIONEN

Körperregulation	36
Zirkadiane Rhythmen	38
Schlaf	40
Träumen	42
Essen	44
Sex	46
Bewegung	48
Spiegelneurone	50
Tastsinn	52
Schmerzempfinden	54
Temperaturempfinden	56
Geruchssinn	58
Pheromone	60

Geschmackssinn	62
Gehör	64
Gesichtssinn	66
Synästhesie	68
Stress	70

TOTAL MENTAL:
HÖHERE GEISTIGE FUNKTIONEN

Lernen und Gedächtnis	74
Gedächtnistypen	76
Falsche Erinnerungen	78
Gefühle	80
Angst	82
Glücksempfinden	84
Humor und Gelächter	86
Liebe und Bindung	88
Kreativität	90
Sprache	92
Spracherwerb	94
Entscheidungsfindung	96
Ökonomische Entscheidungen	98
Moralische Entscheidungen	100

VOM UMTAUSCH AUSGESCHLOSSEN:
PROBLEME IM GEHIRN

Autismus	104
Epilepsie	106
Aufmerksamkeitsdefizit- und Hyperaktivitätssyndrom	108
Dyslexie (Legasthenie)	110
Depression und Bipolarstörung	112
Angststörungen	114

Phobien	116
Posttraumatisches Stresssyndrom	118
Amnesie	120
Schizophrenie	122
Sucht	124
Krankhafte Aggression	126
Schlafstörungen	128
Prionenkrankheiten	130
Multiple Sklerose	132
Parkinson-Krankheit	134
Alzheimer-Krankheit	136
Schlaganfall	138
Kopfschmerzen und Migräne	140
Kopfverletzungen	142
Koma	144

HEILUNG DER PSYCHE – (MEIST) GANZ OHNE HIRNCHIRURGIE

Psychotherapie	148
Psychopharmakologie	150
Hirnchirurgie	152
Elektrokrampftherapie	154
Tiefe Hirnstimulation	156
Transkranielle Magnetstimulation	158
Stammzellen	160
Gentherapie	162
Robotergliedmaßen	164

DIE MACHT DER UMWELT: VERÄNDERUNGEN DES GEHIRNS

Neuroplastizität	168
Neurogenese	170

Körperliche Bewegung	172
Ernährung	174
Stimulanzien	176
Beruhigungsmittel	178
Andere Psychopharmaka	180
Neurotoxine	182
Misshandlung und Vernachlässigung im Kindesalter	184
Kampfhandlungen	186
Videospiele	188
Musik	190
Meditation	192

EINE GANZ PERSÖNLICHE SACHE: INDIVIDUELLE GEHIRNE

Gene und Gehirn	196
Intelligenz	198
Persönlichkeit	200
Geschlecht und Gehirn	202
Geschlechtshormone	204
Das fetale Gehirn	206
Das kindliche Gehirn	208
Das pubertierende Gehirn	210
Das elterliche Gehirn	212
Das alternde Gehirn	214
Evolution	216
Denken bei Tieren	218
Bewusstsein	220
Weiterführende Literatur	222
Lesetipp	223

★ ☆ ★ ☆ ★ ☆ ★ ☆ ★ ☆ ★ ☆ ★ ☆

VORWORT

★ ☆ ★ ☆ ★ ☆ ★ ☆ ★ ☆ ★ ☆ ★ ☆

Wenn Sie an den *Scientific American* (deutsch: *Spektrum der Wissenschaft*) denken, kommt Ihnen wahrscheinlich ein langer, schwer verständlicher Artikel in den Sinn, den Ihnen ein Bio- oder Chemielehrer mit der Aufforderung in die Hand gedrückt hat, ihn zu lesen. Das Buch, das Sie gerade vor sich haben, sollte diese Gedankenverbindung radikal verändern. Inzwischen publizieren wir auch kürzere, leichter verständliche Artikel, um Sie mental auf Trab zu bringen, sodass Sie eines Tages, wenn Sie es *wünschen*, in der Lage sein werden, die langen Artikel in Angriff zu nehmen, und sie ebenfalls verständlich finden werden.

Eine in dieser Hinsicht wichtige Neuerung beim *Scientific American* ist unser Podcast «60-Second Science» (Wissenschaft in 60 Sekunden). Dieser tägliche Bericht stellt wirklich einen topmodernen technologischen Durchbruch dar, was das Sammeln und Darstellen von Nachrichten aus der Wissenschaft angeht. Das heißt, all das geschieht mit einer Ausrüstung im Wert von einigen hundert Dollar, das in eine Reisetasche passt.

So ist die Magie heutiger Medien – dank Internet kann ich eine weltweite Nachrichtenagentur zum Thema Wissenschaft von einem spartanisch ausgestatteten Studio zu Hause leiten. Ein Team regelmäßig beschäftigter Freelancer liefert Ideen, die zumeist auf Artikeln in aktuellen Wissenschaftsjournalen basieren. Anschließend schreiben sie die Geschichten, die ich akzeptiere, und nehmen sie auf. Ich redigiere ihre Sprachdateien und stelle die fertigen Podcasts ins Internet, die Sie anschließend auf unserer Website abrufen können – frisch aufbereitete Wissenschaft, Ihnen direkt ins Ohr geflötet.

Diese schnelle und benutzerfreundliche Art der Wissenschaftsvermittlung war ein Riesenerfolg. Nun bieten wir die Eierkopf-Serie «Wissenschaft in 60 Sekunden» in Buchform an, um grundlegende wissenschaftliche Information ebenfalls schnell und professionell an den Leser zu bringen.

Das Gehirn für Eierköpfe ist das ultimative Handbuch für dieses ca. 1,5 Kilogramm schwere Netzwerk von Neuronen (und anderem wichtigen Kram), das all Ihre lebenswichtigen Körperfunktionen in Gang hält und Ihnen zudem ermöglicht, die Worte zu lesen und zu verstehen. Hier wird erklärt, wie es Ihrem Gehirn gelingt, all diese erstaunlichen Dinge zu tun, während es gleichzeitig wichtige Informationen – wie den Geburtstag Ihres Ehepartners, den Gewinner der 1927er World Series und die PIN-Nummer Ihrer EC-Karte – auf Abruf bereithält. (Selbst wenn Sie sich nicht an all das erinnern können, können Sie in diesem Buch zumindest herausfinden, warum das so ist.)

Tun Sie Ihrem Gehirn deshalb etwas Gutes – lesen Sie *Das Gehirn für Eierköpfe* und ermöglichen Sie ihm, sich selbst besser kennenzulernen.

Steve Mirsky

KAPITEL EINS

★ ★ ★ ★ ★ ★ ★ ★ ★ ★ ★ ★ ★ ★ ★

REINE KOPFSACHE: HIRNSTRUKTUREN

★ ★ ★ ★ ★ ★ ★ ★ ★ ★ ★ ★ ★ ★ ★

NERVENZELLEN

Basics

Nervenzellen oder Neurone sind die Bausteine des Gehirns. All Ihre Wahrnehmungen, Gedanken und Verhaltensreaktionen können auf sie zurückgeführt werden. Grundsätzlich sind Neurone nicht anderes als Zellen. Sie haben einen «Zellkörper», der einen einzelnen Zellkern und andere typische zelluläre «Eingeweide» oder Organellen enthält. Aber im Gegensatz zu den übrigen Körperzellen sind Neurone zur Kommunikation gebaut. Am Zellkörper entspringt ein langer Tentakel (armähnlicher Fortsatz), der als Axon bezeichnet wird. Seine Hauptaufgabe besteht darin, wie ein Telefonkabel Botschaften an andere Neurone weiterzuleiten. Das andere Ende des Neurons weist Verzweigungen wie ein Baum auf; diese sogenannten Dendriten empfangen Botschaften von den Axonen anderer Nervenzellen.

Alle Neurone teilen diese Grundmerkmale, doch ansonsten gibt es eine breite Palette dieser Zelltypen in unserem Körper. Sensorische Neurone nehmen Druck und Temperatur wahr und schicken Signale über solche sensorischen Empfindungen wie auch Schmerz zum Gehirn – das elektrochemische Äquivalent von «Jawohl, dieser Becher ist noch immer viel zu heiß, um ihn in die Hand zu nehmen».

Auf der anderen Seite übermitteln motorische Neurone oder Motoneurone die Kommandos des Gehirns an die Muskulatur und weisen beispielsweise die Muskeln in Ihrem Arm an, den Becher sofort wieder abzustellen.

Und schließlich gibt es noch Interneurone, die zwischen sensorischen und motorischen Neuronen vermitteln und auch untereinander kommunizieren. Sämtliche Neurone im Gehirn sind Interneurone, und selbst diese variieren in ihrer Form beträchtlich. Manche haben nur ein bis zwei Dendriten, andere Tausende.

Grenzen des Wissens

Hirnforscher untersuchen gegenwärtig, wie Neurone wachsen. Inzwischen kennt man die Substanzen, die das Längenwachstum von Axonen fördern, und weiß, wie neue Dendriten aus Hirnzellen sprießen. Letztendlich wird diese Forschung nicht nur zeigen, wie sich Neurone im fetalen und im kindlichen Gehirn entwickeln, sondern auch zur Behandlung von Krankheiten wie Alzheimer beitragen, bei denen Neurone geschädigt werden oder absterben. Tatsächlich haben Forscher bereits Substanzen synthetisiert, die die Bildung neuer Hirnzellen fördern.

Fakten zum Angeben

- Niemand weiß sicher, wie viele Neurone es im menschlichen Gehirn gibt. (Würden Sie sie gern zählen?) Viele Experten schätzen die Anzahl jedoch auf rund 100 Milliarden. Wenn man die Zellmembranen all dieser Neurone ausbreiten würde, könnte man damit vier Fußballplätze bedecken. (Okay, das würde es natürlich schwierig machen, zu spielen.)
- Die längsten Axone im menschlichen Körper – diejenigen, die sich vom Rückenmark bis in Ihre Zehen erstrecken – können 1–1,2 Meter lang sein. Bei Giraffen messen die entsprechenden Axone rund 4,5 Meter.
- Die Zellkörper von Nervenzellen sind unvorstellbar klein. Im Mittel passen einige Zehntausend von ihnen auf einen Stecknadelkopf.

NEURONALE KOMMUNIKATION

Basics

Sich einzelne Neurone anzuschauen, macht wenig Sinn. Es spielt keine Rolle, was ein einzelnes Neuron tut, sondern wichtig ist, was eine ganze Gruppe von Neuronen als «Team» leistet. Gemeinsam bilden Neurone ausgedehnte Netzwerke, wobei zwischen den Zellen ständig Botschaften ausgetauscht werden. Die Dendriten eines Neurons empfangen einen Strom positiver und negativer Signale, und die Summe dieser Signale bestimmt die Stärke des elektrischen Signals, das das Axon entlangläuft, wie bei einer La-Ola-Welle, die durch ein Fußballstadion läuft.

An sich sind Axone keine guten elektrischen Leiter – sie leiten Strom deutlich schlechter als ein elektrisches Kabel in Ihrem Haus. Viele Axone sind jedoch in Myelin eingewickelt, eine fetthaltige Hülle, die das Axon elektrisch isoliert und seine Fortleitungsgeschwindigkeit enorm erhöht. Sobald das elektrische Signal die Axonspitze erreicht, setzt diese einen von zahlreichen chemischen Botenstoffen frei, einen sogenannten Neurotransmitter.

Neurotransmitter werden in einen schmalen Spalt freigesetzt; dieser sogenannte synaptische Spalt trennt ein Neuron von seinem Nachbarn. Die Axonspitze befindet sich auf der einen Seite des Spalts, ein Dendrit des Empfängerneurons auf der anderen Seite; diese Kontaktstelle zwischen zwei Neuronen wird als Synapse bezeichnet. Die Neurotransmittermoleküle binden sich an Rezeptoren auf dem Dendriten des folgenden Neurons, und der Zyklus beginnt von neuem.

Mittels dieser Kombination aus elektrischer Signalfortleitung längs des Axons und chemischer Signalfortleitung über den synaptischen Spalt übermitteln Neurone einander Botschaften, ohne sich wirklich zu berühren.

Grenzen des Wissens

Nachdem Sie das Basiskonzept der neuronalen Signalgebung verstanden haben, stellen Sie sich vor, ein künstliches Neuron zwischen zwei biologische Neurone zwischenzuschalten. Genau daran arbeiten Wissenschaftler momentan. Sie haben Mikrochips mit künstlichen Synapsen entwickelt, die bei Aktivierung genau wie Neurone Neurotransmitter freisetzen. Ins Gehirn eingepflanzt, könnten diese künstlichen Synapsen den Dendriten Ihrer Neurone theoretisch Botschaften übermitteln und damit den Job körpereigener Nervenzellen erledigen. Die Möglichkeiten sind atemberaubend.

Fakten zum Angeben

• Manche Nervenzellen sind nur mit einer einzigen anderen Nervenzelle verbunden, andere mit bis zu hunderttausend weiteren Neuronen.

• Die Nervensignale in einigen Organismen können mit einer Geschwindigkeit von mehr als 320 Kilometern pro Stunde weitergeleitet werden.

• Der (jedenfalls bei Neurowissenschaftlern) berühmte Fluchtreflex des zehnarmigen Tintenfischs wird von einem Axon kontrolliert, das keinerlei Myelinhülle aufweist. Aber weil das Axon so dick ist – ca. ein Millimeter im Durchmesser, was für ein Axon riesig ist –, kann das Signal so rasch fortgeleitet werden, dass sich der Tintenfisch blitzschnell aus der Gefahrenzone katapultieren kann.

GLIAZELLEN

Basics

Wie alle Celebritys, die etwas auf sich halten, brauchen Neurone ein Gefolge. Im Gehirn bilden die Gliazellen die Entourage. Gliazellen oder kurz Glia (vom griechischen Begriff für *Leim*) sind der unterschätzte, nun, Klebstoff des Gehirns. Die im 19. Jahrhundert entdeckten Gliazellen bilden das Stützkorsett der Nervenzellen im Gehirn.

Viele Jahrzehnte lang wurden Gliazellen durch das definiert, was sie nicht waren: Nervenzellen. Im Gegensatz zu Neuronen generieren Gliazellen keine elektrischen Signale, und daher nahmen Neurowissenschaftler an, sie hätten wenig Einfluss auf die Signalgebung im Gehirn. Aber nur weil sie keine elektrischen Signale (Impulse) übermitteln, darf man nicht den Schluss ziehen, sie spielten keine große Rolle. Wenn die Neurone die Chefs im Gehirn sind, dann sind die Gliazellen ihre rechte Hand, schaffen Nährstoffe und Sauerstoff heran, schützen die Neurone vor Krankheitserregern und sorgen für das richtige Milieu rundum – sie kümmern sich um so gut wie alles. Es gibt viele verschiedene Gliatypen, von denen jeder auf einen oder mehrere dieser Jobs spezialisiert ist.

Neuere Forschungen sprechen dafür, dass Gliazellen, wie so oft bei Chefsekretärinnen der Fall, nicht genug Anerkennung bekommen. Wie sich herausgestellt hat, erhalten Gliazellen nicht nur Befehle von Neuronen, sondern kommunizieren regelrecht mit ihnen. Wie Untersuchungen gezeigt haben, können Gliazellen die Verbindungen beeinflussen, die Neurone eingehen, und darüber mitentscheiden, ob diese Verbindungen gestärkt werden. Demnach könnten die lange übersehenen Gliazellen eine entscheidende und grundlegende Rolle für Lernen und Gedächtnis spielen. Ist das etwa keine Erfolgsgeschichte?

Grenzen des Wissens
Stammzellen sind wichtig, weil sie sich zu vielen verschiedenen Typen spezialisierter erwachsener (adulter) Zellen entwickeln können. Das macht sie zu einem viel versprechenden Kandidaten für die Reparatur von Schäden im Nervensystem. Nun sieht es so aus, als seien Gliazellen ebenfalls dazu in der Lage.

In einer Studie extrahierten Wissenschaftler Glia aus dem menschlichen Gehirn und badeten sie in einem Cocktail aus Proteinen. Als sie die Zellen ins Gehirn von Mäusen einpflanzten, entwickelten sich daraus gesunde adulte Neurone.

Fakten  **zum Angeben**
- Studien am Gehirn anderer Tiere haben erbracht, dass Arten, die weiter oben auf der evolutionären Leiter stehen, höhere Konzentrationen an Gliazellen besitzen.
- Nach Albert Einsteins Tod stellten Wissenschaftler fest, dass sein Gehirn eine normale Anzahl an Zellen aufwies, aber einen ungewöhnlich hohen Anteil an Glia. Vielleicht war er höher entwickelt als wir Übrigen?

RÜCKENMARK

Basics

Das Rückenmark ist die einzig wahre Schnellstraße zum Gehirn – Signale, die vom Körper ans Gehirn oder vom Gehirn an den Körper geschickt werden, müssen das Rückenmark passieren. Motoneurone übermitteln die Befehle des Gehirns via Rückenmark an die Muskeln, und sensorische Neurone senden Information auf diesem Weg zum Gehirn. Das Rückenmark selbst besteht aus Neuronen und ist von Wirbeln umgeben, den knöchernen Elementen der Wirbelsäule, die das empfindliche Nervengewebe schützen.

Wie lebenswichtig das Rückenmark ist, lässt sich am besten anhand der verheerenden Folgen von Rückenmarksverletzungen illustrieren. Wenn das Rückenmark die Autobahn zum Gehirn ist, dann ist eine Rückenmarksverletzung mit dem Zusammenbruch der einzigen Brücke vergleichbar. Der Signalverkehr in beiden Richtungen wird unterbrochen, und es kommt zu Lähmungen – weder kann das Gehirn den Muskeln befehlen, sich zu bewegen, noch erhält es Rückmeldungen von den muskeleigenen Sinnesorganen.

Je höher die Rückenmarksverletzung liegt, desto schwerwiegender sind die Auswirkungen. Verletzungen in Brusthöhe führen im Allgemeinen zu einer Lähmung der Beine, solche in Höhe des Halses können eine Lähmung aller vier Extremitäten (Tetraplegie) nach sich ziehen, Schädigungen des Rückenmarks im oberen Halsbereich können sogar grundlegende Funktionen wie die Atmung beeinträchtigen. Der Superman-Darsteller Christopher Reeve zog sich eine Verletzung ganz oben im Rückenmark zu und konnte nicht mehr selbständig atmen, zumindest zunächst nicht. Bis zuletzt ein Supermann auch im wirklichen Leben gelang es Reeve durch eisernes Training schließlich, so weit zu gelangen, dass er für kurze Zeit ohne sein Beatmungsgerät auskommen konnte.

Grenzen des Wissens

Lange nahm man an, Patienten mit Rückenmarksverletzungen könnten sich kaum mehr erholen, und riet ihnen lediglich, ihre neuen physischen Grenzen zu akzeptieren. Doch inzwischen ist nachgewiesen, dass diese fatalistische Annahme unbegründet ist – viele Patienten können ihre Mobilität wiedererlangen oder zumindest verbessern.

In vereinzelten Fällen kann ein anstrengendes Rehabilitationsprogramm, bei dem medizinisches Personal gelähmten Patienten hilft, sich auf einem Laufband zu bewegen, die Gehfähigkeiten dieser Patienten verbessern. Wissenschaftler sind der Ansicht, dass dieses Rehabilitationsprogramm verbliebene Nerven- oder Rückenmarksverbindungen stärken und wichtige neuronale Schaltkreise neu verdrahten könnte.

Fakten  **zum Angeben**

• Menschen und Giraffen haben dieselbe Anzahl von Halswirbeln: sieben Stück. Bei der Giraffe ist jeder dieser Wirbel fast 30 Zentimeter hoch.

• Das menschliche Rückenmark ist rund 43 bis 45 Zentimeter lang – deutlich kürzer als unsere Wirbelsäule.

HIRNSTAMM UND KLEINHIRN

Basics

Der Hirnstamm gehört nicht zu den glanzvollsten Strukturen des Gehirns, aber er ist eine der wichtigsten. Er sitzt dem Rückenmark obenauf und überwacht eine Reihe von Vitalfunktionen, die nicht unter bewusster Kontrolle stehen: Der Hirnstamm kontrolliert Herzfrequenz und Blutdruck, reguliert die Atmung und steuert die Verdauung.

Der Hirnstamm ist auch für das Niveau an Aufmerksamkeit und Bewusstsein verantwortlich. Im Rahmen dieser Aufgabe trägt es zur Filterung der sensorischen Information bei, die ständig auf uns einströmt, und entscheidet, worauf wir uns konzentrieren sollten und was wir problemlos ignorieren können. Die Hirnnerven, die die grundlegenden Bewegungen von Kopf, Gesicht und Hals kontrollieren, gehören ebenfalls zum Hirnstamm.

Das Kleinhirn (Cerebellum) liegt an der Basis des Gehirns, direkt hinter dem Hirnstamm. Es sieht tatsächlich wie eine Miniaturversion des Gehirns aus – Einfaltungen, Hemisphären, der ganze Kram, daher auch der Name Kleinhirn. Doch während das Großhirn an einer breiten Palette von Funktionen beteiligt ist, ist das Kleinhirn auf Signale aus dem Körper, auf Körperbewegungen und die Lage des Körpers im Raum spezialisiert.

Das Cerebellum ist für unseren Gleichgewichtssinn (oder unseren Mangel an Gleichgewicht) verantwortlich, und es ist zudem der Teil des Gehirns, der uns nach ein paar Drinks aufrecht hält (oder auch nicht). Das Cerebellum verarbeitet Signale, die übermitteln, was unser Körper gerade tut, und unterstützt mit Hilfe ständig aktiver Rückkopplungsschleifen unsere Bewegungskoordination. Lassen Sie es nicht daheim, wenn Sie aus dem Haus gehen.

Grenzen des Wissens
Essen, Trinken und Pinkeln (jawohl, Pinkeln) sind so wesentlich, dass der Hirnstamm über einen speziellen Mechanismus verfügt, der dem Körper erlaubt, diese Handlungen durchzuführen, selbst wenn er starke Schmerzen leidet. Einer neuen Studie zufolge kann der Hirnstamm Schmerzen so lange unterdrücken, dass Tiere Verhaltensmuster abschließen können, die überlebenswichtig sind.

Forscher fanden dies heraus, als sie Ratten in Käfige mit Böden setzten, die bis über die Schmerzgrenze hinaus erhitzt werden konnten. Normalerweise würden die Ratten ihre Pfoten vom heißen Untergrund wegziehen, doch während sie fraßen, unterdrückte die Aktivität im Hirnstamm den Schmerz so lange, bis die Tiere ihren Hunger gestillt hatten.

Fakten  **zum Angeben**
• Obgleich die höheren Hirnzentren Emotionen verarbeiten, ist es der Hirnstamm mit seinen Hirnnerven, der Ihnen ermöglicht, die komplexen mimischen Bewegungen durchzuführen, die man zum Lächeln braucht.
• Das Kleinhirn macht 10 Prozent vom Gesamtvolumen des Gehirns aus, enthält aber mehr als 50 Prozent aller Hirnneurone.
• Alkoholmissbrauch ist ein häufiger Grund für eine Schädigung des Kleinhirns.

THALAMUS, HYPOTHALAMUS UND HYPOPHYSE

Basics

Der Thalamus ist das Fräulein vom Amt und vermittelt Botschaften von und zu höheren Funktionszentren im Gehirn. (Aller Wahrscheinlichkeit nach haben Sie noch nie mit einem Fräulein vom Amt zu tun gehabt, doch die Analogie trifft zu. Prüfen Sie's in Wikipedia nach, wenn Sie wollen.) Der Thalamus ist paarig, es gibt einen Thalamus in jeder Hemisphäre.

Unter dem Thalamus liegt eine kleine Struktur, der Hypothalamus. Er ist an der Regulierung einiger der grundlegenden – und erfreulichsten – Aktivitäten des Körpers beteiligt: Essen, Trinken und Sex (danke, lieber Hypothalamus!). Zudem spielt er eine entscheidende Rolle bei der Reaktion des Körpers auf Stress, vor allem durch Aktivierung der Hypophyse.

Die Hypophyse, die an der Basis des Gehirns liegt, ist eine erbsengroße Drüse, die das endokrine oder Hormonsystem des Körpers kontrolliert. Der Hypothalamus sagt der Hypophyse, wann sie Hormone produzieren soll; die Hormone, die von der Hypophyse ausgeschüttet werden, kontrollieren Wachstum, Sexualfunktion, Stoffwechsel und vieles mehr. (Peinliche Teenagerjahre? Schieben Sie Ihrem Hormonsystem die Schuld in die Schuhe, das Ihren Körper in der Adoleszenz mit Hormonen überflutet, die zu Wachstumsschüben, sexueller Reifung, Stimmbruch, Akne und einer ganzen Palette anderer Peinlichkeiten führen.)

Grenzen des Wissens

Wegen seiner Rolle bei der Regulierung von Appetit und Essverhalten ist der Hypothalamus ins Visier der Forscher gerückt, die sich mit Fettleibigkeit (Adipositas oder Obesität) befassen. Diese Hirnanhangsdrüse beeinflusst, wie viel wir essen und wie rasch wir unsere Nahrung verbrennen, indem sie den Spiegel verschiedener Nährstoffe im Blut überwacht.

Ein relativ neuer Befund spricht dafür, dass der Hypothalamus auch den Fettsäurespiegel im Körper nachhält und den Appetit entsprechend anpasst. Als die Forscher den Spiegel dieser Fettsäuren im Blut von Mäusen senkten, fraßen die Mäuse mehr und verfetteten.

Dieses Ergebnis spricht dafür, dass eine Erhöhung dieser Fettsäuren im Blut den Appetit verringern könnte. Die Forscher hoffen, dieses Phänomen in den Griff zu bekommen, um dazu beizutragen, das Problem der Fettleibigkeit beim Menschen zu lindern.

Fakten  **zum Angeben**

• Vitamin-B-Mangel kann den Thalamus schädigen und zu einer gesundheitlichen Störung führen, die als Korsakow-Syndrom bekannt ist. Ein typisches Merkmal für das Korsakow-Syndrom ist, dass die Patienten Erinnerungen erfinden, um die Lücken zu füllen, die durch ihren Gedächtnisverlust (Amnesie) entstehen.

• Zwischen dem männlichen und dem weiblichen Hypothalamus gibt es Unterschiede, die vermutlich bei sexueller Orientierung und geschlechtlicher Identität eine Rolle spielen. Wie Studien gezeigt haben, kann die Verabreichung von weiblichen Sexualhormonen an junge männliche Ratten deren Hypothalamus «verweiblichen» und umgekehrt.

GROSSHIRN

Basics

Das Großhirn, meine Damen und Herren, ist der Boss, der größte der Hirnabschnitte und Sitz der meisten Funktionen (und Fehlfunktionen), die uns zum Menschen machen.

Liebe, Sprache, Ihre unerklärliche Zuneigung zu z.B. Céline Dion oder Jogi Löw – all das ist das Großhirn. Diese graue Walnuss ist es, die die Leute vor Augen haben, wenn sie ans Gehirn denken. Das Großhirn (Cerebrum) besteht aus weißer und grauer Substanz. Als weiße Substanz bezeichnet man die Regionen, die vorwiegend aus Axonen bestehen, welche in Myelin eingehüllt sind (die fettreiche, isolierende Substanz, die dafür sorgt, dass Signale rasch weitergeleitet werden, erinnern Sie sich?). Das Myelin sorgt für die weiße Färbung des Hirngewebes. Viele der tieferen Schichten des Großhirns bestehen aus dieser weißen Substanz. Graue Substanz besteht hingegen vorwiegend aus den Zellkörpern von Neuronen, die nicht von Myelin eingehüllt sind.

Das Großhirn enthält eine Reihe wichtiger Strukturen, die wir noch diskutieren werden. Hier nun im Schnelldurchlauf die namhaftesten von ihnen: die Amygdala (Mandelkern), eine mandelförmige Struktur, die an der Verarbeitung von Emotionen beteiligt ist; der Hippocampus, der eine entscheidende Rolle beim Langzeitgedächtnis spielt; die Basalganglien, eine Gruppe von Hirnkernen, die an der Überwachung und Kontrolle von Bewegungen beteiligt sind, und schließlich die relativ dünne äußere Schicht des Großhirns, die Großhirnrinde (Cortex cerebri), in der so viel passiert, dass sie einen eigenen Eintrag verdient. Blättern Sie weiter.

Grenzen des Wissens

Eine Untersuchung der weißen Substanz hat ergeben, dass sie möglicherweise mehr tut, als Wissenschaftler bisher vermutet haben. Allgemein hatte man angenommen, dass die graue Substanz die Schwerarbeit im Gehirn leitet und der Hauptort der Informationsverarbeitung ist. Die weiße Substanz galt hingegen als reines Leitungssystem, das die Signale der grauen Substanz von Punkt A nach Punkt B übermittelt.

Neue Studien zeigen jedoch, dass die Axone in der weißen Substanz des Gehirns nicht bloß Signale der grauen Substanz weiterleiten – sie verarbeiten Information auch selbst (gut für sie!). Das ist nur ein weiteres Beispiel dafür, wie viel wir über die grundlegenden Funktionsweisen des Gehirns nicht wissen.

Fakten  **zum Angeben**

• Das Großhirn macht 85 Prozent des menschlichen Hirngewichts aus.
• Hippocampus leitet sich von dem griechischen Wort für «Seepferdchen» ab, was bizarr erscheinen mag, bis man sieht, dass es tatsächlich wie ein Seepferdchen geformt ist. Daher macht der Name tatsächlich durchaus Sinn! Lernt eure griechischen und lateinischen Vokabeln, Kids!
• Menschen, die unmusikalisch sind, fehlt einer Studie zufolge offenbar etwas weiße Substanz. Unbekannt ist jedoch bisher, ob der regelmäßige Besuch einer Karaoke-Bar das Wachstum weißer Substanz anregen kann.

GROSSHIRNRINDE

Basics

Die Großhirnrinde (Cortex cerebri) ist die dünne obere Schicht, die das Großhirn überzieht. Diese nur zwei Millimeter dicke Lage grauer Substanz ist in komplexer Weise zerknittert und gefaltet, wie eine lebendige Origamifigur. Diese Faltung vergrößert die Oberfläche beträchtlich. (Stellen Sie sich vor, ein großes Stück Papier in einem kleinen Karton unterzubringen, indem Sie es zerknüllen.) Wenn man die gesamte Großhirnrinde ausbreiten würde, würde sie eine Fläche von rund 1800 Quadratzentimetern bedecken.

Die Großhirnrinde wird gewöhnlich in vier paarige Regionen, sogenannte Lappen, unterteilt, die nach ihrer Lage benannt sind. Der Stirnlappen beherbergt die meisten der höheren geistigen Funktionen, die wir mit unserem Menschsein in Verbindung bringen, zum Beispiel Persönlichkeit und Entscheidungsfindung. Zudem enthält er den Motorcortex, der die Willkürbewegungen kontrolliert. Hinter dem Stirnlappen liegt der Scheitellappen, der den sensorischen Cortex enthält. Der sensorische Cortex verarbeitet Signale von den Sinnesorganen und Neuronen des Körpers.

Direkt unter dem Scheitellappen, rund um den Bereich Ihres Ohres, liegt der Schläfenlappen. Wie Sie aufgrund der Lage vielleicht schon vermutet haben, ist dieser Lappen an der Verarbeitung von Sprache beteiligt. Und schließlich ist da noch der Hinterhauptlappen, der am hinteren Hirnpol liegt. Hauptaufgabe des Hinterhauptlappens ist die Verarbeitung visueller

Information. In gewissem Sinne haben wir daher alle Augen im Hinterkopf.

Grenzen des Wissens

Es braucht Zeit, bis sich all die Hügel und Täler der Großhirnrinde entwickelt haben, und dieser Prozess findet im Lauf der Hirnentwicklung im Fetal- und Kindesalter statt. Forscher haben inzwischen ein Modell dafür, wie und wann dies vor sich geht. Wenn ein Fetus 32 Wochen alt ist, ist sein Gehirn praktisch glatt. Zwischen der 33. und der 38. Woche beginnt die Faltung und schreitet so schnell fort, dass das Gehirn 38 Wochen nach der Empfängnis fast genauso stark gefaltet aussieht wie das Gehirn eines Erwachsenen.

Diese Zeitlinie hilft Wissenschaftlern und Ärzten, die Hirnentwicklung genau zu überwachen, und ermöglicht ihnen, potenzielle Anomalien bereits sehr früh zu erkennen.

Fakten  **zum Angeben**

- Die Falten der Großhirnrinde werden nicht einfach als Falten bezeichnet. Die Erhebungen oder Windungen werden Gyri (Einzahl Gyrus), die Täler oder Furchen Sulci (Einzahl Sulcus) genannt.
- Die Großhirnrinde des Menschen ist komplex gefaltet, doch bei vielen Tieren ist sie praktisch glatt. Unsere stark gefaltete Großhirnrinde könnte das sein, was Homo sapiens auf mentalem Gebiet so leistungsstark macht. Endlich Falten, auf die wir stolz sein können!

DIE HIRNHEMISPHÄREN

Basics

Das Großhirn ist in eine rechte und eine linke Hemisphäre unterteilt. Die rechte Hemisphäre kontrolliert die linke Hälfte des Körpers, die linke Hemisphäre hingegen die rechte Hälfte des Körpers. Die beiden Hemisphären müssen ihre Aktionen jedoch koordinieren und Information austauschen. Ein dickes Faserbündel, der Balken (Corpus callosum), verbindet die beiden Hirnhälften und ermöglicht ihnen, miteinander zu kommunizieren.

Um die Idee der Hemisphärendominanz rankt sich viel pseudowissenschaftlicher Unsinn. Es stimmt, dass eine Hirnhälfte eines Menschen in der Regel ein wenig dominanter ist als die andere. Und es stimmt auch, dass es einige Unterschiede zwischen den Hemisphären gibt, zum Beispiel bei der Sprachverarbeitung.

Die Vorstellung, die rechte Hirnhälfte sei beispielsweise die kreative Seite und die linke die logische Seite, ist jedoch eine viel zu starke Vereinfachung. Die meisten Hirnfunktionen beanspruchen beide Seiten des Gehirns, und Studien an Patienten mit Hirnschädigungen in einer der Hemisphären haben gezeigt, dass die andere Hemisphäre die Schädigung kompensieren kann. Und diese Online-Tests, die Ihnen sagen, ob Sie eine «rechtshemisphärische» oder eine «linkshemisphärische» Persönlichkeit sind? Alles, was sie beweisen, ist, dass Sie einen besseren Weg finden sollten, Ihre Zeit totzuschlagen. Gehen Sie doch mal auf *YouTube*.

Grenzen des Wissens
Eine aktuelle Untersuchung mit Kapuzineraffen, diesen liebenswerten südamerikanischen Primaten, hat einige interessante Faktoren ans Licht gebracht, die die Größe des Corpus callosum beeinflussen. Sex, zum Beispiel. Die Forscher steckten die Affen in MRT-Geräte – so was gibt's im Urwald nicht – und stellten fest, dass das Corpus callosum bei den Männchen kleiner war als bei den Weibchen. Auch die Händigkeit spielte eine Rolle. Das Faserbündel war bei rechtshändigen Affen dünner als bei Linkshändern. Ein dickes Corpus callosum könnte bedeuten, dass die beiden Hirnhälften enger zusammenarbeiten.

Fakten  **zum Angeben**

- Einige der interessantesten neurowissenschaftlichen Untersuchungen beschäftigen sich mit Split-Brain-Patienten, deren Corpus callosum durchtrennt wurde. Das führt dazu, dass beide Hemisphären nicht mehr miteinander kommunizieren können, und ruft seltsame Verhaltenssymptome hervor: Es scheint, als seien sich die Patienten nicht bewusst, was die Hälfte ihres Körpers erlebt.
- Noch drastischer ist ein Eingriff, der als Hemisphärektomie bezeichnet wird und bei dem eine ganze Hirnhemisphäre entfernt wird. Diese Operation, die fast nur bei Kindern durchgeführt wird, dient zur Behandlung von schwerer Epilepsie oder Krampfanfällen. Wenn der Patient sehr jung ist, kann die verbliebene Hemisphäre einen Großteil sämtlicher Hirnfunktionen übernehmen und der Betroffene ein relativ normales Leben führen.

DAS GANZE GEHIRN

Basics

Stellen Sie sich ein Ei vor. Visualisieren Sie die harte Schale und das dichte Eigelb, das inmitten von flüssigem Eiweiß schwimmt. Das Eigelb ist Ihr Gehirn. Wie ein Ei ist Ihr Gehirn durch eine harte Schale (Ihren Schädel) und eine dünne Schicht klarer Flüssigkeit (die Cerebrospinalflüssigkeit) geschützt, die es davor bewahrt, ständig gegen die Schädelwand zu stoßen. Zudem polstern ein paar dünne Membranen das Gehirn ab und dämpfen den Schock durch plötzliche Bewegungen. (Mutter Naturs Version von einer Styroporverpackung.)

Das menschliche Gehirn wiegt insgesamt rund 1,5 Kilogramm und ist so groß wie eine Grapefruit. Auch wenn Sie solche Ausstellungsstücke in Museen gesehen haben, ist ein Gehirn in Wirklichkeit nicht grau und hart – das lebende Gehirn ist rosa und weich; die Konservierungsmittel sind es, die seine Konsistenz und Färbung derart verändern. Obwohl das Gehirn nur einen kleinen Teil der Körpermasse ausmacht, erhält es bis zu einem Fünftel des Blutes, das das Herz durch den Körper pumpt. Das Gehirn ist ein Organ, genau wie die Lunge oder die Leber, und verlangt große Mengen an Sauerstoff und Treibstoff in Form von Zucker (Glucose). Diese lebenswichtigen Substanzen werden mittels Arterien herangeschafft, die kreuz und quer durch das Gehirn ziehen. Gliazellen wandeln die Glucose in einen Treibstoff um, den Nervenzellen verwenden können.

Grenzen des Wissens

Cerebrospinalflüssigkeit wird heute bereits vielfach benutzt, um Infektionen nachzuweisen. (Ärzte entnehmen mittels Lumbalpunktion eine Flüssigkeitsprobe und untersuchen sie auf biologische Hinweise für eine Infektion.) In Zukunft könnte man diese Probe jedoch unter Umständen auch verwenden, um eine Psychose zu diagnostizieren. Wie Studien gezeigt haben, weisen psychotische Patienten anomale Konzentrationen verschiedener Verbindungen in ihrer Cerebrospinalflüssigkeit auf. Diese anomalen Werte fanden sich nur bei Patienten mit diagnostizierter Psychose – nicht bei gesunden Freiwilligen oder bei Patienten mit anderen psychischen Erkrankungen. Wissenschaftler sind sich noch nicht sicher, was diese Anomalien in der Flüssigkeit hervorruft (und ob sie die Psychose hervorrufen oder nur ein Symptom dafür sind), doch das wird weiter erforscht.

Fakten  **zum Angeben**

- Das schwerste menschliche Gehirn – zumindest dem Guinness-Buch der Rekorde zufolge – wog 2012 Gramm.
- Der Schädel spielte in der Pseudowissenschaft der Phrenologie eine entscheidende Rolle. Die Anhänger dieser Lehre behaupteten, anhand der Höcker am Kopf eines Menschen Aussagen über dessen Charaktermerkmale machen zu können.
- Das Gehirn verbraucht pro Minute eine zehntel Kilokalorie. Angestrengtes Nachdenken steigert den Energiebedarf, doch Die Denkdiät wird wohl nicht so bald die Bücherregale erobern.

BILDGEBENDE VERFAHREN

Basics

Es ist schwer zu sagen, was in jedem Moment im Kopf eines Menschen vor sich geht. Zum Glück verfügen wir über eine Reihe bildgebender, sogenannter Brain-Imaging-Verfahren, die Forschern erlauben, einen Blick in unseren Kopf zu werfen. Wenn Sie nicht gerade ein Lehrbuch schreiben, brauchen Sie eigentlich nur die Abkürzungen zu kennen:

CT: Eine CT-Maschine benutzt ein Röntgengerät, das sich um den Kopf dreht und verschiedene Schnittbilder durchs Gehirn erstellt – und das ganz unblutig.

EEG: EEGs messen die elektrische Aktivität im Gehirn in Abhängigkeit von der Zeit; besonders nützlich sind sie dann, wenn es um Veränderungen des Bewusstseinszustands geht, wie Schlaf oder Koma.

MRT: MRT-Geräte erzeugen starke Magnetfelder, die die Wasserstoffatome im Gehirn in einer bestimmten Weise ausrichten. Wenn diese wieder in ihre Ausgangsposition zurückkehren, emittieren sie Signale, die man sichtbar machen kann. Normale MRTs liefern Information über Form und Struktur von Weichgeweben, die der CT-Scan nicht zeigt, und funktionelle MRTs können Aktivitäten in verschiedenen Hirnregionen verfolgen, indem sie die Durchblutung messen.

PET: Ärzte injizieren eine radioaktive Substanz, die ins Gehirn wandert und sich in den Regionen ansammelt, die am härtesten arbeiten. Mit Hilfe der Radioaktivität lässt sich die Hirnaktivität von einem Moment zum anderen kartieren.

Grenzen des Wissens

Der rasche technische Fortschritt hat zur Entwicklung mehrerer neuer Brain-Imaging-Verfahren geführt. Die neuesten Werkzeuge erlauben Wissenschaftlern, die Funktionsweise eines *einzelnen* Neurons zu beobachten. Die Forscher können nun das Feuern individueller Nervenzellen und der Kommunikation in neuronalen Schaltkreisen abbilden, statt sich mit Bildern von Hirnregionen als Ganzes begnügen zu müssen.

Diese bildgebenden Verfahren arbeiten in der Regel damit, dass sie das Einströmen von Calciumionen in ein Neuron verfolgen – einer der Schritte, die dem Feuern eines Neurons vorausgehen. Letztendlich könnte sie die zelluläre Basis alltäglicher geistiger Funktionen aufzeigen und beleuchten, was in geschädigten Neuronen falsch läuft.

Fakten  **zum Angeben**

• MRT-Geräte lassen sich nicht nur zur Darstellung des Gehirns einsetzen. Der erste MRT-Scan eines Menschen, der 1977 angefertigt wurde, war ein Querschnitt des Brustkorbs.

• Die Magnete in den meisten MRT-Geräten sind mehr als 10 000-mal stärker als das Erdmagnetfeld. Darum werden die Patienten angewiesen, vor dem Scan sämtliche Schmuckstücke oder Piercings abzulegen. Vor allem Piercings.

• Vergessen Sie Nintendo Wii. Mehrere Unternehmen sind dabei, Videospiele mit Reglervorrichtungen zu entwickeln, die von EEGs inspiriert sind. Die Helme registrieren die Gehirnaktivität des Spielers und erlauben ihm, das Spiel zu kontrollieren, indem er an einfache Handlungen denkt.

KAPITEL ZWEI

★ ★ ★ ★ ★ ★ ★ ★ ★ ★ ★ ★ ★

KÜMMERE DICH UM DEINEN EIGENEN KRAM: GRUNDFUNKTIONEN

★ ★ ★ ★ ★ ★ ★ ★ ★ ★ ★ ★ ★

KÖRPERREGULATION

Basics

Bevor sich das Gehirn mit höheren Funktionen wie Gefühlen, Kreativität oder Verständnis befasst, kümmert es sich um die alltäglicheren Bedürfnisse des Körpers, und zwar weitgehend mit Hilfe des Hypothalamus, der zusammen mit dem Stammhirn das vegetative (autonome) Nervensystem des Körpers kontrolliert. Dabei geht es um Funktionen, die unterhalb der Ebene des bewussten Handelns ablaufen: Herzschlag, Atmung, Verdauung und so weiter.

Die vom Hypothalamus und der nahe gelegenen Hypophyse produzierten Hormone regen endokrine Drüsen im ganzen Körper an, ihrerseits Hormone zu produzieren. Diese Hormone beeinflussen Stoffwechsel, Muskelwachstum und vieles mehr. Und der Hypothalamus reguliert einige unserer wichtigsten Verhaltensweisen, zum Beispiel Essen.

Doch das Gehirn kann nicht einfach blind Befehle geben – es braucht Rückkopplung (Feedback) vom Körper. Dieses Feedback erfolgt auf unterschiedliche Weise, zum Beispiel via Durchblutung. Das Gehirn erhält eine Menge Informationen über das, was im Körper passiert, indem es den Spiegel von Sauerstoff, Hormonen und Nährstoffen im Blut überwacht. Zudem übermitteln verschiedene Nerven im Körper Informationen ans Gehirn. Einer der wichtigsten von ihnen ist der Vagusnerv, der zum Beispiel Informationen über Magen und Herz zum Gehirn schickt. Was im Vagusnerv passiert, bleibt kein Geheimnis.

Grenzen des Wissens

Inzwischen gibt es Hinweise darauf, dass das Gehirn das Immunsystem beeinflusst, eine Vorstellung, die Wissenschaftler lange bespöttelt hatten. Einigen Studien zufolge können Stresshormone die Immunreaktion unterdrücken, sodass der Körper anfälliger für Krankheiten wird.

Und das ist nur der Anfang der Gehirn-Immunsystem-Verbindung. Wie es aussieht, erhält das Gehirn Botschaften von geschädigtem oder infiziertem Gewebe und beeinflusst daraufhin die Reaktion des Körpers auf diese Schädigung. Und Moleküle des Immunsystems, die vorwiegend im Gehirn angesiedelt sind, spielen offenbar bei neurologischen Hirnerkrankungen aller Art eine wichtige Rolle.

Fakten  **zum Angeben**

• Eine Stimulation des Vagusnervs kann bei Störungen helfen, die von Epilepsie bis Depressionen reichen. Warum eine elektrische Reizung des Vagus (und damit des Gehirns) die Stimmung eines Menschen verbessern kann, ist unklar, aber es hilft tatsächlich.

• Eine Ausschaltung des Vagusnervs führt zum Verlust des Würgereflexes. Nützlich, wenn man sich Reality-TV-Sendungen anschaut.

• Fieber wird vom Hypothalamus kontrolliert – ein anderes Beispiel für die Rückkopplungsschleife zwischen Gehirn und Immunsystem.

ZIRKADIANE RHYTHMEN

Basics

Vergessen Sie, was Ihnen Ihr Musiklehrer gesagt hat. Sie haben Rhythmus, eine Menge Rhythmus sogar. Das Gehirn muss sicherstellen, dass sämtliche Teile des Körpers ihre Aufgabe zum richtigen Zeitpunkt im Tageslauf erledigen. Der Masterkoordinator diese tagesperiodischen Rhythmen residiert in einer kleinen Gruppe von Neuronen im Hypothalamus und wird als Suprachiasmatischer Nucleus (SCN) bezeichnet.

Der SCN weist, grob gesagt, einen 24-Stunden-Zyklus auf und verwendet Botschaften von den Augen, um sich mit dem natürlichen Hell-Dunkel-Zyklus zu synchronisieren. Wie ein Dirigent koordiniert der SCN anschließend die Körperfunktionen und sorgt dafür, dass sie weder vorauseilen noch hinterherhinken.

Nicht nur unser Essmuster und unser Schlaf-Wach-Zyklus folgen zirkadianen Rhythmen. Ihre Körpertemperatur folgt ebenfalls einer inneren Uhr, desgleichen Blutdruck, Atmung und Schmerzempfindlichkeit. Selbst Ihre geistigen Funktionen bleiben im Lauf des Tages nicht auf demselben Niveau – Ihre Aufmerksamkeit hat ihren Gipfel spät am Morgen, Ihre Stimmung mittags und Ihre Reaktionsgeschwindigkeit am Spätnachmittag. Wird der zirkadiane Rhythmus gestört, kann das schlimme physiologische Folgen haben (denken Sie nur an den Jetlag). Wissenschaftler haben Tiere ohne innere Uhr gezüchtet, und deren Fehlfunktionen reichen von Stoffwechselstörungen bis zur Unfruchtbarkeit. Vermutlich ist es also besser, nach der Uhr zu leben.

Grenzen des Wissens

Unsere inneren Uhren zeigen nicht alle dieselbe Zeit an. Einige von uns sind Nachteulen, stehen spät auf und gehen spät zu Bett. Andere sind Lerchen (Frühaufsteher), schlafen kurz nach den 20-Uhr-Nachrichten ein und sind schon vor Sonnenaufgang wieder munter. Zu welchem Typ Sie gehören, ist vermutlich in Ihrer DNA festgeschrieben.

Der Unterschied ist auf mehrere geringfügige Variationen in den Genen zurückgeführt worden, die im SCN exprimiert werden.

Fakten  **zum Angeben**

- *Der frei laufende zirkadiane Rhythmus ist ein wenig länger als 24 Stunden. Wenn Freiwillige in Räumen ohne natürliches Tageslicht untergebracht werden, verschiebt sich ihre innere Uhr zu einer Tageslänge von 25 Stunden. Licht hilft uns also, unsere innere Uhr an den Erdtag anzukoppeln.*
- *Während einer totalen Sonnenfinsternis legen sich Kühe und andere Tiere zum Schlafen nieder, auch wenn es mitten am Tag ist.*
- *Im Jahr 1962 verbrachte der französische Geologe Michael Siffre 205 Tage allein in der Midnight Cave in Texas, um zu untersuchen, was mit seiner inneren Uhr passiert, wenn er überhaupt kein Tageslicht sieht. Die Erfahrung zerstörte sein Schlafmuster fast völlig; es brauchte Jahre, um sich zu normalisieren.*

SCHLAF

Basics

Im Jahr 1964 startete der 17-jährige Randy Gardner ein wissenschaftliches Projekt, das vielleicht zu den härtesten der Welt gehört: Er blieb elf Tage und Nächte hindurch wach, die längste beim Menschen dokumentierte Periode ohne Schlaf.

Wenn wir gerade keine Weltrekorde beim Schlafentzug aufstellen, verschlafen wir Menschen rund ein Drittel unseres Lebens. Während einer Nacht durchlaufen wir fünf verschiedene Schlafstadien, die sich allesamt durch ein für sie typisches Hirnaktivitätsmuster auszeichnen. Während wir von Stadium 1 zu Stadium 4 fortschreiten, wird unser Schlaf immer tiefer. Auf Stadium 4 folgt der REM-Schlaf (*rapid eye movement* = rasche Augenbewegungen), der gewöhnlich von Träumen begleitet wird.

Doch noch immer weiß niemand, warum wir im Lauf der Evolution das Bedürfnis zu schlafen entwickelt haben. Nach einer Theorie hilft uns der Schlaf beim Lernen und beim Speichern von Erinnerungen, nach einer anderen bei der Reparatur von Zellschäden. Höchstwahrscheinlich dient der Schlaf mehr als einem einzigen Zweck. Angesichts des enormen Risikos, das damit einhergeht – was unsere savannenlebenden Vorfahren angeht, so hat Schlafen zweifellos ihre Chancen verringert, eine Mahlzeit zu finden, aber ihr Risiko erhöht, selbst zur Mahlzeit zu werden –, muss Schlaf wirklich Wunder wirken.

Grenzen des Wissens

Inzwischen gehen Wissenschaftler der Möglichkeit nach, dass Schlafmangel eine Rolle bei Fettleibigkeit spielt. Schlafmangel kann den Spiegel gewisser Hormone beeinflussen, die Appetit und Nahrungsaufnahme regulieren, und das könnte dazu führen, dass Menschen, die zu wenig schlafen, deutlich an Gewicht zulegen.

Einer Studie zufolge ist die Wahrscheinlichkeit, fett zu werden, bei Menschen, die nicht genug Schlaf bekommen, fast doppelt so hoch wie bei «Normalschläfern». Nach Meinung der Forscher ist es kein Zufall, dass wir als Gesellschaft weniger schlafen und mehr essen. Wenn's ums Gewicht geht, dann gilt wohl das alte Sprichwort: «Wer schläft, sündigt nicht ... zumindest nicht, was Kalorien angeht.»

Fakten  **zum Angeben**

- Wir beginnen schon im Mutterleib zu gähnen. Schlechte Nachrichten für Ungeborene: Das Leben wird nur noch anstrengender.
- Warum wir gähnen, ist noch immer ein Rätsel, doch eine aktuelle Studie spricht dafür, dass Gähnen das Gehirn kühlt, was Aufmerksamkeit und Konzentration stärken könnte. Andere Experten meinen, Gähnen habe eher eine soziale Funktion und signalisiere, dass es nun an der Zeit für jedermann sei, sich zu entspannen.
- Bei Delfinen schläft jeweils nur eine Hirnhälfte, sodass diese luftatmenden Tiere ihre Batterien neu aufladen können, ohne zu ertrinken.

TRÄUMEN

Basics

Schlafen wir möglicherweise, um zu träumen? Vielleicht, wenn wir im REM-Schlaf sind, der Schlafphase, in dem die meisten Träume auftreten. Rapid-Eye-Movement-Schlaf ist (Überraschung!) durch rasche Bewegungen unserer Augen charakterisiert. Die Gehirnaktivität im REM-Schlaf ähnelt stark unserer Gehirnaktivität im Wachzustand. Und obwohl unsere Augen wie wild rollen, ist der Rest des Körpers gelähmt.

Vermutlich schützt uns diese Schlaflähmung davor, unsere träume physisch auszuleben. (Von Menschen, die unter einer Störung leiden, welche verhindert, dass ihr Körper während des REM-Schlafs bewegungsunfähig wird, ist bekannt, dass sie ihre Träume umsetzen und sich manchmal dabei verletzen.) REM-Phasen sind zunächst relativ kurz, werden aber im Lauf der Nacht zunehmend länger.

Niemand weiß genau, wo im Gehirn Träume entstehen. Manche vertreten die Meinung, Träume seien nur das, was herauskommt, wenn unser Gehirn das zufällige Feuern von Neuronen interpretiert. Andere sind der Ansicht, Träume seien ein Nebenprodukt der Verarbeitung von Erinnerungen, die im Schlaf stattfindet – sofern Sie sich daran erinnern, im Adams- bzw. Evakostüm am Arbeitsplatz aufgetaucht zu sein.

Was Träume bedeuten – ob sie überhaupt etwas bedeuten – ist seit langem heftig umstritten. Wie Experimente gezeigt haben, lässt sich der Trauminhalt durch äußere Ereignisse beeinflussen, zum Beispiel durch einen Geruch, der kurz vorm Einschlafen präsent ist. Ein Schlafforscher hat sogar gezeigt, dass Menschen, die mehrere Stunden am Tag Tetris gespielt haben, von Tetris-ähnlichen Formen berichteten, die in ihren Träumen auftauchten.

Grenzen des Wissens
• Ein Baby zu haben, kann alles verändern – wie es aussieht, sogar Ihre Träume. Eine Studie über frischgebackene Mütter ergab, dass sie intensiv von ihren Babys träumen und etwa drei Viertel dieser Träume negativ sind.
• In den Träumen kommen häufig Angst erregende Szenarien vor, in denen sich die Neugeborenen in Gefahr befinden. Die Frauen berichteten, sie hätten sich beim Aufwachen um ihre Babys gesorgt und das Bedürfnis verspürt, nach ihnen zu sehen. Auch Väter können solche bösen Träume haben.

Fakten  zum Angeben
In einer normalen Nacht verbringen wir etwa ein Viertel unserer Zeit im REM-Schlaf. Wenn man von acht Stunden Schlaf pro Nacht ausgeht, bedeutet das zwei Stunden Träumen. Im Lauf eines Jahres addiert sich dies zu einem Monat Traumschlaf. (Und dabei sind Tagträume noch nicht einmal mitgerechnet.)
Wird man während des REM-Schlafs geweckt, steigt die Wahrscheinlichkeit, dass man sich an seine Träume erinnert. Wenn Sie sich besser an Ihre Träume erinnern wollen, lassen Sie sich von Ihrem Wecker ein bis zwei Stunden zu früh wecken, schreiben Sie alles Geträumte auf, an das Sie sich erinnern, und legen Sie sich wieder schlafen.

ESSEN

Basics

Da haben Sie was zum Kauen: Appetit und Nahrungsaufnahme werden von einer Reihe Substanzen wie Ghrelin reguliert, das gemeinhin als Hungerhormon bezeichnet wird. Ghrelin wird von der Magenschleimhaut freigesetzt, und seine Konzentration steigt mehrmals pro Tag an – immer dann, wenn unser Körper eine Mahlzeit erwartet. Das Hormon wandert ins Gehirn, erreicht den Hypothalamus und löst Hungergefühle aus.

Wenn Sie essen, dehnt sich Ihr Magen und übermittelt Ihrem Gehirn Signale, dass Sie diese Fritten vielleicht nicht mehr essen sollten. Der Körper hört auch auf ein Appetit-zügelndes Hormon namens Leptin, das vom Körperfett produziert wird. Je mehr Fettreserven Sie haben, desto mehr Hormon kreist durch Ihr System. Theoretisch sollten gut gepolsterte Menschen weniger Magenknurren haben als schlankere Zeitgenossen.

Wenn Sie denken, Leptin höre sich wie eine viel versprechende Diätpille an, dann sind Sie nicht allein. Seit Entdeckung des Leptins 1994 ist versucht worden, den Appetit übergewichtiger Patienten durch Verabreichung dieses Hormon zu unterdrücken. Wie sich herausgestellt hat, wirkt Leptin jedoch nur bei einer kleinen Gruppe von Menschen, die das Hormon nicht richtig herstellen können. Sieht so aus, als würde die Grapefruit-Diät noch einige Zeit *en vogue* bleiben.

Grenzen des Wissens

Essen führt zur Freisetzung von Dopamin, einem Neurotransmitter im Gehirn, der die Stimmung aufhellt. Wie aktuelle Forschungen zeigen, haben fettleibige Menschen weniger Dopaminrezeptoren als normal. Das bedeutet, dass schwergewichtige Menschen tendenziell stärker dazu neigen, Dinge zu tun, die ihren Dopaminspiegel erhöhen. Wie beispielsweise essen.

Drogenabhängige verfügen ebenso über relativ wenige Dopaminrezeptoren, und Neurowissenschaftler neigen immer mehr der Ansicht zu, dass Überernährung ebenfalls eine Form der Sucht ist, wobei Nahrung für einige Menschen die Droge der Wahl ist.

Fakten  **zum Angeben**

• Viel von dem, was wir über die Auswirkungen von Nahrungsmangel wissen, verdanken wir dem Minnesota-Hunger-Experiment. Die Studie aus den Jahren 1944–45 rekrutierte amerikanische Wehrdienstverweigerer des 2. Weltkriegs; die Männer willigten ein, sich als Alternative zum Militärdienst monatelang einer Diät des «Halbverhungerns» zu unterziehen. Die psychologischen Folgen des Hungerns, die die Studie erbrachte, waren dramatisch. Die 36 Teilnehmer litten unter Depressionen, ihr ganzes Denken drehte sich ums Essen, sie verstümmelten sich selbst, und mehr.

• Beim «Gourmand»-Syndrom entwickelt der Patient plötzlich ein zwanghaftes Verlangen nach Feinschmecker-Essen. Dieses seltene Syndrom kann nach einer Verletzung des rechten Stirnlappens auftreten.

SEX

Basics

Ich weiß – Sie haben diese Seite als erste aufgeschlagen. Willkommen! Aber seien Sie vorsichtig beim Weiterlesen: Nichts dämpft den Sexualtrieb schneller, als über die Biologie zu lesen, die dahintersteckt.

Eine Berührung der Genitalien löst (in der Regel angenehme) sensorische Empfindungen aus, die ins Rückenmark übermittelt werden. Diese Signale rufen gewisse automatische physische Reaktionen (zum Beispiel eine Erektion) wie auch Reaktionen im Gehirn hervor, vor allem im sensorischen Cortex und im limbischen System. Eine Aktivierung des limbischen Systems, das den Hypothalamus umfasst, bewirkt, dass Sex Spaß macht, und veranlasst den Körper, Hormone freizusetzen, die Sexualverhalten und -funktion beeinflussen.

Ein paar von Glück begünstigte Wissenschaftler untersuchen, was beim Orgasmus im Gehirn passiert. Offenbar aktivieren Orgasmen das Belohnungzentrum im Gehirn, eine Ansammlung von Nervenzellen, die als Nucleus accumbens bezeichnet wird. Dieser Kern ist an Empfindungen wie Lust und Belohnung – und auch an Suchtverhalten – beteiligt.

Wie aktuelle Studien gezeigt haben, werden bei Frauen beim Orgasmus einige Teile des Gehirns im Wesentlichen abgeschaltet. Vor allem nimmt die Aktivität in der Amygdala ab, dem Teil des Gehirns, der für Angstempfinden zuständig ist. (Die Forscher untersuchten auch Männer, konnten aber keine interessanten Daten sammeln, weil deren Orgasmen zu kurz waren.)

Insgesamt ähnelt die Gehirnaktivität während des Orgasmus der Reaktion des Gehirns auf Drogen, so die Forscher.

Grenzen des Wissens
Um sexuelle Erregung zu messen, setzen Forscher inzwischen Thermographie ein. Die Thermographie zeigt Temperaturveränderungen in den Genitalien, während die Erregung der Versuchspersonen steigt. Wie sich herausgestellt hat, korrespondiert der Temperaturanstieg zuverlässig mit dem Erregungsgrad, den die Teilnehmer nach eigenen Angaben empfinden.

Wissenschaftler haben diese Technik bereits angewendet, um zu demonstrieren, dass die thermischen Veränderungen, die sexuelle Erregung mit sich bringt, bei Männern und Frauen ähnlich sind und dass Frauen – entgegen dem populären Klischee – genauso schnell warm werden wie Männer.

Fakten  **zum Angeben**
• Vielleicht nicht überraschend, haben Forscher entdeckt, dass die Deaktivierung der Angstschaltkreise im Gehirn – die bei Frauen auftritt, die einen echten Orgasmus haben – ausfällt, wenn Frauen einen Orgasmus vortäuschen.
• Die Samenqualität ist, was die Spermienzahl angeht, am Nachmittag am höchsten. Paare, die Nachwuchs zeugen möchten, könnten von nachmittäglichen Schäferstündchen profitieren.

BEWEGUNG

Basics

Sie wollen ein Rad schlagen. Nun muss Ihr Gehirn die Bewegung planen und umsetzen. Der prämotorische Cortex und der motorische Cortex spielen bei der Einleitung von Willkürbewegungen eine wichtige Rolle; sie senden Signale zum Hirnstamm und zum Rückenmark, wo die Motoneurone liegen. Diese Neurone feuern und veranlassen Ihre Muskelfasern dadurch zur Kontraktion.

Sich verkürzende Muskeln helfen Ihnen dabei, die Hände auf den Boden zu stützen und die Beine zögernd über den Kopf zu hieven, ein ungelenker Versuch, ein Rad zu schlagen. Vielleicht kein besonders schönes Rad, doch Ihr Körper hat die Botschaft verstanden. Nun müssen Sie nur noch üben.

Natürlich ist das nicht alles, was bei Bewegung eine Rolle spielt. Der Motorcortex arbeitet nicht allein. Seine Aktivität wird von mehreren anderen Teilen des Gehirns beeinflusst, darunter dem Kleinhirn, das Körperhaltung und Gleichgewicht überwacht, und den Basalganglien, die den Cortex bei der Planung von Bewegungen unterstützen. Reflexbewegungen sind eine ganz andere Sache; sie greifen nicht einmal aufs Gehirn zurück. Sie erfolgen automatisch und schnell – was sehr praktisch ist, wenn Sie zum Beispiel eine Hand auf einen heißen Ofen legen –, denn sie werden von Rückenmark statt vom Gehirn kontrolliert. Keine Zeit geht durch bewusstes Überlegen verloren. Sie ziehen Ihre Hand einfach zurück, und Ihr Gehirn kann sich darauf konzentrieren, den passenden Fluch zu finden.

Grenzen des Wissens
Zwar zieht das Altern bestimmte Teile des Gehirns in Mitleidenschaft, doch das Kleinhirn bleibt weitgehend verschont. Die Großhirnrinde zeigt hingegen eine breite Palette von Veränderungen in der Genaktivität, wenn wir in die Jahre kommen. Im Kleinhirn sind diese Veränderungen weitaus weniger tiefgreifend. Da das Kleinhirn an der Regulation von Herzschlag und Atmung beteiligt ist, ist das wahrscheinlich ein Glück.

Fakten  zum Angeben
- Säuglinge zeigen eine Handvoll Reflexe, die Erwachsenen fehlen, zum Beispiel einen Reflex, der dazu führt, dass sich ihre kleinen Hände um alles schließen, was ihre Handflächen berühren (Klammerreflex).
- Unterschiedliche Körperteile werden von ihren eigenen Regionen im motorischen Cortex kontrolliert. Rund ein Viertel des motorischen Cortex ist ausschließlich der Bewegung der Hände gewidmet.
- Einige der komplexesten Bewegungen, die wir durchführen, betreffen Mund und Zunge. So erfordert z. B. das Sprechen die koordinierte Kontrolle von rund 100 Muskeln.

SPIEGELNEURONE

Basics

Anfang der 1990er Jahre registrierte ein Team italienischer Wissenschaftler die Gehirnaktivität von Makaken. Mit Hilfe von Elektroden leiteten die Forscher die Aktivität einzelner Neurone im prämotorischen Areal der Affen ab, einer Region, die an der Bewegungsplanung beteiligt ist. Wenn die Makaken eine Handlung durchführten, zum Beispiel eine Traube aufnahmen, feuerten die Neurone in dieser Region.

Zu ihrer Überraschung stellten die Forscher fest, dass gewisse Neurone in dieser Region nicht nur dann feuerten, wenn der Affe selbst eine Traube aufnahm, sondern auch dann, wenn er einen anderen Affen bei derselben Handlung beobachtete. (Affe sieht's, Affe tut's, nicht wahr?) Die Forscher nannten diese Zellen «Spiegelneurone», denn offenbar spiegelten sie die Handlungen anderer wider. Spiegelneurone reagieren auch auf Laute – wenn ein Affe eine Nuss aufknackt, feuern dieselben Neurone, die auch feuern, wenn er *hört*, dass eine Nuss aufgeknackt wird.

Viele Forscher sind überzeugt, dass diese Neurone eine wichtige Rolle beim Imitationslernen spielen. Das Spiegelsystem könnte zudem helfen, die Absichten hinter den Handlungen eines anderen zu erkennen. Individuelle Spiegelneurone müssen beim Menschen noch direkt nachgewiesen werden, doch mit Hilfe funktioneller MRTs hat man Hirnareale gefunden, die sowohl aktiv sind, wenn eine Person eine Aufgabe durchführt, als auch, wenn sie jemand anderen bei der Durchführung dieser Aufgabe beobachtet. Diese Areale gelten als menschliches Spiegelneuronensystem.

Grenzen des Wissens
Nach Meinung mancher Wissenschaftler können Spiegelneurone alles von Empathie bis zur Evolution von Sprache erklären. Eine der provokantesten aktuellen Studien fand, dass Kinder mit Autismus (eine Entwicklungsstörung) eine verringerte Spiegelneuronenaktivität aufweisen, wenn sie menschliche Gesichtsausdrücke beobachten und imitieren. Demnach könnte ein nicht richtig funktionierendes Spiegelneuronensystem zu Beeinträchtigungen im sozialen Bereich führen, wie sie für Autismus typisch sind.

Diese Vorstellungen sind noch umstritten, doch die Forschung schreitet im Eiltempo voran.

Fakten  **zum Angeben**

- Einige Leute sind der Ansicht, Spiegelneurone könnten sogar erklären, warum wir Pornographie mögen. Eine Studie hat gezeigt, dass der Anblick erregter Genitalien die Spiegelneuronensysteme im prämotorischen Cortex des menschlichen Gehirns aktiviert. Mit anderen Worten löst der Anblick von Sex Aktivität in einigen derselben Hirnregionen aus, die dazu führen, dass wir Sex machen.
- In einer anderen Studie, in der es nicht um Sex, sondern um Gewalt ging, zeigte sich, dass bestimmte Spiegelsysteme bei Kindern aktiviert werden, die gewalttätige TV-Shows sehen. Nach Meinung einiger Experten bedeutet dies, dass diese Kinder aggressive Handlungen eher beobachten als begehen werden. Diese Interpretation ist wahrscheinlich mit etwas Vorsicht zu genießen.

TASTSINN

Basics

Der durchschnittliche Erwachsene weist eine Hautoberfläche von 1,5 bis 2 Quadratmeter auf. Eingebettet in die Haut liegt eine Vielzahl unterschiedlicher Tastrezeptoren. Jeder Rezeptortyp ist auf eine andere Art sensorischen Empfindens spezialisiert: Druck, Vibration und so weiter. Wenn ein Rezeptor einen adäquaten Reiz wahrnimmt, sendet er durch sensorische Nerven Signale zum Rückenmark, das sie zum Thalamus (der Telefonzentrale, Sie erinnern sich?) weiterschickt, der sie an den somatosensorischen Cortex weiterleitet.

Der somatosensorische Cortex enthält eine topographische «Karte» des Körpers. Das heißt, eine Region des Cortex reagiert auf Berührungssignale vom Rücken, eine andere Region auf solche von der Hand und so weiter. Interessant bei dieser Karte ist, dass die jeder Körperregion gewidmete Fläche variiert: Sie richtet sich nicht etwa nach der Größe, sondern nach der Berührungsempfindlichkeit der jeweiligen Körperregion.

Die Finger weisen zum Beispiel eine Vielzahl von Tastrezeptoren auf. Daher ist ihren sensorischen Signalen im somatosensorischen Cortex viel Platz gewidmet. Auf der anderen Seite ist der Rumpf weit weniger berührungsempfindlich und daher im Cortex nur durch einen schmalen Streifen repräsentiert.

Wie Studien gezeigt haben, ist bei Menschen, die Braille (Blindenschrift) lesen – was mit dem Zeigefinger geschieht –, den sensorischen Signalen des Zeigefingers eine weitaus größere cortikale Region gewidmet als bei uns Normalsterblichen.

Grenzen des Wissens

Das Interesse an einem Gebiet, das als haptische Technologie bezeichnet wird, nimmt zu; dabei geht es darum, Maschinen und Roboter mit Tastsinn auszustatten. Forschern ist bereits eine Reihe von Durchbrüchen gelungen. Einer hat eine Fingerspitze entworfen, mit deren Hilfe Roboter Informationen über die Oberfläche von Objekten gewinnen können. Ein anderer ist dabei, eine Roboterratte zu entwickeln, die auf ihren «Barthaaren» Berührungssensoren trägt. Solche Roboter könnten bei der Durchführung gefährlicher Aufgaben aller Art von Nutzen sein, vom Durchsuchen von Trümmern bei Such- und Rettungsmissionen bis zur Untersuchung der Oberfläche anderer Planeten.

Fakten  zum Angeben

- Diese 2 Quadratmeter Haut wiegen rund 4 Kilogramm.
- *Ein kleiner Prozentsatz an Kindern leidet unter einer Überempfindlichkeit für Berührungen. Diese Kindern haben unter Umständen Schwierigkeiten, Kleidung zu finden, die sich angenehm auf der Haut anfühlt, schrecken vor körperlichem Kontakt zurück oder reagieren stark auf bestimmte Oberflächenstrukturen.*

SCHMERZEMPFINDEN

Basics

Schmerz ist per Definition unangenehm. Doch er dient einem noblen Zweck, denn er lehrt uns, Dinge zu meiden und Handlungen zu unterlassen, die gefährlich sind. Die Wahrnehmung von Schmerzreizen beginnt mit Nozirezeptoren, kurz Nozizeptoren genannt; sie reagieren auf sämtliche Reize, die so stark sind, dass sie das Körpergewebe schädigen könnten (wie ein Stich oder eine Verbrennung).

Wenn die Nozizeptoren durch eine dieser beunruhigenden Empfindungen aktiviert werden, schicken sie via Rückenmark Signale ans Gehirn, das die Botschaft als «Auah!» interpretiert. Falls nötig, kann das Gehirn seinerseits Botschaften übers Rückenmark hinab zur Muskulatur schicken und ihr befehlen, dafür zu sorgen, dass sich der Körper schleunigst von der Reizquelle entfernt.

Nozizeptoren reagieren im Allgemeinen nur bei starker Reizung, doch geschädigte Gewebe setzen Substanzen frei, die die Empfindlichkeit der Schmerzrezeptoren deutlich steigern. Darum schmerzt die Berührung einer sonnenverbrannten Haut so sehr.

Zum Glück sind wir unserem Schmerz nicht hilflos ausgeliefert. Wenn der Körper unter Stress steht, schüttet das Gehirn Endorphine aus, also Neurotransmitter, die unsere Stimmung heben. Chemisch gehören Endorphine zu einer Gruppe von Verbindungen, die als Opioide bezeichnet werden.

Kennen Sie noch andere Opioide? Morphin gehört dazu. Das

Arzneimittel Oxycodon ebenfalls. Diese Substanzen interagieren ebenfalls mit Opiatrezeptoren im Gehirn und sind bei der Linderung von Schmerzen recht effizient.

Grenzen des Wissens

Chronische Schmerzen sind ein enormes medizinisches Problem. Fast der Hälfte aller Patienten, die unter chronischen Schmerzen leiden, bringen die momentan zur Verfügung stehenden Behandlungen keine Erleichterung.

Neue neurowissenschaftliche Untersuchungen haben jedoch viel versprechende Erkenntnisse über chronische Schmerzen erbracht. So wissen wir inzwischen, dass das Gehirn auf anhaltende, chronische Schmerzen anders reagiert als auf einen kurzen Schmerz. Das erklärt, warum so viele Behandlungsmethoden, die bei akuten Schmerzen erfolgreich sind, Patienten mit chronischen Schmerzen kaum helfen. Diese Erkenntnisse könnten auch zur Entwicklung neuer, wirksamerer Methoden zur Behandlung von anhaltenden Schmerzen beitragen.

Fakten zum Angeben

- Chilischoten enthalten eine Substanz namens Capsaicin, die Nozirezeptoren aktiviert; darum kann scharf gewürztes Essen Schmerzen hervorrufen.
- Sich den Zeh zu reiben, nachdem man sich gestoßen hat, ist medizinisch gesehen ein vernünftiges Vorgehen. Durch das Reiben werden sensorische Signale ausgelöst und zum Gehirn geschickt, die den Schmerzsignalen in die Quere kommen und sie stören.
- Es klingt verführerisch, doch die Unfähigkeit, Schmerz zu empfinden – was durch eine ganze Reihe neurologischer Störungen bewirkt werden kann –, kann sehr gefährlich sein. Menschen, die kaum Schmerz fühlen, können an Verletzungen oder Infektionen sterben, weil sie die gar nicht bzw. zu spät bemerken.

TEMPERATUREMPFINDEN

Basics

Neben Nozizeptoren verfügt der Körper über Rezeptoren, die Wärme und Kälte wahrnehmen. Diese Rezeptoren arbeiten mittels eines raffinierten zellulären Mechanismus, doch uns geht es nur um die Grundzüge: Zellen in der Haut besitzen spezialisierte Kanäle, die sich öffnen, wenn sie eine Temperaturveränderung wahrnehmen.

Diese Kanäle kommen in unterschiedlichen Typen vor – einige reagieren auf Temperaturerhöhung (Wärmerezeptoren), andere auf Temperaturminderung (Kälterezeptoren). In beiden Fällen löst das Öffnen der Kanäle in den Rezeptoren eine Salve von Signalen aus, die das Rückenmark über die Temperaturänderung informieren. Die Botschaft wird zum Gehirn weitergeleitet, das Sie wissen lässt, ob es tatsächlich ganz schön warm hier drinnen wird. Extreme Hitze oder Kälte stimuliert nicht nur die temperaturregulierten Kanäle, sondern auch die Schmerzrezeptoren des Körpers.

Wenn ein Wärme- oder Kältereiz länger als nur ein paar Momente anhält, adaptieren die Thermorezeptoren allmählich, und ihre Aktivität sinkt oder kommt völlig zum Erliegen. (Wenn Sie Ihren Fuß ins Meer stecken, erscheint Ihnen das Wasser zunächst eiskalt. Doch wenn Sie ein paar Minuten in der Brandung getobt haben, erscheint Ihnen die Wassertemperatur ganz okay.)

Was Adaptation angeht, so kontrolliert der Hypothalamus das Schwitzen, wenn Ihnen zu warm wird, denn der Schweiß kühlt den Körper beim Verdunsten, und er kontrolliert das Muskelzittern, wenn es kalt wird, was Sie wieder aufwärmt.

Grenzen des Wissens
Forscher lernen noch immer eine Menge über diese temperaturregulierten Kanäle. Seltsamerweise spielen diese Kanäle auch bei unserer Wahrnehmung bestimmter Geschmäcker eine Rolle. Eine Untergruppe dieser Kanäle, die auf Wärme reagieren, wird auch von Capsaicin stimuliert, der Substanz, die Chilischoten scharf macht. Und einige der Kanäle, die auf Kälte reagieren, werden auch von Menthol aktiviert, einem Schlüsselbestandteil in Minzearomen. Diese Kaugummiwerbung, die Ihnen einen minzefrischen, kühlen Atem verspricht, sagt also tatsächlich diesmal die reine Wahrheit.

Fakten  **zum Angeben**

• Wenn man etwas sehr Kaltes isst, kann dies zum nur allzu bekannten «Kältekopfschmerz» führen. Dieses unangenehme Gefühl wird von der raschen Reaktion der Blutgefäße im Gaumen hervorgerufen. Der Kältereiz führt offenbar dazu, dass sich die Blutgefäße stark verengen. Diese Verengung wird von Schmerzrezeptoren und Nerven im Gesicht wahrgenommen und führt zum «Hirnfrost».
• Gewisse Tiere, wie Schlangen, verfügen über Rezeptoren, die Infrarot- oder Wärmestrahlung wahrnehmen können. Diese Fähigkeit hilft ihnen, die warmen kleinen Körper ihrer Beute (z. B. Mäuse) aufzuspüren.

GERUCHSSINN

Basics

Der Geruchssinn, auch olfaktorischer Sinn genannt, gehört zu einem der ersten Sinne, die sich im Lauf der Evolution entwickelt haben. Wenn ein Molekül mit der Atemluft in die Nase gerät, trifft es dort auf Hunderte verschiedener Typen spezialisierter Riechzellen oder Geruchsrezeptoren. Ein Geruchsmolekül und sein Rezeptor passen wie Schlüssel und Schloss zusammen, und das Molekül muss zu einem der wenigen Rezeptoren finden, in die es passt. Die Bindung eines Moleküls an seinen Rezeptor löst ein elektrisches Signal aus, das zunächst zum Riechkolben des Gehirns und anschließend zwecks Verarbeitung weiter zu höheren Hirnzentren geschickt wird.

Aber wie deutet das Gehirn diese elektrischen Signale als Geruch? Die Identifizierung von Gerüchen ist ein Problem der Mustererkennung. Stellen Sie sich die Geruchsrezeptoren wie Klaviertasten vor. Ein Klavier hat 88 Tasten, doch ein Pianist kann zu jeder Zeit ein Spektrum von deutlich mehr als 88 Tönen erzeugen. Schlägt er drei Tasten an, erhält er einen bestimmten Akkord, wählt er statt einer der Tasten eine andere, hören wir einen neuen Akkord. Geruchsrezeptoren arbeiten auf ähnliche Weise. Wenn drei bestimmte Rezeptoren aktiviert werden, deutet das Gehirn die einlaufenden Signale als Schokoladenduft, die Botschaft einer anderen Gruppe aus fünf Rezeptoren hingegen als Rasierwasser des Chefs. Wie sich herausgestellt hat, ist es in Wirklichkeit nicht die Nase, die den Braten riecht, sondern das Gehirn – aber das klingt eher schräg, oder?

Grenzen des Wissens

Der Geruchssinn spielt für unsere Geschmackswahrnehmung eine große Rolle, und Leute, die über einen hervorragenden Gaumen verfügen –, zum Beispiel Weinverkoster oder Kaffeeconnaisseure – haben oft eine gute Nase.

Aktuellen Forschungen zufolge könnte diese Expertise lediglich eine Frage der Exposition sein. In einer Studie ließen die Forscher ihre Versuchspersonen mehrere Minuten lang entweder an einem Minzegeruch oder an einem Blumengeruch schnuppern. Diese kurze Exposition machte die Freiwilligen zu «Experten» für verwandte Gerüche; so waren zum Beispiel diejenigen, die an der Minzeprobe gerochen hatten, anschließend besser in der Lage, zwischen einem ganzen Spektrum von Minzegerüchen zu unterscheiden.

Offensichtlich braucht es nicht viel, um unser Gehirn in die Lage zu versetzen, zwischen einem Cabernet und einem Merlot zu unterscheiden.

Fakten zum Angeben

• Hunde haben einen viel besseren Geruchssinn als Menschen. Sie verfügen über eine viel größere Fläche an Riechschleimhaut als Menschen und weisen zudem pro Zentimeter 100-mal mehr Riechzellen auf.

• Doch des Menschen bester Freund kann nicht alle olfaktorischen Höchstleistungen für sich in Anspruch nehmen. In einem aktuellen Experiment konnte gezeigt werden, dass College-Studenten genauso geschickt waren wie Hunde, wenn es darum ging, einem Schokoladengeruch über ein Feld hinweg zu folgen. Nach Ansicht der Forscher zeigt dies, dass wir Menschen die Fähigkeit, Geruchsspuren zu folgen, nicht verloren haben – wir sind nur aus der Übung.

PHEROMONE

Basics

Pheromone sind geruchlose Moleküle, die von manchen Tieren abgeschieden werden, um das Verhalten von Artgenossen zu beeinflussen. Bei Säugern werden diese Substanzen vom sogenannten Vomeronasalorgan wahrgenommen, das zu beiden Seiten der Nasenscheidewand liegt. Pheromone können dazu verwendet werden, eine Spur zu legen, ein Revier zu markieren oder einen Geschlechtspartner anzulocken. Ratten nutzen Pheromone, um Geschlechtspartner zu identifizieren, deren Immunsystem sich genetisch stark von dem ihren unterscheidet – eine Wahl, die die genetische Fitness ihrer Nachkommen maximieren kann.

Können Menschen Pheromone wahrnehmen? Darauf gibt es noch keine definitive wissenschaftliche Antwort, doch interessante Hinweise. Frauen, die viel Zeit miteinander verbringen, synchronisieren ihren Menstruationszyklus, und man nimmt an, dass Pheromone für dieses Phänomen verantwortlich sind.

Einiges deutet auch darauf hin, dass Pheromone unsere sexuellen Präferenzen beeinflussen. Gewisse chemische Verbindungen, die wir abscheiden – einige Experten sprechen von Pheromonen –, können sexuelle Erregung oder Verlangen beim anderen Geschlecht steigern. Frauen sind offenbar in der Lage, Männer zu «erschnüffeln», deren Immunsystem sich genetisch stark von dem ihren unterscheidet. Um dies zu testen, baten Forscher Frauen, an einigen schweißgetränkten Männer-T-Shirts zu schnuppern. Die Damen bevorzugten T-Shirts, die von

Männern getragen worden waren, deren Immunsystem sich deutlich von dem der Testerin unterschied.

Grenzen des Wissens

Pheromone dienen nicht nur der Findung von Geschlechtspartnern. Eine Studie an neugeborenen Kaninchen ergab, dass ein Pheromon in der Milch der Kaninchenmutter das Lernen erleichtert. Wenn sich Kaninchenjungen daranmachen, an den Zitzen ihrer Mutter zu saugen, zeigen sie eine komplexe Folge von Verhalten. Diese Handlungen werden von Gerüchen angeregt, die die Jungen mit Milch in Verbindung bringen.

Bereits früh im Leben lernen die Jungen rasch, dass gewisse Gerüche auf eine nahe Milchquelle hinweisen. Studien haben nun gezeigt, dass ein Pheromon in der Milch selbst diesen Lernprozess unterstützt. Als die Forscher das Pheromon mit zufälligen, neutralen Gerüchen koppelten, lernten die Kaninchenjungen, diese Gerüche mit Milch zu assoziieren.

Fakten  zum Angeben

• Bei Studien, in denen es um die Fähigkeit des Menschen geht, Pheromone wahrzunehmen, wird häufig menschlicher Schweiß auf die Oberlippe der Freiwilligen aufgetupft. (Dafür sollten die Probanden auf jeden Fall ordentlich bezahlt werden.)
• Um neue Strategien zur Schädlingsbekämpfung zu entwickeln, haben Forscher Insektenpheromone untersucht. Chemische Verbindungen, die als Pheromone wirken, können Schädlinge verwirren oder die Zahl der Insekten verringern, die sich paaren – man denke nur an die Pheromonfallen für Getreidemotten.

GESCHMACKSSINN

Basics

Mein Favorit unter den fünf Sinnen. Es ist praktisch, den Geschmackssinn in fünf Basiskomponenten einzuteilen: bitter, süß, salzig, sauer und *umami* (ein japanischer Begriff für einen Geschmack, den wir als «fleischartig» oder «würzig» empfinden). Technisch kann unsere Zunge auch andere Geschmackskomponenten, wie Astringenz (der Mund «zieht sich zusammen»), wahrnehmen, doch die meisten Leute sehen die fünf oben aufgelisteten Geschmäcker als primär an.

Die Zunge ist von Geschmacksknospen bedeckt, von denen jede zahlreiche Geschmackssinneszellen enthält. (Zwar liegen die meisten unserer Geschmacksknospen auf der Zunge, doch einige finden sich auch im Gaumen, im Rachen und anderenorts.) Geschmacksrezeptoren reagieren auf Substanzen in unserer Nahrung; sie registrieren deren geschmackliche Zusammensetzung und Konzentration und prüfen auch die Bekömmlichkeit der Speise. Das Gehirn analysiert die Signale der Geschmackssinneszellen, sagt Ihnen, dass Sie gerade einen Brie essen, und lässt Sie Ihre Hand nach mehr ausstrecken.

Geschmack ist jedoch keine einheitliche Erfahrung. Einige Menschen weisen beispielsweise eine höhere Empfindlichkeit für Salz oder Gewürze auf als andere, und ein Aroma, das in einem Gehirn eine Ekelreaktion auslöst, kann im anderen Entzücken hervorrufen. Zudem gibt es «Superschmecker», die eine Reihe von Geschmäckern intensiver wahrnehmen als wir Übrigen.

Der Geruchssinn spielt bei unserer Geschmackswahrnehmung eine entscheidende Rolle. Sie glauben das nicht? Kaufen Sie eine Tüte Geleebohnen. Halten Sie sich die Nase zu und stecken Sie eine in den Mund. Wonach schmeckt sie? Nun nehmen Sie die Hand von der Nase. *Mmmm,* jetzt wissen Sie es.

Grenzen des Wissens

Forscher sind dabei, ein seltsames Phänomen zu entschleiern, das als «thermal taste» (etwa: temperaturabhängiger Geschmack) bezeichnet wird und bei dem Temperaturänderungen allein eine Geschmacksempfindung hervorrufen oder einen Geschmack verändern können. Einer aktuellen Studie gelang es, die Mechanismen zu identifizieren, die diesen *thermal taste* kontrollieren; demnach spielen mikroskopisch kleine Kanäle in unseren Geschmacksknospen eine entscheidende Rolle. Wenn sich ein Speisemolekül an unsere Geschmacksrezeptoren bindet, öffnen sich diese Kanäle und bewirken, dass ein elektrisches Signal zum Gehirn geschickt wird. Die Temperatur kontrolliert, wie weit sich die Kanäle öffnen, und beeinflusst, wie stark die Signale sind, die ans Gehirn übermittelt werden, und wie intensiv wir die Geschmackskomponenten einer bestimmten Speise wahrnehmen. (Warme Eiscreme führt zu einer stärkeren Öffnung der Kanäle und schmeckt daher süßer als kalte.)

Fakten zum Angeben

- Unser Geschmacksempfinden nimmt mit zunehmendem Alter ab. (Vielleicht bittet Großmutter Sie deshalb ständig, ihr das Salz herüberzureichen.)
- Auch Rauchen beeinträchtigt den Geschmackssinn.
- Sauergeschmack kann die Speichelproduktion erhöhen – der Versuch des Körpers, das, was auch immer Sie ein Gesicht ziehen lässt, zu verdünnen.

GEHÖR

Basics

Am Hörprozess ist eine Reihe von mechanischen Bewegungen beteiligt, von denen jede andere Bewegungen hervorruft, bis wir – «Aha!» – erkennen, dass der verdammte Wecker schon wieder klingelt. Der Prozess beginnt, wenn Schallwellen durch das Außenohr zu einer dünnen Membran, dem Trommelfell, wandern und es zum Schwingen bringen. Diese Bewegung führt dazu, dass ein kleiner Knochen, der Hammer, in Schwingung gerät und seinerseits einen zweiten Knochen, den Amboss, und dieser einen dritten Knochen, den Steigbügel, in Schwingung versetzt. Auf diese Weise wird das Schallsignal bis in die Hörschnecke (Cochlea) geleitet, einen flüssigkeitsgefüllten Schlauch, der aufgerollt ist wie ein Schneckenhaus.

Ein Schallsignal, das auf die Schnecke trifft, gleicht einem Stein, der auf eine Wasseroberfläche trifft – er ruft Kräuselungen in der Flüssigkeit hervor. Diese Kräuselungen lenken einige der vielen zehntausend sogenannten Haarzellen in der Schnecke aus. Die Auslenkung dieser Haarzellen erzeugt elektrische Signale, die vom Hörnerv zum Gehirn weitergeleitet werden.

Nun liegt es am auditorischen Cortex («Hörrinde») im Schläfenlappen des Gehirns, die empfangene Hörbotschaft zu interpretieren. Das Gehirn kann nicht nur in Sekundenbruchteilen Töne identifizieren, sondern auch die winzigen Zeitunterschiede wahrnehmen, mit denen Schallwellen am rechten und am linken Ohr eintreffen. Dadurch ist es uns möglich, die Richtung anzugeben, in der die Schallquelle liegt.

Grenzen des Wissens

Lange bevor wir Töne wahrnehmen können, erzeugen Zellen in unseren Ohren eigene akustische Botschaften, das vermutet eine aktuelle Studie. Die Forscher untersuchten das sich entwickelnde Hörsystem bei Ratten, die mit etwa zwei Wochen zu hören beginnen.

Schon bevor die Ratten in der Lage waren, Töne und Geräusche aus der Außenwelt zu verarbeiten, entdeckten die Forscher, sind einige Zellen in der Cochlea der Ratten höchst aktiv und feuern, und diese Signale erreichen auch schließlich das Gehirn. Die Forscher vermuten, dass diese selbstgenerierten Hörbotschaften sicherzustellen helfen, dass das Hörsystem im sich entwickelnden Gehirn die richtigen Verbindungen und Verdrahtungen herstellt. (Man nimmt an, dass ein ähnliches System beim Menschen am Werk ist. Aber da wir von Geburt an hören können, müsste dieser Prozess bereits im Uterus ablaufen.)

Fakten  **zum Angeben**

• Die drei Gehörknöchelchen Hammer, Amboss und Steigbügel sind die kleinsten Knochen des Körpers. Am allerkleinsten ist der Steigbügel; er misst nur etwa einen viertel Millimeter.

• Delfine und Wale, die mittels Schallwellen kommunizieren und ihre Beute lokalisieren, haben ein sehr empfindliches Gehör. Sie können Schall über ein breites Spektrum von Frequenzen und aus großen Entfernungen wahrnehmen; Walgesänge können viele tausend Kilometer wandern. (Forscher meinen jedoch, dass die Reichweite dieser Gesänge wegen der Lärmverschmutzung der Meere im Begriff ist abzunehmen.)

GESICHTSSINN

Basics

Beim Sehen geht's ums Licht. Wenn wir sagen, dass wir etwas «sehen», sprechen wir in Wirklichkeit darüber, wie unsere Augen auf Licht reagieren, das durch die Pupille ins Auge eintritt, von der Hornhaut (Cornea) und der Linse gebündelt und auf die Netzhaut (Retina) geworfen wird, eine Lage von Zellen an der Rückwand des Auges.

Die Retina enthält Lichtsinneszellen (Photorezeptoren), sogenannte Stäbchen und Zapfen. Die Zapfen sind farbtüchtig und für das Sehen bei hellem Licht zuständig. Auch wenn die Zapfen nur auf drei verschiedene Farben reagieren – Rot, Blau und Grün –, erlauben uns unterschiedliche Aktivierungsmuster der Zapfen, Millionen verschiedener Farbtöne zu unterscheiden. Stäbchen können hingegen keine Farben wahrnehmen und sind für das Sehen bei Dämmerlicht zuständig. (Stark vereinfachte Faustregel: Zum Sehen tagsüber benutzen wir Zapfen, nachts Stäbchen.) Zapfen und Stäbchen schicken Signale via Sehnerv zum Gehirn; die Information wird schließlich im visuellen Cortex (Sehrinde) verarbeitet.

Menschen verfügen über ein sogenanntes binokulares Sehvermögen, was nichts anderes heißt, als dass wir zwei Augen zum Sehen benutzen. Das vergrößert unser Sehfeld und ermöglicht uns Tiefenwahrnehmung (dreidimensionales Sehen). Wenn Sie auf einem Auge erblinden, können Sie immer noch viele Dinge tun – aber Sie sollten Ihren Traum aufgeben, ein Top-Tennisspieler zu werden.

Grenzen des Wissens

Stellen Sie sich eine Welt ohne Farben vor. In so einer Welt leben Menschen mit Achromatopsie, einer genetischen Mutation, die zu defekten Zapfen führt. Wissenschaftler haben eine vielversprechende Gentherapie entwickelt, die diese Störung beheben könnte.

Bei diesem Verfahren wird eine normale Kopie des relevanten Gens in ein harmloses Virus eingebaut. In Studien injizierten Wissenschaftler dieses Virus in das Auge von Mäusen mit Achromatopsie. Das gesunde Gen half, die Funktionsfähigkeit der Zapfen wiederherzustellen, und verlieh den zuvor farbenblinden Mäusen ein normales Sehvermögen.

Fakten  **zum Angeben**

• Das Bild, das auf die Retina projiziert wird, steht tatsächlich auf dem Kopf, wird aber vom Gehirn umgedreht. In einem Experiment erhielten Freiwillige Brillen, die ihre Welt auf den Kopf stellten. Doch ihr Gehirn passte sich an und stellte die Welt wieder auf die Füße. Als die Probanden die Gläser wieder ablegten, sahen sie die Welt ein paar Tage verkehrt herum.

• Farbenblindheit ist bei Männern häufiger als bei Frauen. Die häufigste Form ist die Unfähigkeit, zwischen Rot und Grün zu unterscheiden.

SYNÄSTHESIE

Basics

Wir alle wissen, dass ein Saxophon ein Musikinstrument ist, das gebaut wurde, um Töne zu produzieren. Wenn Sie in einen Jazzclub gehen und der Saxophonist für sein Solo vortritt, erwarten Sie, Musik zu hören, statt beispielsweise Schokolade zu schmecken.

Aber was wäre, wenn Sie immer dann, wenn der Saxophonist ein D spielt, nicht nur die Note hörten, sondern auch die Farbe Blau sähen? Und wann immer ein B ertönt, Sie wiederum nicht nur die Note hörten, sondern auch die Farbe Rot sähen? Für die meisten von uns wäre das ein recht seltsames Erlebnis, doch für den kleinen Prozentsatz von Menschen mit Synästhesie sind Erfahrungen dieser Art alltäglich.

Synästhesie ist eine sensorische Verknüpfung, bei der eine sensorische Empfindung durchgehend eine andere hervorruft. Die Erfahrung ist variabel und kann fast alle sensorischen Kombinationen involvieren. Synästhetiker können unter Umständen Töne sehen («dieses B sieht rot aus») oder Wörter schmecken («das Wort *Fahrrad* schmeckt nach Erbsen»).

Synästhesie ist Familiensache, doch die genetische Basis dieses Phänomens ist noch ungeklärt. Sie gilt nicht als Störung oder Krankheit – die meisten Betroffenen berichten, diese Erfahrung zu mögen. Tatsächlich brauchen viele Synästhetiker Jahre, um zu erkennen, dass ihre sensorische Querverdrahtung ungewöhnlich ist.

Grenzen des Wissens
Möglicherweise werden wir alle mit der Fähigkeit geboren, verschiedene sensorische Qualitäten zu verknüpfen. Die Gehirne von Neugeborenen sind dicht gepackt und weisen zahlreiche Querverbindungen zwischen verschiedenen Strukturen und Arealen auf. Zum Beispiel verfügen Babys möglicherweise über überflüssige Verbindungen zwischen dem auditorischen und dem visuellen System. Wenn sie sich normal entwickeln, werden die zusätzlichen Verbindungen irgendwann gekappt. Doch wenn dieser Beschneidungsprozess ungewöhnlich verläuft, können diese Verbindungen zwischen Gehör und Gesichtssinn bis ins Erwachsenenalter bestehen bleiben. In solchen Fällen können Töne möglicherweise sowohl die Hör- als auch die Sehrinde im Gehirn aktivieren und Synästhesie hervorrufen.

Fakten  **zum Angeben**
- Synästhesie ist unter Künstlern und kreativen Menschen häufiger als in der Allgemeinbevölkerung. Berühmte Synästhesisten sind Duke Ellington, David Hockney und Vladimir Nabokov.
- V. S. Ramachandran, einer der führenden Synästhesieforscher, ist der Ansicht, die Untersuchung des Gehirns von Synästhetikern könne die neurobiologische Basis für Metaphern erhellen. Zum Beispiel sprechen wir von «schreienden Farben» oder «heißer Musik». Unsere Fähigkeit, solche Metaphern zu kreieren, könnte aus demselben Prozess resultieren, aus dem auch Synästhesie erwächst.

STRESS

Basics

Als Stressfaktor, kurz Stressor, gilt alles, das Ihren Körper oder seine Ressourcen bedroht, und Stress ist der Zustand, der daraus resultiert. Aber Sie kennen sich mit Stress aus. Den schleppen Sie nämlich tagein, tagaus zusammen mit Ärger und Verzweiflung an Ihren Schreibtisch.

Stressoren aktivieren den Hypothalamus, was Reaktionen im ganzen Körper auslöst. Ihre Nebennieren schütten Adrenalin aus, Ihr Herz klopft, Ihre Atmung beschleunigt sich – all das bereitet Sie auf die «Kampf oder Flucht»-Reaktion vor. Während sich gewisse Muskeln und Körperteile also darauf vorbereiten, aktiv zu werden, werden nicht unmittelbar lebenswichtige Funktionen wie die Verdauung verlangsamt, sodass Sie mehr Ressourcen auf die Bedrohung konzentrieren können.

Die Stressreaktion hat sich primär als Antwort auf physische Bedrohungen – wie Raubfeinde, Hitze und Hunger – entwickelt, doch in der modernen Welt ist Stress oft eine Sache der Psyche. Eine Leistungsüberprüfung oder ein Blind Date löst im Körper dieselben Veränderungen aus wie jene, die sich im Lauf der Evolution entwickelt haben, um unseren Vorfahren zu helfen, vor einen angreifenden Hyäne Reißaus zu nehmen. Aus diesem Grund wirkt die Stressantwort manchmal kontraproduktiv; sie hat sich in einer Umwelt entwickelt, die sich stark von unserer heutigen Welt unterscheidet.

Chronischer Stress kann von Körper und Psyche beträchtlichen Tribut fordern. Die Nebennieren schütten in Stressphasen auch das Hormon Cortisol aus. Auf lange Sicht kann ein erhöhter Cortisolspiegel, die Wundheilung verlangsamen und sogar die Menge an Bauchfett erhöhen.

Grenzen des Wissens

Wie eine Reihe von Studien gezeigt hat, können Stresshormone wirklich verheerende Schäden anrichten. Mäuse, die länger als zwei Wochen Cortisol erhielten, entwickelten Angstsymptome.

Einer anderen Studie zufolge führte eine einwöchige Gabe von Stresshormon-ähnlichen Substanzen bei Mäusen zu einer beschleunigten Bildung von Hirnanomalien, die mit der Alzheimer-Krankheit in Verbindung gebracht wurden. Noradrenalin, eines der Stresshormone des Körpers, kann das Wachstum von bösartigen (malignen) Tumoren anregen. Also legen Sie die Füße hoch, entkorken Sie eine Flasche Wein und entspannen Sie sich.

Fakten  **zum Angeben**

• In den 1960er Jahren entwickelten Wissenschaftler eine Skala, die Ereignisse nach ihrer Stresswirkung anordnet. Das stressigste Ereignis? Tod des Partners/der Partnerin. Dieser Skala zufolge rangiert der Stress, den die Ehe mit sich bringt, leicht über dem Stress, gefeuert zu werden.

• Und raten Sie mal, was noch stressig ist: zu einer fettreduzierten Ernährung zu wechseln. Eine Studie an Mäusen, die gezwungen wurden, ihre Fettaufnahme zu reduzieren, ergab, dass die Nager erhöhte Stresshormonspiegel im Gehirn hatten.

• Einer Befragung zufolge erklärte ein Drittel aller Leute, Sex zu haben, um ihren Stress zu lindern. Zwei Drittel meinten, sie hörten zu diesem Zweck Musik. Klingt nach einer Gelegenheit für Multitasking, wenn Sie mich fragen.

KAPITEL DREI

TOTAL MENTAL: HÖHERE GEISTIGE FUNKTIONEN

LERNEN UND GEDÄCHTNIS

Basics

Unser Gedächtnis macht uns zu dem, was wir sind. Das Kurzzeitgedächtnis, auch als Arbeitsgedächtnis bezeichnet, erlaubt uns, Fakten so lange zu behalten, dass wir direkt anstehende Aufgaben erledigen können. Dort speichern wir beispielsweise eine Telefonnummer in der Zeitspanne zwischen Nachschauen und Wählen.

Die meisten Experten sind der Ansicht, das Kurzzeitgedächtnis umfasse eine Zeitspanne von ca. 30 Sekunden (während andere eine Speicherdauer über mehrere Minuten annehmen). So oder so ist die Speicherdauer kurz. Um daher überhaupt eine Chance zu haben, Dinge über Stunden, Tage oder Monate zu erinnern, müssen Erinnerungen aus dem Kurzzeit- ins Langzeitgedächtnis übertragen werden.

Offenbar spielen bei der Speicherung von Erinnerungen im Langzeitgedächtnis Veränderungen in der Stärke der synaptischen Kontakte zwischen Neuronen eine entscheidende Rolle. Je öfter Sie zum Beispiel eine Vokabelliste wiederholen oder das Stelzenlaufen üben, desto stärker werden die Verbindungen zwischen gewissen Neuronen.

Es ist ein wenig wie Gewichtheben – die Synapsen, die Sie aktivieren, werden kräftiger, während diejenigen, die Sie vernachlässigen, schlaff und schwach werden. Ein Prozess, der als Langzeitpotenzierung bezeichnet wird, trägt dazu bei, dass diese Veränderungen von Dauer sind. Und so wird eine Erinnerung geboren. Thalamus, Hypothalamus und Hirnstrukturen, die als Corpora mamillaria bekannt sind, spielen für Langzeiterinnerungen, die schließlich größtenteils im cerebralen Cortex gespeichert werden, wahrscheinlich eine besonders wichtige Rolle.

Grenzen des Wissens
Ein kurzer Mittagsschlaf kann den Prozess, bei dem Kurzzeit- in Langzeiterinnerungen umgewandelt werden, beschleunigen; das nennt man Gedächtniskonsolidierung. Wie eine aktuelle Studie gezeigt hat, lernten Freiwillige, die nachmittags ein 90-minütiges Nickerchen hielten, eine neue motorische Fertigkeit rascher als eine Kontrollgruppe, die wach blieb. Die Forscher sind sich noch nicht sicher, warum Schlaf bei der Konsolidierung hilft, hoffen aber, dass weitere Untersuchungen ihnen ermöglichen, den positiven Effekt, den Schlafen mit sich bringt, künstlich nachzubilden. Bis dahin sollten Sie wegen Ihrer Siesta kein schlechtes Gewissen haben.

Fakten  **zum Angeben**

- *Die Kapazität unseres Kurzzeitgedächtnisses ist begrenzt. Wissenschaftler haben dieser Grenze sogar eine Zahl zuordnen können: Wir können sieben separate Posten im Kurzzeitgedächtnis behalten, plus oder minus zwei. Das ist ein Grund dafür, dass es bequem ist, dass Telefonnummern in den USA nur sieben Ziffern lang sind.*
- *Früher nahmen Wissenschaftler an, Erinnerungen seien direkt in Neuronen gespeichert, sodass ein einzelnes Neuron einer einzelnen Erinnerung entspricht. Das mag uns heute dumm erscheinen, aber wenn man wirklich darüber nachdenkt, gilt das für eine ganze Menge Theorien über das Gehirn.*

GEDÄCHTNISTYPEN

Basics

Im Gehirn gibt es kein einzelnes Gedächtniszentrum, zum Teil deshalb, weil es nicht nur eine Form von Gedächtnis gibt. Die wichtigste Unterteilung beim Gedächtnis ist die Unterteilung in «deklarative» und «nicht deklarative» Erinnerungen.

Deklarative Erinnerungen sind diejenigen, die wir abrufen, wenn wir sie brauchen: Fakten und persönliche Erfahrungen (man spricht daher auch vom «Wissensgedächtnis»). Eine Speicherung solcher Erinnerungen ist weitgehend vom Hippocampus und Teilen des cerebralen Cortex abhängig.

Nicht deklarative Erinnerungen sind hingegen weitgehend unbewusst – sie umfassen Fertigkeiten, die wir gelernt haben und die wir abrufen können, ohne darüber nachzudenken, wie Fahrrad fahren (man spricht daher auch vom «Verhaltensgedächtnis»). Diese Fertigkeit muss man erlernen. Aber sobald man sie beherrscht, wird sie als nicht deklarative Erinnerung gespeichert. Wenn Sie nun aufs Rad steigen, müssen Sie sich nicht bewusst daran erinnern, wie man das Gleichgewicht hält. Ihr Körper macht es einfach. Erinnerungen wie diese werden mit Hilfe des Kleinhirns, das die Bewegungskoordination unterstützt, und der Basalganglien gespeichert.

Je nach Inhalt der Erinnerung spielen auch andere Gehirnregionen eine Rolle. Wenn die Erinnerung eine emotionale Komponente aufweist, ist die Amygdala beteiligt. Erinnerungen an Dinge, die Sie gesehen haben, erfordert die Speicherung visueller und räumlicher Information, und Dinge, die Sie gehört haben, wandern durch eine Gedächtnisschleife, die für die Verarbeitung von Tönen zuständig ist. Natürlich gehorcht die Art und Weise, wie wir unsere Erinnerungen tatsächlich verwenden, nur selten diesen sauberen Unterscheidungen.

Grenzen des Wissens
Forscher haben im Gehirn einen neuen Zelltyp entdeckt, der möglicherweise für unser Geruchsgedächtnis verantwortlich ist. Die Neurone liegen im Riechkolben, einem Teil des Gehirns, der Gerüche verarbeitet.

Im Gegensatz zu anderen Neuronen im Riechkolben fahren die neu entdeckten Zellen fort zu feuern, nachdem wir etwas gerochen haben; dies könnte für unser Kurzzeitgedächtnis für Gerüche eine Rolle spielen.

Fakten  **zum Angeben**
- Lebhafte Erinnerungen an unerwartete, aber wichtige Ereignisse (zum Beispiel, wo Sie waren, als Sie Ihren Liebsten trafen), werden als «Blitzlichterinnerungen» bezeichnet und sind gewöhnlich sehr detailreich. Ein Blitzlichtgedächtnis ist jedoch nicht dasselbe wie ein fotografisches Gedächtnis, dessen Existenz Forscher bezweifeln.
- Sie fluchen vielleicht, wenn Sie vergessen haben, Ihr Kind vom Kindergarten abzuholen, aber Vergessen ist gesund. Es gibt Menschen, die nicht vergessen können und oft von Erinnerungen voller unwichtiger Fakten und Details belastet werden.

FALSCHE ERINNERUNGEN

Basics

Am 26. Januar 1986 brach die Raumfähre Challenger rund eine Minute nach dem Start auseinander, und alle sieben Besatzungsmitglieder an Bord starben. Es war ein schockierendes und höchst denkwürdiges Ereignis; daher entschlossen sich zwei Forscher der Emory University in Atlanta (USA) am nächsten Tag, die Gelegenheit zur Durchführung einer Gedächtnisstudie zu nutzen.

Sie baten ihre Studenten niederzuschreiben, wie sie von dem Ereignis gehört hatten. Mehrere Jahre später stellten sie denselben Studenten dieselben Fragen und verglichen diese Berichte mit der ersten Version. Die späteren Berichte strotzten von Fehlern, doch die Studenten waren sich ihrer irrigen Behauptungen sehr sicher. Diese Studie zeigte sehr deutlich, was Forscher inzwischen sicher wissen: Unsere Erinnerungen sind alles andere als unfehlbar.

Wissenschaftlern ist es mit verschiedenen Techniken gelungen, Versuchspersonen falsche Erinnerungen «einzupflanzen». So haben sie Freiwillige zum Beispiel aufgefordert, sich ein Ereignis ausführlich vorzustellen, das nie stattgefunden hat. Später nach dem fiktiven Ereignis befragt, glaubte ein signifikanter Anteil der Teilnehmer überraschenderweise, es habe tatsächlich stattgefunden.

Auch «wiedergefundene Erinnerungen» im Zusammenhang mit Missbrauch im Kindesalter sind heftig umstritten. Skeptiker vermuten, solche Erinnerungen, die oft im Rahmen einer Psychotherapie ans Licht kommen, könnten auf Suggestivfragen des Psychotherapeuten zurückgehen. (Viele sogenannte unterdrückte Erinnerungen werden durch Hypnose «freigelegt», ein Prozess, der Menschen noch empfänglicher als gewöhnlich für Suggestion macht.) Obwohl es sicherlich falsche Erinnerungen gibt, ist es außerordentlich schwierig, den Wahrheitsgehalt einer bestimmten Erinnerung ohne unterstützendes Beweismaterial zu bewerten.

Grenzen des Wissens

Wie eine aktuelle Studie gezeigt hat, könnte es möglich sein, reale von falschen Erinnerungen zu unterscheiden. Forscher pflanzten Freiwilligen falsche Erinnerungen ein. Dann scannten sie das Gehirn der Probanden in funktionellen Kernspintomographen beim Abruf falscher und echter Erinnerungen.

Wie sich zeigte, war der mediale Schläfenlappen, der für das Erinnern spezieller Details wichtig ist, nur dann aktiv, wenn die Teilnehmer echte Erinnerungen abriefen, aber nicht, wenn sie sich an falsche «erinnerten» – obwohl die Teilnehmer sicher waren, dass Letztere real waren.

Fakten  zum Angeben

• Patienten, die glauben, ihr Arzt haben ihnen falsche Erinnerungen eingesetzt, haben ihre Ärzte wegen Kunstfehlern vor Gericht gebracht und gewonnen.
• In den 1970er und 1980er Jahren erregten Leute, die behaupteten, von Ufos entführt oder zum Opfer satanischer Kulte geworden zu sein, großes Medieninteresse. Viele dieser Behauptungen wurden später falschen Erinnerungen zugeschrieben.

GEFÜHLE

Basics

Gefühle betreffen unsere Psyche ebenso wie unseren Körper (denken Sie nur an das Herzrasen, das mit Angst einhergeht), doch Wissenschaftler sind sich nicht sicher, wie die beiden interagieren, um tiefe Empfindungen auszulösen. Eine Funktionseinheit im Gehirn, das limbische System, steht im Mittelpunkt des Geschehens, ein stammesgeschichtlich alter Teil des Gehirns, den wir Menschen mit einer langen Reihe von Vorfahren teilen. Zu den bekanntesten Komponenten gehören die Amygdala (Mandelkern), die bei Angst und Belohnung eine wichtige Rolle spielt, und der Hippocampus, der an der Speicherung von Erinnerungen beteiligt ist. Eng verbunden mit dem limbischen System ist der Hypothalamus, der die automatischen Körpervorgänge reguliert.

Die Emotionen, die wir empfinden, kann man sich als zusammengesetzt aus einer kleinen Zahl von Grundgefühlen vorstellen. Umstritten ist, wie viele dieser Grundgefühle es gibt, aber zumindest die «Big Four» sind wissenschaftlich allgemein akzeptiert: Angst, Ärger (Wut), Trauer und Freude. Manchmal werden zusätzlich Überraschung und Ekel genannt.

Emotionen sind instinktiv – selbst Kleinkinder zeigen sie –, und sie sind universell. Man hat Menschen in aller Welt Gesichter gezeigt, die Ärger, Angst, Überraschung und andere Gefühle zeigten. Ganz gleich, zu welcher Kultur die Befragten gehörten, stimmten alle überein, dass ein finster blickendes Gesicht Ärger ausdrückt, ein solches mit hochgezogenen Augenbrauen und offenem Mund Überraschung und so weiter. Natürlich übt auch Kultur einen großen Einfluss aus, wenn Gefühle ausgedrückt werden. Eine Speise, die Ihnen eklig erscheint, kann auf der anderen Seite der Welt als Delikatesse gelten – oder auch nur bei denjenigen, die eine Raststätte auf der anderen Seite der Autobahn besuchen.

Grenzen des Wissens

Denken Sie an ein Ereignis in Ihrem Leben, an das Sie sich besonders gut erinnern. Ihr erster, linkischer Kuss? Ein Beinahe-Unfall mit Ihrem neuen Wagen? Welche Erinnerungen auch immer es sind, wahrscheinlich sind sie mit starken Gefühlen verknüpft, denn an Ereignisse, die mit intensiven Emotionen verknüpft sind, erinnert man sich in der Regel besonders gut.

Einer aktuellen Studie zufolge stärkt Noradrenalin, ein Stresshormon, das ausgeschüttet wird, wenn wir aufgewühlt sind, die Verbindungen zwischen Neuronen, was erklären könnte, warum Erinnerungen an gefühlsgeladene Ereignisse so deutlich sind.

Fakten zum Angeben

Eine der faszinierendsten psychischen Störungen wird als Capgras-Syndrom bezeichnet. Capgras-Patienten sind fest davon überzeugt, dass ihre Lieben – Ehegatte, Eltern, Kinder – tatsächlich durch genauso aussehende Betrüger ersetzt worden sind. Die Patienten erkennen ihre Familienmitglieder visuell, empfinden jedoch aus irgendeinem Grund nicht die liebevolle Gefühlsregung, die gewöhnlich mit diesem Anblick einhergeht. Daher denkt der Patient: Diese Frau sieht zwar genau wie meine bessere Hälfte aus, aber ich empfinde keinerlei Gefühl, wenn ich sie anschaue, daher muss sie eine Betrügerin sein.

ANGST

Basics

Wenn es darum geht, Angst zu verarbeiten, sind offenbar zahlreiche Hirnschaltkreise gleichzeitig aktiv. Die Amygdala fungiert als Angstzentrum des Gehirns. Stellen Sie sich vor, Sie beobachteten im Zoo eine Schlange hinter einer Glasscheibe. Wenn sich die Schlange plötzlich aufrichtet und in Richtung Scheibe zustößt, schrillen die Alarmglocken der Amygdala.

Die Amygdala schickt Botschaften zum Hypothalamus, der die Stressantwort auslöst und Ihren Körper darauf vorbereitet, zu kämpfen, zu fliehen oder wie ein Baby loszuheulen. (Dieser Teil der Angstreaktion entspricht der Stressreaktion, die wir ein paar Seiten zuvor besprochen haben.) Unterdessen aktivieren die Amygdala-Signale auch den frontalen Cortex, der sich anschickt, die Bedrohung einzuschätzen und zu entscheiden, ob Sie wirklich vor der Schlange Reißaus nehmen müssen. Dieses System operiert jedoch etwas langsamer, was erklärt, warum Ihr Herz zu pochen beginnt, bevor Ihr Gehirn herausgefunden hat, dass Sie durch eine Glasscheibe geschützt sind, und anschließend auch noch weiterpocht. Manchmal veranlasst das Gehirn den Körper, auf nicht existente Gefahren zu reagieren, aber wenn Sie einer realen Gefahr gegenüberstehen, bei der jede Sekunde zählt, werden Sie froh sein, dass Ihr Herz schon einmal begonnen hat, schnell zu schlagen.

Während Angst ein Grundgefühl ist, ist Ängstlichkeit ein Persönlichkeitsmerkmal und beschreibt Menschen, die sich häufiger und intensiver fürchten als andere.

Grenzen des Wissens

Das menschliche Gehirn ist so verdrahtet, dass es besonders stark auf menschliche Gesichter anspricht, vor allem auf solche, die Angst ausdrücken. Wie Studien gezeigt haben, verarbeiten wir Bilder angsterfüllter Gesichter rascher als solche mit freundlicher oder neutraler Mimik.

Das ergibt evolutionsbiologisch durchaus einen Sinn. Ein angsterfülltes Gesicht signalisiert eine aufkommende Gefahr und animiert uns, unsere eigenen Füße in die Hand zu nehmen, wenn wir überleben wollen. Aus Sicht der Evolution ist die Verarbeitung glücklicher Gesichter weitaus weniger wichtig.

Fakten  **zum Angeben**

- Wenn wir schon über bedrohliche Gesichter sprechen: Ängstliche Menschen nehmen Angst auch eher bei anderen wahr.
- Wenn man die Amygdala einer Ratte ausschaltet, verliert sie ihre Furcht vor ihrem größten Feind, der Katze. Wie Experimente gezeigt haben, nähern sich Ratten mit zerstörter Amygdala furchtlos einer sedierten Katze. Einige der Nager erkletterten die Katze sogar und knabberten an deren Ohr. Sicher ist, dass Ratten mit intakter Amygdala so etwas tunlichst vermeiden.

GLÜCKSEMPFINDEN

Basics

Wenn man einer Ratte an der richtigen Stelle im limbischen System eine Elektrode implantiert, kann man sie zum glücklichsten Nager weit und breit machen. Erhält die Ratte einen Hebel, mit dem sie Strom durch die Elektrode schicken kann, drückt sie ihn viele tausend Mal pro Stunde und vergisst darüber sogar das Fressen. Wie sich herausgestellt hat, gehören gewisse Teile des limbischen Systems zum Belohnungszentrum des Gehirns, und wenn sie aktiviert werden, führt dies zu einem natürlichen Hochgefühl. Das Gehirn weist mehrere Strukturen auf, die ein Gefühl des Wohlbefindens hervorrufen – allen voran der Nucleus accumbens –, und diese setzen vornehmlich den Neurotransmitter Dopamin frei, um beschwingte Gefühle hervorzurufen. All diese Gehirnschaltkreise spielen offenbar eine Rolle bei dem, was wir als «Glücklichsein» bezeichnen.

Forscher haben dieses Glücklichsein auf der ganzen Welt untersucht. In der Regel messen diese Studien eine «subjektive Einschätzung des Wohlbefindens», was nichts anderes bedeutet, als dass sie Leute fragen, wie glücklich sie sich fühlen. Die Ergebnisse könnten Sie überraschen.

Glücklichsein ist, wie sich herausgestellt hat, gleichmäßig über fast alle demographischen Kategorien verteilt – sei es Klasse, Geschlecht, Alter, Ethnie, Bildungsniveau und so weiter. Aber glückliche Menschen haben eine Reihe von gemeinsamen Wesenszügen. Diejenigen unter uns, die mit ihrem Leben zufrieden sind, haben in der Regel ein hohes Selbstwertgefühl, haben das Empfinden, ihr Leben kontrollieren zu können, sind optimistisch und extrovertiert. Natürlich ist es schwierig, hier zwischen Ursache und Wirkung zu unterscheiden – sind diese Leute glücklich, weil sie ihr Leben zu kontrollieren glauben, oder glauben sie ihr Leben zu kontrollieren, weil sie glücklich sind?

Grenzen des Wissens
Die Herzogin von Windsor soll gesagt haben, es sei unmöglich, zu reich oder zu dünn zu sein. Aber ist es möglich, zu glücklich zu sein? Kürzlich ist die erste Studie veröffentlicht worden, die fragt, ob es ein optimales Glücksniveau gibt. Die Forscher fanden, dass die Menschen, die sich als besonders glücklich empfanden, weniger gebildet und weniger politisch interessiert waren als diejenigen, die sich selbst als mäßig glücklich bezeichneten. Die glücklichsten Menschen sind nicht unbedingt besonders motiviert, Neues zu probieren, mehr zu leisten oder ihr Leben zu verändern. Glück ist zweifellos ein schönes *Gefühl*, doch wie es scheint, kann es zu Selbstgefälligkeit führen.

Fakten  **zum Angeben**
• *Der glücklichste Platz auf Erden? Umfragen zufolge Dänemark, denn die Bewohner dieses Landes bezeichnen sich selbst als die zufriedensten. Sorry, Disney World.*
• *Die Ehe fördert Studien zufolge zwar das Glücklichsein, aber nur in sehr geringem Umfang.*
• *Wie sich herausgestellt hat, entscheidet nicht die absolute Menge an Geld, die man besitzt, über das eigene Glücklichsein, sondern der finanzielle Status im Vergleich zu Freunden, Nachbarn und Gleichaltrigen. Wenn man Otto Normalverbraucher einen Schritt voraus ist, fühlt man sich halt gut.*

HUMOR UND GELÄCHTER

Basics

Wie jedermann weiß, der schon einmal einen Witz erzählt hat und rundum auf verständnislose Gesichter gestoßen ist, kann der Sinn für Humor stark variieren und wird zweifellos von unserer Kultur beeinflusst. Forscher gehen jedoch davon aus, dass dem Humor irgendeine universelle Struktur, ein universeller Wesenszug, zugrunde liegt – warum lassen wir uns alle von einem Lügenmärchen oder einem lächerlichen Szenario zum Lachen bringen?

Theorien über das Wesen des Humors variieren: Vielleicht sind Witze lustig, weil sie uns das Gefühl geben, dem Idioten da in der Bar überlegen zu sein. Oder vielleicht ist es der Überraschungseffekt: Wir erwarten einen bestimmten Ausgang, doch es kommt ganz anders. Oder vielleicht nehmen sie einigen unserer tiefsten Ängste (dem Tod, zum Beispiel) ihren Stachel. Humor weist stets ein oder mehrere dieser Merkmale auf, aber bisher gibt es keine allgemein akzeptierte, übergreifende Theorie, die erklären könnte, was Dinge lustig macht.

Lachen ist ein augenscheinliches Ergebnis von Humor, kann aber auch ohne Pointen auftreten. Eine empirische Studie über soziale Wechselbeziehungen auf einem College-Campus ergab, dass Sprecher eher lachen als Zuhörer und dass am häufigsten in Antwort auf völlig banale Aussagen (wie «Bis später!») gelacht wurde und nicht aufgrund tatsächlicher Witze. Diese Befunde sprechen für die These, dass sich Lachen entwickelt hat, um unsere Bindungsfähigkeit zu stärken.

Mit anderen Worten ist es nicht so lustig, den Film *Jungfrau (40), männlich* anzuschauen, wenn Sie tatsächlich eine 40-jährige Jungfrau sind.

Grenzen des Wissens

Der US-Psychologe Jaak Panksepp, der sich mit Emotionen, Spiel und Lust bei Tieren beschäftigt, meint, dass selbst Ratten lachen. Woher weiß er das? Er kitzelt sie. Als Reaktion darauf geben die Ratten übereinstimmend ein zirpendes Geräusch von sich, das Panksepp als Nagerlachen identifiziert hat. Manche rügen den Gebrauch des Wortes «Lachen» zur Beschreibung dessen, was die Ratten tun, doch Panksepp sammelt immer mehr Belege dafür, dass sich die Reaktionen dieser Nager nicht wesentlich von dem unterscheiden, was wir Menschen tun, wenn wir uns schlapplachen.

Fakten  **zum Angeben**

• Lachen stärkt das Immunsystem und senkt die Konzentration von Stresshormonen im Körper.

• Man kann zwar nicht vor Lachen sterben, doch Lachen kann den drohenden Tod ankündigen. Es gibt eine Handvoll Fälle, in denen ein scheinbar gesunder Mensch unkontrollierbar zu lachen anfing, nur um innerhalb von 1 bis 2 Tagen zu sterben. Lachen kann, wie sich herausgestellt hat, ein Symptom für eine Schädigung des limbischen Systems sein, wie sie zum Beispiel durch eine Hirnblutung entstehen kann.

LIEBE UND BINDUNG

Basics

Liebe lässt sich in drei Komponenten zerlegen: Lust, Attraktivität und Bindung. Lust oder sexuelles Verlangen nach (irgend) einem Geschlechtspartner wird eindeutig von den Geschlechtshormonen Testosteron und Östrogen reguliert (selbst bei Frauen steigert Testosteron den Sexualtrieb).

Attraktivität ist offenbar das Ergebnis mehrerer verschiedener Substanzen, darunter der Neurotransmitter Dopamin, der offenbar immer dann auftaucht, wenn das Gehirn positive Gefühle verarbeitet. Das Foto seiner Geliebten anzuschauen, kann die Dopamin-gesteuerten Gehirnregionen aktivieren, die für Lust und Belohnung eine Rolle spielen.

Der geheimnisvollste Teil der romantischen Liebe ist die dritte Komponente: Bindung. Menschen gehören zu der Minderheit von Arten, die monogame Bindungen ausbilden. (Ja, die meisten anderen Tierarten sind noch promisker als wir.) Doch aus Untersuchungen an Tierarten, die starke Bindungen mit ihren Partnern eingehen – wie die Präriewühlmaus –, haben wir viel über die Neurobiologie der Bindung gelernt. Als besonders wichtig in diesem Zusammenhang hat sich Oxytocin herausgestellt, ein Hormon, das sowohl beim Orgasmus als auch beim Stillen ausgeschüttet wird. Dieses Hormon erhöht bei Männern wie bei Frauen das Vertrauen in andere. Wenn man männlichen Präriewühlmäusen Oxytocin injiziert, führt das dazu, dass sie mehr Zeit mit ihrer Partnerin verbringen; blockiert man die Aktivität dieses Hormons, machen sie sich aus dem Staub.

Grenzen des Wissens

Man kann es verrückt nennen, doch Wissenschaftler behaupten, dass sich die Liebe einer Mutter zu ihrem Neugeborenen nicht allzu sehr von der Hals-über-Kopf-Verliebtheit unterscheidet, die Sie für Ihren Schatz auf der Schule empfunden haben. Studien an Müttern haben gezeigt, dass ihre Gefühle für ihre Kinder viele derselben lusterzeugenden Hirnschaltkreise aktivieren, die auch bei der romantischen Liebe aktiv sind.

Mehr noch, beide Formen der Liebe dämpfen Teile des Gehirns, die wir anschalten, wenn wir andere sozial negativ beurteilen. Das erklärt endlich die Zuneigung Ihrer Freundin zu ihrem grauenhaften, linkischen Verlobten.

Fakten  **zum Angeben**

• Warum wir küssen, ist nicht völlig klar – evolutionsbiologisch erscheint es unnötig –, doch es ist vermutet worden, dass sich dieses Verhalten von der Mund-zu-Mund-Fütterung ableitet, die nicht menschliche Primatenweibchen zeigen. Diese Futterübergabe per Lippen könnte sich zu einem Zeichen der Zuneigung entwickelt haben.

• Einen geliebten Menschen zu verlieren, kann einem wirklich das Herz brechen. Das Trauma eines plötzlichen emotionalen Schocks, wie der Tod eines Ehepartners, kann zu einem Herzanfall führen. Ärzte nennen dies das «Gebrochenes-Herz-Syndrom».

KREATIVITÄT

Basics

Auch wenn wir Kreativität als formidable Eigenschaft ansehen, die nur große Genies auszeichnet, sind wir alle kreativ, denn Kreativität umfasst auch all die neuartigen und nützlichen Ideen, die uns den Alltag erleichtern.

Kreativität lässt sich keinem bestimmten Hirnzentrum zuordnen; einige Forscher nehmen sogar an, dass Kreativität aus der Konnektivität zwischen verschiedenen Gehirnregionen resultiert, doch zweifellos spielen die Stirn- und Schläfenregion des Cortex in diesem Zusammenhang eine wichtige Rolle.

Besonders kreative Menschen verfügen offenbar über einige Gemeinsamkeiten, beispielsweise über ein hohes Maß an allgemeiner Intelligenz, Expertise auf einem oder mehreren Gebieten, flexible Denkmuster und hohe Risikobereitschaft. Zudem existiert definitiv eine Verbindung zwischen Kreativität und psychischen Erkrankungen, vor allem Affektstörungen, die unter bedeutenden Künstlern, Schriftstellern, Musikern und anderen ungewöhnlich häufig sind. Diese Verbindung ist bisher noch nicht völlig entschlüsselt worden – es ist unklar, ob Stimmungsprobleme Menschen dazu bringen, sich künstlerisch auszudrücken, oder ob eine Laune der Hirnchemie dazu führt, dass Affektprobleme und Kreativität verknüpft sind.

Auf der anderen Seite haben Studien auch gezeigt, dass Kreativität heilend wirken kann, und solche Kunstformen wie Musik, bildende Kunst und Schreiben das Immunsystem stärken und das psychische Wohlbefinden erhöhen können.

Grenzen des Wissens

Wenn Sie Ihre kreativen Fähigkeiten anzapfen möchten, sagen Sie diesem Nörgler in Ihrem Kopf, er solle aufhören, Sie zu plagen. Das ist die Lehre, die man aus einer Studie mit Jazzmusikern ziehen kann. Das Gehirn dieser Musiker wurde gescannt, während sie Kompositionen spielten, die sie auswendig gelernt hatten, und dann erneut, während sie Riffs dieser Stücke improvisierten.

Wenn die Musiker improvisierten, so zeigten die Scans, nahm die Aktivität in den Gehirnregionen ab, die gewöhnlich für die Beurteilung und Evaluierung unserer eigenen Handlungen eine Rolle spielen. Dieser Befund lässt vermuten, dass es wichtig sein könnte, Selbstkritik zum Schweigen zu bringen, damit die eigenen Ideen frei fließen können.

Fakten  zum Angeben

- Untersuchungen an Menschen, die kreative Berufe ausüben, haben erbracht, dass ihr Risiko für Selbstmord um das 18-Fache erhöht ist, sie 8- bis 10-mal häufiger an Depressionen erkranken und 10- bis 20-mal häufiger an Bipolarstörungen leiden als die Allgemeinbevölkerung.
- Es ist bekannt, dass Hirnverletzungen die Kreativität eines Menschen gelegentlich beträchtlich steigern können. Ein Mann wurde nach einer Hirnblutung ein begeisterter Maler und Bildhauer. Eine ältere Frau zeigte größere künstlerische Fertigkeiten, nachdem Demenz Teile ihres Stirn- und Schläfenlappens lahmgelegt hatte.

SPRACHE

Basics

Mal abgesehen von dem, was Sie in dem Film *Doktor Dolittle* gesehen haben, sind sich Wissenschaftler noch immer uneins, ob Tiere nach unserer Definition von Sprache Sprachfähigkeiten besitzen. Wir wissen jedoch, dass manche tierische Genies einige recht erstaunliche linguistische Leistungen erbringen. Nicht menschliche Primaten sind in der Lage, von ihren Trainern eine Art Gebärdensprache zu erlernen (da sie Wörter nicht in menschlicher Weise artikulieren können). Diese Tiere können ihren Trainern gegenüber Wünsche äußern und haben sogar neue Zeichen (oder «Wörter») erfunden.

Bei *Homo sapiens* sind viele verschiedene Gehirnregionen an Sprache beteiligt, doch zwei cortikale Regionen sind besonders wichtig. Das Wernicke-Areal spielt vor allem für Sprachverständnis und Wortbedeutung eine Rolle, während das Broca-Areal für Grammatik und die Sprachproduktion zuständig ist. Sprachstörungen oder Aphasien illustrieren den Unterschied zwischen Broca- und Wernicke-Areal auf dramatische Weise.

Ein Patient mit geschädigtem Wernicke-Areal spricht in flüssigen Sätzen, doch er verwendet statt normaler Worte Kauderwelsch. Jemand, der unter einer derartigen Aphasie leidet, könnte zum Beispiel sagen: «Nun, da hab ich heute 'nen Filibart gesehen, wirklich. Der hat meinen Toast gefiddelt.» Die Wörter mögen keinen Sinn ergeben, doch der Satz hat zweifellos eine grammatikalische Struktur. Menschen mit Broca-Aphasie verstehen hingegen die Bedeutung der Wörter, können sie aber nicht zu sinnvollen Sätzen verbinden.

Grenzen des Wissens

Gesten sind ein wesentlicher Teil der Sprache. Wie eine aktuelle Studie gezeigt hat, verbessert sich das Erinnerungsvermögen, wenn man neuen Stoff beim Lernen mit Handbewegungen unterstreicht.

Die Forscher ließen Dritt- und Viertklässler einfache Tricks zum Lösen von Algebraaufgaben lernen. Einige Kinder lernten Gesten, die diese Tricks begleiteten, und wurden ermutigt, diese Gesten einzusetzen, wenn sie selbständig Probleme lösten. Mehrere Wochen später erinnerten sich die Schüler, die Gesten erlernt und beim Problemlösen verwendet hatten, deutlich besser an die Lösungstricks.

Fakten  **zum Angeben**

• Weltweit werden heutzutage rund 6000 Sprachen gesprochen. Viele hundert dieser Sprachen werden jedoch wohl in naher Zukunft aussterben.
• Im 19. Jahrhundert verhängte die Société de Linguistique de Paris einen Bann, der es untersagte, den Ursprung der Sprache zu untersuchen. Heute ist die evolutionäre Herkunft der Sprache ein angesagtes Forschungsgebiet.

SPRACHERWERB

Basics

Von «Mama» bis «Ich will noch einen Keks!» lernen Kinder in vorhersagbaren Stadien zu sprechen. Babys brabbeln mit rund 6 Monaten vor sich hin, benutzen mit 18 Monaten Wörter und sprechen im Alter von zwei Jahren in Sätzen.

Was Kinder hören, ist außerordentlich wichtig für den Erwerb von Sprachfertigkeiten. So hat sich generell gezeigt, dass Babys Gespräche «live» erleben müssen – Fernsehdialoge allein reichen für die Sprachentwicklung nicht aus.

Einige Linguisten glauben, dass wir fest verdrahtet für Sprache auf die Welt kommen, dass wir mit einer «Universalgrammatik» oder einem Satz mentaler Regeln geboren werden, den wir auf jede Sprache anwenden können, die wir beim Aufwachsen hören. Andere nehmen an, dass die Muster und Regeln in der Babyphase durch Zuhören weitgehend erlernt werden müssen.

Viele der weltweit renommiertesten Linguisten haben sich mit der ein oder anderen Version der Frage beschäftigt: «Wenn eine Gruppe Kinder ganz allein auf einer einsamen Insel aufwüchse, würden die Kinder dann eine Kommunikation entwickeln, die in irgendeiner Weise Sprache ähnelt?» Die Antworten der Experten reichen vom entschiedenen «Ja» bis zum ebenso entschiedenen «Nein», und vielleicht werden wir die richtige Antwort nie erfahren.

Grenzen des Wissens

Vorschulkinder, die eine zweite Sprache lernen, machen dieselben Stadien durch wie Babys, die ihre Muttersprache lernen; das stellten Forscher beim Studium chinesischer Kleinkinder fest, die von amerikanischen Familien adoptiert wurden.

Als die adoptierten Kinder Englisch hörten, begannen sie zunächst, einzelne Substantive aufzuschnappen, die sie schließlich mit Verben kombinierten («Ball fallen»). Das sind dieselben Schritte, die Babys beim Spracherwerb durchmachen.

Fakten  zum Angeben

- In einer interessanten Studie nahmen Forscher die Interaktionen von Eltern und ihren Kleinkindern über mehrere Jahre auf Tonband auf. Wie sich zeigte, war der IQ der Kinder umso höher, je mehr die Eltern mit dem Kind gesprochen hatten. Die Zeitspanne, die die Kinder damit verbrachten, ihren Eltern zuzuhören, war sogar ein noch besserer Prädiktor für zukünftige clevere Kinder als der sozioökonomische Status der Eltern.
- Unterschiedliche Sprachen bestehen aus unterschiedlichen Lauten oder Phonemen. Von Geburt an sind Babys in der Lage, zwischen allen existierenden Phonemen in sämtlichen Sprachen zu unterscheiden. Doch mit etwa sechs Monaten beginnen sie, sich ausschließlich auf die Laute der Sprache (oder Sprachen) einzustellen, die sie regelmäßig hören. Allmählich verlieren sie die Fähigkeit, andere Phoneme zu unterscheiden.

ENTSCHEIDUNGSFINDUNG

Basics

Schokolade oder Vanille? Boxershorts oder Slips? Kinder jetzt oder erst einmal alles für die Karriere tun? Jeden Tag müssen wir zahllose Entscheidungen treffen, manche eher unwichtig, andere voller Dramatik.

Entscheidungsfindung ist eng mit Hemmung und Selbstkontrolle verknüpft. Es ist Hemmung, die uns erlaubt, Entscheidungen zu treffen, die eine Belohnung hinausschieben – zum Beispiel die Entscheidung, auf einen Martini beim Lunch zu verzichten, weil am Nachmittag noch eine wichtige Präsentation ansteht. Hemmung und Selbstkontrolle werden vom präfrontalen Cortex gesteuert. Eine Schädigung der Stirnlappen kann die Fähigkeit, Entscheidungen zu fällen, stark beeinträchtigen; Menschen mit Stirnlappenverletzungen wählen durchgängig eine Strategie, die rasch und direkt zu einer kleinen Belohnung führt, statt längerfristig auf größeren Gewinn zu setzen.

Entscheidungen basieren natürlich nicht immer allein auf rationalen Erwägungen, sondern auf einer Kombination aus Vernunft und Emotion. Die Amygdala bewertet die emotionale Bedeutung einer Entscheidung, und starke emotionale Reaktionen können dazu führen, dass wir irrationale Entscheidungen treffen. Insbesondere zwei Typen von Entscheidungen, moralische und ökonomische, beleuchten die komplexen Wechselbeziehungen zwischen Gefühl und Vernunft, zu denen es kommt, wenn wir vor schwierigen Entscheidungen stehen.

Wir wollen sie ausführlicher auf den nächsten Seiten diskutieren.

Grenzen des Wissens

In vielen aktuellen Forschungsprojekten über Entscheidungsfindung dreht sich alles um den Neurotransmitter Serotonin. In einer Studie manipulierten Forscher den Serotoninspiegel der Teilnehmer und forderten sie anschließend auf, ein Spiel zu spielen, bei dem es um Kooperation und soziale Entscheidungsfindung geht.

In diesem Spiel müssen die Spieler entscheiden, wie sie eine Geldsumme zwischen sich und den anderen Teilnehmern aufteilen. Diejenigen mit reduziertem Serotoninspiegel zeigten sich weniger kooperativ oder gewillt, das Geld fair zu teilen. Das spricht dafür, dass Serotonin Kooperation lohnend macht.

Fakten  **zum Angeben**

• *Wie Studien zeigen, beeinträchtigt Schlafmangel unsere Fähigkeit, vernünftige Entscheidungen zu treffen, sogar in einem Maße, wie es Trunkenheit tut. Wahrscheinlich zahlt es sich aus, in der Nacht vor einem Blind Date ausreichend zu schlafen.*

• *Wie viele Entscheidungen treffen Sie jeden Tag im Hinblick auf das, was Sie essen? Ganz gleich, welche Zahl Sie jetzt vermuten, sie ist wahrscheinlich falsch. Einer aktuellen Studie zufolge schätzten die Teilnehmer die Zahl ihrer täglichen Entscheidungen im Zusammenhang mit Nahrung auf 15; nähere Befragungen ergaben jedoch, dass es im Durchschnitt tatsächlich mehr als 200 waren.*

ÖKONOMISCHE ENTSCHEIDUNGEN

Basics
Der Kapitalismus basiert auf der Idee, dass Individuen, wenn sie auf sich gestellt sind, im besten eigenen Interesse handeln. Wie aktuelle Studien auf dem rasch wachsenden Gebiet der «Neuroökonomie» zeigen, treffen Menschen jedoch nicht immer Entscheidungen, die zu ihrem Besten sind.

Stellen Sie sich vor, man bietet Ihnen eine Wette an, bei der die Wahrscheinlichkeit, 150 Dollar zu gewinnen oder 100 Dollar zu verlieren, 50 Prozent beträgt. Auch wenn es zu Ihrem Vorteil ist, auf die Wette einzugehen – auf lange Sicht haben Sie eindeutig die besseren Karten –, werden Sie, wenn Sie wie die meisten Leute reagieren, ablehnen. Dieses Verhalten ist als Verlustaversion bekannt, und Neurowissenschaftler haben gefunden, dass das Gehirn auf Verluste tatsächlich empfindlicher reagiert als auf Gewinne. Paradoxerweise sind Menschen mit einer Schädigung der emotionalen Zentren des Gehirns weitaus eher bereit, diese Wette einzugehen, und machen am Ende weitaus mehr Geld als solche mit gesundem Gehirn. (Wichtiger Hinweis: Einen hirngeschädigten Investmentberater beauftragen Sie auf eigenes Risiko.)

Bei der oben beschriebenen Wette kannten die Teilnehmer ihre Gewinnchancen. Aber im wirklichen Leben ist das selten der Fall – Börsenspekulanten wissen in der Regel nicht, welches Risiko sie eingehen. Wie aktuelle Studien gezeigt haben, bevorzugen Menschen Spiele, bei denen sie ihre Gewinnchancen kennen, und wenn das Risiko nicht eindeutig auszumachen ist, wird die Amygdala, die Angstgefühle verarbeitet, stärker aktiviert.

Grenzen des Wissens

Natürlich interessieren sich Unternehmen für neuroökonomische Erkenntnisse. Von besonderem Interesse könnte eine aktuelle Studie sein, die zeigt, dass sich anhand von Hirnscans voraussagen lässt, ob Kunden ein Produkt kaufen. Den Freiwilligen, deren Gehirn im funktionellen Kernspintomographen gescannt wurde, wurden Bilder von Produkten samt Preisen gezeigt. Spikeaktivität im Nucleus accumbens, der zum Belohnungssystem des Gehirns gehört, und in einem Teil des frontalen Cortex, in dem Gewinne und Belohnungen beurteilt werden, würde bedeuten, dass der Teilnehmer dazu neigt, das Produkt zu kaufen.

Fakten  **zum Angeben**

- *Neuroökonomen haben auch untersucht, ob man Affen den Umgang mit Geld beibringen kann. Wie sich herausgestellt hat, klappt's – Kapuzineraffen benutzten Spielmarken, um für bevorzugte Leckerbissen, wie Trauben, «zu zahlen». Ein Forscher wurde sogar Zeuge, als ein Affenmännchen einem Weibchen im Austausch für Sex seine Spielmarke überließ.*
- *Noch mehr krumme Affentouren: Die Kapuziner wurden auch dabei beobachtet, wie sie den Experimentatoren Spielmarken klauten.*

MORALISCHE ENTSCHEIDUNGEN

Basics

Ein außer Kontrolle geratener Zug rast die Schienen entlang auf einen Trupp von fünf Schienenarbeitern zu, die sich der nahenden Gefahr nicht bewusst sind. Sie stehen neben einem Hebel – legen Sie ihn um, würde der Zug auf ein anderes Gleis geleitet und die fünf Männer gerettet, doch ein Mann, der auf dem zweiten Schienenstrang arbeitet, würde getötet. Würden Sie den Hebel umlegen?

Was wäre, wenn Sie stattdessen auf einer Brücke über dem Zug stünden und die fünf Arbeiter retten könnten, indem Sie den Mann neben sich auf die Gleise stießen? Würden Sie das tun? Die meisten Menschen sagen, sie würden zwar den Hebel umlegen, um die fünf zu retten, aber niemanden von der Brücke stoßen. Die Mathematik ist jedoch in beiden Fällen identisch: ein Leben gegen fünf Leben.

Dieses berühmte Szenario und andere dienen Wissenschaftlern dazu, die neurophysiologische Basis der Moral zu finden. Was sie dabei feststellen, ist das, was Sie wahrscheinlich gefühlt haben, als Sie sich die beiden Szenarien vorstellten – dass Ihre Vernunft Sie in die eine Richtung, Ihr Gefühl jedoch in die andere Richtung zieht. Die Überlegung, den Hebel umzulegen, aktiviert Teile des präfrontalen Cortex, die mit kalten, völlig logischen und utilitaristischen Entscheidungen verknüpft sind. Doch die Vorstellung, einen Menschen von der Brücke zu stoßen (eine viel persönlichere Handlung), aktiviert die emotionalen Verarbeitungszentren des Gehirns. Diese starke emotionale

Antwort übertrumpft die kalte Vernunft und erklärt scheinbar unlogische moralische Entscheidungen, vermuten die Forscher. Und selbst wenn wir tatsächlich beschließen, den Mann von der Brücke zu stoßen, braucht diese Entscheidung, neurophysiologisch gesehen, viel Zeit. Sein Glück!

Grenzen des Wissens
Selbst Babys verfügen über ein gewisses Gefühl für Recht und Unrecht, lässt eine neue Studie vermuten. Mit Hilfe von Holzfiguren spielten die Forscher den Kleinkindern verschiedene Szenarien vor. In den Szenarien versucht eine kletternde Figur, eine Steigung hinaufzugelangen. In einer Variante hilft eine dreieckige Figur dem Kletternden bergauf. In einer anderen hindert eine quadratische Figur den Kletternden am Vorwärtskommen.

Als die Babys später nach den Figuren greifen konnten, wählten fast alle die hilfreiche Figur, was dafür spricht, dass Babys nette Typen bevorzugen.

Fakten  **zum Angeben**

- Studien zufolge begehen wir eher kleine moralische Verstöße, wenn wir annehmen, dass alle anderen ebenso handeln. (Das erklärt die Raserei auf unseren Straßen.) Zudem werden moralische Codes eher verletzt, wenn es kein klares menschliches Opfer gibt.
- Anderen Studien zufolge verhalten sich Menschen weniger moralisch, als sie sich selbst einschätzen. So konnten die Probanden recht präzise voraussagen, wie viel Geld andere für wohltätige Zwecke spenden werden, überschätzten aber ihre eigene Spendenbereitschaft.

KAPITEL VIER

★ ★ ★ ★ ★ ★ ★ ★ ★ ★ ★ ★ ★ ★

VOM UMTAUSCH AUSGESCHLOSSEN: PROBLEME IM GEHIRN

★ ★ ★ ★ ★ ★ ★ ★ ★ ★ ★ ★ ★ ★

AUTISMUS

Basics

Die US-Amerikanerin Temple Grandin, eine der berühmtesten Persönlichkeiten mit Autismus, meinte einmal, aufgrund ihrer Störung erschienen ihr die sozialen Interaktionen ihrer Mitmenschen so seltsam, dass sie sich wie eine Anthropologin vom Mars fühle. In der Tat ist Autismus eine Entwicklungsstörung, die sich größtenteils in Defiziten beim Umgang mit anderen Menschen manifestiert. Autistische Kinder brauchen oft sehr lang, um sprechen zu lernen, haben Schwierigkeiten im Umgang mit anderen, können bei ihren Hobbys zwanghafte Züge entwickeln und zeigen oft stereotype Verhaltensweisen.

Menschen, die mit autistischen Kindern arbeiten, sagen, dass man, wenn man zehn autistische Kinder in einem Raum versammelt, zehn verschiedene Autismen vor sich hat. Schwerer Autismus kann bei Kindern zu einer starken geistigen Retardierung und Isolation führen. Am anderen Ende des Spektrums steht das Asperger-Syndrom, ein hochfunktionaler Autismus. Diese Kinder besuchen häufig normale Schulen und sind überdurchschnittlich intelligent. So oder so spielen Vorhersehbarkeit und Routine für autistische Kinder eine große Rolle.

Die Ursache für Autismus gehört gegenwärtig zu den besonders heftig diskutierten und intensiv untersuchten Themen der neurowissenschaftlichen Forschung. Viele zeitgenössische Theorien drehen sich um die Rolle des Immunsystems, und es hat sich gezeigt, dass eine Virusexposition in der Schwangerschaft das Risiko für ein Kind mit Autismus erhöht. Einige Eltern autistischer Kinder behaupten, dass eine Substanz in häufig verabreichten Impfstoffen dazu geführt hat, dass ihre Kinder Autismus entwickelt haben, doch diese These wird von wissenschaftlichen Studien nicht gestützt. In den letzten Jahrzehnten ist die Zahl der diagnostizierten Autismusfälle rasch angestiegen – der Grund für diese Zunahme ist noch immer ein Rätsel.

Grenzen des Wissens

Autistische Kinder haben ein anomal großes Gehirn und zeigen in den ersten ein bis zwei Lebensjahren ein rasches Hirnwachstum. Man ist sich noch nicht ganz sicher, was diese Befunde zu bedeuten haben, doch eine der jüngsten Studien spricht dafür, dass ein rasches Schädelwachstum im ersten Lebensjahr Autismus voraussagen könnte, noch bevor stärker ausgeprägte Verhaltenssymptome sichtbar werden. Ein großer oder rasch wachsender Kopf allein macht ein Kind noch nicht zum Autisten, doch Eltern, die dies bei ihrem Kind feststellen, sollten nach anderen Zeichen dieser Störung Ausschau halten.

Fakten  **zum Angeben**

• Zwar sind die meisten autistischen Kinder in ihren kognitiven Funktionen beeinträchtigt, doch viele sind auch als «Savants» bekannt. Diese Savants zeigen auf einigen höchst speziellen Gebieten außerordentliche Leistungen. So können manche zum Beispiel den Wochentag nennen, der mit jedem beliebigen Datum in der Geschichte korreliert ist, komplexe Rechenaufgaben im Kopf durchführen oder Szenen, die sie im Vorübergehen gesehen haben, in allen Einzelheiten zeichnen.

EPILEPSIE

Basics

Typisch für Epilepsie sind wiederholte, unvorhersehbare Krampfanfälle. Dieses Leiden betrifft Kinder wie Erwachsene. Epilepsie kann ganz unterschiedliche Formen annehmen, und die Krampfanfälle kommen in allen Stärken und Variationen vor. Die Krampfanfälle, an die Sie wahrscheinlich denken, werden von unwillkürlichen Zuckungen und Spasmen begleitet, aber bei anderen bleibt der Körper völlig steif und starr. Einige, aber nicht alle, führen zum Verlust des Bewusstseins.

Manche Epileptiker berichten kurz von einem Anfall über seltsame Gerüche, zum Beispiel Brandgeruch, oder sie verspüren grundlos gewisse Gefühle, und solche Patienten lernen, diese Warnzeichen einer kommenden Attacke zu erkennen. Die Ursache dieser Erkrankung ist unbekannt, doch die Krampfanfälle selbst werden von einer plötzlichen hektischen und unkontrollierbaren Spike-Aktivität im Gehirn hervorgerufen.

Gewöhnlich lässt sich Epilepsie nicht heilen, doch eine – oft medikamentöse – Behandlung kann Häufigkeit und Schwere der Anfälle lindern. Epileptiker gehören zu den Patienten, an denen besonders radikale Hirnoperationen durchgeführt werden. Bei Kindern mit schwerer Epilepsie wird manchmal eine ganze Gehirnhälfte entfernt, und bei anderen wird gelegentlich die Verbindung zwischen den beiden Hirnhemisphären, der Balken (Corpus callosum), durchtrennt. Diese drastischen Maßnahmen bringen Patienten, die unter schweren, lebensbedrohlichen Anfällen leiden, oft wesentliche Erleichterung.

Grenzen des Wissens

Inzwischen wird häufig eine weiter fortgeschrittene Technik zur Darstellung des Gehirns, die Magnetoenzephalographie (MEG), eingesetzt, um Anfälle zu registrieren und ihren Herd genau zu bestimmen. Im Gegensatz zu einem EEG misst das MEG die Hirnaktivität in Realzeit. MEGs erlauben dem Arzt, den epileptischen Herd gezielt zu entfernen und das umliegende gesunde Gewebe weitgehend zu schonen.

Fakten  **zum Angeben**

• Die alten Griechen hielten Epilepsie für ein übernatürliches Phänomen, das von den Göttern gesandt war. Im Mittelalter galten Epileptiker als von bösen Geistern besessen und wurden manchmal als Hexen bzw. Hexer verfolgt.

• Es wird allgemein behauptet, man solle jemanden, der gerade einen epileptischen Anfall erleidet und um sich schlägt, etwas in den Mund schieben, um zu verhindern, dass er seine Zunge verschluckt. Das stimmt nicht, sondern ist im Gegenteil gefährlich. Zudem ist es physisch unmöglich, seine eigene Zunge zu verschlucken; allerdings kann die Zungenbasis die Atemwege blockieren.

AUFMERKSAMKEITSDEFIZIT- UND HYPERAKTIVITÄTSSYNDROM

Basics

Aufmerksamkeitsdefizit- und Hyperaktivitätssyndrom (ADHS) ist die am häufigsten diagnostizierte psychische Einzelstörung im Kindesalter. Kinder mit ADHS haben Probleme mit Aufmerksamkeit, Hyperaktivität und Impulsivität in wechselnder Kombination. Wir alle kannten solche Kinder. Sie waren diejenigen, die auf ihrem Stuhl herumhampelten und immer wieder aufstanden, die bei Spielen nicht warten konnten, bis sie an der Reihe waren, die anderen Kindern Spielsachen aus der Hand rissen und die einen in der Pause in den Rücken bissen (Zappelphilipp-Syndrom). Ob dieses Verhalten auf einen echten ADHS-Fall verweist, hängt von Schwere und Häufigkeit ab und muss von einem qualifizierten Experten beurteilt werden.

Vermutlich ist ADHS das Ergebnis einer Reihe biologischer und umweltbedingter Fakten, darunter Hirnanomalien und familiärer Stress. Zum Glück lässt sich ADHS bei den meisten Kindern gut behandeln. Paradoxerweise hat sich herausgestellt, dass Ritalin und andere stimulierende Substanzen viele Kinder zur Ruhe kommen lassen und ihnen ermöglichen, sich besser zu konzentrieren. Doch Ritalin ist zu einem umstrittenen Psychopharmakon geworden, vor allem wohl auch wegen der ständig steigenden Zahl von Kindern, denen es verordnet wird. ADHS ist eine echte Störung, die das Leben der Betroffenen aus der Bahn werfen kann, doch sie wird höchstwahrscheinlich viel zu häufig diagnostiziert; rund zwei Drittel aller Kinder, die mit diesem Syndrom «diagnostiziert» werden, werden niemals psychologisch untersucht oder getestet.

Grenzen des Wissens

Brain-Imaging-Studien enthüllen einige der neurologischen Mechanismen, die ADHS zugrunde liegen. Demnach sind gewisse Hirnstrukturen bei Kindern mit dieser Störung 5–10 Prozent kleiner als bei gesunden Kindern. Andere Studien haben gezeigt, dass diese Kinder auch eine verringerte Durchblutung in diesen Arealen aufweisen und die Symptome in der Regel umso stärker sind, je schlechter die Durchblutung ist. Und schließlich konnte gezeigt werden, dass Ritalin die Durchblutung dieser Strukturen verbessert.

Fakten  zum Angeben

- ADHS wird weitaus häufiger bei Jungen als bei Mädchen diagnostiziert, wahrscheinlich, weil die Symptome bei Mädchen weniger auffällig sind.
- Die ADHS-Symptome verringern sich in der Regel mit zunehmendem Alter der Kinder.
- Schätzungen zufolge kam es in den USA zwischen 1990 und 2000 zu einer Verfünffachung der Ritalin-Verordnung. Selbst Vorschulkindern wird es verabreicht.
- Neunzig Prozent des jährlich produzierten Ritalins wird in den USA konsumiert.

DYSLEXIE (LEGASTHENIE)

Basics
Um richtig zu lesen, müssen unsere Augen die Buchstaben und die Reihenfolge scannen, in der sie auftreten, und unsere Ohren müssen Buchstaben und Silben mit den entsprechenden Lauten verknüpfen. Deshalb ist es nicht überraschend, dass Kinder mit Dyslexie (auch Legasthenie genannt, eine Lernschwäche, die durch Leseprobleme gekennzeichnet ist) Schwierigkeiten mit der auditorischen oder der visuellen Verarbeitung von Reizen oder auch mit beiden haben. Die Symptome variieren, doch Dyslektiker können Probleme beim Buchstabieren haben, beim Hören von Wörtern oder selbst beim Aussprechen von Wortsilben in der richtigen Reihenfolge.

Vermutlich geht ein Großteil der Leseschwäche auf Probleme bei der Verarbeitung von Sprachlauten zurück. Gute Leser können rasche Veränderungen zwischen jedem Buchstaben eines laut ausgesprochenen Wortes registrieren – zum Beispiel die Verschiebung zwischen dem Klang des Buchstaben *p* und dem des Buchstaben *a* in *Panda*. Wie Studien gezeigt haben, fällt es Dyslektikern schwer, diese schnelle Verlagerung zu hören wie auch den Klang ähnlicher Buchstaben wie *b* und *p* zu unterscheiden.

Diese Aufgabe wird von gewissen auditorischen Neuronen übernommen, die bei Dyslektikern offenbar unterentwickelt sind. Einige Dyslektiker haben anscheinend auch Probleme mit den visuellen Anforderungen des Lesens und berichten, dass sich die Buchstaben eines Wortes bewegen oder die Worte zu verschwimmen oder zu flimmern scheinen. Einige Wissenschaftler vermuten, dass diese Symptome eine Folge von Mängeln in den visuellen Bahnen sind, die den Betroffenen im Gegensatz zu besseren Lesern nicht erlauben, Bilder stabil zu halten, während ihre Augen über die Seite gleiten.

Grenzen des Wissens
Kürzlich hat eine Gruppe von Forschern die These aufgestellt, Dyslexie resultiere nicht aus der Unfähigkeit, Buchstaben und Laute rasch und richtig miteinander zu verknüpfen. Vielmehr sind sie der Ansicht, Dyslektikern falle es schwer, Hintergrundgeräusche (die im Klassenraum ziemlich häufig sind) auszufiltern. Sie vermuten, dass das Dyslektikergehirn Schwierigkeiten hat, irrelevante Geräusche zu ignorieren, was es mühsamer macht, sich auf den subtile Klang der Wörter zu konzentrieren, auf die es wirklich ankommt.

Wenn Sie diese Zeilen lesen, gibt es vielleicht schon eine neuere Idee über die Ursachen von Dyslexie. Willkommen in der Welt der Wissenschaft mit ihrer atemberaubend schnellen Gangart.

Fakten  zum Angeben

• Dyslexie ist unabhängig von der Intelligenz; es gibt sehr gescheite wie auch weniger gescheite Dyslektiker.
• Dyslexie ist in Italien weniger häufig als in den Vereinigten Staaten, vermutlich deshalb, weil Italienisch eine ausgesprochen phonetische Sprache ist. Das heißt, im Italienischen werden Wörter in der Regel so geschrieben, wie sie ausgesprochen werden; im Englischen gibt es mehr Abweichungen von dieser Regel.

DEPRESSION UND BIPOLARSTÖRUNG

Basics

Depression ist mehr als nur Traurigkeit. Um die Diagnose «Depression» zu erfüllen, muss ein Patient zwei oder mehr Wochen in niedergeschlagener Stimmung sein; dazu kommen ausgeprägte Veränderungen bei Schlaf, Appetit, Konzentration, Energie und mehr. Menschen mit Depressionen verlieren oft das Interesse am Kontakt mit Freunden und geliebten Menschen und haben nicht einmal mehr Spaß an den schönen Dingen, die das Leben zu bieten hat.

Ein deprimiertes Gehirn ähnelt einem chronisch gestressten Gehirn. Die Serotoninaktivität ist reduziert, die Regulation von Noradrenalin gestört, und der Cortisolspiegel ist hoch. Nach einer depressiven Phase erholt sich der Betroffene gewöhnlich von selbst wieder (auch wenn Medikamente und Psychotherapie helfen können), doch die Depressionen können das ganze Leben lang wiederkommen.

Gibt man einen Schuss Manie hinzu, verwandelt sich die Depression in eine Bipolarstörung. Unter Manie versteht man eine ausgedehnte Periode anomal gehobener (euphorischer) Stimmung, und Menschen mit Bipolarstörung erleben abwechselnd manische und depressive Phasen. In der manischen Phase schlafen die Betroffenen oft sehr wenig, ihre Gedanken rasen, sie sprechen sehr schnell, zeigen ein völlig überzogenes Selbstbewusstsein und neigen zum Größenwahn; sie sind zudem besonders impulsiv, verjubeln viel Geld oder sind oft sexuell sehr aktiv. Zwischen manischen und depressiven Perioden können Jahre liegen.

Grenzen des Wissens
Eine Vielzahl gesammelter Fakten spricht für eine Verbindung zwischen Depression und der Bildung neuer Neurone (Neurogenese). Die genaue Ursache-Wirkungs-Beziehung ist unklar, doch neue Hypothesen deuten darauf hin, dass Depression durch eine verringerte Neurogenese im Gehirn gekennzeichnet ist und die Bildung neuer Nervenzellen diesen Zustand lindern kann. Zu den Belegen dafür gehört die Tatsache, dass chronischer Stress, der auf das Gehirn ähnlich wirkt wie Depressionen, die Neurogenese verringert. Auf der anderen Seite fördern Antidepressiva die Neurogenese, und wie Studien gezeigt haben, verhindert eine Blockierung dieses Effekts, dass diese Medikamente wirken.

Fakten  zum Angeben

• In jedem Jahr erlebt einer von 20 Amerikanern eine Phase depressiver Gefühle, Frauen doppelt so häufig wie Männer, doch Bipolarstörungen betreffen beide Geschlechter gleichermaßen.
• Depressionen, die regelmäßig im Winter auftreten, gehören zu einem Krankheitsbild, das als saisonale affektive Störung (SAD) bezeichnet wird; SAD hängt vermutlich mit der geringeren Tageslänge in den kalten Monaten zusammen. Eine der effektivsten Therapien besteht darin, sich in den Wintertagen jeden Tag eine Stunde oder mehr künstliches Tageslicht zu gönnen.

ANGSTSTÖRUNGEN

Basics
Angststörungen kidnappen das natürliche Angstsystem des Körpers. Die generalisierte Angststörung ist ein chronischer Spannungszustand, bei dem die Betroffenen tagein, tagaus voller negativer Vorahnungen sind. Auf der anderen Seite sind Panikstörungen durch Phasen der Normalität gekennzeichnet, die mit plötzlichen Panikattacken abwechseln. Diese Attacken sind gewöhnlich kurz und halten weniger als etwa eine halbe Stunde an, können aber sehr erschreckend sein: Die Kampf- oder-Flucht-Reaktion des Körpers wird ausgelöst, was zu Herzrasen, Schweißausbrüchen und schwerer Atmung führt, und die Patienten sind gewöhnlich von einem Gefühl drohenden Unheils erfüllt. Panikstörungen können das Leben der Betroffenen tiefgreifend zerstören, denn sie führen dazu, dass diese Menschen Plätze, Situationen und Ereignisse meiden, die solche Attacken auslösen könnten. (Die Sorge vor einer Attacke kann sogar noch problematischer sein als die Panikattacke selbst.)

Sowohl generalisierte Angststörungen als auch Panikstörungen gehen oft mit einer breiten Palette von körperlichen Symptomen einher, darunter Kopfschmerzen, Magen-Darm-Problemen und Schlaflosigkeit. Viele Betroffene suchen zuerst wegen eines dieser körperlichen Begleitprobleme ärztliche Hilfe, und eine Diagnose der zugrunde liegenden psychischen Störung kann schwierig sein. Wie Sie vielleicht schon vermutet haben, gelten Angststörungen als Folge eines hyperaktiven Angstsystems. Sie gehen zudem mit einem hohen Noradrenalin- und

Glutamatspiegel sowie einem niedrigen Serotoninspiegel einher.

Grenzen des Wissens

Frauen erkranken sehr viel häufiger an Angststörungen (und affektiven Störungen, wenn wir schon dabei sind) als Männer. Neue Studien sprechen dafür, dass diese Diskrepanz auf geschlechtsspezifische Unterschiede im Serotoninsystem des Gehirns zurückgehen könnte (ein niedriger Serotoninspiegel ist sowohl mit Angst- als auch mit affektiven Störungen in Zusammenhang gebracht worden). Nun zeigen PET-Scans, dass Frauen weit mehr Serotoninrezeptoren im Gehirn aufweisen als Männer und gleichzeitig weniger von dem Protein produzieren, das am Recycling von Serotonin beteiligt ist. Es ist noch nicht sicher, wie sich diese Unterschiede auf das erhöhte Risiko für Angststörungen auswirken, doch wenn Sie nach einem Promotionsthema für einen Doktortitel in den Neurowissenschaften Ausschau halten, dann wäre das sicherlich keine schlechte Wahl.

Fakten zum Angeben

• *Angst ist kein rein menschliches Leiden – rund 5 Millionen Hunde leiden unter irgendeiner Form der Trennungsangst. Und falls Sie denken, es sei der Hund, der verrücktspielt: Ein Drittel aller Hundebesitzer lassen das Radio oder das Fernsehen laufen, bevor sie aus dem Haus gehen, um das Hündchen zu beruhigen.*
• *Panik scheint die Jugend zu verschonen. Wie eine Studie mit Mittelstufenschülerinnen zeigte, gab es nur unter denjenigen, die die Pubertät bereits abgeschlossen hatten, Mädchen, die schon einmal eine Panikattacke gehabt hatten. Ein weiterer Grund, sich in die Kindheit zurückzusehnen.*

PHOBIEN

Basics

Es gibt ein ganzes Alphabet der Ängste, von Akrophobie (Höhenangst) bis zu Zoophobie (Angst vor Tieren). Von Phobien spricht man bei einer irrationalen Furcht vor Objekten oder Situationen, die wahrscheinlich nicht wirklich gefährlich sind. Diese Ängste können das tägliche Leben negativ beeinflussen, weil die Betroffenen versuchen, Hunde, Bienen, Aufzüge und so weiter zu meiden. Phobien bilden eine Untergruppe der Angststörungen, und wie viele psychische Erkrankungen sind sie wahrscheinlich das Ergebnis genau des richtigen Cocktails aus Genen und Umwelteinflüssen.

Eine der häufigsten Behandlungen für Phobien ist die systematische Desensibilisierung. Dabei geht es darum, einen Patienten in kleinen Schritten an seine schlimmsten Ängste heranzuführen. Wenn Sie zum Beispiel unter Gephyrophobie (Angst, über Brücken zu gehen) leiden, könnte der erste Schritt in der Therapie darin bestehen, das Foto einer Brücke anzuschauen. Sobald Sie dies tun können, ohne dass Ihnen das Herz im Hals pocht, sehen Sie sich draußen vielleicht eine richtige Brücke an und beobachten dann, wie jemand hinübergeht. Wenn alles gut geht, setzen Sie vielleicht versuchsweise den Fuß auf die Brücke und machen ein paar kleine Schritte.

Die Idee ist, Patienten schrittweise beizubringen, wie sie ihre Phobie angesichts Angst auslösender Reize in den Griff bekommen können. Wie sich herausgestellt hat, kann Virtual Reality (die virtuelle Realität) Patienten helfen, sich ihren Ängsten zu stellen. (Es ist schwierig, von einer nicht existierenden Brücke zu fallen.)

Grenzen des Wissens

Eine Desensibilisierungstherapie hilft nicht jedem, und Forscher arbeiten intensiv an der Entwicklung von Medikamenten, die speziell auf bestimmte Phobien zugeschnitten sind. Studien sprechen dafür, dass sich Ängste und Phobien nicht durch Auslöschen schlimmer oder traumatischer Erinnerungen überwinden lassen, sondern durch die Schaffung neuer Erinnerungen – solchen, in denen zum Beispiel Schlangen fügsam und nicht bedrohlich sind.

Fakten  **zum Angeben**

- Haben Sie schon einmal jemanden getroffen, der sich vor Blumen fürchtet? Wahrscheinlich nicht. In einem berühmten Experiment zeigte Martin Seligman, dass es viel einfacher ist, Menschen dazu zu bringen, sich vor Schlangen als vor Blumen zu fürchten. Die Studie stützt die Theorie, dass unser Gehirn prädisponiert ist, gewisse Ängste zu entwickeln.
- Es gibt keinen besseren Partyknüller, als den Namen einer seltsam klingenden Phobie in die Runde zu werfen. Versuchen Sie's auf Ihrer nächsten Fete mal mit Brontophobie (Angst vor Donner), Emetophobie (Angst vorm Erbrechen), Trypanophobie (Angst vor Injektionen) oder Triskaidekophobie (Angst vor der Zahl 13).

POSTTRAUMATISCHES STRESSSYNDROM

Basics

Erinnern Sie sich daran, dass wir darüber gesprochen haben, dass man sich an emotionale Ereignisse viel besser erinnert als an neutrale? Das Posttraumatische Stresssyndrom (PTS) (auch: Posttraumatische Belastungsstörung) ist ein extremes Beispiel für diesen Effekt. PTS ist die Reaktion auf einen schweren, oft lebensbedrohlichen Schock.

Ein traumatisches Ereignis veranlasst das Angst- und das Kampf-oder-Flucht-System des Körpers, aktiv zu werden. PTS resultiert offenbar aus einer Abschalthemmung dieser Systeme, nachdem die Gefahr vorbei ist. Für Menschen mit PTS bleiben die Erinnerungen an das schreckliche Erlebnis höchst lebendig und aktuell; sie erleiden unkontrollierbare Rückblenden (Flashbacks) oder Albträume. (Einige Betroffene berichten, es sei ihnen, als ob sie das schreckliche Ereignis tatsächlich noch einmal erlebten.) Viele Menschen mit PTS klagen, sie fühlten sich emotional wie betäubt und hätten jedes Interesse an der Welt rundum verloren. Manche befinden sich auch in einem Beinahe-Dauerzustand der Erregung, können nicht schlafen, sind ängstlich und leicht zu erschrecken.

Natürlich entwickelt nicht jeder, der ein traumatisches Erlebnis hatte, PTS (die Quote beträgt aber immerhin rund 25 Prozent). Ob jemand PTS entwickelt, ist wahrscheinlich das Ergebnis eines komplexen Wechselspiels einer Reihe von Faktoren, darunter die Natur des Traumas, individuelle psychiatrische

Geschichte, vorangegangene Erfahrungen mit Stress und mögliche genetische Prädispositionen für Angststörungen oder Depressionen. Die Behandlung besteht gewöhnlich aus angstlösenden Medikamenten und einer Gesprächstherapie.

Grenzen des Wissens

Eine der interessantesten neuen Ideen zur Behandlung von PTS dreht sich um die Gabe von Medikamenten, die als Betablocker bekannt sind und häufig zur Behandlung von Bluthochdruck eingesetzt werden. Betablocker stören auch die Funktion von Neurotransmittern, die an der Gedächtnisbildung beteiligt sind, und Studien haben gezeigt, dass die Medikamente tatsächlich die Speicherung von Erinnerungen unterbinden können. Das wirft die interessante Möglichkeit auf, dass Betablocker Menschen helfen könnten, intensive Erinnerungen an ein traumatisches Ereignis abzuschwächen.

Klinische Studien dieser Idee haben bisher uneindeutige Ergebnisse erbracht, doch die Wissenschaftler lassen nicht locker.

Fakten zum Angeben

- *Das National Institute for Mental Health in den USA berichtet, dass fast 20 Prozent aller Vietnamveteranen PTS entwickelt haben.*
- *Die Terrorattacken am 11. September 2001 in den Vereinigten Staaten haben ebenfalls in der ganzen Nation zu PTS geführt. Psychologen haben intensive Studien durchgeführt, die zeigten, dass 11 Prozent der New Yorker in Reaktion auf die Angriffe PTS entwickelten, im Vergleich zu nur 4 Prozent der allgemeinen US-Bevölkerung. Diejenigen, die an diesem Tag die ausführliche Berichterstattung im Fernsehen intensiv verfolgten, wie auch Menschen, deren Freunde und Verwandte bei den Attacken starben, waren besonders stark gefährdet.*

AMNESIE

Basics

Die Initialen H.M. sind jedem Studenten der Neurowissenschaften bekannt – dahinter verbirgt sich der wohl berühmteste Patient auf diesem Gebiet. H.M. litt unter schwerer Epilepsie, und 1953 entfernten die Ärzte, die seine Anfälle in den Griff zu bekommen suchten, einen Teil seines Gehirns, darunter Hippocampus, Amygdala und andere Areale, die für die Bildung und Speicherung von Erinnerungen eine Rolle spielen. Seitdem litt H.M. unter schwerem Gedächtnisverlust (Amnesie), und zwar sowohl unter leichter retrograder Amnesie – er konnte sich nicht an gewisse Dinge aus seiner Vergangenheit erinnern – als auch an anterograder Amnesie – er konnte keine neuen Erinnerungen speichern.

Studien an H.M. und andere Amnestikern haben uns viel über die Funktionsweise des Gehirns gelehrt. (Ganz nebenbei lieferten sie uns Stoff für viele tausend Stunden Seifenoper.) Einer der wichtigsten Befunde war, dass H.M. zwar völlig unfähig war, neue Fakten oder Ereignisse zu speichern, wohl aber neue physische Fertigkeiten erlernen konnte. Er lernte zu jonglieren, ohne sich daran zu erinnern, wie er es gelernt hatte. Befunde wie diese machten deutlich, dass das Gehirn deklarative Erinnerungen (Orte, Namen, Daten) und nicht deklarative Erinnerungen (wie man Fahrrad fährt) in unterschiedlichen Schaltkreisen speichert. Henry Molaison starb 2008 im Alter von 82 Jahren.

Zwar wurde H.M.s Leiden von einer physischen Schädigung des Gehirns ausgelöst, doch Amnesie kann auch von temporären Hirnverletzungen hervorgerufen werden, wie einer Gehirnerschütterung oder einem psychisch traumatischen Ereignis. Das ist im Grunde alles, was über Amnesie zu sagen ist. Es sei denn, ich habe etwas vergessen.

Grenzen des Wissens

Wissenschaftler debattieren noch immer über den Mechanismus, der der Amnesie zugrunde liegt. Ist ein Patient, der keine neuen Erinnerungen speichern kann, nicht in der Lage, Einträge neuer Ereignisse vorzunehmen, nicht in der Lage, diese Einträge zu speichern oder nur nicht in der Lage, diese Einträge wieder abzurufen?

Viele Wissenschaftler vertreten die Ansicht, Amnesie sei ein Abrufproblem, und weisen darauf hin, dass Amnestiker manchmal in der Lage sind, «verlorene» Informationen wiederzufinden. Aber die Debatte ist noch keineswegs beendet.

Fakten  **zum Angeben**

• Reverend Ansel Bourne war ein Pastor, der im Januar 1857 aus seinem Haus in Rhode Island verschwand. Er hatte seinen Namen, seine Identität und alle Erinnerungen an sein früheres Leben vergessen – einen Zustand, den man als dissoziative Fugue bezeichnet. Mehrere Monate lang lebte er in Pennsylvania als Ladenbesitzer unter dem Namen A. Brown, bis er sich plötzlich erinnerte, dass er Ansel Bourne war, und sich verwundert fragte, was er denn dort eigentlich tue.

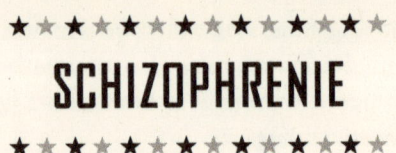

SCHIZOPHRENIE

Basics

Schizophrenie wird oft mit viel künstlerischer Freiheit beschrieben, doch die Medien stellen einige Dinge richtig dar: Diese Krankheit ist durch eine Psychose gekennzeichnet, einen beträchtlichen Bruch mit der Realität. Viele Menschen mit Schizophrenie leiden unter Halluzinationen, vor allen akustischen: Sie hören Stimmen, die ihnen sagen, was sie zu tun haben. Zum Teil haben sie auch Wahnvorstellungen – häufig handelt es sich um Verfolgungswahn (Paranoia) wie auch um die Vorstellung, ihre Gedanken würden kontrolliert. Menschen, die unter Schizophrenie leiden, sprechen oft hektisch und sprudeln eine Fülle sprunghafter oder unzusammenhängender Gedanken hervor.

Einige Schizophrene zeigen jedoch keines dieser Symptome, sondern Symptome, die eher genau in die Gegenrichtung weisen. Sie ziehen sich möglicherweise völlig in eine innere Welt zurück, zeigen kaum oder gar keine Gefühle und reden vielleicht überhaupt nicht. Manche leiden auch unter einer sogenannten katatonischen Starre und nehmen stundenlang dieselbe, oft schmerzhafte Haltung ein. Das alles ist weit entfernt von den obdachlosen Schizophrenen, die in Folgen von *Law and Order* (TV-Serie *Die Aufrechten – Aus den Akten der Straße*) durch die Straßen wandern. Dennoch kann Schizophrenie das Leben eines Menschen völlig aus den Fugen geraten lassen, und die Krankheit lässt sich unter Umständen nur schwer behandeln.

Schizophrenie ist etwas ganz anderes als eine Dissoziative

Identitätsstörung (DIS), auch Multiple Persönlichkeitsstörung genannt, wenn beides auch oft verwechselt wird.

Grenzen des Wissens

Schizophrene Menschen weisen erkennbare Anomalien in Chemie und Struktur ihres Gehirns auf, und viele Wissenschaftler sind der Ansicht, dass manche dieser Veränderungen bereits im Mutterleib einsetzen. Möglicherweise kann die Exposition gegenüber Virusinfektionen das Risiko eines Fetus erhöhen, Schizophrenie zu entwickeln.

Neuere Studien sprechen sogar dafür, dass bei Schwangeren, die im ersten Trimester ihrer Schwangerschaft starkem Stress ausgesetzt sind – vor allem dem Verlust eines geliebten Menschen –, die Wahrscheinlichkeit erhöht ist, dass ihre Kinder Schizophrenie entwickeln. Natürlich entwickeln nicht fast alle Kinder, die im Mutterleib Infektionen oder Stress ausgesetzt waren, diese psychische Störung. Forscher, die versuchen, die Ursachen dieser Erkrankung zu finden, interessieren sich jedoch zunehmend für das vorgeburtliche Leben der Betroffenen.

Fakten zum Angeben

- Kinder, die im Frühjahr und Winter geboren werden, sind stärker schizophreniegefährdet als andere.
- Schizophrenie ist umso häufiger, je niedriger der sozioökonomische Status eines Menschen ist. Es ist jedoch durchaus möglich, dass diese Krankheit dazu führt, dass die Betroffenen weniger verdienen, und nicht umgekehrt.
- Akustische Halluzinationen sind durch eine Zunahme der Aktivität in Gehirnarealen verbunden, die reale Töne und Geräusche verarbeiten.

SUCHT

Basics

Unter Sucht versteht man die Abhängigkeit von Drogen oder einer anderen chemischen Substanz, die die Gesundheit gefährden und das tägliche Leben aus den Angeln heben kann. Zwar wirken verschiedene Drogen auf unterschiedliche Weise, doch grundsätzlich funktionieren sie alle ähnlich: Sie führen dazu, dass man sich gut fühlt, weil sie die Belohnungszentren des Gehirns aktivieren.

Im Allgemeinen rufen Drogen ihre angenehme Wirkung dadurch hervor, dass sie die Aktivität gewisser Neurotransmitter im Gehirn beeinflussen. Im Lauf der Zeit kompensiert das Gehirn die Wirkung der Droge, indem es die Produktion dieser Neurotransmitter verändert. Wenn eine Droge ständig den Dopaminspiegel an den Synapsen erhöht, passt sich das Gehirn an, indem es weniger Dopamin herstellt. Das ist die Basis für das Phänomen der Drogentoleranz, die dazu führt, dass ein Süchtiger immer mehr «Stoff» braucht, um denselben Effekt zu erzielen. (Es kann auch die höchst unangenehmen Nebenwirkungen des Entzugs erklären. Wenn die Droge plötzlich verschwindet, muss sich das Gehirn wieder an seine Grundaktivität anpassen.)

Sucht kann Leben zerstören, und das tut sie auch, und Süchtigen geben unter Umständen ihr ganzes Geld für Drogen aus, verlieren ihren Job und lassen ihre persönlichen Beziehungen zusammenbrechen. Auch wenn die Sucht im Prinzip jeden treffen kann, scheinen manche Menschen genetische Prädispositionen geerbt zu haben, von Substanzen aller Art abhängig zu werden. Es gibt viele Behandlungsmöglichkeiten für Sucht, doch Sucht bleibt trotz aller Bemühungen von moderner Medizin, Neurowissenschaften und Psychologie ein heimtückisches und schwierig zu lösendes Problem.

Grenzen des Wissens
Wissenschaftler suchen noch immer nach einer Wunderdroge, um Süchtigen zu helfen, ihre Sucht zu überwinden. Ein viel versprechender Ansatz besteht darin zu verhindern, dass Drogen ihre belohnende Wirkung entfalten. Die aktuelle Forschung auf diesem Gebiet konzentriert sich auf das ventrale tegmentale Areal (VTA), das Teil einer Belohnungsbahn des Gehirns ist.

Wissenschaftler haben ein natürlich vorkommendes Enzym gefunden, das offenbar die Aktivität im VTA erhöht. Daraufhin haben sie eine Substanz entwickelt, die dieses Enzym im Gehirn blockiert. Verabreicht man Ratten diese Substanz, so hört das Verlangen nach Drogen auf, und die Entzugssymptome schwinden.

Fakten  **zum Angeben**

• *Süchtige verknüpfen häufig Schlüsselreize aus der Umwelt stark mit den Drogen ihrer Wahl. Schon der Anblick eines Fotos des Ortes, wo sie normalerweise Drogen nehmen, kann das Verlangen eines Süchtigen anheizen.*
• *Im Jahr 1995 gestand die Talkshow-Königin Oprah Winfrey, dass sie in ihren Zwanzigern Crack-Kokain genommen habe. Sie sagte, sie habe wegen eines Liebhabers begonnen, die Droge zu nehmen, und sie sei «süchtig nach dem Mann» gewesen.*

KRANKHAFTE AGGRESSION

Basics

Aggression ist ein Verhalten, das die Evolution aus gutem Grund beibehalten hat. Doch in der modernen menschlichen Gesellschaft ist es nicht immer so adaptiv, wie es einst war. (Heute ist die Wahrscheinlichkeit größer, dass Sie damit im Gefängnis landen, statt sich ein neues Stück Land unter den Nagel reißen zu können.) Ein kleiner Prozentsatz der Population begeht einen Großteil aller Gewaltakte, und Neurowissenschaftler versuchen herauszufinden, was im Kopf dieser Minderheit so anders ist.

Wenig überraschend, spielt die Amygdala – die an Gefühlen wie Angst und Wut sowie an der Kampf-oder-Flucht-Reaktion beteiligt ist – eine wichtige Rolle bei gewalttätigem und aggressivem Verhalten. Menschen, die impulsive Gewaltakte begehen, weisen in ihrer Amygdala einen höheren Glucosestoffwechsel auf als andere, das heißt, ihre Amygdala verbraucht Treibstoff rascher.

Der frontale Cortex ist für unsere Selbstkontrolle zuständig, und man nimmt an, dass er Aggression hemmt und unsere Impulse unter Kontrolle hält. Studien haben ergeben, dass diese Region bei gewalttätigen Kriminellen unterentwickelt oder unteraktiviert ist. Auch der Neurotransmitter Serotonin spielt eine Rolle, und bei aggressiven Menschen hat man einen niedrigen Serotoninspiegel gefunden (ebenso Mutationen in Genen, die die Serotoninproduktion beeinflussen).

Eine Reihe von umweltbedingten Risikofaktoren könnte ebenfalls die Hand im Spiel haben. Armut, Misshandlung in der Kindheit, gestörte Familienverhältnisse, Drogenmissbrauch und das Miterleben von Gewaltakten – all das kann das Risiko erhöhen, dass ein Kind später selbst gewalttätig wird. Aber selbst wenn wir sämtliche biologischen und umweltbedingten Faktoren berücksichtigen, können wir immer noch nicht vorhersagen, wer ein gewalttätiger Straftäter werden wird.

Grenzen des Wissens
Eine aktuelle Tierstudie untersucht die Unterschiede zwischen funktionaler und dysfunktionaler Aggression, Forscher ermöglichten Nagern, wiederholt andere Ratten oder Mäuse zu dominieren. Dieses Dominanzmuster verwandelte normale Nager in krankhaft gewalttätige Geschöpfe.

Zudem stellte sich heraus, dass Tiere, die pathologisch aggressiv wurden, einen steilen Abfall ihres Serotoninspiegels erlebten. Gesündere, stärker funktionale Aggression ging jedoch nicht mit diesem Serotoninmangel einher.

Fakten  **zum Angeben**

• *Testosteron spielt offenbar ebenfalls eine Rolle bei krankhafter Aggression. Eine Studie mit Gefängnisinsassen ergab, dass Männer, die besonders gewalttätige Straftaten (oder auch nur gewalttätige Straftaten im Allgemeinen) begangen hatten, den höchsten Testosteronspiegel aufwiesen.*
• *Menschen, die antisozial sind und kriminelle Neigungen zeigen, haben in der Regel einen niedrigen Ruhepuls. Das könnte für eine gewisse Furchtlosigkeit sprechen.*

SCHLAFSTÖRUNGEN

Basics

Manche Menschen haben langfristige, sogar lebenslange Schwierigkeiten, einzuschlafen oder durchzuschlafen. Die neurologische Basis chronischer Schlaflosigkeit ist noch ungeklärt, doch diese Störung resultiert wahrscheinlich aus Anomalien in den cerebralen Netzwerken, die für Aufmerksamkeit und Wachheit eine Rolle spielen. In unseren Tagen wird viel über «Schlafhygiene» gesprochen, und Menschen, die unter Schlaflosigkeit leiden, wird geraten, ihr Schlafverhalten zu verändern – stets zur gleichen Zeit zu Bett zu gehen, abends Alkohol und Koffein zu meiden und so weiter –, bevor sie zu Schlaftabletten greifen.

Narkolepsie («Schlafkrankheit») ist eine Schlafstörung, die in eine andere Kategorie fällt; sie ist gekennzeichnet von starker Schläfrigkeit während des Tages, die die Betroffenen oft zwingt, tagsüber mehrere Nickerchen einzulegen. Das andere kennzeichnende Symptom der Narkolepsie ist eine plötzliche Muskelschwäche in Antwort auf starke Emotionen. Dieses Phänomen, das als Kataplexie bekannt ist, kann dazu führen, dass ein Narkoleptiker bei Affekten wie Angst, Lachen oder Verlegenheit weiche Knie bekommt oder sogar zusammenbricht. Narkoleptikern mangelt es an einem Hormon namens Orexin, das im Hypothalamus produziert wird und zur Regulierung des Schlaf-Wach-Rhythmus beiträgt.

Der Goldstandard zur Diagnose der ganzen Palette der Schlafstörungen ist eine Polysomnographie, die eine Nacht in einem Schlaflabor erfordert. Patienten werden per Elektroden an

Geräte angeschlossen, die ihre Schlafstadien registrieren, in der Hoffnung herauszufinden, was in ihrem Gehirn vorgeht, während sie schlafen, oder es zumindest zu versuchen.

Grenzen des Wissens

Forscher meinen, dass es schlaflosen Menschen helfen könnte, sich schläfrig zu fühlen, wenn es gelänge, die Orexinaktivität künstlich zu unterdrücken.

Auch Adenosin spielt eine Rolle bei der Schläfrigkeit. Eine zweite Möglichkeit, Schlaflosigkeit zu behandeln, könnte darin bestehen, Adenosin ins Gehirn zu injizieren oder dessen Aktivität zu erhöhen. Sandmännchen, bitte kommen!

Fakten  **zum Angeben**

- *Jedes Jahr leiden mehr als 25 Prozent der deutschen Bevölkerung unter Schlaflosigkeit. Sehr viel weniger Menschen – etwa 4–5 Prozent – erklären, sie fühlten sich tagsüber sehr schläfrig.*
- *Bei der Schlaflähmung ist der Betroffene nicht in der Lage, seinen Körper beim Aufwachen zu bewegen. Vermutlich «vergisst» das Gehirn zeitweilig, die körperliche Lähmung aufzuheben, die es während des Schlafs aktiviert. Menschen, die unter Schlafparalyse leiden, erleben unter Umständen auch haarsträubende Halluzinationen. Schlafparalyse könnte Geschichten über Entführungen durch UFOs und Begegnungen mit Gespenstern erklären.*

PRIONENKRANKHEITEN

Basics

Sie leiden unter einigen der seltsamsten Symptome, die wir kennen: Schafe, die sich all ihre Wolle abscheuern, Kühe, die stolpern und fallen, Menschen mit monatelanger Schlaflosigkeit, die zum Tod führt. Was sie vereint, könnte noch seltsamer sein: falsch geformte, infektiöse Proteine, die als Prionen bekannt sind.

Früher nahm man an, die einzigen Vehikel, die Krankheiten übertragen können, seien Bakterien, Viren, Parasiten und so weiter – Erreger, die über Erbsubstanz wie DNA bzw. RNA verfügen. Prionen haben keine Erbsubstanz. Aus diesem Grund haben fast alle Forscher zunächst die Idee zurückgewiesen, Proteine könnten Menschen krank machen.

Doch Prionen, das geben die meisten Wissenschaftler inzwischen zu, sind die Ursache für eine Reihe tödlicher, degenerativer neurologischer Erkrankungen. Proteine falten sich zu komplexen und einzigartigen Formen. Zu einer Prionenkrankheit kommt es, wenn ein bestimmtes Protein eine anomale Form annimmt und ungefaltet bleibt. Wenn dieses Prion andere, gesunde Proteine berührt, veranlasst es sie, sich ebenfalls zu entfalten. Diese entfalteten Prionen-Proteine sammeln sich im Gehirn an und führen zum Zelltod. Dadurch, dass ganze Neuronengruppen absterben, wird das ganze Gehirn löchrig, bis es schließlich aussieht wie ein Schwamm.

Keine der menschlichen Prionenkrankheiten ist häufig, doch die am besten bekannte ist die Creutzfeld-Jakob-Krankheit, die

Sie vielleicht als «Rinderwahnsinn» kennen. Menschen können sich durch den Genuss von Prionen-verseuchtem Rindfleisch infizieren. Die Krankheit kann Monate oder Jahre brauchen, um sich zu entwickeln, ist aber unbehandelbar und führt stets zum Tod. Prionenkrankheiten können auch aus genetischen Mutationen resultieren; die tödliche familiäre Schlaflosigkeit ist eine solche Erbkrankheit.

Grenzen des Wissens
Der Rinderwahnsinn verbreitete Angst und Schrecken, als Menschen in Großbritannien begannen, Symptome der menschlichen Form der Krankheit zu zeigen. Die Panik war derart groß, dass das Rote Kreuz jeden vom Blutspenden ausschloss, der zwischen 1980 und 1996 mehr als drei Monate im Vereinigten Königreich verbracht hatte, aus Furcht, Blutkonserven mit Prionen zu verseuchen.

Inzwischen gibt es viel versprechende neue Technologien, die Prionen aus dem Blut filtern können. Der Durchbruch könnte den Pool potenzieller Blutspender stark erweitern.

Fakten  **zum Angeben**

• Prionen sind zähe kleine Burschen, die sich weder durch Sterilisierung, Hitze noch Strahlung vernichten lassen.
• Eine der exotischsten Prionenkrankheiten ist Kuru; diese Krankheit tritt bei einem Stamm in Papua-Neuguinea auf. Die Prionen, die Kuru verursachen, schädigen vorwiegend das Kleinhirn, was zu Zittern und motorischen Beeinträchtigungen führt. Vermutlich konnte sich diese Krankheit so rasch ausbreiten, weil der Stamm die Überreste seiner toten Angehörigen verzehrte, darunter auch das voller Prionen steckende Gehirn.

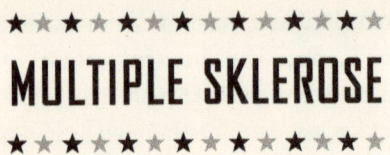

MULTIPLE SKLEROSE

Basics

Meine Lehrerin in der dritten Klasse versuchte, gut lesbar an die Tafel zu schreiben, aber ihre Schrift war oft schwer zu entziffern. Einer der Schülereltern entdeckte schließlich, dass sie an multipler Sklerose litt, einer degenerativen Erkrankung, die die Motorik beeinträchtigt und ihr erschwerte, feinmotorische Bewegungen, wie sie beim Schreiben nötig sind, zu kontrollieren. Im Lauf der nächsten Jahre wurde ihre Handschrift immer schlechter, und ihr Zustand verschlimmerte sich, bis sie schließlich einen Rollstuhl brauchte.

Multiple Sklerose (MS) gilt als Autoimmunkrankheit, eine Störung, bei der das Immunsystem irrtümlich körpereigenes Gewebe angreift. Im Fall von MS attackiert das Immunsystem das Myelin, die fettreiche Substanz, die die Neurone elektrisch isoliert und so eine schnelle Fortleitung der Nervensignale garantiert. Durch die Schädigung werden Nervensignale nicht mehr zuverlässig weitergeleitet, und die Bewegungsfähigkeit leidet.

Patienten mit MS klagen über Muskelschwäche und ein taubes Gefühl in Armen und Beinen, abnehmende motorische Kontrolle, beeinträchtigtes Sehvermögen, ruckartige Zuckungen und Schwierigkeiten beim Laufen. Bei vielen Betroffenen kommen und gehen MS-Schübe; dazwischen liegen lange Perioden der Remission, doch der Zustand ist chronisch. Steroide können bei der Behandlung der akuten Phase helfen und die Symptome verringern. MS hat eine genetische Komponente, aber Gene allein genügen nicht, um die Krankheit auszulösen. Umweltbedingte Auslöser sind bisher unbekannt, doch es ist vermutet worden, dass die Exposition gegenüber gewissen Viren eine Rolle spielen könnte.

Grenzen des Wissens
Männer, besonders solche, die auf dem Höhepunkt ihrer Fortpflanzungsfähigkeit stehen, erkranken selten an MS. Wie Tierstudien gezeigt haben, kann Testosteron vor einigen Autoimmunkrankheiten schützen, und es ist vermutet worden, dass dieses Geschlechtshormon auch MS auf Abstand halten könnte.

Nun hat eine kleine Studie gezeigt, dass Testosteron die Symptome von MS lindern kann. Männer mit MS rieben ihre Arme ein Jahr lang täglich mit einem Testosteron-Gel ein. Diese Männer zeigten daraufhin eine erhöhte Muskelmasse, reduzierte Symptome, und selbst der Hirnverfall verlangsamte sich.

Fakten  **zum Angeben**
• Die Häufigkeit von MS nimmt mit steigendem Breitengrad zu – die Krankheit wird umso häufiger, je weiter man sich den Erdpolen nähert. Warum das so ist, ist fraglich, doch dieses gut dokumentierte Phänomen ist als Beleg dafür herangezogen worden, dass Umweltfaktoren bei MS eine Rolle spielen.
• Frühe Autopsien von Patienten mit MS ergaben, dass Flächen in ihrem Gehirn hart und bedeckt von Narbengewebe waren. Dieser Beobachtung verdankt die Krankheit ihren Namen («skleros» ist Altgriechisch und bedeutet «hart»).

PARKINSON-KRANKHEIT

Basics

Sie kommen aus verschiedenen Welten, doch Berühmtheiten wie der Boxweltmeister Muhammad Ali und Schauspieler Michael J. Fox bemühen sich gemeinsam, der Parkinson-Krankheit ein reales, lebendes Gesicht zu verleihen. Verlangsamte Bewegungen, schlechte Haltung, ein maskenartiges Gesicht, Muskelstarre und Zittern («Schüttellähmung») sind typisch für diesen Zustand.

Verglichen mit vielen anderen neurologischen Störungen ist die molekulare Basis der Parkinson-Krankheit gut erforscht. Bei den Betroffenen kommt es in einem Teil des Gehirns, der an der motorischen Kontrolle beteiligt ist, nämlich in den Basalganglien, zu einem ausgedehnten Neuronensterben. Solange diese Neurone gesund sind, schütten sie Dopamin aus, um mit den Teilen des Gehirns zu kommunizieren, die die Körperbewegungen kontrollieren.

Wenn diese Neurone absterben, sinkt der Dopaminspiegel. Obwohl die Parkinson-Krankheit unheilbar ist, lassen sich viele der Symptome mit L-DOPA behandeln, das im Gehirn in Dopamin umgewandelt wird. L-DOPA ist jedoch keine Dauerlösung und hat schwere Nebenwirkungen, daher wird versucht, andere Medikamente zu entwickeln, die die Wirkung von Dopamin nachahmen.

Bei Patienten mit besonders schweren Symptomen können Chirurgen eine kleine Zellgruppe zerstören, die Bewegungen hemmt. Oder sie können eine Elektrode ins Gehirn einpflanzen, um damit gewisse Hirnregionen zu stimulieren. Mehr darüber im nächsten Kapitel.

Grenzen des Wissens

Mehrere Studien haben gezeigt, dass nicht verschreibungspflichtige Medikamente bei der Bekämpfung der Parkinson-Krankheit und ihrer Symptome von Nutzen sein können. Schmerzmittel wie Advil, ein Medikament aus der Gruppe der nicht steroidalen Antirheumatika (Entzündungshemmer) (NSAR), senken offenbar das Risiko, an Parkinson zu erkranken.

Und Hustenmittel – dieses klebrige, nach Himbeeraroma schmeckende Zeug, das wir alle schon einmal geschluckt haben – könnten helfen, die schweren motorischen Nebenwirkungen von L-DOPA, sogenannte Dyskinesien, zu unterdrücken. (Dyskinesien sind unwillkürliche Bewegungen und können so störend sein, dass sie die Betroffenen davon abhalten, eine ansonsten wirksame Arznei zu nehmen.)

Fakten  **zum Angeben**

- Die Parkinson-Krankheit und L-DOPA waren das Thema von Oliver Sacks' Buch Awakenings – Zeit des Erwachens und des darauf basierenden Films mit Robin Williams.
- Im Jahr 1982 entwickelte eine Handvoll junger Drogenabhängiger in Kalifornien ein mysteriöses Syndrom, das der Parkinson-Krankheit ähnelte. Schließlich stellte sich heraus, dass die Patienten auf der Straße synthetisches Heroin gekauft hatten, das mit einer Substanz, die als MTPT bekannt ist, verunreinigt war. MTPT induziert Parkinson-ähnliche Symptome.

ALZHEIMER-KRANKHEIT

Basics

Am 5. November 1994 ließ Ronald Reagan einen handschriftlichen Brief an das amerikanische Volk veröffentlichen. Damit gestand der frühere Präsident, an einer der verheerendsten neurologischen Krankheiten überhaupt zu leiden: Alzheimer.

Die ersten Symptome – Vergesslichkeit, Desorientierung und Wortfindungsschwierigkeiten – sind leicht und manchmal nur schwer von normalen Anzeichen des Alterns zu unterscheiden. Mit Fortschreiten der Krankheit werden typische Merkmale der Erkrankung jedoch deutlicher. Das Gedächtnis wird schlechter, ebenso das Urteilsvermögen und andere höhere kognitive Prozesse. Im Endstadium wirkt die Krankheit so zerstörerisch, dass Alzheimer-Patienten unter Umständen nicht einmal mehr ihre Familienangehörigen erkennen oder für sich selbst sorgen können.

Untersuchungen der Gehirne von Alzheimer-Patienten haben mehrere typische Symptome enthüllt. Es kommt zum Absterben von Nervenzellen, zu Ablagerungen von Proteinen rund um die Synapsen (sogenannte senile Plaques aus Amyloid-Peptiden) und zur Bildung von Proteinknäueln in den Neuronen (sogenannte fibrilläre Ablagerungen). Man vermutet, dass diese Plaques und Knäuel zum Absterben der Neurone führen, doch welche Rolle sie genau spielen, ist ungewiss.

Bei Menschen mit Alzheimer sind zudem einige Neurotransmitterspiegel reduziert, darunter auch der Spiegel von Acetylcholin, das für Lernen und Gedächtnis wichtig ist. Die Ursache von Alzheimer ist noch immer ein Rätsel – es gibt viele Theorien –, doch manche Menschen haben offenbar eine genetische Prädisposition für die früh einsetzende Form dieser Krankheit. Bisher gibt es weder Heilungschancen noch eine wirksame Behandlungsmöglichkeit.

Grenzen des Wissens
Die einzige Möglichkeit, definitiv zu belegen, dass ein Patient Alzheimer hat, besteht in einer Autopsie des Gehirns und dem Nachweis von Plaques und Fibrillenknäueln. Doch inzwischen haben Forscher Fortschritte bei der Entwicklung von Tests gemacht, mit deren Hilfe man die Krankheit schon zu Lebzeiten des Patienten diagnostizieren kann. Schließlich hilft eine Behandlung nicht weiter, wenn wir nicht wissen, wem wir sie angedeihen lassen sollen.

Ein chemischer Tracer, der beim Brain-Imaging verwendet wird, bindet an die Amyloid-Peptide in den Plaques. Das heißt, man kann die Substanz in den Blutstrom des Patienten injizieren und dann anhand von PET-Scans prüfen, ob sie im Gehirn auftaucht. Wenn das der Fall ist, ist dies ein Hinweis auf Plaques, und der Patient könnte auf dem Weg sein, das Vollbild einer Alzheimer-Erkrankung auszubilden.

Fakten  **zum Angeben**
• Bis zu 80 Prozent aller Demenzfälle bei älteren Menschen können auf Alzheimer zurückgeführt werden.
• Frauen mit Alzheimer leben in der Regel länger als Männer mit dieser Krankheit.
• Alzheimer führt dazu, dass der Geruchssinn der Betroffenen leidet.

SCHLAGANFALL

Basics

Schlaganfälle werden von einer plötzlichen Mangeldurchblutung und damit einem Sauerstoffmangel im Gehirn hervorgerufen, der Nervenzellen absterben lässt. Gewöhnlich ist es ein Blutgerinnsel, das den Blutfluss blockiert, aber Schlaganfälle können auch von Hirnblutungen ausgelöst werden.

Zu den Symptomen für einen Schlaganfall gehören Taubheitsgefühle auf einer Körperseite, rasende Kopfschmerzen, Schwierigkeiten beim Sprechen oder Verstehen von Gesprochenem, verschwommene Sicht und Schwindel, je nachdem, wo im Gehirn die Blockade auftritt. Bluthochdruck und hoher Cholesterinspiegel, Rauchen, Diabetes und starkes Übergewicht erhöhen das Risiko eines Menschen, und auch genetisch bedingte, anomale Blutgefäße machen Schlaganfälle wahrscheinlicher.

Schlaganfälle können, wenn sie nicht rasch behandelt werden, zu lang anhaltenden Schäden führen. Um einen Überblick über Typ und Lage eines Schlaganfalls zu gewinnen, wird ein Hirnscan durchgeführt und dann über die Behandlung entschieden, je nachdem, was den Schlaganfall ausgelöst hat. Um ein Blutgerinnsel zu entfernen oder eine verschlossene Arterie wieder zu öffnen, kann ein chirurgischer Eingriff nötig werden. Um eine zukünftige Gerinnselbildung zu verhindern, werden häufig Gerinnungshemmer verordnet.

Aspirin sollte beim ersten Anzeichen eines Schlaganfalls niemals genommen werden, denn wenn die Mangeldurchblutung auf eine Blutung statt auf ein Gerinnsel zurückgeht, kann es den Zustand verschlimmern. Geht der Schlaganfall auf eine Hirnblutung zurück, müssen Ärzte dieses Blut häufig ableiten.

Trotz solcher Interventionen haben viele Betroffene nach einem Schlaganfall anhaltend Schwierigkeiten zu sprechen, sich anzuziehen oder zu laufen. Manchmal hilft Physiotherapie, diese Fähigkeiten in einem gewissen Maße zurückzugewinnen.

Grenzen des Wissens
Ärzte haben sich mit Ingenieuren zusammengetan, um ein computergestütztes System zu schaffen, das Schlaganfallopfern eine raschere Rehabilitierung erlaubt, so ihre Hoffnung. Das Programm ist darauf ausgelegt, die motorischen Fertigkeiten der Patienten dadurch zu verbessern, dass diese Aufgaben in der virtuellen Realität durchführen.

Bei einer Übung geht es beispielsweise darum, mit Hilfe eines Joysticks Objekte in einer virtuellen Umwelt zu manipulieren. Dadurch soll sich die Hand-Augen-Koordination der Patienten verbessern, die durch einen Schlaganfall beeinträchtigt werden kann.

Fakten zum Angeben
- *Schlaganfall ist die dritthäufigste Todesursache in Deutschland: rund 165 000 Fälle pro Jahr.*
- *Manche Patienten, die einen Schlaganfall im Scheitellappen erlitten haben, leiden unter einem sogenannten Halbseitenneglect, der dazu führt, dass sie eine ganze Hälfte ihres Gesichtsfelds ignorieren. Wenn jemand beispielsweise einen Schlaganfall im linken Scheitellappen erlitten hat, kann es sein, dass er Dinge auf seiner rechten Seite nicht «sieht». Er isst vielleicht nur die linke Hälfte seines Tellers leer, rasiert nur die rechte Hälfte seines Gesichts (im Spiegel links).*

KOPFSCHMERZEN UND MIGRÄNE

Basics

Die meisten von uns kennen Kopfschmerzen nur allzu gut, die meist dann auftreten, wenn man sie am allerwenigsten gebrauchen kann. Hirntumoren können Kopfschmerzen auslösen, aber nehmen Sie nicht gleich das Schlimmste an, weil Ihr Kopf brummt – Kopfschmerzen können auch von Stress, Hunger oder sogar Sex ausgelöst werden.

Es gibt viele verschiedene Kopfschmerztypen. Spannungskopfschmerz resultiert aus der Anspannung von Muskeln in Gesicht und Nacken; viele andere Typen werden von anschwellenden Blutgefäßen im Gehirn ausgelöst (bei solchen Kopfschmerzen hilft oft Koffein, denn es bringt die Blutgefäße dazu, sich zusammenzuziehen).

Es gibt Kopfschmerzen und *Kopfschmerzen*. Migränekopfschmerzen sind wie ein rumpelnder Güterzug im Gehirn, gekennzeichnet durch höllische (manchmal handlungsunfähig machende) Schmerzen, die häufig mit Übelkeit und Licht- wie auch Geräuschempfindlichkeit einhergehen. Viele Menschen, die an Migräne leiden, erleben kurz vor Auftreten des Migräneanfalls Auren – visuelle Halluzinationen wie schimmernde oder blitzende Lichter.

Gewisse Nahrungsmittel – darunter Zwiebeln, Bananen und Käse – sind bekannt dafür, dass sie Migräneanfälle auslösen können, und die Betroffenen können die Häufigkeit ihrer Anfälle unter Umständen dadurch reduzieren, dass sie auf solche Auslöser verzichten. Zudem ist bekannt, dass Frauen häufiger als Männer unter Migräne leiden, vor allem um die Zeit der Menstruation herum. An der Verbindung zwischen Migräne und Hormonen wird intensiv geforscht.

Grenzen des Wissens
Teenager, die unter chronischer Migräne leiden, haben, wie eine aktuelle Studie zeigt, ein erhöhtes Selbstmordrisiko. Und das liegt nicht nur an den bohrenden Kopfschmerzen. Diejenigen, die unter solchen Kopfschmerzen leiden, sind auch anfälliger für affektive Störungen, Panikattacken und soziale Phobien. Diese Verbindungen sind gut dokumentiert, doch es ist ungewiss, wie man sie deuten soll. Viele dieser Störungen gehen mit einem anomalen Serotoninspiegel einher, der die Verknüpfung erklären könnte.

Fakten  **zum Angeben**

• Möchten Sie Ihre Kopfschmerzen dazu benutzen, um sich vor etwas zu drücken? Nennen Sie sie bei ihrem medizinischen Namen: Cephalgie. So klingt es gleich viel eindrucksvoller: «Ich kann heute nicht zur Arbeit kommen, weil ich unter Cephalgie leide.»
• Buchhalter haben einer Übersichtsstudie zufolge häufiger Kopfschmerzen als Menschen mit anderen Berufen. Und wer könnte es ihnen verdenken? Bibliothekaren, Busfahrern und Bauarbeitern geht es ähnlich.
• Ein Kater resultiert aus einer Schwellung und Reizung des Gehirns und seiner Blutgefäße. Oft wird behauptet, Wein mache den schlimmsten Brummschädel, aber ganz gleich, welchem Gift Sie zuneigen, am besten ist es, vernünftig zu trinken und gut hydriert zu bleiben.

KOPFVERLETZUNGEN

Basics

Das Gehirn wird gewöhnlich vom Schädel geschützt, doch eine plötzliche oder gewalttätige Krafteinwirkung kann ihn von einem Schutzschild in einen Rammbock verwandeln. Die Kollision kann dazu führen, dass das Gehirngewebe gequetscht wird, anschwillt, einreißt oder zu bluten beginnt.

Gehirnerschütterungen gehören zu den leichteren traumatischen Hirnverletzungen und können bereits bei einer harmlosen Kinder-Schlittenpartie auftreten (ich spreche aus Erfahrung). Sie führen in der Regel zu einem zeitweiligen Verlust des Bewusstseins und können auch mit Amnesie, Übelkeit und Kopfschmerzen einhergehen (aber leider nicht zu Sternen und Vögeln, die in Comics um den Kopf kreisen). Oft verlaufen sie leicht, und die Erholung kann vollständig erscheinen. Doch die Hirnschädigungen, die von Gehirnerschütterungen hervorgerufen werden, sind kumulativ, das heißt, ein Fußballspieler, der nach einer Gehirnerschütterung aufs Spielfeld zurückkehrt, trägt ein erhöhtes Risiko dafür, dass eine spätere Kopfverletzung zu ernsten Konsequenzen führt.

Gehirnerschütterungen sind geschlossene Kopfwunden, doch kann das Gehirn auch von Objekten verletzt werden, die die Schädeldecke durchdringen. Eine der klassischen Ursachen für solche penetrierenden Hirnverletzungen ist eine Schusswunde, die dazu führen kann, dass sich eine Kugel ins Hirngewebe einnistet. Ob Sie es glauben oder nicht, häufig versorgen Ärzte in einem solchen Fall lediglich die Wunde des Opfers, lassen das

Geschoss aber oft an Ort und Stelle, denn ein Entfernen könnte mehr Schaden anrichten als der Verbleib im Schädel. (Das ist ein wirklich cooles Souvenir, wenn auch nicht unbedingt eines, mit dem man so leicht durch die Sicherheitsschranken am Flughafen kommt.)

Grenzen des Wissens

Schlechte Nachrichten für professionelle Footballspieler (liest dies irgendeiner von ihnen?): Die Gehirnerschütterungen, die sie sich im Lauf ihrer Profikarriere zuziehen, können zu Demenz führen. Eine Studie mit mehr als 2500 ehemaligen Spielern ergab, dass die Wahrscheinlichkeit, im Alter mit kognitiven Beeinträchtigungen diagnostiziert zu werden, bei denjenigen, die mindestens drei Gehirnerschütterungen erlitten hatten, um das Fünffache erhöht war, und bei Gedächtnisproblemen stieg das Risiko um das Dreifache. Darüber hinaus haben ehemalige Footballspieler als Gruppe ein um 37 Prozent erhöhtes Risiko, an Alzheimer zu erkranken.

Fakten  zum Angeben

• Männer haben im Vergleich zu Frauen ein dreifach erhöhtes Risiko für traumatische Hirnverletzungen. Ich vermute, das geht auf Football spielen und Motorrad fahren zurück.
• Wir wären fast in eine Welt ohne Football geboren worden. Zu Beginn des 20. Jahrhunderts drohte Präsident Teddy Roosevelt, das Spiel zu ächten, weil Spieler, die damals keinen Helm trugen, schwere – sogar tödliche – Hirnverletzungen erlitten. Bis zu zwei Dutzend Spieler starben in einer einzigen Saison an solchen Traumata. Das lässt die heutigen Spieler gewissermaßen wie Weicheier aussehen.

KOMA

Basics

Schwere Hirnverletzungen können dazu führen, dass jemand in eine lange Phase der Bewusstlosigkeit oder in ein Koma fällt. Menschen, die im Koma liegen, reagieren nicht auf Reize und scheinen sich ihrer Umgebung nicht bewusst zu sein. Ihr Körper kann vielleicht noch Grundfunktionen ausführen, aber ihr Gehirn liegt in einer Art Winterschlaf.

Manche komatöse Patienten verfallen schließlich in einen «dauerhaften vegetativen Zustand». In diesem Zustand können Patienten ihre Augen öffnen, reagieren aber generell nicht auf ihre Umwelt. Das heißt jedoch nicht, dass sie sich völlig ruhig und still verhalten, denn sie können Spontanbewegungen ausführen – ihre Augen oder Gliedmaßen bewegen, grunzen und so weiter.

Die Prognose für Menschen im Koma oder im dauerhaften vegetativen Zustand variiert beträchtlich. Im Allgemeinen gilt: Je länger jemand in einem derartigen Zustand verbringt, desto unwahrscheinlicher ist eine bedeutende Erholung. Manche Menschen wachen aus dem Koma oder einem dauerhaften vegetativen Zustand auf, doch andere verbringen Jahre, angeschlossen an Beatmungsgeräte und mit geringen Chancen auf Besserung. Aud diesem Grund entschließen sich manche Menschen, eine Patientenverfügung für den Fall zu machen, dass sie in eine solche missliche Situation geraten.

Grenzen des Wissens

Zwischen mehreren komatösen Zuständen zu unterscheiden, ist für Ärzte sehr schwierig; noch schwieriger ist es vorherzusagen, welcher Patient sich erholen wird (und bis zu welchem Grad). Doch Forscher haben in jüngster Zeit ein neues Werkzeug entwickelt, das ihnen hilft, den Zustand von Patienten im Koma einzuschätzen und solide Prognosen über das Maß ihrer Erholung abzugeben.

Wie eine Studie zeigte, konnte ihre «Störungen des Bewusstseins»-Skala – auf der das sensorische System des Patienten, Schluckfähigkeit, Gleichgewicht und mehr bewertet werden – zuverlässig vorhersagen, bei welchen Patienten sich der Zustand innerhalb eines Jahres nach Eintritt ihren Verletzungen verbessern würde.

Fakten  **zum Angeben**

• Im Jahr 2003 kam ein Mann aus Arkansas, der 19 Jahre in einem komaartigen Zustand (ja, tatsächlich 19 Jahre) verbracht hatte, spontan wieder zu sich. Der Mann erwachte mit einer Amnesie und war schockiert zu hören, dass Ronald Reagan nicht länger Präsident war.

KAPITEL FÜNF

★ ★ ★ ★ ★ ★ ★ ★ ★ ★ ★ ★ ★ ★

HEILUNG DER PSYCHE – (MEIST) GANZ OHNE HIRNCHIRURGIE

★ ★ ★ ★ ★ ★ ★ ★ ★ ★ ★ ★ ★ ★

PSYCHOTHERAPIE

Basics

Psychotherapie ist eine klassische Intervention für psychische Störungen aller Art. Sie erfordert in der Regel zahlreiche Einzelsitzungen von Patient und Therapeut. In diesen Sitzungen steht die ehrwürdige Kunst des Gesprächs im Vordergrund: Die Patienten werden ermutigt, ihr Leben, ihre Probleme, Hoffnungen und Träume darzulegen. Doch jenseits dessen gibt es einen therapeutischen Stil und eine Philosophie für jeden Geschmack.

Da ist beispielsweise die Analyse nach Sigmund Freud, bei der der Therapeut Ihre freien Assoziationen, Träume und unbewussten Überzeugungen analysiert. Am anderen Ende des Spektrums steht die kognitive Verhaltenstherapie (KVT), die wenig Zeit mit der Vergangenheit des Patienten oder seinen unterbewussten Wünschen verschwendet. Vielmehr versucht die KVT, die destruktiven Denkmuster und Handlungen eines Patienten umzuschreiben.

Therapeuten sind an einen strengen ethischen Code gebunden, der von ihnen verlangt, Sitzungen vertraulich zu behandeln, und ihnen unangemessene Dinge wie die Verführung ihrer emotional verletzlichen Patient(inn)en untersagt. Psychotherapie ist außerordentlich kostspielig, und nicht allen Patienten werden sämtliche Kosten für ihre Sitzungen erstattet. Gruppentherapie ist für manche eine eher erschwingliche Option.

Grenzen des Wissens

Eine Studie hat erbracht, dass monatliche psychotherapeutische Sitzungen dazu beitragen können, Rückfälle bei Frauen mit wiederkehrenden Depressionen zu verhindern. Monatliche Treffen könnten eine gute Alternative (oder sogar ein Ersatz) für die Empfehlung sein, dass Patienten mit wiederkehrenden Depressionen über lange Zeitspannen Antidepressiva einnehmen sollten.

Eine andere Studie fand, dass depressive Teenager, die die Einnahme von Antidepressiva mit Psychotherapie verbinden, viel besser fahren als solche, die sich nur auf Medikamente oder Psychotherapie allein stützen. Selbst eine Therapie per Telefon konnte der Studie zufolge helfen.

Fakten  **zum Angeben**

- Selbst die geistige Gesundheit wird heutzutage ausgelagert: Einige Patienten in den USA entscheiden sich inzwischen für Cybertherapie, eine psychische Behandlung durch Therapeuten in Online-Praxen. Doch viele Therapeuten, die weiterhin Patienten ausschließlich in der realen Welt behandeln, haben sich besorgt über die Qualität der Betreuung bei diesen E-Therapeuten gezeigt, die bis zu zwei Dollar pro Minute verlangen.

PSYCHOPHARMAKOLOGIE

Basics

Nachweislich verschreiben Ärzte und Psychiater Patienten, die es nicht brauchen, bewusstseinsverändernde Medikamente. Doch sie verschreiben sie auch vielen Patienten, die sie brauchen, und zweifellos retten psychopharmakologische Medikamente regelmäßig Leben. Es gibt Medizinschränke voller Psychopharmaka, aber leider keine Pille, die auf alle Probleme «passt». Die Pille, die bei Peter Wunder wirkt, kann bei Julia ganz schlecht anschlagen, obwohl beide unter paranoider Schizophrenie leiden. Und es gibt nur wenige Wunderpillen, wenn überhaupt.

Obwohl Medikamente große Erleichterung schaffen können, gehen sie oft mit zahlreichen Nebenwirkungen einher, die je nach Pille von Zittern bis zu sexueller Dysfunktion reichen können. Selbst wenn eine Medikation Wunder wirkt, sehen sich Ärzte oft Problemen mit der Compliance (d.h. dem kooperativen Verhalten des Patienten im Rahmen der Therapie) gegenüber – Patienten, die beginnen, sich besser zu fühlen, setzen ihre Medikamente unter Umständen abrupt ab und lösen damit einen ernsten Rückfall aus.

Ein großes Hindernis bei der Entwicklung neuer Psychopharmaka ist die Blut-Hirn-Schranke, eine selektiv permeable Membran, die viele Substanzen aus dem Blut am Durchtritt ins Gehirn hindert. Diese Schranke dient gewöhnlich zum Schutz des Gehirns. Doch sie kann die Wirkung neuer Therapeutika verhindern, die diese Membran passieren müssen, um auch nur die Möglichkeit zu haben zu wirken.

Nanotechnologie, die auf molekularer Ebene arbeitet, könnte auf diesem Gebiet von großem Nutzen sein; die Forscher hoffen, sie erlaubt ihnen, winzige Teilchen zu entwickeln, die die Blut-Hirn-Schranke überwinden und Medikamente einschleusen können.

Grenzen des Wissens

Eine der Hauptkontroversen im Zusammenhang mit Psychopharmaka in den letzten Jahren ist die offenkundige Verbindung zwischen Antidepressiva und dem Selbstmord von Kindern und Teenagern. In mehreren Fällen, die großes Medieninteresse erregt haben, hat sich ein junger Mensch umgebracht, kurz nachdem er mit der Einnahme von Antidepressiva begonnen hat.

Man nimmt an, dass das Selbstmordrisiko möglicherweise steigt, wenn depressive Patienten beginnen, sich aus ihrer Benommenheit zu lösen und ihr Energielevel wieder steigt. Tatsächlich haben viele Patienten mit besonders schwerer Depression vielleicht nicht genug Energie, einen Selbstmordversuch zu planen oder auszuführen.

Fakten  **zum Angeben**

• Einer von zehn bis zwanzig Deutschen (unterschiedliche Statistiken) nimmt Antidepressiva.

• Lexapro, ein Medikament gegen Depression und Angstzustände, kam 2006 in den USA auf der Liste der am häufigsten verkauften Medikamente auf Platz 6. In jenem Jahr betrug die Zahl der Verschreibungen 26 Millionen.

HIRNCHIRURGIE

Basics

Trotz der vielen Durchbrüche der modernen Neurochirurgie bleibt die Lobotomie der berüchtigtste Eingriff der Disziplin. Und das aus gutem Grund: Es gab eine Reihe verschiedener Techniken, doch bei der wohl bekanntesten wurde ein Eispickel durch die Augenhöhle gestoßen. Die Spitze des Pickels wurde dann im Gehirn hin- und herbewegt, um Nervengewebe und -fasern zu zerstören.

Diese Prozedur wurde zur Behandlung psychischer Erkrankungen aller Art entwickelt, führte aber zu schlimmeren Problemen als die, die sie bekämpfen sollte. Lobotomierte Patienten litten zum Beispiel unter Lähmungen, kognitiven und affektiven Störungen, Schlaganfällen und mehr. Dieser chirurgische Eingriff führte zu so schrecklichen «Nebenwirkungen» (wenn man sie so nennen kann), dass er schließlich aufgegeben wurde.

Zum Glück verfügen wir inzwischen über andere chirurgische Techniken, um die Psyche zu heilen. Aus Gründen, die auf der Hand liegen, sind sie zur Behandlung vieler psychischer Störungen nicht das erste Mittel der Wahl, doch sie können helfen, wenn andere Mittel versagen.

Bei den meisten Formen der Hirnchirurgie geht es ganz buchstäblich um die Entfernung des Problems – um einen Tumor oder einen Gewebeherd, der eine Fehlfunktion aufweist. Die Chirurgen müssen jedoch außerordentlich vorsichtig sein und dürfen nur das entfernen, was absolut nötig ist; darum wird dieser Eingriff in der Regel am wachen Patienten durchgeführt. Wenn der

Chirurg zum Beispiel versucht, einen Tumor zu entfernen, der in der Nähe eines der Sprachzentren des Gehirns liegt, fordert er den Patienten unter Umständen auf, während der Operation Sprachaufgaben durchzuführen. Wenn der Patient dazu plötzlich nicht mehr in der Lage ist, weiß der Chirurg, dass er einer kritischen Region zu nahe gekommen ist. Während der Operation stützen sich Chirurgen auf raffinierte Brain-Imaging-Verfahren, die ihnen helfen, ihr Skalpell mit äußerster Genauigkeit zu führen. Seit dem Eispickel haben wir einen weiten Weg zurückgelegt.

Grenzen des Wissens
Eine der modernsten Techniken in der Hirnchirurgie umfasst den Einsatz eines chirurgischen Instruments, das als Endoskop bekannt ist. Die Endoskopie ermöglicht dem Chirurgen minimalinvasive Eingriffe, d.h., ohne große Löcher zu hinterlassen.

Diese Technik wird häufig bei medizinischen Eingriffen im Bereich von Speiseröhre, Magen und Enddarm angewandt; inzwischen ist sie auch bei einer kleinen Zahl von Kindern mit Hirntumoren eingesetzt worden. Sie erlaubt den Ärzten, Hirntumoren von der Größe eines Tennisballs durch die Nase zu entfernen!

Fakten  **zum Angeben**
• Hirnoperationen können bis zu zwanzig Stunden dauern.
• Das Letzte, was Sie während einer Hirn-OP tun sollten, ist, plötzlich Ihren Kopf ruckartig zur Seite zu drehen. Aus diesem Grund wird der Kopf des Patienten häufig in einem Metallrahmen festgeschraubt. Das schmerzt dank einer örtlichen Betäubung nicht.

ELEKTROKRAMPFTHERAPIE

Basics

Elektrokrampftherapie (EKT) klingt barbarisch. (Lange Zeit wurde sie umgangssprachlich auch als Elektroschocktherapie bezeichnet.) Elektroden werden an Ihrem Kopf befestigt, Sie erhalten ein Mittel zur Muskelentspannung (Muskelrelaxanz), sodass Sie sich nicht verkrampfen und selbst verletzen können, sowie ein Narkosemittel, denn sonst würde Sie das, was anschließend passiert, zu Tode erschrecken.

Nachdem Sie das Bewusstsein verloren haben, werden die Elektroden aktiviert und elektrischer Strom in Ihren Schädel geleitet. Der Strom führt dazu, dass Neurone im ganzen Gehirn zu feuern beginnen und Neurotransmitter aller Art freisetzen. Als Reaktion darauf erleiden Sie einen Krampfanfall. Nach der Behandlung wachen Sie desorientiert und verwirrt auf und leiden wahrscheinlich unter einer gewissen Beeinträchtigung Ihres Kurzzeitgedächtnisses. Multiplizieren Sie das mit den 6–12 Behandlungen, die Ihnen noch bevorstehen.

Aber es gibt eines, was für die EKT spricht: Sie funktioniert. (Wenn Wissenschaftler auch noch nicht wissen, warum.) Rund zwei Drittel aller Patienten, die sich der Prozedur unterziehen, berichten, dass sich ihre Depressionen gebessert haben, darunter viele Patienten, denen mit anderen Mitteln nicht zu helfen war. In den letzten Jahren ist die Technik zudem stark verbessert worden. Die EKT hat noch immer einen schlechten Ruf, bleibt aber ein wichtiges Instrument und letzte Hoffnung für Patienten, die unter schweren Depressionen leiden.

Grenzen des Wissens

Obwohl EKT bisher primär zur Behandlung von Depressionen eingesetzt worden ist, könnte sie unter Umständen auch die Symptome von Schizophreniepatienten lindern und deren Alltag erleichtern. Obgleich antipsychotische Medikamente die erste Wahl zur Behandlung von Schizophrenie sind, wirken sie in Kombination mit der EKT offenbar noch effektiver; vor allem führen sie zu einer rascheren Besserung. Zwanzig Prozent aller Schizophrenen reagieren nicht auf Medikamente, und eine oder mehrere EKT-Behandlungen könnte ihnen Erleichterung verschaffen.

Fakten  **zum Angeben**

• Anfang des 20. Jahrhunderts begannen Ärzte sich für die Vorstellung zu interessieren, Krampfanfälle zur Behandlung psychischer Erkrankungen einzusetzen. Sie experimentierten mit Chemikalien, um das Gehirn zum Krampfen zu bringen, bis der italienische Psychiater Ugo Cerletti auf die Idee kam, elektrischer Strom könne das Mittel der Wahl sein. Diese Eingebung hatte er beim Besuch eines Schlachthofs, wo er erlebte, wie Schweine Elektroschocks am Kopf erhielten – und überlebten. Das reichte, um Cerletti zu überzeugen, dass ein ähnlicher Ansatz auch beim Menschen möglich ist.

• Bevor Ärzte auf die Idee kamen, Muskelrelaxanzien einzusetzen, führte EKT häufig dazu, dass sich die Patienten so stark verkrampften, dass sie sich ihre Schulter auskugelten oder ihre Knochen brachen. So etwas kann Depressionen keinesfalls lindern.

TIEFE HIRNSTIMULATION

Basics

Seit Jahrzehnten gibt es Herzschrittmacher – nun gibt es auch Hirnschrittmacher. Die Technologie wird als Tiefe Hirnstimulation bezeichnet: Ein Chirurg pflanzt eine Elektrode an den Ort der anomalen Aktivität. Diese Elektrode ist per Kabel mit einem Impulsgeber unter dem Schlüsselbein verbunden.

Wenn der Impulsgeber angeschaltet wird, sendet er stimulierende elektrische Impulse an den Ort des Problems. Der Impulsgeber hat eine Vielzahl möglicher Einstellungen, die vom Patienten (natürlich in Absprache mit dem Arzt) kontrolliert werden können.

Die Tiefe Hirnstimulation hat sich bei der Behandlung mehrerer Störungen als nützlich erwiesen; das gilt vor allem für die Parkinson-Krankheit. Elektroden werden in eine der Hirnstrukturen eingepflanzt, die für die Motorik eine Rolle spielen. Wenn der Schrittmacher angeschaltet wird, blockiert er einige der anomalen neuronalen Signale und lindert damit Zittern, Steifheit, Gehprobleme und mehr.

Es gibt mehrere Gründe, die für die Tiefe Hirnstimulation sprechen. Erstens ist die Prozedur reversibel. Wenn der Patient nicht gut damit zurechtkommt oder eine neue Therapie probieren möchte, kann die Elektrode und alles Übrige entfernt werden, ohne das Gehirn zu schädigen. Zweitens kann der Impulsgeber, der ja über viele verschiedene Einstellungen verfügt, jederzeit leicht angepasst werden, wenn sich der Zustand des Patienten ändert.

Grenzen des Wissens

Einige interessante Hinweise sprechen dafür, dass eine Tiefe Hirnstimulation Depressionen rasch lindern kann. Zur Behandlung von Depressionen werden Elektroden tief im Gehirn in einer Region implantiert, die als Areal 25 bezeichnet wird – ein Bereich, der bei Menschen mit Depressionen offenbar anomal reagiert.

Wenn der Impulsgeber aktiviert wird, wird die Region mit Signalen bombardiert, und Menschen, die seit Jahren gegen ihre Depression kämpfen, berichten, dass sich die dunkle Wolke endlich lichtet. Bisher gibt es nur kleine klinische Studien, und es bleibt noch viel zu tun, bis die Tiefe Hirnstimulation zu einer allgemein anerkannten Behandlungsmethode für Depressionen wird. Doch die Wissenschaftler – und Patienten, deren Depressionen nicht auf konventionelle Behandlung reagiert haben – sind hoffnungsvoll.

Fakten  **zum Angeben**

• Die Tiefe Hirnstimulation könnte auch Menschen helfen, die aufgrund des Tourette-Syndroms an Tics leiden. Ebenfalls überlegt wird der Einsatz dieser Technologie bei der Behandlung der Obsessiven Kompulsiven Störung, chronischen Schmerzen und Epilepsie.

• Im Jahr 2007 haben Ärzte die Tiefe Hirnstimulation sogar zur Behandlung eines Mannes eingesetzt, der kaum bei Bewusstsein war. Nach Implantation der Elektrode konnte der Patient Dinge tun, die ihm zuvor unmöglich waren, wie seine Nahrung kauen und Objekte vor sich benennen.

TRANSKRANIELLE MAGNETSTIMULATION

Basics

Eine der neusten Techniken in der Hirntherapie ist die transkranielle Magnetstimulation (TMS). Wie die Elektrokrampftherapie führt TMS zu einer elektrischen Aktivierung des Gehirns. Die Technik ist jedoch eine ganz andere (wofür wir wahrscheinlich dankbar sein können).

Bei der TMS senden über dem Kopf platzierte Spulen kurze magnetische Pulse aus, die Kopfhaut und Schädel durchdringen und das Gehirn stimulieren können. Diese Pulse regen Neurone zum Feuern an, und das scheint dem Gehirn bei der Selbstheilung zu helfen, wenn auch noch niemand weiß, warum. Bisher ist TMS als Behandlung für eine Reihe von neurologischen und psychiatrischen Störungen getestet worden; besonders viel versprechend sieht es bei Depressionen aus.

Die Forscher setzen große Hoffnungen in TMS, weil diese Technik anders als EKT die Stimulation einer ganz bestimmten Hirnregion erlaubt, sodass sich die Wirkungen präzise kontrollieren lassen. Zudem hat TMS kaum unangenehme Nebenwirkungen: Die Methode ist schmerzlos, erfordert keine Narkose und führt nicht zu Gedächtnisverlust.

Aber leider ist TMS nicht perfekt. Obgleich sich die Methode bei jedem beliebigen Schaltkreis im Cortex anwenden lässt, dringt das Magnetfeld nicht sehr weit ins Gehirn ein. Das heißt, die Methode kann nicht eingesetzt werden, um Probleme mit tief im Gehirn gelegenen Strukturen zu behandeln. Und auch wenn viele Studien gezeigt haben, dass TMS eine viel versprechende Therapie ist, befindet sie sich noch im experimentellen Stadium.

Grenzen des Wissens
TMS ist so experimentell, dass ein Großteil dieser Technologie an «den Grenzen des Wissens» liegt. Doch ich vermute, dass der Einsatz von TMS zur Steigerung der Hirnleistung gesunder Individuen noch innovativer ist als andere Anwendungen. Mit Hilfe von TMS lassen sich Neurone wiederholt zum Feuern bringen, was zu einer Verstärkung einiger Verbindungen im Gehirn führt.

Diese Technologie könnte dazu eingesetzt werden, Hirnschaltkreise in einer Weise zu rekonfigurieren, die die menschliche Leistungsfähigkeit auf einer Reihe von Gebieten verbessert. So konnte schon gezeigt werden, dass eine transkranielle Magnetstimulation des präfrontalen Cortex die Fähigkeit von Versuchspersonen zum Lösen von Geduldsspielen förderte. Und die amerikanische Regierung finanziert die Erforschung der Frage, ob TMS dazu eingesetzt werden kann, erschöpften Soldaten auf dem Schlachtfeld wieder neue Energie zu verleihen.

Fakten  **zum Angeben**
• *TMS fühlt sich offenbar wie ein leichtes «Klopfen» auf den Kopf an.*
• *Einige Wissenschaftler und Unternehmer arbeiten inzwischen an der Entwicklung eines tragbaren TMS-Geräts, das in einem Helm angebracht werden kann, sodass man überall Euphorie per Knopfdruck produzieren kann.*

STAMMZELLEN

Basics

Die Stammzelltherapie gehört zu den großen Hoffnungen der modernen Neurowissenschaften, und Forscher sind besonders daran interessiert, sich das Potenzial der Stammzellen in Embryonen zunutze zu machen. Embryonale Stammzellen haben noch keine bestimmten Aufgaben im Körper übernommen – ihre Rolle besteht darin, sich zu all den verschiedenen spezialisierten Zelltypen zu differenzieren, die der Embryo in Zukunft benötigt.

Die Tatsache, dass embryonale Stammzellen sich zu jedem beliebigen Zelltyp differenzieren können, bedeutet, dass sie sich verwenden lassen, um geschädigte Zellen bei Erwachsenen zu ersetzen. Tatsächlich konnte bereits gezeigt werden, dass sich dieses Potenzial nutzbar machen lässt. Die Zellen lassen sich ernten, im Labor zur Vermehrung bringen und dazu veranlassen, sich zu allen möglichen Zelltypen, von Blutzellen bis zu Neuronen, zu differenzieren.

Das viel versprechende Potenzial der Stammzelltherapie gilt vor allem für das Gehirn. Im Gegensatz zu Zellen in vielen anderen Teilen des Körpers werden geschädigte oder abgestorbene Nervenzellen im Allgemeinen nicht ersetzt, was Hirn- und Rückenmarksverletzungen so verheerend macht. Stammzellen könnten jedoch dazu beitragen, das Blatt zu unserem Vorteil zu wenden.

Bislang hat die Forschung gezeigt, dass das Gehirn tatsächlich Stammzellen aus Transplantaten übernehmen und sie in seine

Schaltkreise integrieren kann. Man hofft nun, Stammzellen zu benutzen, um Neurone bei Problemen zu ersetzen, die von Parkinson bis zum Hörverlust reichen. All das ist ermutigend, doch es müssen noch eine Menge technischer Schwierigkeiten überwunden werden, bis Stammzellen in einem Gehirn in Ihrer Nähe zum Einsatz kommen.

Grenzen des Wissens

Wegen des ethischen Wirbels um die Gewinnung embryonaler Stammzellen erkunden einige Wissenschaftler inzwischen das Potenzial von Stammzellen, die von Erwachsenen stammen, sogenannte adulte Stammzellen. (Einige Gewebe in Ihrem Körper enthalten Stammzellen, die darauf warten, bei Bedarf abgerufen zu werden.)

Adulte Stammzellen neigen jedoch dazu, sich zu dem Gewebe zu entwickeln, aus dem sie stammen – so verwandeln sich Blutstammzellen beispielsweise in adulte Blutzellen. Wissenschaftler sind gegenwärtig dabei, die Grenzen dieser Stammzellen mit gewissem Erfolg auszuloten. Es ist ihnen bereits gelungen, Blutstammzellen in Nervenzellen umzuwandeln. Weitere Forschungen werden uns einen besseren Eindruck von dem Potenzial dieses Ansatzes vermitteln.

Fakten zum Angeben

* *Wie Sie wahrscheinlich wissen, ist der Einsatz von embryonalen Stammzellen umstritten. US-Präsident George W. Bush entschloss sich, wissenschaftliche Entscheidungen nicht denjenigen zu überlassen, die tatsächlich, ähem, etwas von Wissenschaft verstehen, und unterzeichnete eine Anweisung, die Forschern, die finanzielle bundesstaatliche Unterstützung erhalten, untersagt, neue embryonale Stammzelllinien zu schaffen. Bleibt abzuwarten, ob dieser Bann in naher Zukunft aufgehoben wird.*

GENTHERAPIE

Basics

Trotz all der Ehrfurcht, mit der wir sie betrachten, sind Gene nicht mehr als ein Satz Anweisungen, ähnlich dem kleinen Beipackzettel für einen Ikea-Tisch, den Sie selbst zusammenbauen müssen. Was tun Sie, wenn Sie allen Anweisungen gefolgt sind, aber immer nur wackelige Tische herauskommen? Sie könnten einen Tischler beauftragen, der die wackligen Objekte repariert, eine Reihe neuer Tische kaufen, die bereits zusammengebaut sind, oder Sie suchen die Quelle auf und fordern einen korrekten Satz Instruktionen. Der letzte Ansatz ist die Idee, die hinter der Gentherapie steht.

Manche Hirnerkrankungen werden zumindest teilweise von Fehlern in den genetischen Anweisungen hervorgerufen, die dem Körper sagen, wie er Proteine bauen soll. Ein Fehler kann dazu führen, dass der Körper deformierte, falsche oder gar keine Proteine erzeugt, was schwere Hirnschäden zur Folge haben kann. Die Gentherapie zielt darauf ab, den Körper mit einem korrekten Satz genetischer Instruktionen zu versorgen. Zu diesem Zweck bauen die Wissenschaftler die Kopie eines gesunden Gens in einen Vektor ein, beispielsweise ein Virus, das das Gen in den Körper einschleust. Einmal dort angelangt, kann sich das neue Gen in die DNA der Zellen integrieren und mit der Produktion intakter Proteine beginnen.

Grenzen des Wissens

Die Gentherapie befindet sich noch im experimentellen Stadium, doch aktuelle Studien zeigen ihr Potenzial zur Bekämpfung von Hirnerkrankungen. Es ist bereits gelungen, Gene erfolgreich ins Gehirn von Nagern und Affen zu schleusen, und diese Gene haben tatsächlich mit der Proteinproduktion begonnen. Und mit Hilfe dieser Technik konnte die Hirnfunktion bei Tieren nachweislich verbessert werden. Ebenfalls konnte gezeigt werden, dass unter Umständen selbst eine einzige Injektion der betreffenden Gene ausreicht, um die Produktion gesunder Proteine im Gehirn sichtlich anzukurbeln. Viele Wissenschaftler setzen große Hoffnungen in den Ansatz, Gene in Zellen einzuschleusen, um auf diese Weise neurologische Störungen aller Art, von Parkinson bis Blindheit, zu behandeln.

Fakten  **zum Angeben**

• *Jesse Gelsinger ist ein Name, der bei Gentherapieforschern Schaudern auslöst. Gelsinger war ein 18-jähriger Freiwilliger, der 1999 an einem klinischen Versuch zur Gentherapie teilnahm. Einige Tage nachdem die Injektionen mit den neuen Genen begonnen hatten, starb er. Sein Tod – möglicherweise die Folge einer dramatischen Immunreaktion auf den Vektor, der als Träger der Gene diente – brachte die Gentherapieforschung erst einmal zum Stillstand.*

ROBOTERGLIEDMASSEN

Basics

Eines Nachmittags im Jahr 2000 bewegte das Nachtaffenweibchen Belle in Durham, North Carolina, seinen Arm. Das klingt zunächst recht trivial, doch diese Armbewegung rief weltweit großes Interesse hervor, vor allem in dem 700 Meilen entfernten Cambridge, Massachusetts, wo sich ein Roboterarm perfekt synchron zu Belles Arm bewegte.

Das Experiment war eine dramatische Demonstration, die zeigte, wie sich Technologie einsetzen lässt, um die Direktiven des Geistes umzusetzen. Seitdem hat es weitere ermutigende Durchbrüche auf dem Feld der Robotergliedmaßen oder Neuroprothesen gegeben.

Wir haben noch einen langen Weg vor uns, bevor wir darangehen können, Amputierte mit Roboterprothesen auszustatten, doch Tierversuche sind viel versprechend verlaufen. Die Technik, die direkt aus der Science-Fiction zu stammen scheint, erfordert die Implantation einer Anordnung von Elektroden in den motorischen Regionen im Gehirn eines Tieres.

Ein Computerprogramm registriert und analysiert die neuronalen Feuermuster, die mit einer bestimmten Bewegung (Ausstrecken des Arms, Ergreifen eines Objekts) einhergehen. Nachdem der Computer gelernt hat, nach welcher neuronalen Signatur er Ausschau halten soll, wird er an einen Roboterarm angeschlossen, der sich vielleicht meilenweit vom Versuchstier entfernt befindet.

Wenn der Computer das Muster der Neuronenaktivität erkennt, kann er dem Roboter signalisieren, dieselbe Bewegung einzuleiten. Das alles geschieht so schnell, dass der Roboterarm sich tatsächlich in Echtzeit synchron mit dem Tierarm bewegt.

Grenzen des Wissens
Einige der coolsten Studien im Bereich der Gehirn/Maschine-Schnittstellen ermöglicht Menschen, die vollständig gelähmt sind, ihre Gedanken zu tippen. Einige der Gelähmten wurden mit Elektrodenkappen ausgerüstet, die ihre Gehirnaktivität registrierten. Um zu tippen, benutzten sie eine speziell entworfene Software, die nacheinander einzelne Buchstaben auf den Schirm warf. Dadurch, dass sich die Teilnehmer auf den Buchstaben konzentrierten, den sie schreiben wollten, erzeugten sie ein cerebrales Aktivitätsmuster, das dem Computer signalisierte, die entsprechende Taste zu drücken. Diese Technologie gibt stark behinderten Menschen die Fähigkeit zurück, ihren PC zu benutzen – und ebenso süchtig danach zu werden wie wir alle.

Fakten  **zum Angeben**

• Manchmal müssen die Tiere nicht einmal einen Muskel bewegen, um beim Roboterarm Bewegung auszulösen. Wie eine Studie zeigte, konnten Affen einen Roboterarm dazu bringen, sie mit Fruchtsaft zu füttern, indem sie lediglich an die nötigen Bewegungen dachten. Der nächste Schritt wird sein, einen Roboterarm darauf zu trainieren, den Affen mit Palmwedeln frische Luft zuzufächeln, während sie ihre Trauben genießen.

KAPITEL SECHS

DIE MACHT DER UMWELT: VERÄNDERUNGEN DES GEHIRNS

NEUROPLASTIZITÄT

Basics

Amputierte haben manchmal das Gefühl, ein Phantomglied zu besitzen, und fühlen Schmerz, Juckreiz oder andere sensorische Empfindungen an einer Extremität, die nicht länger existiert. Der Neurowissenschaftler V. S. Ramachandran arbeitete mit Patienten mit solchen Phantomgließmaßen, so auch mit Tom, einem Mann, der einen Arm verloren hat.

Wenn Ramachandran über Toms Gesicht strich, hatte Tom das Gefühl, auch seine fehlenden Finger würden berührt. Jeder Teil des Körpers wird in einer anderen Region des somatosensorischen Cortex repräsentiert, und zufällig liegt die Handregion neben der Gesichtsregion. Der Wissenschaftler schloss daraus, dass es in Toms somatosensorischem Cortex zu einer bemerkenswerten Umlagerung gekommen war.

Da Toms Cortex keinen Input mehr von Toms fehlender Hand erhielt, vermutete Ramachandran, hatte die Region, die sensorische Empfindungen von Toms Gesicht verarbeitete, das Territorium der Hand allmählich übernommen. Daher führte die Berührung von Toms Gesicht zu Empfindungen in seinen nicht existierenden Fingern.

Diese Art der Neuverdrahtung ist ein Beispiel für Neuroplastizität, die Fähigkeit eines adulten Gehirns, sich noch zu verändern und umzugestalten. Wie sich herausgestellt hat, ist das adulte Gehirn viel plastischer, als früher angenommen. Unser Verhalten und unsere Umwelt können zu einer wesentlichen Neuverdrahtung unseres Gehirns oder einer Reorganisation seiner Funktionen und deren Lage führen. Einige Wissenschaftler nehmen an, dass selbst unsere Denkmuster allein ausreichen, um das Gehirn umzubilden.

Grenzen des Wissens
Wissenschaftler haben eine Technik entwickelt, die als visuelle Restitutionstherapie (VRT) bezeichnet wird und Schlaganfallpatienten helfen soll, die ihr Sehvermögen teilweise verloren haben.

Die Therapie erfordert, dass sich die Patienten Hunderte verschiedener Bilder anschauen, die ihnen auf einem Computerschirm präsentiert werden. Die Bilder sind so entworfen, dass sie die in Mitleidenschaft gezogenen Teile des Sehfelds aktivieren und dadurch die geschädigten neuronalen Schaltkreise stimulieren. Bemerkenswerterweise helfen schon zwei 30-Minuten-Sitzungen pro Tag, diese Netzwerke zu stärken und zu reparieren und damit zumindest einen Teil der verlorenen Sehfähigkeit wiederherzustellen.

Fakten  **zum Angeben**

- Selbst Insekten wie Wespen zeigen Neuroplastizität. Während die Wespen zunehmend anspruchsvollere Aufgaben in ihrer Kolonie übernehmen, nimmt ihr Gehirn an Größe zu.
- Einige kühne Unternehmer haben die Idee der Neuroplastizität genutzt, um Videospiele zu entwerfen, die unserem Gehirn angeblich helfen, auf Zack zu bleiben. Die meisten Wissenschaftler bleiben jedoch skeptisch und bezweifeln, dass diese Videospiele mehr verbessern als eben unsere Fertigkeit, sie zu spielen.

NEUROGENESE

Basics

Wenn die Neurowissenschaften jemals ein Dogma hatten, dann das: Wir verfügen zu Beginn unseres Lebens über eine riesige Fülle von Neuronen, aber das sind alle, die wir jemals haben werden. Wenn wir diese Neurone vergeuden, misshandeln oder zerstören, was für ein Jammer – nachgeliefert wird nicht. Aber dieses Dogma war falsch. Der erste überzeugende Beleg für adulte Neurogenese stammte aus Studien an Vögeln – unsere gefiederten Freunde generieren neue Hirnzellen, während sie singen lernen. In den letzten zwei Jahrzehnten haben Forscher gezeigt, dass es auch beim Menschen zu Neurogenese kommt.

Inzwischen wissen wir, dass Neurogenese ein normales Merkmal des erwachsenen (adulten) Gehirns ist. Wie Studien gezeigt haben, ist eine der aktivsten Regionen für Neurogenese der Hippocampus, eine Struktur, die für Lernen und Langzeitgedächtnis eine entscheidende Rolle spielt.

Neurogenese findet auch im Riechkolben statt, der an der Geruchsverarbeitung beteiligt ist. Aber nicht alle Neurone, die geboren werden, überleben; tatsächlich stirbt die Mehrheit wieder ab. Um zu überleben, brauchen die neuen Zellen Nährstoffe und Verbindungen zu anderen Neuronen, die bereits fest im Sattel sitzen. Wissenschaftler suchen gegenwärtig diejenigen Faktoren zu identifizieren, die die Rate der Neurogenese und das Überleben neuer Zellen beeinflussen. Geistiges und körperliches Training fördert zum Beispiel das Überleben von Neuronen.

Grenzen des Wissens

Was das Überleben neuer Neurone angeht, so hat sich gezeigt, dass sich Stress negativ auswirkt. In einer aktuellen Studie arrangierten Forscher Zusammentreffen zwischen jungen und älteren, aggressiveren Ratten. Die älteren Nager drückten die jüngeren oft zu Boden oder bissen sie auch. (Das führte bei den jüngeren Tieren kaum überraschend zu Stress.)

Wie sich herausstellte, hatten diese Begegnungen keinen Einfluss auf die Anzahl der im Hippocampus neu entstehenden Nervenzellen der Jungtiere, doch die Zahl der überlebenden Neurone sank. Die Forscher hoffen, dass ein besseres Verständnis dieses Mechanismus Licht auf die Depression werfen könnte, eine Krankheit, bei der eine verringerte Neurogenese offenbar eine wichtige Rolle spielt.

Fakten  **zum Angeben**

• *Eine Reihe von Studien über Neurogenese sind an Flusskrebsen und Hummern durchgeführt worden. Wie eine Studie fand, führt eine Senkung des Serotoninspiegels bei diesen Krebstieren zu einer Abnahme der Zahl der neugeborenen und der überlebenden Nervenzellen.*

• *Die Geburt neuer Neurone wird von den zirkadianen Rhythmen des Körpers beeinflusst. (Auch das wissen wir aus Studien an Hummern.)*

KÖRPERLICHE BEWEGUNG

Basics

Mäuse, die im Laufrad rennen, erhöhen die Zahl ihrer Neurone im Hippocampus und schneiden bei Tests zu Lernen und Gedächtnis besser ab. Studien an Menschen haben gezeigt, dass körperliche Bewegung die exekutiven Funktionen des Gehirns (Planung, Organisation, Multitasking und so weiter) verbessern kann. Zudem ist bekannt, dass körperliche Bewegung stimmungshebend wirkt, und Menschen, die sich sportlich betätigen, haben ein geringeres Risiko, im Alter dement zu werden.

Unter denen, die bereits im fortgeschrittenen Alter sind, haben sportliche Senioren bessere exekutive Funktionen als unsportliche; selbst Senioren, die ihr ganzes Leben als Stubenhocker auf der Couch verbracht haben, können von diesem Trend profitieren, wenn sie sich in ihren goldenen Jahren mehr zu bewegen beginnen.

Für diesen Hirnschub könnte eine ganze Reihe von Mechanismen verantwortlich sein. Körperliche Bewegung fördert die Durchblutung des Gehirns und damit die Versorgung dieser hart arbeitenden Neurone mit Sauerstoff und Nährstoffen. Wie Studien gezeigt haben, kann Sport den Spiegel einer Substanz namens Brain-derived Neurotrophic Factor (BDNF) (etwa: vom Gehirn stammender neurotropher Faktor) heben, eines Proteins, das Wachstum, Kommunikation und Überleben von Neuronen fördert.

Natürlich hilft all diese Forschung nicht dabei zu erklären, warum es nicht wenige unterbelichtete Sportskanonen gibt.

Grenzen des Wissens

Wie neue Studien zeigen, kann ein wenig Musik Ihr Training noch effektiver machen.

Freiwillige absolvierten zwei Trainingsdurchgänge. Während des einen schwitzten sie zum süßen Klang der Stille, während des anderen lauschten sie Vivaldis *Vier Jahreszeiten*. Nach jedem Workout wurden Stimmung und sprachliche Fähigkeiten der Teilnehmer getestet.

Training allein genügte, um beides zu heben, doch die Punkte im Sprachtest verdoppelten sich bei Musikuntermalung. Vielleicht können Sie Ihre Krankenversicherung dazu bewegen, Ihnen einen neuen iPod zu spendieren.

Fakten  **zum Angeben**

• *Sport fördert auch die Schlafqualität, dafür spricht jedenfalls ein ganzer Haufen Studien. Und die Immunfunktion. Gibt es irgendetwas, das er nicht kann?*

• *Sie müssen (zum Glück) kein Action-Held wie Chuck Norris sein, um die Vorteile von körperlicher Bewegung für Ihr Gehirn einzustreichen. Studien mit Senioren haben gezeigt, dass bereits 20 Minuten Gehen täglich erstaunliche Wirkungen hat.*

ERNÄHRUNG

Basics

Das Gehirn braucht genauso Treibstoff wie der Körper. Welche Nahrung fördert also Ihre geistige Leistungsfähigkeit und welche führt dazu, dass Sie Ihren Verstand verlieren? Gesättigte Fettsäuren, diese bekannten Missetäter, sind für das Gehirn nicht besser als für den Körper. Ratten, deren Nahrung reich an gesättigten Fettsäuren war, schnitten bei Lern- und Gedächtnistests schlechter ab als der Durchschnitt, während Menschen, die sich so ernähren, offenbar ein erhöhtes Demenzrisiko haben.

Nicht alle Fettsäuren sind jedoch schlecht. Das Gehirn besteht größtenteils aus Fett – all die Zellmembranen und Myelinhüllen erfordern Fettsäuren –, daher ist es wichtig, gewisse Fettsäuren zu essen, vor allem Omega-3-Fettsäuren, wie man sie in Fisch, Nüssen und Samen findet. Möglicherweise gehen Alzheimer, Depression, Schizophrenie und andere Störungen mit einem reduzierten Spiegel an Omega-3-Fettsäuren einher.

Früchte und Gemüse sind offenbar ebenfalls «Supernahrung» fürs Gehirn. Sie sind reich an Antioxidanzien und wirken sogenannten freien Radikalen entgegen, die die Gehirnzellen schädigen können. Eine Ernährung, die reich an Antioxidanzien ist, führt bei alternden Ratten zu guten Leistungen in Lern- und Gedächtnistests und verringert sogar die Hirnschäden, die bei Schlaganfällen entstehen. Echte Nervennahrung!

Grenzen des Wissens

Nicht nur das, was Sie essen, beeinflusst Ihr Gehirn. Sondern auch, wie viel. Studien haben gezeigt, dass Labortiere, die kalorienreduziert ernährt wurden – 25 bis 50 Prozent weniger Kalorien als normal – länger als normal ernährte Tiere lebten. Und wie sich herausstellte, schnitten sie auch besser bei Gedächtnis- und Koordinationstests ab.

Nager, die kalorienreduziert ernährt werden, widerstehen auch den Hirnschäden besser, die mit Alzheimer, Parkinson und der Huntington-Krankheit einhergehen.

Fakten  **zum Angeben**

- Zum besten «Hirnfutter» gehören Walnüsse, Blaubeeren und Spinat.
- Besonders für Babys ist es wichtig, genügend Fett zu sich zu nehmen. Babys, die zu wenig Fett bekommen, haben Probleme, die fettreichen Myelinhüllen auszubilden, die für die rasche Fortleitung von Nervensignalen unerlässlich sind. Zum Glück für Babys besteht Muttermilch zur Hälfte aus Fett.
- Populationen, deren Nahrung traditionellerweise reich an Omega-3-Fettsäuren ist (zum Beispiel Inuitvölker, die viel Fisch essen), leiden seltener unter Erkrankungen des Zentralnervensystems.

STIMULANZIEN

Basics

Stimulanzien sind Substanzen, die das Nervensystem auf Touren bringen und Herzfrequenz, Blutdruck, Energieniveau, Atmung und mehr erhöhen. Koffein ist der wohl berühmteste Vertreter dieser Gruppe (tatsächlich ist es die weltweit am häufigsten gebrauchte Droge, wenn man es denn so nennen will). Durch Aktivierung des Zentralnervensystems steigert Koffein Aufmerksamkeit und Wachsamkeit. In hohen Dosen kann diese Anregung jedoch zu weit gehen und Zittern, Angstgefühle und Schlaflosigkeit hervorrufen.

Kokain und Amphetamine sind weniger harmlos. Auch wenn sie unterschiedlich auf das Gehirn wirken, ähneln sie sich in ihrer Wirkung. Ihre Einnahme bewirkt die Freisetzung einiger stimmungshebender Neurotransmitter – darunter Serotonin und Dopamin – und löst einen Euphorieschub aus. Zudem erhöhen sie Aufmerksamkeit und Energie.

All das klingt recht gut, doch in hohen Dosen können sie zu Psychosen führen, ebenso ihr Entzug. Die Entzugssymptome sind übel und können Depressionen auslösen, das genaue Gegenteil des euphorischen Gefühls. Ach ja, und eine Überdosis kann Sie umbringen.

Nikotin wirkt ebenfalls auf das Belohnungssystem des Körpers, aber durch das Inhalieren gelangt die Droge noch schneller in das Gehirn, als es bei einer Injektion der Fall wäre. Wie andere Stimulanzien kann Nikotin den Appetit unterdrücken. (Manchen Raucherinnen ist diese Nebenwirkung allerdings sehr willkommen.) Raucher gewöhnen sich jedoch rasch an die Wirkungen des Nikotins und brauchen immer größere Mengen der Droge, um dasselbe Hochgefühl zu verspüren.

Grenzen des Wissens

Auch wenn hohe Koffeindosen zweifellos unschöne Wirkungen auslösen können (die von Reizbarkeit bis zur unangenehmsten aller Effekte reichen: Tod), können kleine bis mittelgroße Mengen unsere geistigen Funktionen in verschiedener Weise heben, die Forscher inzwischen quantitativ bestimmen.

Eine Studie hat gezeigt, dass das Äquivalent von zwei Tassen Kaffee das Kurzzeitgedächtnis und die Reaktionsgeschwindigkeit auf Trab bringen kann. Funktionelle MRT-Scans, die während der Studie aufgenommen wurden, belegen zudem, dass Freiwillige, die Koffein zu sich genommen hatten, eine vermehrte Aktivität in Regionen zeigten, die mit Aufmerksamkeit verknüpft sind. Koffein wirkt auch bei älteren Frauen nachweislich gegen altersbedingten Gedächtnisabbau.

Fakten  **zum Angeben**

• Drei Viertel des Koffeins, das wir zu uns nehmen, stammt aus Kaffee. Versuchen Sie, weniger als 100 Tassen pro Tag zu trinken. So viel Kaffee enthält nämlich rund 10 Gramm Koffein, und das kann zu tödlichen Komplikationen führen.

• Einer der berühmtesten Konsumenten von Stimulanzien in der Literatur ist der große Detektiv Sherlock Holmes, der sich immer wieder Kokain injiziert. Es muss ein harter Job sein, für Gerechtigkeit zu sorgen.

BERUHIGUNGSMITTEL

Basics

Beruhigungsmittel sind Substanzen, die die Gangart des Zentralnervensystems verlangsamen, motorische Aktivität und Spannungen drosseln und Hemmungen ausschalten. Alkohol ist bei weitem die am häufigsten verwendete beruhigende (sedierende) Droge.

Alkohol interagiert mit den meisten Gehirnregionen, aber vor allem mit dem Kleinhirn und dem Cortex, was zu motorischen und kognitiven Störungen führt. Er verringert die Gehirnaktivität in Regionen, die für Urteilsfähigkeit und Entscheidungsfindung wichtig sind, führt zu undeutlicher Sprache und kann Dauerschäden in Gehirn und Leber hervorrufen. Auf lange Sicht kann Alkohol Gedächtnisprobleme und eine Verringerung der grauen Substanz zur Folge haben.

Opiate sind Drogen, die aus den Samen des Schlafmohns gewonnen werden, der vorwiegend in Asien kultiviert wird. (Schlafmohn und Opium sind in Afghanistan das große Geschäft – und die Situation hat sich verschlimmert, seit die USA 2001 die Taliban-Führung verjagt haben.) Opiate, eine Drogenklasse, zu der auch Heroin und Morphin (Morphium) zählen, ahmen die Funktion körpereigener Schmerzmittel nach und wirken schmerzlindernd und euphorisierend. Sie greifen unter anderem am limbischen System, am Hirnstamm und am Rückenmark an.

Barbiturate gehören zu einer Gruppe von Sedativa, die zunächst als rezeptpflichtige Schlafmittel eingesetzt wurden.

Sie unterdrücken die Aktivität in einem Teil des Hirnstamms, der uns wach hält, und fördern Schläfrigkeit. In hohen Dosen können sie die Atmung verlangsamen oder völlig zum Erliegen bringen, was zu Koma und Tod führt.

Grenzen des Wissens
Regelmäßiger Opiatkonsum kann das Gehirn einer aktuellen Studie zufolge stressanfälliger machen. Wenn wir unter Stress stehen, schütten gewisse Gehirnregionen Neurotransmitter aus, die die Kampf-oder-Flucht-Reaktion des Körpers auslösen. Chronischer Opiatkonsum lässt Neurone im Stresssystem des Gehirns überempfindlich werden und führt dazu, dass sie mehr von diesen Neurotransmittern ausschütten als normal.

Bisher konnte diese verstärkte Stressreaktion bei Ratten nachgewiesen werden – beim Menschen müssen diese Befunde erst noch repliziert werden. Wenn dieser Nachweis gelingt, könnte dies erklären, warum Opiatabhängige häufiger posttraumatische Stresssymptome zeigen als Nichtabhängige.

Fakten  **zum Angeben**

- *Delirium tremens beschreibt eine schwere Reaktion auf Alkoholentzug, die mit verstörenden visuellen Halluzinationen einhergeht. (Eine der häufigsten ist das Gefühl, etwas wie Insekten krabbele über den eigenen Körper.)*

ANDERE PSYCHOPHARMAKA

Basics

Und dann ist da noch der Rest. Nehmen Sie zum Beispiel Marihuana. Die berüchtigte «Einstiegsdroge» stammt aus der Pflanze *Cannabis sativa*. Der Wirkstoff in Marihuana ist Tetrahydrocannabinol (THC), das mit Cortex, Cerebellum, Amygdala und Hippocampus interagiert. THC ruft ein Gefühl von Entspannung und Wohlbefinden hervor und hemmt gleichzeitig Konzentration, Erinnerungsvermögen und Fingerfertigkeit. Es erhöht auch den Appetit und führt zu Heißhunger. Bei manchen Menschen kann Marihuana zudem Angstgefühle oder Panik hervorrufen.

Viele Studien haben sich mit dem potenziellen Langzeiteffekt von Marihuana auf das Gehirn beschäftigt, doch die Resultate sind weiterhin umstritten. Wie dem auch sei: Da es gewöhnlich geraucht wird, kann es die Lunge schädigen. Marihuana wirkt auch schmerzlindernd, was zu Interesse am medizinischen Einsatz der Substanz geführt hat.

Halluzinogene – darunter LSD, PCP und Meskalin – verändern das Gefühl des Konsumenten für die Wirklichkeit. Viele dieser Substanzen kommen natürlicherweise in Pilzen und Pflanzen vor. Diese Psychopharmaka wirken, indem sie die Aktivität im Cortex, Thalamus und Hirnstamm sowie die Produktion des Neurotransmitters Serotonin beeinflussen. Ein halluzinogener Trip kann auch intensive Emotionen, dramatische Stimmungsschwankungen und Synästhesie hervorrufen. (Manche Halluzinogene können zu tagelangen Trips führen.)

In der Hippiezeit in den 1960 und 1970er Jahren waren Halluzinogene in den USA außerordentlich populär. Einige Wissenschaftler sind der Ansicht, mit Halluzinogenen ließen sich möglicherweise psychische Störungen von Kopfschmerzen bis zu Obsessiven Kompulsiven Störungen behandeln, doch der Einsatz von Drogen ist, selbst wenn er sich auf die Forschung beschränkt, höchst umstritten.

Grenzen des Wissens
Seitdem die Partydroge Ecstasy in den Clubs Einzug gehalten hat, haben Wissenschaftler ihre kurz- und langfristigen Effekte auf das Gehirn untersucht. Eine Reihe von Studien hat sich vor allem mit den Auswirkungen von Ecstasy auf das Gedächtnis beschäftigt. Wie eine Studie zeigt, können selbst niedrige Dosen der Droge das verbale Gedächtnis beeinträchtigen. Ein lang anhaltender Ecstasy-Konsum kann die Fähigkeit zur Speicherung neuer Erinnerungen stören, und regelmäßige Konsumenten der Droge berichten, dass es ihnen schwerfällt, sich im Alltag an Dinge aller Art zu erinnern.

Fakten  **zum Angeben**
• Hinweise auf Marihuanakonsum datieren bis in die Jungsteinzeit (8000 bis 3500 v. Chr.) zurück. Wenn unsere Vorfahren clever waren, entdeckten sie Marihuana wahrscheinlich direkt, nachdem sie gelernt hatten, das Feuer zu beherrschen.
• Inzwischen werden Cannabis-Sorten mit einer höheren Konzentration an THC gezüchtet, als es früher der Fall war.

NEUROTOXINE

Basics

Alle bisher diskutierten Drogen sind Neurotoxine, das heißt, sie nehmen direkt Einfluss auf unsere Nervenzellen und rufen üble Effekte aller Art hervor. Doch sie machen nur einen kleinen Prozentsatz der bekannten Neurotoxine aus. Hier sind einige der schlimmsten Übeltäter:

Blei. Kann zu Lernproblemen bei Kindern führen. Versuchen Sie, ein Machtwort zu sprechen, wenn Ihr Kind abgeblätterte Farbe von Spielzeug aus China essen möchte. Sie werden mir später dafür dankbar sein. (Einige Historiker führen den Niedergang des Römischen Reiches darauf zurück, dass die Römer ihr Trinkwasser aus Bleileitungen bezogen.)

Quecksilber. Kann das Nervensystem schädigen. Schwangere, die ohne offensichtliche negative Folgen Quecksilber ausgesetzt sind, können dennoch Kinder mit schweren neurologischen Problemen zur Welt bringen. (Lewis Carroll wurde bei seiner Figur des verrückten Hutmachers von den Hutmachern jener Tage inspiriert, die zur Herstellung von Filzhüten Quecksilber einsetzten und häufig unter neurologischen Störungen litten.)

Kohlenmonoxid. Zielt auf das Nervensystem und stört dessen Funktion. Investieren Sie in einen Kohlenmonoxiddetektor, und vergessen Sie nicht, die Batterien zu wechseln.

Tierische Gifte. Viele Tiere, darunter Skorpione, Schlangen, Bienen und Spinnen, sondern Neurotoxine ab. Die Grüne Mamba verwendet ein Gift, das die Freisetzung eines bestimmten Neurotransmitters fördert und zu Krämpfen führt.

Grenzen des Wissens

Tierische Gifte gehören momentan zu den heißesten Forschungsgebieten in der Medizin. Pharmaunternehmen untersuchen natürlich vorkommende Gifte und versuchen, Medikamente zu entwickeln, die deren Wirkungen nachahmen. Das ist nicht so verrückt, wie es sich anhört. Kontrollierte Dosen sonst toxischer Substanzen könnten dazu eingesetzt werden, Schmerzen zu lindern, den Blutdruck zu regulieren, Krebs zu bekämpfen und so weiter. Es lebe das Gift!

Fakten  **zum Angeben**

• Botox, das ins Gesicht injiziert wird, um Falten zu glätten, wird aus Botulinumtoxin A gewonnen, einer der giftigsten Substanzen auf Erden. Es blockiert die Nervensignale, die zu den Muskeln wandern, und führt so zu einer Muskellähmung, und alles oberhalb winziger Dosen kann zum Tod führen.

• Der Kugelfisch enthält das hochgiftige Neurotoxin Tetrodotoxin, das tödlich sein kann. Dennoch gilt der Fisch in Japan unter dem Namen Fugu als Delikatesse. Die winzige Menge, die im Fleisch vorhanden ist, kann auf Ihren Lippen ein angenehmes Prickeln hervorrufen, doch wenn der Fisch nicht richtig zubereitet wird, können sich Fischgenießer vergiften und sterben.

MISSHANDLUNG UND VERNACHLÄSSIGUNG IM KINDESALTER

Basics

Angesichts der großen Bedeutung des ersten Lebensjahrzehnts für die richtige neurophysiologischen und psychische Feinabstimmung ist es nicht überraschend, dass misshandelte Kinder Probleme entwickeln, die ein Leben lang andauern können.

Opfer von Misshandlungen zeigen oft schlechte Schulleistungen und werden als Jugendliche eher straffällig und drogenabhängig. Im Lauf ihres Lebens leiden sie zudem häufiger unter medizinischen und psychologischen Problemen.

Misshandelte Kinder haben einen chronisch erhöhten Spiegel an Cortisol, einem Stresshormon, das offenbar ihre Entwicklung verzögert und sie langsamer laufen und lernen lässt als andere Kinder. Studien haben zudem gezeigt, dass ihr limbisches System gestört ist und viele Hirnstrukturen kleiner sind als bei gleichaltrigen, nicht misshandelten Kindern.

Nicht nur aktive Misshandlung kann die Entwicklung beeinträchtigen – elterliche Vernachlässigung kann sich ähnlich verheerend auswirken.

Wissenschaftlich erwiesen ist, dass junge Nager, die liebevolle Mütter haben (die ihre Zuneigung durch häufiges Lecken und Putzen ihrer Kinder unter Beweis stellen), als erwachsene Tiere ein geringeres Angstniveau und gesündere Reaktionen auf Stress zeigen als Jungtiere, denen wenig Aufmerksamkeit zuteil wurde.

Andere Tierversuche haben nachgewiesen, dass eine längere Trennung eines Jungtiers von seiner Mutter nicht nur das Wachstum gewisser Neurone beeinträchtigt, sondern auch zum Absterben einiger Hirnzellen führt. Kinder, die keine enge Bindung zu Eltern oder Betreuungspersonen ausbilden können, haben später unter Umständen Probleme, gesunde Beziehungen zu irgendeinem anderen Menschen zu entwickeln.

Legen Sie dieses Buch zur Seite und drücken Sie Ihre Kinder.

Grenzen des Wissens

Eine Studie deutet auf einen neurologischen Mechanismus hin, der erklären könnte, warum so viele misshandelte Kinder später selbst zu Tätern werden. Das Gehirn von Rhesusaffen, die im ersten Lebensmonat von ihren Müttern misshandelt wurden, produziert weniger Serotonin. Und misshandelte Kinder, die zu misshandelnden Eltern werden, haben einen geringeren Serotoninspiegel als Misshandlungsopfer, denen es gelungen ist, den Zyklus zu durchbrechen.

Ein niedriger Serotoninspiegel ist nicht nur mit Angst und Depression in Verbindung gebracht worden, sondern auch mit Aggression, was die Verbindung potenziell erklären könnte.

Fakten zum Angeben

• *Kinder, die – körperlich oder geistig – behindert sind, werden häufiger Opfer von Misshandlungen (USA).*

• *Nach einem Report aus dem Jahr 2000 werden 900 000 Kinder in den USA pro Jahr Opfer von Misshandlung oder Vernachlässigung.*

• *Mehr als 10 Prozent aller Frauen in den USA berichten, als Kinder von einem Erwachsenen sexuell missbraucht worden zu sein.*

KAMPFHANDLUNGEN

Basics

Der Krieg der USA im Irak ist dabei, unser Wissen über die Auswirkungen von Kampfhandlungen auf das Gehirn rasch zu erweitern. Nicht überraschend sind diese Auswirkungen keineswegs positiv.

Zu den verheerendsten Formen der Verletzung, mit denen Soldaten heimkehren, gehören sogenannte traumatische Gehirnverletzungen (*traumatic brain injuries*, TBIs). Zwei Drittel der Irakveteranen im Walter-Reed-Militärkrankenhaus in Washington haben solche Wunden. TBIs werden durch einen schweren Schlag auf den Kopf oder penetrierende Kopfwunden hervorgerufen; im Irak sind oft selbst gebaute Sprengkörper die Ursache.

Die Verletzungen können zu Bewusstlosigkeit und Amnesie führen. In den darauf folgenden Monaten können sich andere Symptome entwickeln, wie Kopfschmerzen, Schlaflosigkeit und anhaltende kognitive Probleme.

Die Auswirkungen traumatischer Hirnverletzungen werden oft durch das Posttraumatische Stresssyndrom (PTS) verschlimmert. Hirnverletzungen und PTS können die Wiedereingliederung in das Leben zu Hause schwierig machen. So ist die Wahrscheinlichkeit, dass ehemalige Soldaten, die eine leichte traumatische Gehirnverletzung und PTS erlitten haben, nicht zur Arbeit gehen, größer als bei Veteranen mit anderen Kriegsverletzungen.

Grenzen des Wissens

TBIs können lang anhaltende Effekte zeigen. Forscher untersuchten Veteranen aus dem Vietnamkrieg, die penetrierende Kopfverletzungen wie Stich- und Schusswunden erlitten hatten. Mit zunehmendem Alter der Männer ließen ihre geistigen Fähigkeiten nach – und zwar viel rascher als die kognitiven Leistungen von Männern, die kein derartiges Trauma erlitten hatten.

Ein Hoffnungsfunke ist, dass diejenigen Männer, die vor ihrer Kopfverletzung das höchste Intelligenzniveau aufgewiesen hatten, den langsamsten Verfall zeigten. Dieser kognitive Verfall unterscheidet sich von einer Demenz, betonen die Wissenschaftler, und wird wahrscheinlich auch bei Irakveteranen zu finden sein, die unter ähnlichen Symptomen leiden.

Fakten  **zum Angeben**

- Das, was man bei Teilnehmern des Ersten Weltkriegs als Kriegsneurose bezeichnete, heißt heute PTS.
- Zwischen 15 und 20 Prozent aller amerikanischen Soldaten, die den Vietnamkrieg überlebten, erlitten Kopfverletzungen.
- Nach amerikanischer Militärgesetzgebung können Soldaten, die einen Selbstmordversuch begehen, belangt und sogar eingesperrt werden. Klar, das ist eine gute Idee. Gefängnis ist genau das, was den Veteranen hilft, wieder auf die Beine zu kommen.

VIDEOSPIELE

Basics

Videospiele können Ihr Leben retten. Chirurgen, die mindestens ein paar Stunden in der Woche Videospiele spielen, machen ein Drittel weniger Fehler im Operationssaal als ihre nicht spielenden Kollegen. Tatsächlich belegen Studien, dass Videospiele die geistige Leistungsfähigkeit, die Hand-Augen-Koordination, die Tiefenschärfe und Mustererkennung verbessern können. Spieler verfügen zudem über eine größere Aufmerksamkeitsspanne und Informationsverarbeitungsfähigkeit als der Durchschnitt. Wenn sich Nichtspieler (im Dienste der Wissenschaft, versteht sich) eine Woche lang mit Videospielen beschäftigen, verbessert sich ihre visuelle Wahrnehmung. Und stellen Sie sich Spieler bloß nicht als Außenseiter vor: Eine Studie ergab, dass Angestellte, die Videospiele spielen, selbstbewusster und geselliger sind als andere.

Natürlich können wir nicht über die Auswirkungen von Videospielen sprechen, ohne die populäre Theorie zu erwähnen, dass sie für die Zunahme an Gewalt in der realen Welt verantwortlich sind. Eine Reihe von Studien hat diese Verbindung tatsächlich belegt. Die Gehirne junger Männer, die viel Zeit mit gewalttätigen Videospielen verbringen, reagieren weniger sensibel auf lebhafte Bilder, was für eine Desensibilisierung dieser Spieler spricht. Wie eine andere Studie nachwies, zeigten die Spieler während eines Ego-Shooters ein Muster der Gehirnaktivität, das mit Aggression in Einklang stand.

Das heißt nicht unbedingt, dass diese Spieler im richtigen

Leben tatsächlich gewalttätig werden. Die Verbindungen sollten untersucht werden, doch bisher stützen die Daten die These nicht, dass die steigende Beliebtheit von Videospielen für wachsende Jugendgewalt verantwortlich ist.

Grenzen des Wissens
Videospiele aktivieren die Belohnungsschaltkreise des Gehirns, einer neuen Studie zufolge jedoch bei Männern deutlich stärker als bei Frauen. Die Forscher steckten Männer und Frauen in MRT-Geräte, während die Freiwilligen ein speziell für die Studie entworfenes Videospiel spielten. Beide Gruppen erzielten gute Leistungen, allerdings zeigten die Männer eine höhere Aktivität im limbischen System, das mit der Verarbeitung von Belohnung verknüpft ist. Zudem zeigten die Männer eine höhere Konnektivität zwischen den Strukturen, aus denen sich der Belohnungsschaltkreis aufbaut, und je stärker diese Verknüpfung bei einem bestimmten Spieler war, desto besser schnitt er ab. Bei Frauen gab es keine derartige Korrelation. Männer erklären zudem doppelt so häufig wie Frauen, sie fühlten sich süchtig nach Videospielen.

Fakten  **zum Angeben**
- In den USA sind Videospiele eine 10-Milliarden-Dollar-Industrie.
- Im Jahr 2003 erschoss ein 16-Jähriger in Fayette (Alabama) zwei Polizisten und einen Mitarbeiter der Notrufzentrale. Zwei Jahre später klagten die Angehörigen der Opfer gegen die Firma, die das sehr populäre Videospiel Grand Theft Auto auf den Markt gebracht hatte. Die Klage unterstellte, der Täter sei durch seine obsessive Beschäftigung mit dem umstrittenen Spiel zu seiner Tat angestiftet worden.

MUSIK

Basics

Wenn Sie die *Greatest Hits* der Gruppe Queen anstellen, analysiert Ihr auditorischer Cortex die vielen Komponenten der Musik: Lautstärke, Tonlage, Klangfärbung, Melodie und Rhythmus. Aber die Interaktion der Musik mit dem Gehirn geht über den reinen Sound hinaus. Musik kann auch die Belohnungszentren Ihres Gehirns aktivieren und Aktivität in der Amygdala unterdrücken, was Ängste und andere unerwünschte Emotionen lindert.

Eine Studie, die ein großes Medienecho hervorrief, sprach dafür, dass das Hören von Mozart die kognitive Leistungsfähigkeit steigern könne, was Eltern in aller Welt veranlasste, die Musikläden zu stürmen und Klassik-CDs für ihre Kinder zu kaufen. Die Vorstellung vom «Mozart-Effekt» ist noch immer sehr populär, doch die ursprüngliche Studie ist ein wenig in Verruf geraten, und der potenzielle intellektuelle Schub, den das Hören von Musik mit sich bringt, ist offenbar geringfügig und vorübergehend. Dennoch hat Musik sicherlich ihre positiven Seiten. Sie kann Angstgefühle und Schlaflosigkeit lindern, den Blutdruck senken, Patienten mit Demenz beruhigen und Frühchen dabei helfen, schneller an Gewicht zuzulegen und das Krankenhaus früher zu verlassen.

Musiktraining kann das Gehirn stärken. Motorcortex, Kleinhirn und Balken (der die beiden Hirnhälften verbindet) sind bei Musikern allesamt größer als bei Nichtmusikern. Und bei Streichern ist ein größerer Teil ihres sensorischen Cortex den

Fingern gewidmet als bei Menschen, die kein Streichinstrument spielen.

Die Frage, ob Sie durch musikalisches Training klüger werden, lässt sich noch nicht abschließend beantworten, doch einige Studien haben ergeben, dass Musikstunden die räumlichen Fähigkeiten junger Kinder verbessern können.

Grenzen des Wissens
Musikstunden und das Erlernen eines Instruments in der Kindheit erhöht die Sensibilität des Hirnstamms für den Klang der menschlichen Sprache. Einer aktuellen Studie zufolge ist der Hirnstamm an einer sehr elementaren Codierung von Sprache beteiligt, und eine ausgedehnte Exposition gegenüber Musik kann zur Feinabstimmung dieses Systems beitragen, selbst bei Kindern ohne besonderes musikalisches Talent.

Daher Kopf hoch, unmusikalische Kinder der Welt! Seht es wie den Verzehr von Gemüse: Klarinette spielen tut euch gut.

Fakten  **zum Angeben**
• *Der auditorische Cortex (Hörrinde) wird auch dann aktiviert, wenn man ein Lied nur stumm im Kopf singt. Und der visuelle Cortex (Sehrinde) wird auch dann aktiviert, wenn man sich eine Musikpartitur nur vorstellt.*
• *Spielt man Milchkühen klassische, ruhige Musik vor, kann dies die Milchleistung erhöhen.*

MEDITATION

Basics

Vergessen Sie Äpfel. Wenn man einem ganzen Sack wissenschaftlicher Studien glauben darf (und das ist bei solchen Studien gewöhnlich der Fall), kann uns einmal Yoga am Tag den Gang zum Arzt ersparen. Meditation, das Nach-innen-Wenden des Blicks zwecks Kontemplation und Entspannung, hilft offenbar bei Störungen aller Art – bei Angststörungen, sicherlich, aber es wirkt auch schmerzlindernd und senkt zu hohen Blutdruck, bessert Asthma, Diabetes, Depression und selbst Hautprobleme. Und Menschen, die regelmäßig meditieren, sagen von sich, sie seien ausgeglichener und kreativer als solche, die das nicht tun.

Inzwischen beschäftigen sich Wissenschaftler mit den Hirnveränderungen, die mit Meditation einhergehen, und stecken meditierende Freiwillige in Brain-Imaging-Geräte. Menschen, die regelmäßig meditieren, zeigen beim Meditieren eine Reihe von cerebralen Veränderungen. Zum Beispiel feuern die Hirnzellen, die normalerweise alle zu unterschiedlichen Zeiten aktiv sind, während des Meditierens synchron.

Menschen, die viel Erfahrung im Meditieren haben, zeigen zudem im linken präfrontalen Cortex, einem Areal des Gehirns, das generell mit positiven Gefühlen assoziiert ist, eine erhöhte Aktivität. Und diejenigen, die beim Meditieren die höchste Aktivität in diesem Areal aufwiesen, hatten auch ein besonders robustes Immunsystem.

Meditation kann die Dicke des cerebralen Cortex erhöhen, vor allem in Regionen, die mit Aufmerksamkeit und sensorischem

Empfinden verknüpft sind. (Das Wachstum scheint jedoch nicht auf die Bildung neuer Neurone zurückzugehen, sondern darauf, dass die bereits vorhandenen Neurone mehr Verbindungen ausbilden, die Zahl der Hilfszellen steigt und die Blutgefäße in diesem Areal größer werden.)

Grenzen des Wissens
Meditation kann Konzentration und Aufmerksamkeit verbessern und die Leistungsfähigkeit bei kognitiven Aufgaben erhöhen. Forscher ließen Freiwillige drei Monate lang Vipassana-Meditation praktizieren, bei der es darum geht, sich möglichst wenig ablenken zu lassen, also Achtsamkeit zu üben.

Dann wurden die Freiwilligen aufgefordert, aus einem Strom von Buchstaben einige wenige Zahlen herauszupicken. Denjenigen, die den Meditationskurs absolviert hatten, gelang es viel besser, die Zahlen zu identifizieren, die kurz auf einen Computerschirm geblitzt wurden. Und sie mussten sich dafür offenbar auch weniger geistig anstrengen.

Fakten  **zum Angeben**
• *Mönche, die an diesen wissenschaftlichen Studien teilnahmen, hatten in der Regel mehr als 10 000 Stunden meditiert. Das ist mehr als ein ganzes Jahr.*
• *Der Dalai-Lama war ein angesehener Redner auf der Jahreskonferenz der Society for Neuroscience, der weltgrößten Versammlung von Hirnforschern.*

KAPITEL SIEBEN

EINE GANZ PERSÖNLICHE SACHE: INDIVIDUELLE GEHIRNE

GENE UND GEHIRN

Basics

Die 1990er Jahre könnte man mit Fug und Recht als die Dekade der «Gene für alles» bezeichnen. Jedes Mal, wenn man die Zeitung aufschlug, schien ein anderes Gen entdeckt worden zu sein: das «Gen für Autismus», das «Gen für Angst», das «Gen für Aggression» und so weiter. Aber die Dinge liegen deutlich komplizierter, vor allem, wenn es um die Genetik von Gehirn und Verhalten geht.

Wir alle haben von der Debatte um Anlage versus Umwelt gehört, doch die Vorstellung, es gebe nur ein Entweder-oder, ist viel zu simpel. Erst das Wechselspiel zwischen unseren ererbten Genen und der Lebenserfahrung, die wir sammeln, macht uns zu dem, was wir sind. Wenn man in der Zeitung zum Beispiel vom «Gen für Aggression» liest, heißt das nicht, dass jeder, der dieses Gen trägt, aggressiv ist, oder jeder, der aggressiv ist, dieses Gen trägt. Es besagt nicht einmal, dass jemand, der aggressiv ist und dieses Gen trägt, aggressiv ist, *weil* er dieses Gen trägt.

Es ist wie beim Kuchenbacken – man braucht eine Menge Zutaten, und es gibt eine Menge verschiedener Rezepte. Mischt man eine bestimmte genetische Variante, eine Kindheit ohne Zuneigung, viel Mobbing in der Schule und lasche Waffengesetzgebung zusammen, erhält man – voilà – eine Schießerei an der Schule. Die meisten Gene, die wir diskutiert haben, funktionieren in der Regel nach diesem Schema. Ein Gen ist einfach *eine* Zutat unter vielen.

Es gibt gewisse Ausnahmen – die Huntington-Krankheit hängt

zum Beispiel vom Erbe einer einzigen, bestimmten genetischen Mutation ab –, doch es sind sehr, sehr wenige. Das ist doch eine Erleichterung: In den allermeisten Fällen sind Gene kein unabwendbares Schicksal.

Grenzen des Wissens

In den letzten Jahren hat die Technologie zur Entschlüsselung des Genoms große Fortschritte gemacht; inzwischen wird sie eingesetzt, um Gene zu identifizieren und zu sequenzieren, die Größe und Entwicklung des Gehirns steuern. Eine der wohl coolsten Anwendungen, die sich aus diesen Daten ergeben hat, ist der Allen-Brain-Atlas, eine interaktive, dreidimensionale Karte sämtlicher Gene, die im Gehirn aktiv sind. Der Atlas ermöglicht Forschern, interessante Regionen zu untersuchen und zu schauen, welche Gene in einem bestimmten Teil des Gehirns «angeschaltet» sind.

Dieses Werkzeug könnte helfen, DNA-Abschnitte zu identifizieren, die möglicherweise an Störungen von Autismus bis Alzheimer beteiligt sind.

Fakten zum Angeben

• *Sie wissen vielleicht, was Eugenik ist: eine Theorie, die davon ausgeht, man könne die Gesellschaft und die menschliche Rasse dadurch verbessern, dass man nur diejenigen Menschen mit dem besten Erbgut zur Fortpflanzung zulässt. Aber haben Sie schon einmal von Euthenik gehört? Diese Gegentheorie vertritt die These, der Menschheit sei durch bessere Wohnungen, mehr Bildung, sanitäre Einrichtungen und so weiter weit mehr gedient. Zudem empfiehlt sie nicht, Menschen gegen ihren Willen zu sterilisieren.*
• *Homo sapiens hat etwa 20 000 bis 25 000 Gene.*

INTELLIGENZ

Basics

Intelligenz ist wie Pornographie – kaum zu definieren, aber wir alle erkennen sie, wenn wir sie sehen. Im Allgemeinen bezieht sich Intelligenz jedoch auf unser Vermögen, Probleme logisch zu lösen. Der bekannteste Intelligenztest ist der Stanford-Binet-Test, der quantitatives Schlussfolgern, räumliches Denken, sprachliche Kompetenzen und mehr bewertet. Die Auswertung des Tests ergibt dann einen Intelligenzquotienten oder IQ. Eine Punktzahl von 100 gilt als Durchschnitt, 140 ist Genieniveau.

Trotz ihrer langen Anwendungsgeschichte sind IQ-Tests umstritten und politisch nicht sehr korrekt – viele Leute argumentieren, sie fragten ein enges Bücherwissen ab, seien unfair gegenüber Minderheiten, und ein hoher IQ gehe nicht unbedingt mit Erfolg einher.

Forscher haben versucht, alternative Formen von Intelligenz aller Art zu messen. Am bekanntesten ist die emotionale Intelligenz oder EQ, bei der es um das Verstehen und Handhaben sozialer Beziehungen geht.

Intelligenz ist weitgehend erblich. Sicherlich spielen Umweltfaktoren eine Rolle – viel Anregung mag einem Kind helfen, ein paar zusätzliche IQ-Punkte zu erlangen, während Vernachlässigung zum Gegenteil führt –, aber Studien sprechen dafür, dass unsere Gene unsere Position auf der Intelligenzskala weitgehend bestimmen.

Grenzen des Wissens

Intelligenz mag genetisch bedingt sein, aber erzählen Sie das nicht Ihren Kindern. Schüler der Mittelstufe, die meinen, Intelligenz könne entwickelt werden, schneiden in der Schule besser ab als solche, die sie für festgelegt halten.

Alle Schüler begannen mit einem ähnlichen Leistungsniveau in Mathematik. Doch im Lauf von zwei Jahren überholten die Schüler, die angaben, sie glaubten, Intelligenz sei ein Merkmal, das man trainieren könne, die andere Gruppe – vermutlich deshalb, weil sie auch stärker an die Wichtigkeit von Übung und Anstrengung glaubten.

Fakten  **zum Angeben**

• *Im Lauf des letzten Jahrhunderts sind die durchschnittlichen IQ-Werte stark gestiegen. Dieses Phänomen wird als Flynn-Effekt bezeichnet.*

• *Den höchsten jemals gemessenen IQ von 228 Punkten erzielte die Amerikanerin Marilyn vos Savant, die dann etwas unglaublich Dummes tat, als sie einwilligte, eine regelmäßige Kolumne für das totlangweilige Sonntagsmagazin Parade Magazine zu schreiben.*

PERSÖNLICHKEIT

Basics

Der Platz reicht nicht aus, um all die verschiedenen Theorien zu diskutieren, woher Persönlichkeit kommt und wie wir sie am besten beschreiben können, aber es gibt einige nützliche Informationen über Persönlichkeit im Allgemeinen.

Es gibt viele verschiedene Möglichkeiten, Persönlichkeiten zu analysieren und zu kategorisieren, doch ein in weiten Kreisen akzeptiertes System identifiziert die «großen fünf» Dimensionen der Persönlichkeit: Extraversion (würden Sie lieber den Abend auf einer großen Party oder in einer ruhigen Weinbar verbringen?), Offenheit für Erfahrungen (würden Sie eine Verabredung mit einem Kerl treffen, der seine Brust enthaart?), Verträglichkeit (können Sie Meinungsverschiedenheiten nicht ertragen?), Gewissenhaftigkeit (überschreiten Sie regelmäßig Fristen?) und Neurotizismus (möchten Sie sich bei Kritik die Decke über den Kopf ziehen und sich verstecken?).

Obgleich Kleinkinder noch gar nicht wie richtige Menschen wirken, zeigen sie bereits eine breite Palette von Persönlichkeiten und Temperamenten. Einige Wesenszüge weisen offenbar eine stärkere erbliche Komponente auf als andere, darunter Schüchternheit, Aggressivität und Erregbarkeit. Wissenschaftler sind noch damit beschäftigt, die neuronale Basis der Persönlichkeit zu entschlüsseln, doch das ist ein komplexes Problem.

Wir wissen jedoch, dass Hirnverletzungen die Persönlichkeit eines Menschen dramatisch verändern können. Der amerikanische Bahnvorarbeiter Phineas Gage (1823–1860) war ein freundlicher Mann mit guten Manieren, der nach einer Stirnlappenverletzung vulgär, impulsiv und egoistisch wurde, und zwar in einem Maße, dass seine Freunde meinten, ihn nicht wiederzuerkennen. Ähnliche Fälle findet man immer wieder in der medizinischen Literatur.

Grenzen des Wissens

Es ist nicht ungewöhnlich zu hören, dass gewisse Persönlichkeitsmerkmale mit gewissen Krankheitsrisiken einhergehen; so leiden Menschen mit einer Typ-A-Persönlichkeit beispielsweise häufiger unter Herz-Kreislauf-Erkrankungen. Eine ganze Reihe von Studien spricht jedoch dafür, dass die Beziehung zwischen Persönlichkeit und Krankheiten alles andere als simpel ist.

Es ist oft vermutet worden, dass gewisse Persönlichkeitsmerkmale – vor allem Neurotizismus und Extraversion – Menschen krebsanfälliger machen könnten. Eine Studien mit 30 000 schwedischen Zwillingen hat jedoch zwischen Krebs und Persönlichkeit keinerlei Verbindung auffinden können.

Fakten  **zum Angeben**

- Einer der bekanntesten Tests zur Persönlichkeitsbewertung wurde von Hermann Rorschach entwickelt. Seine Idee war, wesentliche Charaktermerkmale eines Menschen anhand der Bilder zu analysieren, die die Probanden in vieldeutigen Tintenklecksen sahen. Der sogenannte Rorschach-Formdeuteversuch (umgangssprachlich Tintenkleckstest) spielt in der Fantasie der Öffentlichkeit noch immer eine große Rolle.

GESCHLECHT UND GEHIRN

Basics

Die Suche nach Unterschieden zwischen männlichen und weiblichen Gehirnen bleibt umstritten, doch Neurowissenschaftler sind in dieser Hinsicht zweifellos fündig geworden. Das Gehirn von Männern ist im Schnitt 100 Gramm schwerer als das von Frauen. Aber Frauenfeinde, aufgepasst: Das Gehirn von Frauen ist dichter gepackt und weist mehr graue Substanz auf.

Zudem haben kognitive Tests gezeigt, dass Männer und Frauen in der Regel bei unterschiedlichen Aufgaben Spitzenleistungen erbringen. Als Gruppe sind Frauen Männern bei Tests zu Sprachfertigkeiten überlegen, Männer hingegen bei Aufgaben, die räumliches Vorstellungsvermögen verlangen. Außerdem gibt es gut belegte Unterschiede in der Orientierungsweise beider Geschlechter. Frauen orientieren sich eher an Landmarken, während Männer sich auf Entfernungsschätzungen und Himmelsrichtungen stützen.

Natürlich sollte man diese Befunde mit einer gewissen Vorsicht betrachten. Haupteinwand: Diese Befunde sind Durchschnittswerte aus großen Populationen, und zwischen Männern und Frauen gibt es weitreichende Überschneidungen. Das heißt, man kann nicht schließen, Frauen könnten nicht räumlich denken, weil ihnen ein Y-Chromosom fehlt.

Diese Unterschiede im Gehirn gehen vermutlich auf eine Kombination von genetischen, hormonellen und umweltbedingten Einflüssen zurück, und die Forscher sind noch dabei, diese verschiedenen Einflüsse zu gewichten.

Grenzen des Wissens

Ungeklärt ist bisher, warum Frauen offenbar leichter drogensüchtig werden als Männer.

Wie aktuelle Studien mit Nagern zeigen, nehmen Rattenweibchen ebenfalls eher Kokain zu sich, wenn ihr Östrogenspiegel hoch ist. Östrogen aktiviert offenbar Gehirnregionen, die für die Verarbeitung von Belohnung eine Rolle spielen. Andere Studien sprechen dafür, dass Frauen über genetische Prädispositionen verfügen, die die Aktivität in den Belohnungszentren des Gehirns erhöhen und daher ihre stärkere Tendenz zur Kokainsucht erklärt.

Fakten  **zum Angeben**

- *Der Volksmund meint seit langem zu wissen, dass die Gabe des Ratschens und Tratschens vornehmlich Menschen mit zwei X-Chromosomen verliehen ist. Eine neue Metaanalyse, in die Jahrzehnte von Studien einflossen, die sich mit Geschlecht und Gesprächigkeit beschäftigen, hat jedoch einen kleinen, doch signifikanten Trend ergeben, wonach Männer das redseligere Geschlecht sind. Der Unterschied ist besonders ausgeprägt, wenn Männer mit ihren Ehefrauen oder mit Fremden reden, während Frauen in der Regel etwas gesprächiger als Männer sind, wenn sie mit ihren Kindern oder mit Klassenkamerad(inn)en reden.*

GESCHLECHTSHORMONE

Basics

Die Geschlechtshormone Östrogen und Testosteron haben nicht nur Fortpflanzungsfunktionen – beide beeinflussen auch die Funktion des Gehirns. Obwohl Östrogen ein weibliches Geschlechtshormon ist und Testosteron als männliches Geschlechtshormon gilt, sind beide sowohl bei Männern als auch bei Frauen präsent.

Östrogen fördert Wachstum und Konnektivität der Neurone und unterstützt damit die Informationsverarbeitung. Es beeinflusst auch die Stimmung und verbessert Lernen und Gedächtnis. Vermutlich trägt Östrogenmangel bei Frauen in und nach den Wechseljahren zu Gedächtnisproblemen, Demenz und mehr bei.

Angesichts der überraschend negativen Ergebnisse einer Langzeitstudie über die Östrogenersatztherapie (sie fand, dass der Östrogenersatz tatsächlich die Häufigkeit von gesundheitlichen Problemen aller Art erhöht, darunter auch Alzheimer), bleibt das Potenzial von Österogengaben zur Linderung von Gedächtnisproblemen ungewiss.

Testosteron hat ähnliche Effekte aufs Gehirn und fördert ebenfalls Lernen und Erinnerungsvermögen. Wie sich gezeigt hat, steigern Testosterongaben die Leistung bei manchen Gedächtnistests, und Männer mit Alzheimer haben einen niedrigeren Testosteronspiegel als gesunde Gleichaltrige. Viele Studien haben sich auch mit der Verbindung von Testosteron und Aggression beschäftigt, und sowohl ein hoher als auch ein niedriger Testosteronspiegel sind mit aggressivem Verhalten in Zusammenhang gebracht worden.

Grenzen des Wissens

Depression und Angstzustände kommen überproportional häufig bei Frauen vor, wobei Östrogen eine Rolle spielen könnte. Ein erhöhter Östrogenspiegel kann das Gehirn empfindlicher für die Auswirkungen von Stress machen. Studien haben ergeben, dass moderate Stressniveaus das Kurzzeitgedächtnis von Rattenweibchen beeinträchtigen können. Rattenmännchen zeigten sich nicht so empfindlich.

Interessant ist, dass der Stress die Weibchen nur dann beeinflusste, wenn sie gerade einen hohen Östrogenspiegel hatten. (Der Östrogenspiegel schwankt während des Fortpflanzungszyklus.) Das könnte nicht nur ein Hinweis darauf sein, warum Frauen anfälliger für gewisse psychische Erkrankungen sind, sondern auch, warum die Unterschiede zwischen den Geschlechtern erstmals während der Pubertät offensichtlich werden.

Fakten  **zum Angeben**

• Frauen mit einem niedrigen Östrogenspiegel sind schmerzempfindlicher.
• Das Gehirn kann Testosteron in Östrogen umwandeln, was bei Studien zu potenzieller Verwirrung führt, die versuchen, die Effekte beider Hormone zu trennen. Aber Forscher arbeiten daran, das Knäuel zu entwirren.
• Männer, die von Natur aus einen hohen Testosteronspiegel haben, haben im Durchschnitt mehr Kinder, aber eine geringere Lebenserwartung.

DAS FETALE GEHIRN

Basics

Die Gehirnentwicklung beginnt bereits einige Wochen nach der Empfängnis. Etwa um diese Zeit beginnt sich eine flache Neuralplatte zu bilden, die sich bald zum sogenannten Neuralrohr schließt. Im Lauf der Fetalentwicklung differenziert sich das Neuralrohr zu den verschiedenen Unterabteilungen und Strukturen des Gehirns.

Im fetalen Gehirn werden Neuronen mit erstaunlicher Geschwindigkeit generiert: Pro Minute werden im Neuralrohr 250 000 Neuroblasten (Vorläufer von Neuronen) «geboren». Diese zusammengedrängten Massen wandern dann an andere Orte im sich entwickelnden Gehirn und siedeln sich an ihrem Bestimmungsort an. Gliazellen lenken und unterstützen die Wanderung der Nervenzellen.

Sobald die Neurone ihren Bestimmungsort erreicht haben, beginnen sie, Verbindungen zu nahe gelegenen Neuronen zu knüpfen und sich zu differenzieren – so werden beispielsweise diejenigen, die sich im auditorischen Cortex ansiedeln, zu auditorischen Neuronen.

In späteren Entwicklungsstadien beginnt das fetale Gehirn, Ballast abzuwerfen. Neurone, die nicht häufig genug aktiviert werden, sterben ab, und Verbindungen, die nicht häufig genug genutzt werden, verkümmern. Dieses «Zurückschneiden» ist ein normaler und wichtiger Teil der Entwicklung und Feinabstimmung des Gehirns.

Und noch eine Sache: Das fetale Gehirn ist ein empfindliches

Organ. Das heißt, dass Mütter ihre Kinder bereits mit schlechten Karten ausstatten können, bevor diese geboren sind. Rauchen, Alkoholkonsum und auch nur ungeeignete Nahrung können die Gehirnentwicklung stören und zu dauerhaften Schäden führen.

Grenzen des Wissens
Schlechte Nachrichten für alle zukünftigen Mütter, die gern ein wenig ausspannen würden: Marihuana rauchen kann das Gehirn Ihres Babys schädigen.

Wie Studien gezeigt haben, wird die Entwicklung des fetalen Gehirns zum Teil von Molekülen gesteuert, die THC ähneln, dem Wirkstoff in Marihuana. Diese Moleküle helfen den Neuronen im sich entwickelnden Gehirn, Verbindungen auszubilden. Das heißt, alles THC, das (dank einer Marihuana rauchenden Schwangeren) ins fetale Gehirn gelangt, kann diesen Prozess stören und zu einer anomalen Verdrahtung im Gehirn führen.

Fakten  **zum Angeben**

- *Bevor das massive Neuronensterben beginnt, weist das fetale Gehirn doppelt so viele Neurone wie das Gehirn eines Erwachsenen auf.*
- *Werdende Mütter müssen sich nicht nur Sorgen über Unterernährung machen. Zu viele Vitamine, vor allen Vitamin A und D, können die normale Entwicklung des fetalen Gehirns ebenfalls stören. Mütter haben's in unseren Tagen wirklich nicht leicht.*

DAS KINDLICHE GEHIRN

Basics

Kinder sind keine kleinen Erwachsenen, und das zeigen ihre Gehirne ganz deutlich. Babys werden mit einigen bereits funktionierenden Gehirnfunktionen geboren (Reflexe, zum Beispiel), doch ihr Gehirn hat noch einige wichtige Jahre der Entwicklung vor sich. Bei ihrer Geburt haben Babys viele Neurone, und diese Neurone wachsen in den ersten Jahren mit rasanter Geschwindigkeit und strecken Axone und Dendriten aus wie Bäume, denen neue Zweige wachsen.

Aber nicht alle diese Zweige werden bis ins Erwachsenenalter überleben. Genau wie ein Baum muss das Neuronennetz in einem gesunden Gehirn beschnitten werden, und schwache oder tote Äste müssen entfernt werden. Die Verbindungen, die in der Kindheit genutzt werden – ob bei Kuckuck-Spielen oder beim Spaghettiessen –, werden verstärkt, während ungenutzte Verbindungen allmählich abgebaut werden.

Diese Beschneidung dient der Feinabstimmung der Gehirnverbindungen. Sie bedeutet aber auch, dass Kinder im Lauf ihrer Entwicklung eine Menge sensorischen Input benötigen. Wenn sie nicht angeregt und gefördert werden, kann der Schaden irreversibel sein.

Das wissen wir unter anderem aus Behandlungsfehlern, die früher an schielenden Kindern begangen wurden. Bei diesen Kindern wurde routinemäßig ein Auge abgedeckt, während die Ärzte darauf warteten, dass sich die Augenmuskeln genügend weit entwickelten, um operiert werden zu können. Doch nach

Entfernen der Abdeckung stellte sich heraus, dass die Kinder niemals lernten, mit dem vormals abgedeckten Auge zu sehen – ohne visuellen Input entwickelten sich die nötigen Nervenbahnen nicht.

Grenzen des Wissens

Selbst Kleinkinder haben, wenn man einer aktuellen Studie glauben darf, ein Gefühl für Quantität. Die Kinder wurden mit Kopfhautelektroden ausgerüstet, und man zeigte ihren Bilder verschiedener Objekte.

Gelegentlich wurde die Zahl der Objekte auf dem Bild verändert. Wenn das geschah, zeigten die Kleinkinder eine erhöhte Gehirnaktivität. Diese Aktivität trat in denselben Hirnregionen auf, die bei Erwachsenen numerische Information verarbeiten. Die Forscher vermuten, dass die neuronalen Bahnen zur Verarbeitung von Zahlen bereits früh im Lauf der Gehirnentwicklung angelegt werden. Wenn doch auch das Lösen langer Divisionsaufgaben angeboren wäre!

Fakten zum Angeben

- Das Gehirn eines Kleinkindes wächst rascher als sein Körper und verdreifacht seine Größe bis zu seinem dritten Geburtstag annähernd.
- Ihr kleiner Sonnenschein kann Ihnen vielleicht noch nicht bei der Lösung des Kreuzworträtsels helfen, doch im Alter von drei Jahren ist sein Gehirn doppelt so aktiv – das heißt, es verbraucht doppelt so viel Treibstoff – wie das Ihrige.
- Die Hirnschaltkreise, die an der Bildung und Speicherung von Erinnerungen beteiligt sind, reifen erst im Alter von drei bis vier Jahren heran, was erklärt, warum wir uns kaum an die davorliegenden Jahre unseres Lebens erinnern.

DAS PUBERTIERENDE GEHIRN

Basics

Wir alle haben dumme Dinge gemacht, vor allem als Teenager: Lippenstift geklaut, Drogen probiert oder eine Rapper-Band gegründet. Daher ist es kaum überraschend, dass Teenager Studien zufolge im wahrsten Sinne des Wortes ihren eigenen Kopf haben. Keine Kinder mehr und noch keine Erwachsene, haben Heranwachsende Gehirne, die sie besonders anfällig machen für das Eingehen von Risiken und die Konsequenzen von risikoreichem Verhalten. Zwar reifen einige Gehirnareale bereits in der Kindheit heran, doch der präfrontale Cortex – der unter anderem für vorausschauendes Verhalten und Selbstkontrolle zuständig ist – schließt seine Entwicklung erst in den frühen Zwanzigern ab.

Teenager, die versuchen, sich zu benehmen, kämpfen auch gegen hohe Spiegel des Neurotransmitters Dopamin, der im adoleszenten Gehirn Höchstwerte erreicht. Dopamin ist eng verknüpft mit belohnungssuchendem Verhalten sowie mit der Verstärkung von als angenehm empfundenen Aktivitäten. Zu wenig Selbstkontrolle und zu viel Dopamin? Klingt wie eine explosive Mischung für riskantes Verhalten.

Dazu kommt, dass das adoleszente Gehirn einzigartig empfindlich für die Konsequenzen dieses «Risikoverhaltens» ist. Wie Studien gezeigt haben, reagiert das Teenager-Gehirn stärker auf belohnenden Erfahrungen (Drogen, zum Beispiel), und diese Assoziationen halten länger an als beim Erwachsenengehirn.

Drogen- und Alkoholsucht sind daher bei Teenagern möglicherweise schwieriger zu behandeln und Rückfälle wahrscheinlicher. Wenn man nur mit der Verteidigung «Mein noch in der Entwicklung befindlicher Stirnlappen ist schuld!» vorm Jugendgericht durchkäme!

Grenzen des Wissens

Wie neuere Untersuchungen gezeigt haben, beginnt das Gehirn in der Pubertät, einen Teil seiner grauen Substanz zu verlieren. Dieser Verlust ist jedoch offenbar eine gute Sache und geht mit einer Verbesserung kognitiver Funktionen einher. Vermutlich bedeutet der Abbau grauer Substanz, dass das Gehirn mehr Übung beim Eliminieren unnötiger Verbindungen zeigt, oder aber, dass mehr Neurone eine Myelinhülle erhalten, was die Fortleitungsgeschwindigkeit von Signalen erhöht.

Fakten  zum Angeben

- Jugendliche erkranken besonders häufig an einer Reihe psychischer Störungen, vor allem Affektstörungen. In diesem Augenblick kämpfen ca. 10–15 Prozent aller Teenager mit Symptomen einer depressiven Stimmung.
- Liebe tut weh: Jugendliche in einer Liebesbeziehung haben ein erhöhtes Risiko, Depressionen oder Alkoholprobleme zu entwickeln, und Mädchen sind in einer Zweierbeziehung stärker gefährdet als Jungen.

DAS ELTERLICHE GEHIRN

Basics

Wir alle wissen, dass schwangere Frauen Veränderungen durchmachen. Aber es ist nicht nur ihr Bauch oder ihre Stimmung – Mutter zu werden, führt zu einer Reihe neurophysiologischer und verhaltensbiologischer Veränderungen. Elterliche Fürsorge ist vor allem mit zwei Hormonen verknüpft: Cortisol und Prolactin.

Mütter, die besonders empfindlich auf das Weinen von Babys reagieren, haben den höchsten Spiegel an Cortisol (ja, das Stresshormon). Und wenn man den Prolactinspiegel der Mutter senkt (Prolactin regt die Milchproduktion in den Brüsten an), so kann dies ihre natürlichen mütterlichen Instinkte versiegen lassen.

Interessant wird die Sache, wenn wir zu den Vätern kommen. Inzwischen hat sich herausgestellt, dass auch die Vaterschaft zu biologischen Veränderungen führt.

Männliche Seidenäffchen legen während der Schwangerschaft ihrer Partnerin ebenfalls an Gewicht zu, und zwar bis zu 20 Prozent. Das soll die Väter vermutlich auf die Extraarbeit bei der Babypflege vorbereiten.

Zukünftige Menschenväter weisen ebenso wie ihre Partnerin einen hohen Cortisol- und Prolactinspiegel auf. Tatsächlich zeigen sich Väter mit einem erhöhten Prolactinspiegel besorgter, wenn sie ein Kleinkind weinen hören.

Grenzen des Wissens

Nachwuchs scheint den präfrontalen Cortex von männlichen Seidenäffchen zu vergrößern; Väter weisen in dieser Region mehr neuronale Verbindungen auf als zuvor.

Der präfrontale Cortex spielt bei Planung, Organisation und anderen exekutiven Funktionen, die alle Eltern brauchen, eine entscheidende Rolle. Die Neurone in dieser Region haben bei den Affenvätern zudem mehr Rezeptoren für Vasopression – ein anderes «Elternhormon» – als bei Junggesellen.

Fakten  **zum Angeben**

- In den Tagen und Wochen, nachdem ein Mann Vater geworden ist, sinkt sein Testosteronspiegel um rund ein Drittel. Vermutlich erhöht dieses Absinken die Chancen, dass Papa zu Hause bleibt und sich mit um den Nachwuchs kümmert, statt auszugehen und nach neuen Sexualpartnerinnen Ausschau zu halten.
- Wie stark ist der Mutterinstinkt? Rattenmütter, die vor die Wahl gestellt wurden, sich um ihre Jungen zu kümmern oder sich eine Straße Kokain reinzuziehen, wählten ihren Nachwuchs. Wenn das nicht Liebe ist!

DAS ALTERNDE GEHIRN

Basics

Mit dem Alter kommt Weisheit? Vergessen Sie's! Mit dem Alter kommen neurodegenerative Krankheiten, und die Wissenschaftler lernen jeden Tag Neues darüber. Aber wir lernen auch immer mehr über die Veränderungen, die selbst das gesündeste Gehirn durchmacht, während es altert. Mit zunehmendem Alter verliert das Gehirn an grauer Substanz, weil Neurone verkümmern. (Aber im Gegensatz zum Verlust an grauer Substanz in Teenager-Jahren – der offenbar für eine effizientere Organisation im Gehirn sorgt – ist der Verlust im Alter keine gute Sache.)

Zudem beginnt sich die Myelinhülle vieler unserer Neurone abzubauen, sodass die Kommunikation zwischen den Neuronen unzuverlässiger wird. Auch die Zahl der Synapsen im cerebralen Cortex sinkt mit steigendem Alter; möglicherweise liegt das Schwinden dieser entscheidenden Verbindungen dem Gedächtnisverlust zugrunde, der häufig mit dem Altern einhergeht. Es ist jedoch immer noch ungeklärt, wie stark der physische Abbau mit einem kognitiven Verfall korrespondiert – die Intelligenz kann trotz dieser und anderer Hirnveränderungen unverändert bleiben.

Aber nur Mut, kann man denen zurufen, die sich der Lebensmitte nähern (oder sie bereits überschritten haben). Selbst die ältesten Gehirne sind noch zu unglaublichen Leistungen fähig. Wie Studien zeigen, können alternde Ratten, die einer stimulierenden Umgebung ausgesetzt werden, neue Synapsen ausbilden, genauso, wie es die jungen tun. Geistiges und körperliches

Training kann ein alterndes Gehirn frisch erhalten. Also ran an das tägliche Sudoku-Rätsel!

Grenzen des Wissens

Gene lassen manche Gehirne empfindlicher auf Altersverschleiß reagieren. So hat man ein Gen entdeckt, das offenbar mit altersbedingten Veränderungen im Hippocampus in Beziehung steht, der eine wichtige Rolle fürs Gedächtnis spielt.

Menschen mit normalen Kopien dieses Gens sind offenbar besser in der Lage, altersbedingte Abbauprozesse im Hippocampus hinauszuzögern. Bei Menschen mit einer mutierten Version dieses Gens ist die Wahrscheinlichkeit hingegen groß, dass sie in fortgeschrittenem Alter einen dramatischen Abbau im Hippocampus erleben.

Fakten  zum Angeben

- Bauen Sie keine allzu enge Beziehung zu Ihren Neuronen auf – im Lauf Ihres Lebens wird Ihr Gehirn rund 10 Prozent seines Gewichts verlieren.
- In einer Studie mit mehr als 600 Probanden stellte sich heraus, dass diejenigen mit einer positiven Alterswahrnehmung durchschnittlich 7,5 Jahre länger lebten als diejenigen, die das Altern in weniger rosigem Licht sahen. Wie weitere Analysen zeigten, war diese erhöhte Lebenserwartung nicht nur darauf zurückzuführen, dass die optimistischen Studienteilnehmer im Schnitt über mehr Geld, mehr Freunde oder eine bessere Gesundheit verfügten. Allein die rosarote Brille reicht, so die Schlussfolgerung der Ärzte, um das Leben zu verlängern.

EVOLUTION

Basics

Unser Gehirn hat zum Glück schon eine lange Geschichte hinter sich. (Sie wären mit einem der ersten Entwürfe von Mutter Natur wahrscheinlich nicht zufrieden gewesen.) Das menschliche Gehirn ist nicht das größte Gehirn, das es gibt (diese Auszeichnung gebührt dem Pottwal), doch es ist das schwerste im Verhältnis zur Körpermasse. Das Gehirn des modernen Menschen wiegt im Schnitt 1350 Gramm, das eines Schimpansen, unseres nächsten Verwandten, hingegen nur 400 Gramm. (Und Schimpansen sind nur geringfügig leichter als wir.)

Wie die Forschung zeigt, machte unser Gehirn, nachdem sich der Zweig der Menschen und der Menschenaffen vor rund 5,5 Millionen Jahren getrennt hatte, eine rasche Expansion durch. Doch dieses Wachstum erfolgte nicht gleichmäßig. Die Großhirnrinde wuchs stärker als andere Regionen, und im Lauf der Primatenentwicklung kam immer mehr Volumen im Stirnbereich unseres Gehirns hinzu – in den Regionen, die wir mit Persönlichkeit, Entscheidungsfindung, Moral und so weiter assoziieren.

Aber was kurbelte diese Veränderungen an? Evolutionäre Fragen wie diese erfordern per Definition einen Rückblick in die Evolutionsgeschichte, daher kann es schwierig oder gar unmöglich sein, eine eindeutige Antwort zu finden. Einige klassische Theorien gehen davon aus, dass Werkzeuggebrauch und Sprache unseren evolutionären Gehirnboom auslösten. Andere vermuten, dass die Ernährung eine ausschlaggebende Rolle spielte –

dass bessere und kalorienreichere Nahrung unsere rasante Gehirnentwicklung speiste. Oder dass die Gruppengröße und Kommunikation innerhalb der Gruppe Gehirne erforderte, die einer komplexen Sozialstruktur gewachsen waren. Die Antwort liegt möglicherweise in irgendeiner Kombination all dieser Faktoren – oder es war etwas ganz anderes, an das bisher noch niemand gedacht hat.

Grenzen des Wissens
Fühlen Sie sich vielleicht noch nicht schlau genug? Warten Sie einfach noch ein Weilchen. Das menschliche Gehirn entwickelt sich noch immer weiter. Man hat inzwischen zwei Gene identifiziert, die für die Regulierung der Hirngröße eine Rolle spielen. Und diese Gene haben sich beim modernen Menschen rasch entwickelt. Erst vor relativ kurzer Zeit sind neue Variationen dieser Gene entstanden, haben sich aber relativ rasch durchgesetzt. Angesichts der Geschwindigkeit, mit der sich diese Genvarianten verbreitet haben, kann man annehmen, dass sie den Menschen, die das Glück haben, sie zu tragen, irgendeinen Vorteil verschaffen. Aber nicht alle Wissenschaftler sind der Meinung, dass diese Variante die Hirnfunktion verbessert – es ist bisher nur eine Theorie.

Fakten  **zum Angeben**
- Okay, ich habe zwar gesagt, dass Menschen das größte Gehirn im Vergleich zu ihrer Körpermasse haben, doch einige Forscher bestreiten das. Wie es aussieht, weisen Spitzmäuse eine noch etwas höhere Gehirn-zu-Körper-Relation auf.
- Einsteins Gehirn wog nur 1230 Gramm – beträchtlich weniger als der menschliche Durchschnitt.

DENKEN BEI TIEREN

Basics

Im gleichen Tempo, wie wir Merkmale aufzählen können, die uns vom übrigen Tierreich unterscheiden, finden Wissenschaftler Tierarten, die diese Merkmale teilen. Zu den höheren Funktionen, zu denen Tiere offenbar fähig sind, gehören:

Werkzeugherstellung. Die Fähigkeit, Werkzeuge herzustellen und zu gebrauchen, galt einst als ein Merkmal, das man nur beim Menschen oder zumindest nur bei höheren Primaten findet. Doch Werkzeugherstellung ist inzwischen bei vielen Tierarten nachgewiesen, darunter bei Delfinen, die ihre Schnauze bei der Nahrungssuche mit Schwämmen schützen, und sogar bei Krähen, die sich bei der Herstellung von Werkzeugen zum Ergreifen von Fleischstückchen als besonders kreativ erwiesen haben.

Kultur. Tiere stellen nicht nur Werkzeuge her, sondern geben das Wissen um Werkzeuggebrauch auch weiter, und unterschiedliche Gruppen von Tieren derselben Art zeigen für sie typische Gewohnheiten und Verhaltensweisen.

Selbstbewusstsein. Selbstbewusstsein galt lange Zeit als Alleinstellungsmerkmal des Menschen. Neuere Studien sprechen jedoch dafür, dass selbst Elefanten den Spiegeltest für Selbstbewusstsein bestehen. Als Forscher einen Farbfleck über das Auge eines Elefanten malten und dem Dickhäuter dann einen Spiegel vorhielten, befühlte er den Fleck mit dem Rüssel und zeigte damit, dass er sein Spiegelbild erkannte. Auch Delfine und Schimpansen haben diesen Test bestanden.

Grenzen des Wissens

Manche Tiere können quantitative Information verarbeiten. Eine Studie mit Lemuren – Primaten, die lange als geistig eher minderbemittelt galten – ergab, dass sie zwischen einer unterschiedlichen Zahl von Früchten unterscheiden können.

Andere Studien haben gezeigt, dass Delfine herausfinden können, welches Bild aus einem Satz Bilder die wenigsten Punkte aufweist. Demnach verstehen diese Säuger vermutlich das keineswegs triviale Prinzip, dass ein Satz «zahlenmäßig kleiner» ist als ein anderer. Und die Schimpansen, unsere lieben, streberischen Vettern, haben sogar ein besseres Kurzzeitgedächtnis für Zahlen als wir. Diese Angeber!

Fakten  **zum Angeben**

- Delfine verwenden spezifische Laute, um individuelle Artgenossen zu identifizieren, ganz ähnlich, wie wir Menschen Namen benutzen. Sie benennen sich selbst mit Pfiffen und rufen in freier Wildbahn ihre Namen, und wie Studien gezeigt haben, erinnern sich Mitglieder ihrer sozialen Gruppe an diese individuellen «Namen» und erkennen sie.
- Elefanten sind ganz allgemein Großkopferte, doch ihr Hippocampus ist besonders groß und stark gefaltet. Das könnte ihr berühmtes «Elefantengedächtnis» erklären.

BEWUSSTSEIN

Basics

Ganz gleich, was Lexika behaupten, es dürfte schwierig sein, jemanden zu finden, der wirklich weiß, was Bewusstsein ist (und wenn Sie's wissen, sollten Sie Ihre Antwort direkt ans Nobelpreiskomitee schicken).

Das Gehirn ist ein rein biologisches Organ; seine Funktion basiert auf einer Reihe natürlicher physiologischer Prozesse. Aber auf irgendeine Weise erwächst aus all dieser neuronalen Signalgebung, all diesen elektrischen Veränderungen, all diesen geschäftigen chemischen Botenstoffen so etwas wie ein Gefühl für das Selbst, ein Selbstbewusstsein.

Unsere Neurone lösen unser Verhalten aus, doch wir alle glauben, dass es so etwas wie ein subjektives «Ich» gibt, das am Steuer sitzt. Wie gelangen wir von Neuronen zum Ich? Inzwischen kennen wir eine ganze Reihe von Bewusstseinszuständen (ob wir nun wach sind, im Delirium, im Koma und so weiter), doch die große Frage – wie aus der Tätigkeit unserer Neurone das Erleben einer individuellen Identität erwächst – bleibt bisher unbeantwortet. Wir sind nicht einmal sicher, wie wir diese Frage wissenschaftlich formulieren können, und manche Wissenschaftler glauben, wir werden niemals dazu in der Lage sein. (Und es passiert nicht oft, dass ein Wissenschaftler zugibt, dass eine wissenschaftliche Frage auf ewig jenseits unseres Begriffsvermögens liegen könnte.)

Grenzen des Wissens

Ein Virtual-Reality-Programm könnte Licht auf das bewusste Erleben werfen, indem es das sensorische Gefühl eines Individuums für seinen eigenen Körper aufhebt. Das Programm zeigt den Probanden in 3-D-Repräsentationen, wie ihnen mit einer Bürste über den Arm gestrichen wird, während sie in der Realität gleichzeitig dasselbe erleben.

Diejenigen Versuchspersonen, deren Arm im Takt mit der 3-D-Repräsentation gebürstet wird, haben in der Regel das Gefühl, ihr Körper befinde sich im virtuellen Raum. Diese Ergebnisse zeigen, dass sich das Selbstgefühl von Menschen dadurch außer Kraft setzen lässt, dass man ihr Gefühl dafür manipuliert, an welcher Stelle im Raum sich ihr Körper befindet.

Fakten  **zum Angeben**

- Wenn wir das Problem des Bewusstseins noch nicht gelöst haben, so liegt dies nicht an mangelndem Bemühen. Bewusstsein ist die ganze Geschichte hindurch von Geistesgrößen wie Cicero, René Descartes («Ich denke, also bin ich!») und Friedrich Nietzsche diskutiert worden.
- Ein bemerkenswertes Phänomen, das als «Blindsehen» bekannt ist, enthüllt, wie viel von dem, was unser Gehirn tut, niemals in unser Bewusstsein dringt. Zu Blindsehen kann es bei Menschen kommen, deren visuelles Verarbeitungszentrum geschädigt ist. Diesen Patienten, die sich selbst als blind empfanden, wurden Bilder gezeigt. Wurden sie trotz ihrer Beteuerung, nichts zu sehen, nachdrücklich aufgefordert zu raten, zum Beispiel, ob das Bild rot oder blau sei, lagen sie mit ihrer Vermutung häufig richtig.